中移智库 | 算力高质量发展丛书

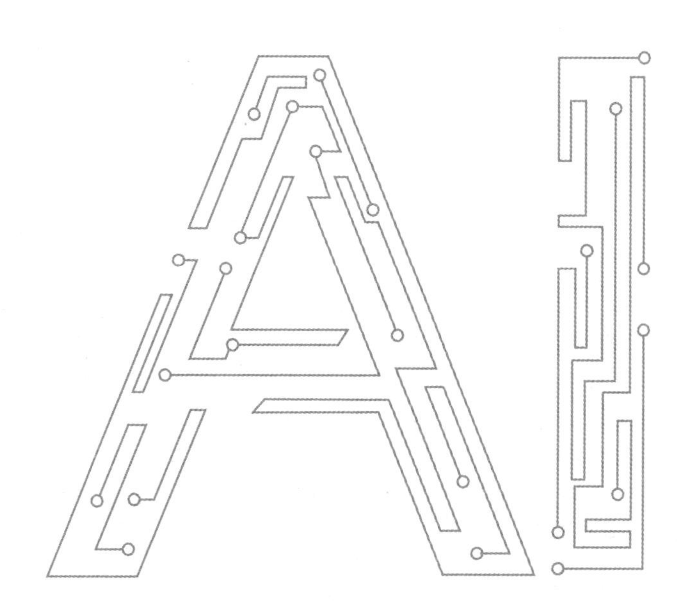

通算一体
使能泛在AI

黄宇红　李　男　李晓彤　唐　雪　孙　奇◎编著

人民邮电出版社

北　京

图书在版编目（CIP）数据

通算一体 ：使能泛在 AI / 黄宇红等编著. -- 北京 ：
人民邮电出版社，2024. --（算力高质量发展丛书）.
ISBN 978-7-115-64965-2

Ⅰ. TN914

中国国家版本馆 CIP 数据核字第 2024DX3148 号

内容提要

移动通信网络和计算技术、人工智能技术等的深度融合是新一代信息通信网络发展的重要趋势。本书首先回顾移动通信网络、计算技术和人工智能技术的发展历程，揭示移动通信与计算技术融合一体的行业趋势；然后分析通算一体典型的应用场景、技术驱动力和商业驱动力；随后聚焦于通算一体的关键技术，从通算一体的核心要素和面临的技术挑战出发，分析通算一体网络的发展特征，提出通算一体网络系统框架，介绍通算一体在基础设施层、网络功能层和管理编排层 3 个方向的关键技术；最后讨论通算一体技术和产品化的发展路径，分享典型产品化方案和实践案例，并对未来发展进行展望。

本书适合移动通信网络和垂直行业的从业人员、高等院校相关专业师生及对通信技术感兴趣的读者阅读。

◆ 编　　著　黄宇红　李　男　李晓彤　唐　雪　孙　奇
　责任编辑　高　扬
　责任印制　马振武

◆ 人民邮电出版社出版发行　　北京市丰台区成寿寺路 11 号
　邮编　100164　　电子邮件　315@ptpress.com.cn
　网址　http://www.ptpress.com.cn
　三河市中晟雅豪印务有限公司印刷

◆ 开本：787×1092　1/16
　印张：22　　　　2024 年 11 月第 1 版
　字数：420 千字　　　　2024 年 11 月河北第 1 次印刷

定价：149.80 元

读者服务热线：（010）81055488　印装质量热线：（010）81055316

反盗版热线：（010）81055315

广告经营许可证：京东市监广登字 20170147 号

推荐序一

大模型时代，可计算能力成为通信系统挖潜提质增效的重要引擎。算力在移动网络运维管理方面已经显现其重要作用，但在安全开放的智简网络架构和无线空口优化方面的应用还有待破局。中国移动将算网融合创新实践汇聚成书，展示通算一体使能泛在 AI 的探索之路。

中国工程院院士

推荐序二

人类社会正在经历第四次工业革命，其推动力主要源于万物数字化、信息通信技术和人工智能技术等的融合创新。以 AI Agent 为代表的新兴业务，以及基于语义的通用意图驱动网络，对新一代信息通信网络设计，尤其是服务泛在 AI 的边缘算力供给提出了全新技术要求和挑战。本书所提出的通算一体技术理念，实现了通信与计算资源、服务和功能的深度融合，打造了可支撑泛在 AI 的全新网络体系，揭开了移动通信的新篇章。

中国工程院院士

序

我国5G商用5年来取得了举世瞩目的成就。中国移动在整个5G网络建设和行业应用中扮演了重要角色，在赋能国家经济社会数字化转型中发挥了重要基础性支撑作用。5G网络正加速向5G-A演进，将会进一步推动5G从持续扩大的网络建设到赋能各行各业的5G应用，带来性能卓越化、体验确定化、网络智能化、绿色轻量化、通感算一体化、空天地一体化6个方面的能力提升。

在5G蓬勃发展的同时，通用人工智能取得重大进展。人工智能由助力千行百业提质增效的辅助手段，升级为支撑经济社会转型不可或缺的基础设施和核心能力，正成为引领我国经济高质量发展的重要引擎。

AI和5G两者相遇后，可以推动更多运营商向科技公司转型，助力更多的产业链向科技、人工智能时代新的业务领域迈进，也能催生更多的商业机会。本书描述的“通算一体，使能泛在AI”愿景，孕育着新一代信息技术领域生产力和生产关系的深层次变革，为我们的6G网络设计提供了重要视角，我期待与全行业同人一起见证通算一体这项新技术所带来的巨大变化。

中国移动通信集团有限公司副总经理

前 言

随着通用人工智能时代的到来，许多未来概念将逐渐成为现实。例如，自动驾驶的车辆将像公交车一样司空见惯，机器人保姆将走入普通家庭成为贴心帮手。同时，随身医生、无障碍沟通、无障碍生活的设想将逐步实现，人人都有机会成为艺术家，虚实世界之间的任意畅游也不再是遥不可及。所有这些美好的愿景，都需要网络把 AI 能力输送至社会生产的每个角色、每处角落。可以说 AI 的发展离不开无处不达的网络、无处不在的算力。与此同时，网络发展必然因 AI 而发生深刻变革。对于未来网络的发展趋势，我有 3 点思考。

思考一：从 C-RAN 到 C^2-RAN

2009 年，中国移动研究院提出 C-RAN 这一新型无线接入网架构，其中，“C”代表对无线网络未来发展趋势的主要预判，即网络将朝着“集中化（Centralize）、云化（Cloud）、协作化（Coordination）”3 个方向演进。经过多年努力，这几个理念都已经成为现实，在节能减排、降低成本、提升性能、灵活高效满足行业客户多样化需求等方面产生了明显效果。

2021 年，中国移动研究院提出让算力像水电一样即取即用的算力网络理念。将计算资源推向距离用户和数据更近的地方，可以激发更为强大和迅捷的服务能力，而具备集中化、云化、协作化的 C-RAN，有望成为边缘侧计算和数据资源的最佳载体。当时，中国移动研究院进行了一个初步的测算，基于某厂家算力型基站（10 台）可提供的推理算力约 1.5PFLOPS，如果这些算力能够被共享，可为终端用户每天提供约 12 万次 Stable Diffusion 高清图片 AI 生成式服务。中国移动研究院对无线网络中蕴含算力的巨大商业价值和社会服务能力感到无比激动。

在此洞察的基础上，2022 年，中国移动研究院率先在 CCSA 提出无线算力网络（C^2-RAN）的研究立项，引领了产业界对于无线算力资源的价值发掘和利用。随着研究的深入，中国移动研究院进一步提出基于无线接入网，实现通信、业务计算和 AI 服务多层面融合的通算一体技术体系（简称“通算一体”）。

思考二：从 AI 赋能网络到网络使能 AI

在 AI 赋能网络（AI4NET）方面，在 2016 年，中国移动研究院就开始研究利用人工智能算法基于无线测量报告（MR）进行定位能力提升、干扰识别等。2019 年，中国移动研究院正式开展无线智能网络研究，系统地研究验证异常检测、无线告警根因定位、时序预测、MIMO 天线优化、网元智能等更多无线 AI 能力，同年开始在 3GPP 牵头无线智能网络研究和标准化项目，主要围绕在网络层引入 AI 能力、对标准化通信流程进行优化。2022 年，中国移动研究院研发推出无线智能控制器（RIC），并逐渐在智慧工厂、核电、煤矿等行业中应用，这体现出网络智能化对行业应用确定性服务保障的能力。

2018 年，中国移动研究院率先提出 6G 愿景“数字孪生、智慧泛在”，着手研究未来 6G 网络如何服务智慧泛在。2020 年，中国移动与产业伙伴发起成立 6GANA，联合产业各方共同创新，以在 6G 全面实现“AI 赋能网络（AI4NET）和网络使能 AI（NET4AI）”。其中，AI 赋能网络的目标是通过采集网络自身和周围环境数据训练并部署 AI 模型，为全领域（如无线网、核心网等）、全周期（规建运维用）的网络运维和运行优化场景用例提供智能化决策，达到提高网络建设效率和质量、提升网络运行效率、降低运维成本、增强用户体验的效果。更进一步，当前的 AI 空口等技术研究希望能利用 AI 技术来提升网络性能。网络使能 AI 的目标是通过在网络架构设计中内生 AI 全生命周期的运行环境，支持数据、模型和算力等 AI 资源要素，并与通信连接资源实现一体编排、协同调度，为网络内外的智能应用提供 AI 训练、推理、模型优化和数据处理等 AI 服务。当然，6GANA 的目标不仅用于 6G，也成为当前 5G-A 研究和产业化的重要方向。

思考三：从“有墙花园”到“无墙花园”

传统的电信网络是一个相对封闭的系统，网络功能模块高度耦合，任何增加或减少流程的操作都会受到模块间的相互影响。这些流程操作需要原设备商研发并提供，并常伴随着连续的版本升级和采购，整个过程相对比较长，需要半年甚至一年。这种方式难以满足行业多样的、定制化的需求，也在一定程度上限制了网络创新的活力。例如，在引入新的 AI 能力时，由于受到这种方式的束缚，网络创新的丰富程度和响应速度不够理想。

在当今 AI 飞速发展的时代，CT 与 IT 正在加速融合，可以看到一种从 DICT 到 AICT，乃至 DOICT 和 AOICT 融合的发展趋势。这预示着传统的封闭式的 CT 网络可以像 IT 系统一样，变得更加开放。这种从封闭的“有墙花园”向开放的“无墙花园”的转变，将带动一系列创新变革。通过网络功能的模块化、服务化，以及接口、数据面和 API 的开放，网络正朝着一个新的发展范式迈进。在这个“智慧众筹”的网络新发展范式下，更多第三方开发者的智慧可以成为网络创新发展、客户需求快速响应的重要驱动力。

当然，网络发展范式的变革也会带来一系列挑战，发展之路不会一帆风顺，需要在发展过程中及时进行调整，更需要我们用更大的耐心去培育。上述 3 点思考融入了本书对未来无线网络发展的思考，勾勒出“通算一体，使能泛在AI”的美好愿景，期望集众智、把趋势、抓机会，战胜每一个挑战！相信从1G到5G，再到6G，甚至更远，产业一定能实现网络发展范式的成功转型，为社会带来更多的福祉。

本书共分为4篇。第一篇（第1～4章）回顾移动通信、计算和人工智能的发展历程，揭示无线通信与计算一体共生的发展趋势。第二篇（第5～8章）进一步分析通算一体核心驱动力，基于通算一体典型应用场景，介绍在网络服务演进中，通信和计算技术逐渐形成一体化的服务，以及融合一体发展背后的技术驱动力、商业驱动力和由此产生的新型创新模式。第三篇（第9～13章）聚焦通算一体的关键技术，从核心要素和面临的技术挑战出发，提出通算一体网络的设计原则和系统参考框架，并详细讨论通算一体网络基础设施层、网络功能层和管理编排层这三大方向的关键技术。第四篇（第14～16章）介绍通算一体的发展阶段及典型实践案例，并对通算一体的未来发展进行展望。

本书由黄宇红、李男、李晓彤、唐雪、孙奇编著完成，陈子奇、顾军负责组织撰写和统稿工作，李攀负责完善整体结构和内容，李响、张凯、历亮、余鹏、张晓华、黄金日、朱炫鹏、张景涛、薛旭、费腾、黄翊轩、夏树强、张巧、徐俊、李婷、燕艺薇、王阳、王宇、吕星哉、杨立、孙文文、张维奇、解宇瑄、王旭辉、黎云华、王红欣、沈远、余菲、姚强分别参与了部分内容的编写。此外，感谢傅莉萍、徐霄飞、郑玲霞、刘春晖、毛思慧对全书的校对工作。

随着5G-A和6G网络的不断演进，通算一体技术也将持续更新。本书基于作者对目前通算一体技术的研究、思考与实践进行编写，内容难免有纰漏之处，敬请读者谅解，并提出宝贵意见。

黄宇红

目　录

第一篇　序幕：移动通信、计算、AI 的发展与融合

第三篇 基石：通算一体关键技术

第四篇 蓝图：通算一体，使能泛在 AI 世界

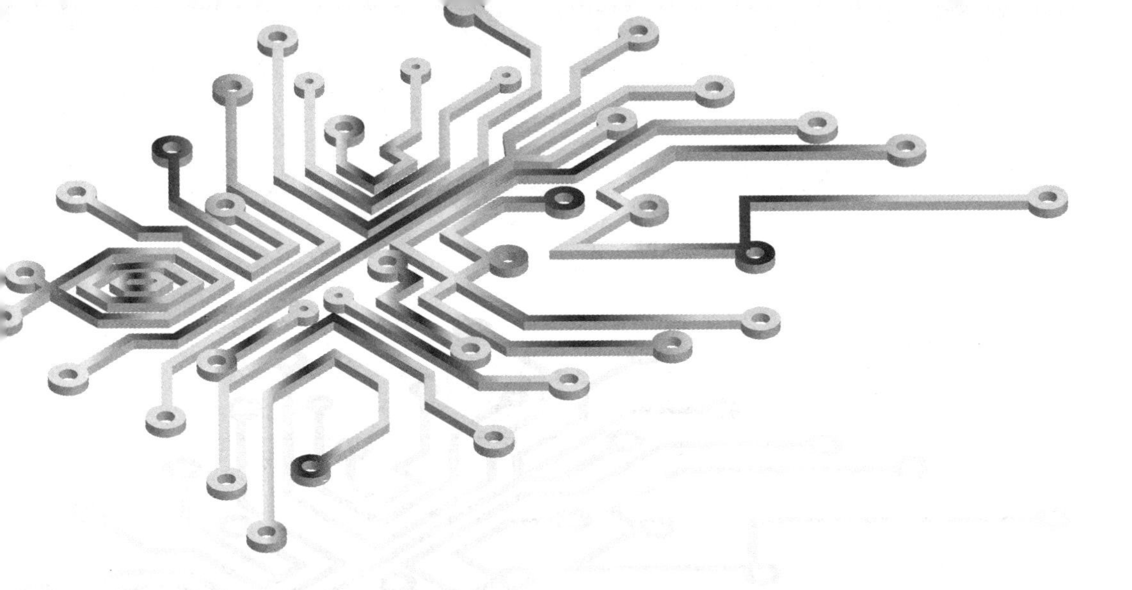

第一篇　序幕：移动通信、计算、AI的发展与融合

在当前的科技浪潮中，人工智能（AI）技术的快速发展引人注目，尤其是在生成式AI领域。AI技术不仅重塑了数据处理的边界，还开辟了创造性表达的新天地。深入剖析AI技术，我们看到它建立在计算能力、数据资源和算法创新这三大要素上。信息技术（IT）提供计算能力，构成计算基础设施的骨干；通信技术（CT）确保数据流动，是AI计算数据采集与分发的关键通道。泛在化AI应用的发展促使算力基础设施从中心向边缘、端侧演进。无线网络储备了大量优质算力，并具有站点多、分布广、移动连接的特点，是理想的承载泛在AI的边缘算力环境。

本篇将探索移动通信、计算与AI如何从相互独立的领域走向深度融合，共同塑造一个全新的数字世界。我们将回顾这些技术的起源，见证它们的成长，分析它们的融合趋势，并展望它们共同推动社会进入一个前所未有的智能时代。

移动通信的计算化发展

从20世纪70年代移动电话系统诞生至今，移动通信网络经历了多次重要变革，对人类的生产和生活产生了深远影响。回顾移动通信网络的发展史，分析其时代背景、商业驱动和技术驱动，对预测未来通信网络的发展走向和技术趋势具有重要意义。本章将介绍移动通信网络发展的几个重要阶段，并分析其中的关键因素和演变规律，为未来的技术发展提供借鉴。

1.1 移动通信网络发展简史

1.1.1 2G：从模拟到数字的变革

1. 时代背景

20世纪80年代到90年代是一个充满变革和创新的时代，经济全球化的趋势开始显现，促进了贸易、投资、金融和技术领域的融合和发展。随着资本在全球范围内新一轮的扩张，世界各国的经济合作进一步加深，世界各地的联系愈发紧密。在上述背景下，人与人的交流和联系需要更加紧密、及时、无处不在。快速、便捷、清晰的语音通话成为这个时代对通信网络的重要诉求。

2. 商业驱动

第一代移动通信系统在覆盖、容量和语音质量上不能满足这些需求。首先，没有统一的移动通信标准，各个国家（地区）各自为营，难以接续使用或者互联互通。其次，1G采用频分多址（FDMA）技术，用户之间及不同基站之间需要采用不同的频率资源提供服务，无法满足经济快速发展和全球化用户快速增长的需求。最后，模拟信号系统易受干扰影响，且干扰带来的信号失真和噪声会随传输距离增加而叠加，影响语音体验。这些因素结合相关进步的技术促进了新一代移动通信网络的出现和发展。

3. 技术驱动

移动通信网络采用蜂窝技术后，手机端的发射功率降低，加上数字电路技术的采用使得手机小型化、轻量化，从需要车载到可以手持，使用更加方便，用户的购买意愿增强，移动用户数增加。时分多址（TDMA）和码分多址（CDMA）技术的出现，使得不同用户可以采用不同的时间片段或不同的码片提高资源利用率，相较于 FDMA，系统的用户容量大大提升。全球化的无线通信技术标准首次出现，使得更大范围内的用户实现互联互通、无缝移动。

4. 2G 网络的发展

1987 年，全球移动通信系统（GSM）的技术规范出现，它是首个具有区域乃至全球属性的移动通信网络技术标准。GSM 采用的 TDMA 和数字信号处理技术为容量问题和语音质量问题提供了良好的解决方案。1991 年年底，GSM 在芬兰首次部署。直至今天，GSM 为全球几十亿用户提供基础语音服务。几十年里，GSM 标准也经历了通用分组无线服务（GPRS）和增强型数据速率 GSM 演进技术（EDGE）两次演进，实现了从语音服务到新兴数据服务的支持，为向 3G 平稳过渡奠定了基础。除 GSM 标准外，CDMA 技术在北美也被标准化，成为 2G 标准的一种，服务于全球很多国家和地区。

1.1.2　3G：高速移动互联的萌芽

1. 时代背景

从 20 世纪 90 年代到 21 世纪初，中国加入世界贸易组织（WTO），发展中国家成为新兴经济体，全球经济迅速增长，各种文化之间的交流和融合日益频繁。在快速、便捷、清晰的语音通话基础上，随时随地可以享受互联网络的便利成为这个时代对通信网络的进一步诉求。

2. 商业驱动

随着计算机和数字技术的快速发展，多媒体技术进入数字化阶段。数字音频、视频的处理和存储变得更加容易，激光唱片（CD）、数字通用光盘（DVD）和数字电视等的出现使得多媒体内容的交付和传输更加方便，数码相机取代了传统相机，人们对提升交流体验的诉求拉动了网络业务从单一语音向文本、图像、音频、视频方向发展。2G 标准虽然衍生出 GPRS 和 EDGE 两个新的版本，但 171～384kbit/s 的

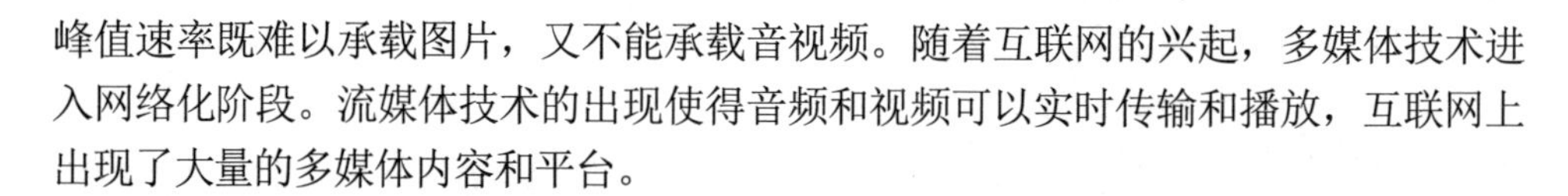

峰值速率既难以承载图片，又不能承载音视频。随着互联网的兴起，多媒体技术进入网络化阶段。流媒体技术的出现使得音频和视频可以实时传输和播放，互联网上出现了大量的多媒体内容和平台。

3．技术驱动

1989 年，英国科学家蒂姆·伯纳斯·李发明了万维网，这是一种基于超文本的信息系统。万维网的出现使得互联网更加易用和普及，促进了全球范围内的信息共享和交流。1998 年 12 月，第三代合作伙伴计划（3GPP）作为全球范围的移动通信标准化组织正式成立，目标是制定 3G 的技术规范和技术报告，实现人与人之间真正的全球漫游和无处不在的信息传递交换。

4．3G 网络的发展

CDMA2000：1998 年，第一个 3G 标准 CDMA2000 诞生。该标准介绍的是 CDMA 技术，该技术可以在同一频段上同时传输多个用户的信号，从而提高网络容量、扩大覆盖范围。2002 年，CDMA2000 正式开始商用，这标志着全球 3G 商用迈出了第一步。在之后的几年里，CDMA2000 成为全球 3G 网络的主要标准之一。

宽带码分多址（WCDMA）：2000 年，日本电信公司 NTT DoCoMo 推出第一个真正商用的 3G 网络 WCDMA，它采用分组技术和高速数据传输技术，可以提供更快的数据传输速率和更好的网络性能。2006 年，高速下行链路分组接入（HSDPA）技术被引入 3G 网络，它可以将数据传输速率提高到 14Mbit/s，这是 3G 网络发展的一个重要里程碑。2008 年，高速分组接入增强（HSPA+）技术和 CDMA 的仅数据演进（EV-DO）Rev.B 技术推出，分别将 3G 网络的速率提升到 21Mbit/s 和 14.7Mbit/s。这使得 3G 网络的速率更接近 4G 移动通信技术的速率，延长了 3G 网络的服务周期。

时分同步码分多路访问（TD-SCDMA）：它是由我国提出的采用时分双工方式和智能天线技术的移动通信系统，于 2000 年 5 月被国际电信联盟（ITU）批准为 3G 国际标准。2001 年 3 月，TD-SCDMA 标准被 3GPP 正式接纳。2009 年 1 月，TD-SCDMA 标准在我国成功实现商用。

1.1.3　4G：移动互联网络的飞跃

1．时代背景

21 世纪初，世界经济虽然遭遇美国互联网泡沫破灭和金融海啸两场危机的惊涛骇浪，但总体保持增长。甚至正是互联网泡沫时期在越洋光缆等互联网基础设施领域进行的投资，为危机过后全球化进一步发展奠定了坚实的基础。全球生产总值增加，国际贸易扩大，国际产业分工合作不断深化，世界经济总量飞速增长，全球化和区域化也在不断向纵深发展。由于科学技术，特别是通信技术的突飞猛进，自20 世纪 80 年代开始的新一轮全球化趋势明显提速，以不可阻挡之势，将更多的人、更大的市场、更丰富的资源纳入全球经济体系。全人类创造的财富增多，各国间经济交往频繁，多数人的生活水平提高，移动互联网络和多媒体技术得到快速发展。提供大带宽、低时延的服务成为这个时代对通信网络的首要诉求。

2. 商业驱动

自从采用 GSM 和 CDMA 标准的 2G 网络在全球部署以来，伴随着经济发展、全球化的加深及手持终端的价格下降，移动网络用户数屡屡刷新纪录，全球手机用户统计如图 1-1 所示。2007 年苹果公司推出第一款 iPhone，引领了智能手机的革命。苹果公司通过整合手机、互联网和消费电子产品的功能，改变了人们的生活方式，吸引了大量用户。其他厂商也纷纷跟上，推出类似的智能手机，进一步推动了手机用户数的增长。移动网络技术的升级和普及也为用户提供了更好的使用体验，促进了业务数据量的增长。终端数量和业务数据量的快速增长对网络容量提出了更高要求。

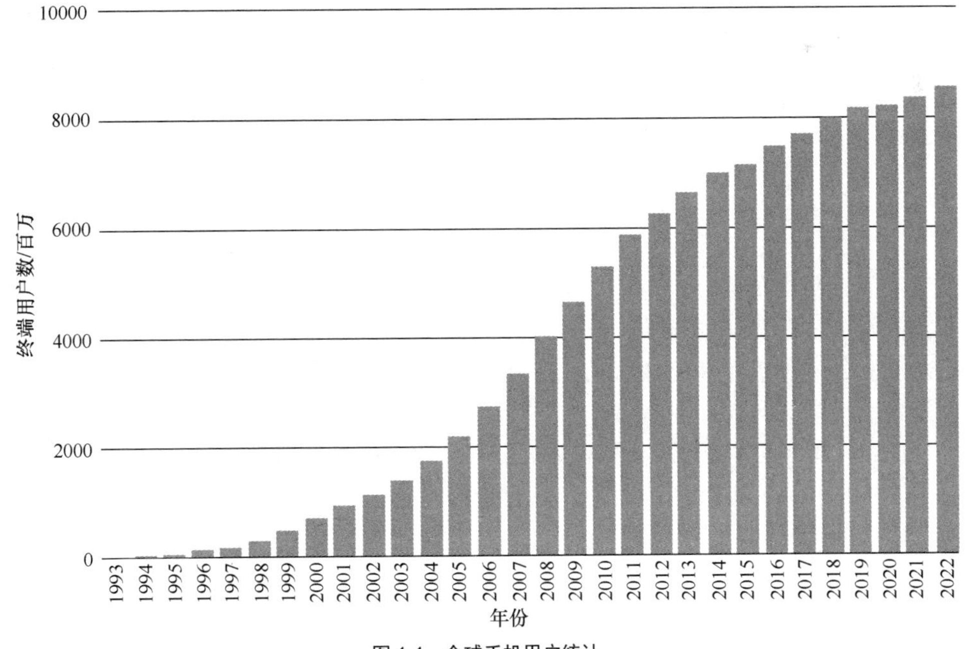

图 1-1 全球手机用户统计

3．技术驱动

20 世纪 70 年代，正交频分复用（OFDM）技术被贝尔实验室通过引入保护间隔进行改良后，使得受多径传播影响的传输信道的多个相互紧密重叠正交的子载波能保持更好的正交性，从而实现了频谱利用率远高于其他技术的并行的数据传输效率。多输入多输出（MIMO）系统从 20 世纪 90 年代末到 21 世纪初，思科和贝尔实验室分别建立了自己的原型系统并测试后，电气电子工程师学会（IEEE）和 3GPP 分别引入 MIMO 技术，使得单位频谱效率成倍提升，为用户容量的扩大奠定了又一基础。

4．4G 网络的发展

2008 年年底，第一个 4G 长期演进技术（LTE）版本 R8 发布，全球移动通信网络多制式技术标准首次得以统一。2009 年年初，全球首个 LTE 商用网络在挪威部署，峰值速率达到 173Mbit/s，是 3G 峰值速率的几十倍，完全能够胜任音频、高清图像乃至高清视频的传输。移动通信网络又一次迈向了快速发展道路。如今 4G 已经成为移动通信网络的中坚力量，仅我国就已建成 600 万个 4G 基站，占世界 4G 基站总数的一半以上。这一时期的集成电路主流制造工艺从 40nm 下降到 14nm，带有各种加速器的 SoC 芯片逐步成为基站处理的主流处理器，在使基站处理能力大大提升的同时，也使基站的功耗和成本降低。

1.1.4　5G：迈入万物互联的时代

1．时代背景

进入 21 世纪，全球通信网络迎来了前所未有的机遇与挑战。从 1G 模拟通信到 4G 高速数据传输，人与人之间的通信已逐渐趋于成熟。然而，随着智能设备和物联网（IoT）的迅猛发展，人与物、物与物的通信需求日益增长。智能家居、自动驾驶、远程医疗和工业自动化等新兴应用场景，对网络低时延、高可靠性、大规模连接能力提出了更高要求。5G 通信系统应运而生，它通过增强移动宽带（EMBB）、超高可靠低时延通信（URLLC）和大规模机器类通信（MMTC），满足了多样化和高标准的通信需求，标志着从传统的“人与人”通信时代迈向“万物互联”的新时代。

2．商业驱动

随着移动互联网与物联网的快速发展，人们对高速率、低时延、大连接的需求不断增长，5G 网络将满足这些需求，成为支撑未来数字社会的重要基础。从 4G 网络发展经验来看，借助新一代系统部署的机遇，通信企业可以抢占市场先机，通过提供创新服务和解决方案来改变市场格局。5G 网络的发展将进一步提升通信行业的技术水平，促进新的商业模式和应用的诞生，从而引领全球商业机遇的发展。对于消费者而言，5G 网络将带来更加丰富和便捷的通信服务体验。同时，行业市场也迫切需要引入高速无线网络进行数字化改造，5G 网络的应用将有助于提高生产效率和管理效率，特别是在智能制造、远程医疗和智慧城市等领域。

3. 技术驱动

大规模 MIMO 技术、非正交多址技术、全双工技术、集成电路和新器件的成熟为 5G 网络的构建奠定了基础。大规模 MIMO 技术通过在基站上使用几十根甚至上百根天线，形成指向性强的窄波束，有利于提高增益、降低干扰，从而提高频谱效率。采用非正交多址技术，如非正交多址接入（NOMA）技术、多用户共享接入（MUSA）技术等，进一步扩大了系统容量。全双工技术通过多重干扰消除实现信息同时同频双向传输，有望成倍提升无线网络容量。这一时期的集成电路主流制造工艺从 14nm 下降到 7nm、5nm，并进一步向 3nm、2nm 迈进，为更高集成度、更强算力、更低功耗的芯片提供了工程基础。随着基站侧业务的多样化，人们对低时延大带宽业务的需求日益增加，推动了边缘计算的发展，并进一步向基站、终端等网络末梢延伸。为了满足基站等移动网络设备对高算力的需求，图形处理单元（GPU）和 AI 芯片等专用芯片被逐步引入，以提供必要的算力支持。

4. 5G 网络的发展

2017 年 12 月 21 日，在 3GPP 无线电接入网（RAN）第 78 次全体会议上，5G NR 首发版本正式冻结并发布。此后 5G 产业链逐步成熟，网络建设逐步扩展深入。截至 2024 年 4 月底，我国累计建成开通 5G 基站 374.8 万个，5G 行业专网超 3 万个。据工业和信息化部统计，我国已建成全球规模最大、技术领先的 5G 网络。此外，5G 还在行业应用领域得到了拓展，发展模式向创新驱动转变。《5G 全连接工厂建设指南》指出，“十四五”时期，主要面向原材料、装备、消费品、电子等制造业各行业及采矿、港口、电力等重点行业领域，推动万家企业开展 5G 全连接工厂建设，建成 1000 个分类分级、特色鲜明的工厂，打造 100 个标杆工厂。2023 年，5G 在矿山、港口、钢铁等行业实现规模部署，全连接工厂的应用进程进一步加快。

1.2 移动通信网络发展规律洞察

本节将从移动通信网络的商业驱动、技术驱动和架构演进的角度总结其发展规律，为未来移动通信网络发展做好准备。

1.2.1 移动通信网络商业驱动

个人和企业的需求驱动运营商不断提升自己的网络性能，提供高质量的通信服务和多样化的业务类型；同时，同行业竞争推动运营商不断降低网络的运营成本，深入挖掘网络资源的潜在价值，以实现更优的成本效益比。

1. 业务经营维度

从 1G 的模拟语音、2G 的数字语音，到 3G 的文本和图像、4G 的视频多媒体，再到 5G 的扩展现实（XR）及未来的沉浸式 XR、全息通信等，业务种类逐渐多样化，传输数据从单一的视觉、听觉维度向包含触觉、嗅觉等在内的多维度多媒体融合演进。运营商通过丰富业务类型，使每个用户平均贡献的通信业务收入增加，从而实现收入增长。

移动通信网络发展的规律 1：商业利益会驱动运营商不断丰富连接所承载的媒体数据维度和业务类型，增加经营的厚度。

2. 商业模式维度

随着移动通信网络的普通消费用户渗透比趋于饱和，在丰富业务类型、进入行业市场增加经营厚度的同时，运营商以通话时长、短信数量和数据流量为基础的管道经营模式逐渐见顶，并开始探索和尝试新的商业模式，比如从追求全网统一的网络质量到提供个性化、差异化的用户体验和服务质量保障。

移动通信网络发展的规律 2：商业利益会激发运营商尝试新的商业模式，提高经营的深度。

3. 用户发展维度

从早期少量的“大哥大”用户到人手一机再到万物互联，从提高人的连接比例扩展到物的无限连接，吸引更多用户/终端连接入网，实现收入增长是最基本的商业驱动。过去几十年，接入网络终端数量的年复合增长率约为 80%。

移动通信网络发展的规律 3：商业利益会驱动运营商快速增加连接的数量和

种类，从而拓展经营的宽度。

4. 成本效益维度

全球上千万个基站，使得运营商在电费和运维费上的负担日益加重。同时，业务需求在时间和空间上存在潮汐效应，导致设备的资源利用率低，造成资产的闲置或浪费。因此，集中化、协作化、云化无线电接入网（C-RAN）等思路应运而生，通过集中部署基站设施，有效降低机房、供电、空调、传输等成本。此外，借助云化、池化和共享技术，进一步提高了资产利用率。

移动通信网络发展的规律 4：商业利益迫使运营商不断寻找压缩成本和提高效益的方法，在降低能耗和运维成本的同时，提高资产利用率，提升经营效能。

1.2.2　移动通信网络技术驱动

商业驱动需要坚实的网络基础和强大的技术支撑。

从网络基础来看，无论是单个基站的算力，还是整体基站的数量都实现了指数级的跃迁。

单个基站的算力：从 2G 基站的 200kHz 频谱单天线单一语音业务，到 5G 基站的 100MHz 频谱 64 天线多种复合业务；从 2G 到 5G，用户数量增长了上百倍，端到端的时延从秒级降低到毫秒级……多个因素叠加起来使单个基站的算力呈指数级增长。

整体基站的数量：从早期的单一制式网络到 2G、3G 两种网络共存，再到 3 种甚至 4 种制式网络共存，频谱从低频到叠加中频再到叠加高频，我国移动通信基站的数量从 2G、3G 时代的近 300 万个发展到 4G 时代的 841 万个，再到 2023 年含 5G 基站已建成 1162 万个。

移动通信网络发展的规律 5：单个基站的算力呈指数级增长。

移动通信网络发展的规律 6：基站数量随频谱增加不断增加。

从技术支撑来看，移动网络和产品的发展需要基站具有强大的信号处理、数据计算能力和灵活调度资源的能力，同时做到小型化，这离不开基础科学、通信技术、硬件和软件工程技术的支撑。而这些技术的快速发展有力地驱动了移动网络和产品的进步，激发了消费者、行业用户的需求和新的商业模式，进一步对相关科学技术提出了更高的要求。

通信技术方面：频谱是稀缺资源，提升频谱效率是无线通信面向连接时代最重要的驱动力。从 FDMA 到 TDMA、CDMA 再到 4G/5G 的 OFDMA，极大地提升了频谱效率，并向 NOMA 演进；从单天线到 64 天线/128 天线（即“大规模天线”），从 SU-MIMO 到 MU-MIMO 演进；从卷积码到 Turbo 码再到低密度奇偶校验（LDPC）码和 Polar 码，为了提升接收机的性能从 Viterbi 算法到 Rake 接收机再到最小均方差（MMSE）、串行干扰消除（SIC）等接收机，相应的信号处理算法复杂度大大增加，但同时处理时间要求越来越短。为了在极短时间内完成复杂信号和数据的处理，需要有强大的硬件技术支撑。

硬件技术方面：关键核心器件从 1G 时代的模拟器件演变到 2G 以后的数字器件，从以中央处理器（CPU）、数字信号处理器（DSP）、现场可编程门阵列（FPGA）为主流的非专用嵌入式数字器件，到含厂家定制加速器件的单片系统（SoC），再到为了适应不同算力类型的业务和智能化引入的 GPU、AI 芯片等扩展算力。关键技术节点包括 2G 时代将 DSP 应用于基站，3G、4G 时代将专用集成电路（ASIC）加速和 SoC 应用于基站，5G 时代将 GPU 和 AI 芯片引入基站。每个时代的关键器件在架构上经历了从单核到多核、从同构到异构、从存算分离到存算一体的变化。单站算力跨越到 10 万亿次浮点运算每秒（TFLOPS）的级别。

为了支撑这样的算力跨越，集成电路设计技术和制造工艺实现了以下改进。

① 制造工艺从 1μm 到 7nm 的进步，使得芯片能容纳更多的晶体管和功能单元，提高了电路的密度和性能。

② 集成电路从较低主频到更高主频的提升，使得电子设备能够以更快的速度进行处理和通信，提高了系统的响应速度和性能。

③ 芯片单位面积功耗从高到低的转变，通过优化架构设计和引入更高效的电源管理技术，集成电路能够在提供更高性能的同时，降低功耗和能耗。

④ 新的设计方法和设计工具逐步涌现，包括仿真、验证和自动化工具等，使得单个芯片上集成更多的功能成为可能，设计过程更快捷、更高效。

⑤ 主处理器以外的高速低能耗的总线、内存和存储技术必不可少，如双倍数据速率（DDR）已经发展了 5 代，速率从 200MT/s 提升到 6400MT/s，并进一步向低功耗双倍数据速率（LPDDR）方向发展等。

移动通信网络发展的规律 7：为支撑商业驱动，硬件技术持续向更高集成度、更低功耗、更高算力、更大传输带宽的异构硬件、标准互联方向演进。算力和传输带宽呈指数级增长，同时伴随单位面积功耗的显著下降。

软件技术方面：基站软件架构演进如图 1-2 所示。为满足从单模到多模共存、从通信协议栈到多种业务共存的需求，从早期的单制式单体型基站，到 2G、3G 后引入的软件定义的无线电（SDR）的单 RAN 基站，再到 4G 在室内基带处理单元（BBU）集中部署的基础上结合站间协同技术的 C-RAN 基站，最后到 5G 基于微服务+容器化等虚拟化、云化技术的 IT 化 RAN 基站，基站已经具备一定的资源抽象和管理能力，提供较细粒度的资源使用条件和逐渐标准化的接口，并向智能化和云化方向演进。

移动通信网络发展的规律 8：为支撑商业驱动，软件技术逐渐提供了更为精细灵活的资源分配和管理能力，移动通信网络智能化和云化趋势已经显现。

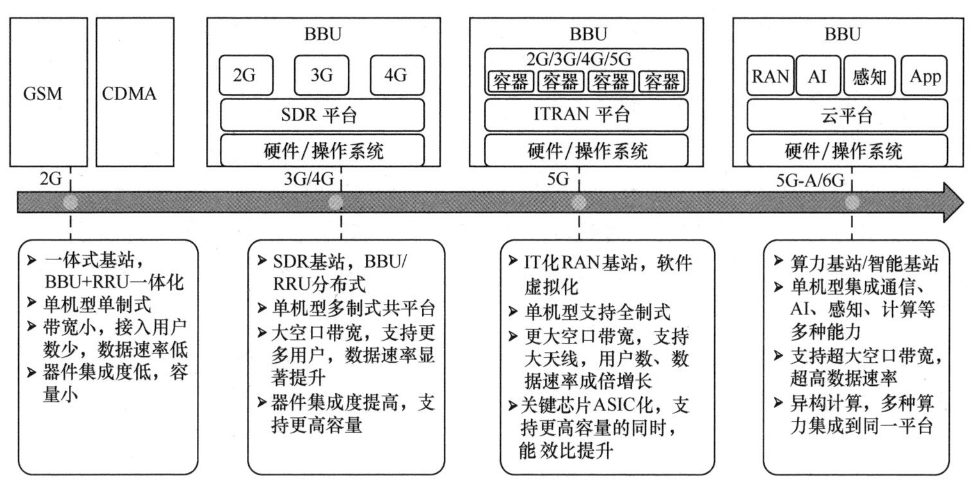

图 1-2　基站软件架构演进

从标准化维度来看，1G、2G、3G、4G、5G 网络各维度情况见表 1-1。除了 3GPP 定义的通信接口协议标准，基站硬件还采用了先进的电信计算架构（ATCA）和 MicroTCA 标准。这些标准来自在电信、航天、工业控制、医疗器械、智能交通、军事装备等领域应用广泛的新一代主流工业计算技术——CompactPCI 标准，它们规定了机械结构、机架管理、配电、散热及连接器等方面的要求，为下一代融合通信及数据网络应用提供了一个基于模块化结构、性价比高、兼容性强、可扩展的硬件架构。同时，基站软件则逐步采用虚拟化和云原生技术。遵循开放统一的标准是实现广泛互联、培养丰富生态、支撑更大商业价值的前提。

移动通信网络发展的规律 9：为支撑商业驱动，开放统一的通信协议和软硬件接口标准必不可少。

表 1-1　1G、2G、3G、4G、5G 网络各维度情况

维度	1G	2G	3G	4G	5G
通信标准	自定义	GSM/CDMA	3GPP	3GPP	3GPP
平台软件	自定义	嵌入式操作系统	嵌入式操作系统	虚拟化	云原生
硬件架构	自定义	自定义	ATCA	MicroTCA	MicroTCA
器件互联	自定义	自定义	SRIO	SRIO/Ethernet	Ethernet/PCIe/UCIe

1.2.3 移动通信网络架构演进

为了匹配商业驱动的需求，移动通信网络的架构和产品形态在代际间发生了显著变化。移动通信网络架构演进如图 1-3 所示，2G 网络起初主要采用一体式基站架构。基站的天线位于铁塔上，其余部分位于基站旁边的机房内，天线通过馈线与室内机房连接。一体式基站架构需要在每一个铁塔下面建立一个机房，建设成本和周期较长，也不方便网络架构的拓展。后来发展为将基站收发信台（BTS）分为 BBU 和射频拉远单元（RRU）的分布式基站架构。BBU 位于室内机房，而 RRU 位于铁塔上，每个 BBU 可以连接多个 RRU。BBU 和 RRU 之间采用光纤连接，即 BTS—基站控制器（BSC）—核心网的 3 级网络架构。

为了节约网络建设成本，3G 网络架构基本与 2G 一致，同样采用 3 级网络架构，即 NodeB—无线网络控制器（RNC）—核心网，NodeB 分为 BBU 和 RRU 两部分。

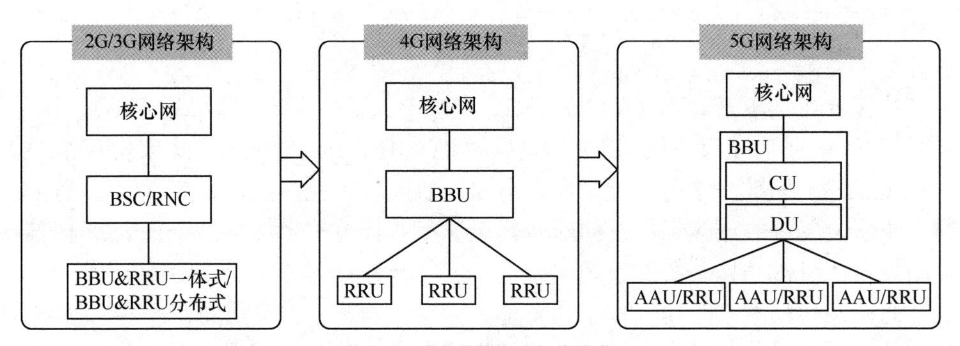

图 1-3 移动通信网络架构演进

4G 时代到来时，基站架构发生了较大的变化。为了降低端到端时延，4G 采用扁平化的网络架构，将原来的 3 级网络架构“扁平化”为 2 级：eNodeB—核心网。RNC 的功能一部分分割在 eNodeB 中，一部分移至核心网。4G 核心网只包含分组交换（PS）域。在 4G 阶段，中国移动提出的 C-RAN 架构被逐渐推广，它将 BBU 的功能进一步集中化、云化和虚拟化，每个 BBU 可以连接 10～100 个 RRU，进一步缩短了网络的部署周期、降低了网络的部署成本。与传统的分布式基站不同，C-RAN 尝试打破远端无线射频单元和基带处理单元之间的固定连接关系，远端无线射频单元不属于任何一个基带处理单元。每个远端无线射频单元处理发送或接收信号都是在一个虚拟的基站完成的，而这个虚拟基站的处理能力是由实时虚拟技术分配基带池中的部分处理器提供的。

为了进一步提高灵活性，5G 网络又采用 3 级网络架构，即分布式单元（DU）—集中式单元（CU）—5G 核心网（5GC）。DU 和 CU 共同组成 gNB，每个 CU 可以连接 1 个或多个 DU。CU 主要实现非实时的无线高层协议栈功能，DU 主要负责处理实时性的层 2 处理和物理层处理。CU 和 DU 可根据不同业务需求和网络条件进行灵活配置。CU 可基于云化平台实现，支持功能按需灵活部署，以及边缘计算和边缘应用的共平台部署。

移动通信网络发展的规律 10：为支撑商业驱动，网络架构的演变始终为缩短建设周期、降低建网和运维成本服务，便于灵活适配不同场景和业务需求。

1.2.4　商业驱动、技术驱动和网络架构演进的关系

商业利益的需要推动了产业发展、技术进步和网络架构演进，技术进步和网络架构演进托举了商业成功，并进一步成就了产业发展。商业驱动、技术驱动和网络架构演进的关系见表 1-2，横向，支撑更多用户、多样化的业务使面向连接的单一模式走向计算和智能复合的模式；纵向，单基站算力、网络规模的增加，通信技术、硬件技术、软件技术和标准化的演进，为用户发展、业务发展、商业模式、成本效益提供了必要的托举。

表 1-2　商业驱动、技术驱动和网络架构演进的关系

	用户发展	业务发展	商业模式	成本效益
单基站算力	支撑更多用户	支撑多样化的业务	支撑从面向连接的单一模式走向计算和智能复合的模式	降低公共组件数量，提升成本效益
网络规模	吸纳更多用户	支撑多样化的业务	支撑新的模式	支撑成本效益
通信技术	支撑更大容量	支撑更高性能	支撑新的模式	支撑单位比特效益提升
硬件技术	支撑单基站算力	支撑更高性能	支撑新的模式	支撑低功耗、低成本
软件技术	支撑更大容量	支撑灵活引入业务	支撑新的模式	支撑资源抽象共享
标准化	统一技术规范，有利于用户发展	支撑多样化的业务	支撑统一生态和开放业务	减少不必要的重复开发，提高成本效益

1.3　移动通信网络发展趋势展望

本节将从移动通信网络的商业驱动、技术驱动和产品形态的角度对其发展趋势进行初步展望。

1.3.1　移动通信网络商业驱动展望

1．用户发展

商业利益会驱动运营商快速增加用户连接的数量和业务种类。由此推测，5G-A 及 6G 阶段，依靠可穿戴设备、RedCap 物联网终端和行业场景的深入拓展，我们依然可以期待移动通信网络继续保持较高速度增长。

2．业务发展

商业利益会催生移动网络传递更多的媒体数据，叠加更多的业务类型，增加经营的厚度。当下云游戏、XR 业务已经起步，未来车联网、低空经济乃至 6G 畅享的沉浸式云 XR、全息通信、感官互联、智慧交互、通信感知、普惠智能、数字孪生、全域覆盖等新场景会让移动网络提供的业务更丰富，新的“杀手级”业务必将出现。

3．商业模式

商业利益会触发新的商业模式，提高经营的深度。5G 时代已经开始尝试改变以通信连接为基础的单一商业模式。随着网络连接和计算资源的愈发强大，5G-A 和 6G 时代必然选择跳出连接管道这个桎梏，将通信、感知和计算相结合。移动通信网络将扮演信息生产者和信息加工者的角色，为用户提供更综合全面的服务，为运营商经营提供更宽广的赛道。

4．成本效益

成本效益会要求功耗和运维成本不断降低的同时，提高网络设备、资源的利用率。规模庞大的移动网络消耗了巨量电力，随着未来新频谱的使用和新算力的增加，电力的消耗会进一步增加，终将制约新服务的发展。因此通过合理管理编排资源，提高设备利用率、降低单位比特数据的功耗是移动通信网络未来可持续发展的必由之路。

移动通信网络必须为未来变革做准备，快速适应增加的用户连接数量、丰富的业务种类、灵活的商业模式和更低的运营成本。

1.3.2　移动通信网络技术驱动展望

1．网络发展

5G 及以前单个基站的算力呈指数级增长，基站数量随频谱增加不断增加，

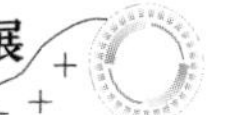

可以预见 5G-A 到 6G 阶段，单个基站算力和基站数量会继续大幅度增加。

2. 通信技术

为满足未来 6G 更加丰富的业务应用及极致的性能需求，《6G 总体愿景与潜在关键技术白皮书》提出了当前业界广泛关注的 6G 潜在关键技术，包括内生智能的新型网络、增强型无线空口技术、新物理维度无线传输技术、太赫兹与可见光通信技术、通信感知一体化技术等新型无线技术，分布式自治网络架构、确定性网络、算力感知网络、星地一体融合组网、支持多模信任的网络内生安全等新型网络技术。这些关键技术在 6G 中的应用将极大地提升网络性能，满足未来社会发展新业务、新场景需求，服务智能化社会与生活，助力“万物智联、数字孪生”6G 愿景实现。

3. 硬件技术

5G 及以前硬件技术展现了向更高集成度、更低功耗、更大算力、更大传输带宽的异构硬件、标准互联方向演进的趋势。未来 10 年，集成电路制造工艺还将进一步向 1nm 甚至亚纳米级演进，进一步提高集成度和算力、降低功耗。芯片设计技术也会通过各种架构进一步提高算力、降低功耗，如存算一体。在摩尔定律日益放缓的背景下，面向具体领域的特定领域体系架构（DSA）芯片应用将更加广泛，这些都会从硬件上为算力和高速互联提供必要支撑。

4. 软件技术

为支撑移动通信网络能力软件化，需要聚焦 3 个关键领域。一是异构硬件虚拟化与资源云化。6G 无线网络将深入融合通信、计算、感知、AI 等新能力。然而从目前的产业格局来看，相关能力及应用仍然基于不同体系与平台来构建。从技术需求来看，不同能力与应用对资源的需求存在内在差异，通过实现各类资源在同一架构下的融合，将多种业务与实际物理资源解耦，并利用云化技术进行资源管理编排，从而可以承载更加丰富的 6G 无线网络能力体系，提高用户体验，促进业务创新。二是 RAN 的服务化。5G 核心网已经革命性地将服务化架构作为网络基础架构，实现了网络功能的可独立扩容、独立演进、按需部署，并持续推动服务化功能与框架的增强与优化。基于云原生思想，传统集成单体型基站功能解耦为网络功能与服务，通过服务化接口实现功能服务之间的交互与能力开放，提供更灵活、更精简和按需提供的网络服务能力，助力提升网络对全行业的适应能力。三是 RAN 的智能化，这是无线通信发展的重要方向和趋势。通过与先进的 AI、机器学习（ML）技术结合，RAN 能够实现更优异的空口性能、更高效的资源分配、更精准的干扰管理和更优化的网络覆盖，提升网络性能和用户体验，降低运营商的运维成本。但同时，RAN 的智能化也面临如数据隐私和算法安全等方面的挑战。

1.3.3 移动网络/产品形态展望

网络架构和产品形态的变化服务于商业驱动，以适应不断演进的业务发展和多样化的部署环境，有利于缩短建设周期、降低建网和运维成本。

从移动通信网络发展的规律看，3 级网络架构较好地适应了这一需求，预计仍然会维持。同时结合业务特点，网络架构有进一步集中的趋势，从三级到二级甚至一级，为 RAN 进一步的云化、服务化创造条件，进一步集中的节点在资源共享、机房配套方面有利于降低建设和运维成本。考虑到应用场景的部署条件，主要通信设备预计仍将部署在电信机房或专用站点机房内。插箱式专用设备将继续作为主要的设备形态。然而，工业生产园区等特殊场景需要支持多网元共存，基于服务器的 BBU 提供了一种有效的补充方案。

自 20 世纪 80 年代以来，经过数十年的发展，全球移动通信网络已经形成了庞大的规模。全球范围内部署了上千万个宏站物理站点，而小站和逻辑站点的数量更是庞大。这些基站配备了机房、铁塔、配电备电设施、传输交换设备、空调制冷系统、时钟同步设备及操作维护工具等大量设施。在地理分布上，基站覆盖了从地下矿井到地面室内外，从万米高空到海洋岛屿，从城市乡村到密林荒漠，几乎遍及世界的每个角落，并服务于大多数人群。目前，移动通信网络正朝着空天地海一体化、服务于各行各业、实现万物互联的方向发展。在互联互通方面，从核心网到边缘节点、基站，再到终端设备，高速光电互联技术和路由技术构建了大带宽的网络连接，实现了数据在秒级甚至毫秒级内的快速传输，同时保持了极低的误包率和抖动。关于计算资源，基站节点数量庞大，且随着技术进步，其算力仍在不断增长。例如，BBU 中的 CPU 算力已达到 100GFLOPS 级别。以此计算，仅 5G 基站的算力就占我国 2025 年预计计算设备总算力 300EFLOPS 的 0.1%，且每年仍在伴随移动网络的建设和优化快速增长。

这个规模庞大、遍及全球、高速互联、算力强大、配套资源丰富的网络已经足够强大且会继续拓展，但盛况之下也面临不少瓶颈和挑战。一是庞大数量的基站带来了高额的建设投资、站址配套和维护费用，以及显著的能耗问题。不同厂家的平台差异导致维护管理统一和资源共享面临困难，进而造成资本性支出（CAPEX）和运营支出（OPEX）逐年增加。二是面向连接的通信业务存在时间和空间的潮汐效应，导致整体资源利用率不高，造成庞大的基础设施资源浪费。三是面向连接的通信业务发展已经进入瓶颈期，单一的商业模式无法承载运营商进一步发展的雄心壮志，而现有移动通信封闭的平台约束了业务模式的创新和多样化。四是不断增长的互联网业务将移动网络单纯视为数据传输的管道，限制了移动网络的盈利能力。

移动通信网络技术历来专注于提升空口效率，但在解决网络发展面临的瓶颈和挑战时，仅凭通信技术本身可能不足以应对。在历史上，跨领域的技术融合带来了显著的成就，智能手机就是将移动通信、计算机技术和互联网技术融合的典范，它不仅满足了人们的通信和信息需求，还创造了巨大的商业价值，并推动了相关领域的发展。

除了移动通信技术，是否还有其他领域的技术能够与之结合，以助力解决移动通信网络发展面临的瓶颈和挑战呢？通过对瓶颈和挑战进行分析，可以看出主要困难在于强大的网络缺乏根据需求快速响应的能力，难以解决通信连接潮汐效应所带来的基础设施资源利用率不高的问题，也无法满足快速引入新业务的需求。这实际上是网络缺少柔性所导致的。值得欣喜的是，微服务、容器化、自动化部署与持续集成/持续交付、弹性计算和面向服务的架构等云计算技术为此带来了曙光。这些技术能够集中管理计算、存储和网络资源，将计算资源和服务提供给用户，为高效利用这些资源提供便利与可能性，为业务创新、多样化和灵活化创造了条件。

AI 技术是另外一种助力网络实现价值跃迁的融合技术，将在无线空口技术、自动网络管理、智能调度和负载均衡、故障预测和自动恢复、智能网络安全、智能边缘计算等领域发挥重要作用，通过智能化和自动化的方式，提升移动通信网络的性能、效率、可靠性和安全性，为用户提供更好的通信服务。

综上所述，从 2G 到 5G 的网络发展表明，为满足不断增长的通信需求和多样化的应用场景，未来的移动网络必须引入云计算和 AI 技术。这将增强网络的算力和智能化，提升整体服务能力，推动各行业的创新与发展。

计算的网络化发展

2.1 计算的发展脉络

计算的发展经历了多个阶段，从大型计算机到个人计算机（PC），再到云计算、边缘计算等。这些发展不仅涉及软、硬件技术的不断完善，还包括计算模型、应用场景和服务模式的变迁。随着有线网络和无线网络的发展，计算服务逐渐为用户提供更多样化的服务模式。本节将介绍计算发展的多个阶段，并探讨每个阶段的特点、优势及对计算领域的影响。

2.1.1 大型计算机：传统的高性能计算

在计算机发展的早期阶段，大型计算机是主要的计算设备。大型计算机通常庞大且昂贵，仅供大型企业和机构使用。大型计算机具有强大的计算能力和存储容量，但缺乏灵活性和可扩展性，主要用于科学计算、金融行业和政府机构等，对于普通用户而言几乎遥不可及。

在大型计算机的发展历程中，发生了一些标志性事件。1964 年，IBM 推出 IBM System/360 系列大型计算机，这个事件被认为是大型计算机时代的里程碑。它引入了可插拔的软件和硬件，使得不同型号的计算机可以共享软件和外部设备。从 1961 年到 1972 年，为了支持 Apollo 计划，IBM 开发了阿波罗制导计算机（AGC）系统，这是一种在航天器中使用的高可靠性的计算机系统。1969 年，UNIX 操作系统诞生，它是由肯・汤普森（Ken Thompson）和丹尼斯・里奇（Dennis Ritchie）开发的。UNIX 的设计理念和特性对后来的操作系统产生了深远影响，成为大型计算机时代的重要里程碑。

直到现在，大型计算机在重要的领域，如金融、保险、航空航天和医疗等依旧发挥着关键作用。这些领域需要处理海量数据、保证高可靠性和高安全性，并提供 7×24 小时全天候服务。大型计算机通过其强大的计算能力和可靠性，满足了这些领域的需求。

从可靠性和容错性来看，大型计算机采用冗余设计和故障转移机制，以防止单点故障对整个系统的影响，硬件和软件方面的冗余保证了系统的高可用性和高可靠性。大型计算机拥有强大的计算能力和高速数据传输能力，采用先进的处理器架构、高速缓存和内存系统，以及优化的输入/输出子系统，在处理大规模数据和完成复杂计算任务方面表现出色。在处理敏感数据和关键业务时，大型计算机的安全性至关重要。大型计算机能够提供多层次的安全防护，如访问控制、加密和审计功能，还具备强大的安全监控和漏洞管理能力及应对网络攻击和数据泄露的能力。

从商业的角度来看，大型计算机的寿命通常较长，可以达数十年，这意味着大型计算机用户的投资得到了长期保护。大型计算机还可逐步扩展和升级系统，以满足不断增长的需求。大型计算机的能耗相对较低，占用空间少，同时维护成本和管理成本也较低。大型计算机供应商提供完善的生态系统和技术支持，用户可以获得专业的培训、咨询和技术服务，以确保系统稳定运行。此外，大型计算机用户可以从供应商的创新和发展中受益，以满足不断变化的业务需求。

2.1.2　个人计算机：个人使用的桌面计算

随着计算机技术的进步，个人计算机出现了，它的成本大幅下降，体积缩小，性能提升。个人计算机的普及使得普通用户可以拥有自己的计算设备进行文字处理、数据处理等。个人计算机的突出特点是独立，用户可以在本地运行应用程序和存储数据，但在计算能力、存储容量和安全性方面受到限制。

在个人计算机的发展历程中，发生了一些标志性事件。1981 年，IBM 发布 PC，它是第一台被广泛使用的个人计算机，标志着个人计算机时代的开始。IBM PC 的成功推动了个人计算机的普及。1985 年，微软公司推出 Windows 操作系统，该操作系统成为个人计算机的主流操作系统。Windows 操作系统友好的用户界面和广泛的软件支持促进了个人计算机的普及和应用。20 世纪 90 年代，互联网的商业化使得个人计算机与全球网络连接起来，开启了信息时代的大门。万维网的诞生、电子邮件的普及及电子商务的兴起，改变了人们的生活和工作方式。这是个人计算机向网络化发展的重要里程碑，也是后续云计算、边缘计算等计算模式向网络化发展的启蒙。

从技术角度来看，随着处理器性能的提升、存储容量的扩大和图形处理能力的提高，个人计算机变得更加强大。同时，体积的缩小也使得个人计算机更加便捷。操作系统是个人计算机的核心软件。从 DOS 到 Windows、macOS 和 Linux，操作系统的不断发展为用户提供了更友好、稳定和安全的环境。操作系统的创新也推动了软件和应用程序的发展。

从商业的角度来看，个人计算机为个体和企业提供了巨大的生产力。通过办公软件和存储服务，个人计算机提高了工作效率和创造力，使得工作和任务的完成更加高效和方便，促进了个人和企业的发展。个人计算机还吸引了大量的开发人员和创新人员，为用户提供多样化的软件选择。个人计算机创造了新的商业模式和机会，为企业和个人带来了经济增长和发展。

2.1.3 云计算：弹性且可扩展的池化计算

云计算是一种基于计算机网络的计算模型，通过网络提供计算资源和服务。在云计算中，计算资源（包括计算能力、存储空间和网络带宽等）及相关的软件和数据都可以被动态地分配和共享，以满足用户的需求。

在云计算中，用户无须拥有和管理自己的物理服务器或基础设施，根据不同的工作负载和流量需求，通过云服务提供商提供的虚拟化环境就可以实现计算资源的按需获取、使用和管理，为用户提供了灵活、可靠和高效的计算能力，同时降低了建设和维护计算基础设施的成本。

我们可以从常见的云计算架构中对云计算的特点进行更深入的了解，如图 2-1 所示。IaaS、PaaS、SaaS 构成了云计算的核心，提供了不同层次和功能的服务，满足了不同用户的需求。

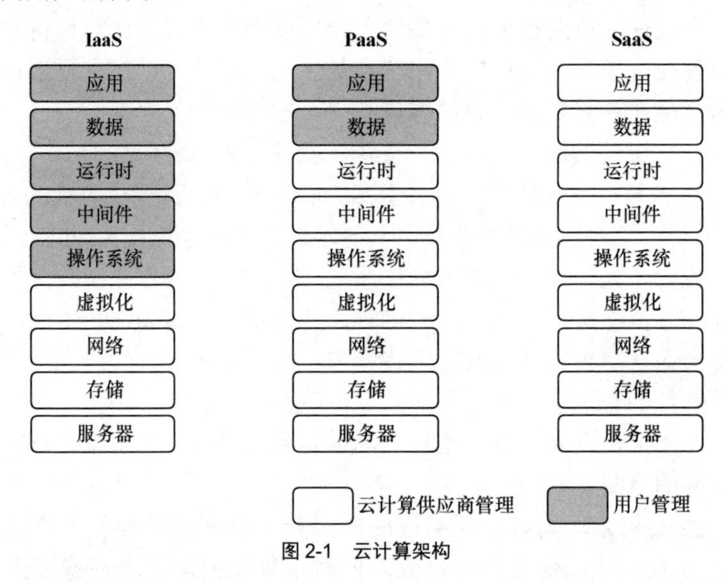

图 2-1 云计算架构

（1）基础设施即服务（IaaS）

IaaS 是云计算架构的基础，用于提供基本的计算资源和虚拟化环境。在 IaaS 中，用户可以自由获取并配置和管理虚拟机、存储空间、网络资源等基础设施，根据自己的需求，按需使用和付费。

（2）平台即服务（PaaS）

PaaS 在 IaaS 之上构建，为开发人员提供了一个完整的应用开发和部署平台。在 PaaS 中，用户可以利用云计算供应商提供的开发工具、运行环境和中间件，开发、测试和部署应用程序，而无须关注底层基础设施。PaaS 使开发人员能够更专注于应用程序的开发和创新。

（3）软件即服务（SaaS）

SaaS 是一种软件分发模型。在 SaaS 中，用户可以通过互联网访问和使用各种应用程序，而无须在本地安装和维护软件。常见的 SaaS 包括电子邮件、在线办公套件、客户关系管理系统等。用户只需要通过浏览器或移动设备即可使用这些应用，无须关注底层的基础设施和平台。

总体而言，云计算通过虚拟化、自动化和网络通信的技术手段，构建了一种灵活、可扩展和按需的计算环境，为用户提供了方便、高效的计算服务。

需要注意的是，云计算的服务模型并不是独立存在的，它们之间有着紧密的关联。例如，PaaS 依赖于 IaaS 提供的基础设施资源，而 SaaS 建立在 PaaS 和 IaaS 的基础上。三者互相配合和协同工作，构成了完整的云计算架构，为用户提供了灵活、可扩展和按需的计算服务。

当前，云计算广泛应用于各个方面，包括虚拟桌面、云存储提供的数据备份恢复服务、在线协同办公等企业应用，科研人员利用云平台进行大规模的计算和模拟，通过高性能计算，加快科学研究进程等。随着云计算技术的进一步发展和创新，云计算的应用还将不断拓展和演进。

2.1.4　边缘计算：将计算能力移至数据源附近的分布式计算

边缘计算是一种分布式计算模型，它将计算和数据处理功能从传统的集中式数据中心移到接近数据源或终端设备的边缘节点上。边缘节点可以是物联网设备、网络边缘服务器等。

边缘计算的作用是将计算资源和数据处理功能尽可能地靠近数据产生和使用的地方，以降低数据传输时延、提高数据处理效率、节约带宽和保护数据隐私。

边缘计算的关键主要包括边缘节点、边缘智能和边缘分发。

① **边缘节点：**边缘计算的关键组件位于网络边缘，可以是物联网设备或专用的边缘服务器等。边缘节点具有一定的计算能力和存储能力，能够执行计算任务和存储数据。边缘节点可以与终端设备和中心云进行通信，并在本地进行数据处理和分析。

② **边缘智能：**在边缘节点上进行的智能计算和决策，使边缘节点能够根据

本地数据进行实时的智能处理。边缘智能包括机器学习、深度学习（DL）、模式识别等技术，使边缘节点能够实现数据分析、预测、优化和决策等智能功能，减少对中心云的依赖。

③ **边缘分发：**将计算和服务的功能推向边缘节点，使其能够提供更高效、实时的计算和服务。边缘分发可以通过将应用程序、数据和服务部署在边缘节点，使终端设备可以直接与边缘节点进行通信和交互，降低数据传输时延，满足实时计算需求。

边缘计算在 IoT、智慧交通、零售行业、医疗保健、城市管理等许多领域都有广泛的应用。通过这些应用，边缘计算提供了强有力的商业价值，具体如下。

（1）智能化赋能

① **实时数据处理与快速决策：**边缘计算将计算能力移动到接近数据源的边缘设备上，实现了实时数据处理和快速决策。这种能力为企业提供了更高效的智能化应用，例如智慧城市、智慧工厂和智慧交通等，帮助企业实现自动化、智能化的转型。

② **降低网络时延与提升安全性：**边缘计算将数据的处理和存储推向离用户更近的地方，降低了数据传输时延。这对于对时延敏感的应用非常重要，如虚拟现实、物联网和自动驾驶等。此外，边缘计算还提供了更好的数据安全性，因为数据可以在本地进行处理，减少了在云端传输敏感信息。

③ **强化 AI 的本地化：**边缘计算将 AI 算法和模型部署到边缘设备上，使得智能决策可以在本地进行，不需要依赖云端的连接。这为实时的、个性化的智能化应用提供了可能性，如智能家居、智能健康监测和智能零售等，为企业创造了巨大的商机。

（2）优化用户体验

① **提升响应速度与可靠性：**边缘计算将计算资源靠近用户，缩短了数据传输的距离，从而大大提升了应用的响应速度。例如，边缘计算可以在游戏中实现低时延的游戏体验，在视频流媒体中实现无缝的高清播放。这种优化的用户体验有助于提升用户满意度和忠诚度。

② **个性化与场景感知：**边缘计算可以根据用户的个性化需求和特定场景进行数据处理和决策。通过在边缘设备上实现个性化模型和算法，企业可以提供定制化的产品和服务，满足用户需求的多样性，并增强用户体验。

③ **离线工作与网络容错：**边缘计算可以在网络不稳定或无网络连接的环境下继续工作，保证应用的稳定性和可用性。这对于一些关键领域，如医疗保健、紧急救援和工业自动化等，具有重要意义。边缘计算的离线工作能力为企业提供了更强的容错性和可靠性。

（3）推动业务增长

① 本地化服务与市场扩展：边缘计算使企业能够在本地提供更加个性化和定制化的服务。通过充分利用边缘计算，企业可以更好地了解本地市场需求，并有针对性地开展营销和业务扩展。这有助于企业在本地市场中获得竞争优势，推动业务增长，扩大市场份额。

② 数据驱动的业务决策：边缘计算提供了更接近数据源的机会，使得企业可以更加深入地了解用户行为和偏好。通过对本地数据的分析和利用，企业可以进行数据驱动的业务决策，优化产品和服务，提高市场反应速度，并实现更高的客户满意度和业务增长。

③ 合作与生态系统建设：边缘计算为企业提供了合作和生态系统建设的机会。通过与边缘计算平台提供商、设备制造商和应用开发人员等合作，企业可以开发新的解决方案，并拓展业务的边界。这种合作和生态系统建设有助于企业实现协同效应，提高市场竞争力，促进业务增长。

2.1.5 端计算：用户端的实时计算

端计算是指具备计算能力和通信功能的电子设备，能够进行数据处理、存储和传输，并与其他设备或网络进行交互的计算形态，它的实物表现形态为智能终端，其通常由操作系统、用户界面和应用程序组成，能够执行多种任务和提供各种服务。

智能终端是云计算、边缘计算及智能技术面向终端用户的最显著的体现。

首先，智能终端可以通过连接云服务器，利用云端的高性能计算资源和大规模存储，实现更复杂、更密集的计算任务和应用。智能终端还可以利用云计算提供的数据中心级别的安全性和可靠性为用户处理和存储数据。

其次，智能终端利用边缘计算，能够在离用户更近的地方进行计算和处理，减少对云服务器的依赖。这对于实时性要求较高的应用场景尤为重要，如智能家居、智慧工厂等。

最后，智能终端的核心是 AI 技术，通过将 AI 算法和模型部署到智能终端上，智能终端可以具备语音识别、图像识别、自然语言处理等能力。这使得智能终端能够理解用户的指令和需求，并提供个性化的服务和智能化的决策。智能终端通过泛在智能为用户带来智能、便捷和个性化的体验，推动了智能化社会的发展。

智能终端能够与用户进行交互、感知环境、学习用户喜好，并根据需求提供各种智能化的解决方案。

智能终端的使用场景非常广泛，如智能灯光、智能门锁、智能温控系统等。通过智能终端，人们可以远程监控和控制家居设备，实现智能化的家居管理，拥有舒适的生活体验。智能手机、平板计算机和智能手表等终端设备可以帮助员工随时随地处理工作任务、查看日程安排和与团队成员进行沟通；智能手环和智能手表可以记录佩戴者的身体活动、心率和睡眠质量等，指导人们健康生活。

随着技术的不断进步和创新，智能终端将在更多领域发挥作用，为人们的生活和工作带来更多便利和智能化的体验。

随着终端设备的硬件性能大幅提升，各种各样的智能终端发挥着重要的作用，可以归结为以下几点。

① **数据收集和传感能力：**智能终端通常配备了各种传感器和数据收集设备，能够实时获取环境数据、用户行为数据等。智能终端可以直接接触到数据源，能够快速、准确地收集大量的实时数据，并将数据传输到边缘节点进行处理和分析。

② **实时响应和低时延需求：**某些应用场景对实时响应和低时延有较高的要求，例如智慧交通系统或工业自动化。通过将计算和任务在智能终端上进行处理和分析，可以在数据产生的地方实时做出反应，降低数据传输时延，提高系统的响应速度和效率。

③ **离线处理和边缘决策：**智能终端具备一定的计算能力和处理能力，可以在边缘节点上进行数据分析和决策，而无须依赖云端。这种离线处理和边缘决策的能力对于一些对隐私保护要求较高或网络连接不稳定的场景非常重要，可以减少对云端的依赖性，增加系统的可靠性和安全性。

④ **灵活性和个性化服务：**智能终端通常拥有不同的用户界面和交互方式，能够提供个性化的用户体验和服务。智能终端通过在本地进行计算和分析，可以根据用户的需求和偏好，实现个性化的推荐、定制化的服务，并与用户进行实时的交互和反馈。

⑤ **网络带宽和成本优化：**智能终端在边缘计算中可以对数据进行初步的处理和筛选，只将重要的数据或结果传输到云端进行进一步分析和存储。传输筛选和优化的数据可以节约网络带宽，降低数据传输成本，并减轻云端的负担。

2.1.6 计算持续发展的推动因素

从大型计算机到个人计算机，再到云计算和边缘计算及端计算的发展是由多种因素驱动的。需求的增长和多样化、数字化转型的推动、技术的进步与成本下降及数据的暴增与实时性要求都促使计算能力向更强大、更灵活和更高效的计算资源转移。这些动力在不断推动着云计算和边缘计算及端计算的持续发展和创新。

① **需求的增长和多样化：**随着科技的进步和社会的发展，人们对计算和数据处理的需求变得越来越多样化和复杂化。个人计算机无法满足所有需求，因为

它们的计算能力和存储容量是有限的。云计算和边缘计算的发展提供了高度可扩展的计算资源和存储资源，可以满足不同规模和类型的需求。

② **数字化转型的推动**：现代社会正经历着数字化转型的浪潮，越来越多的业务和服务依赖于计算和数据处理。云计算和边缘计算提供了高效的基础设施和平台，可以支持大规模数据存储、处理和分析，加速数字化转型的进程。

③ **技术的进步与成本下降**：云计算和边缘计算的发展得益于计算技术和通信技术的不断进步，计算能力提升、数据传输更加高效和经济。同时，随着技术的成熟和普及，云计算和边缘计算的成本逐渐下降，更多的组织和个人能够接触并使用这些资源。

④ **数据的暴增与实时性要求**：随着物联网、移动设备和传感器技术的快速发展，大量的数据被生成和收集。这些数据需要进行实时分析和处理，以提取有价值的信息并用于支持决策。边缘计算和端计算的出现满足了数据处理的实时性要求，将计算能力推向数据源和终端设备附近，避免了数据传输的网络拥塞。

2.2　网络促进计算的发展

网络促进了计算的发展，为计算提供了更广阔的空间和更强大的能力，为创新和进步提供了巨大的机遇。

2.2.1　云计算、边缘计算、端计算和网络的关系

云计算、边缘计算、端计算和网络之间相互依存，共同构建了一个高效、灵活和智能的生态系统。

中心云、边缘云、智能终端和网络的关系如图 2-2 所示。

中心云表示云服务提供商的数据中心，它提供高度可扩展的计算资源和存储资源，是云计算的核心。

在中心云周围，分布着多个边缘节点或边缘服务器，它们构成了边缘云，位于离数据源和智能终端较近的位置。边缘计算依赖边缘云将计算能力推向边缘，使数据的处理更加迅速和高效。

智能终端包括智能手机、平板计算机、物联网设备等，它们是端计算的实物表现形态，连接边缘计算节点或直接与云计算进行通信。智能终端具备计算能力和连接能力，用来执行各种应用程序。

网络为连接中心云、边缘云和智能终端提供数据传输和通信的能力，使各个组件能够相互连接和交换信息。

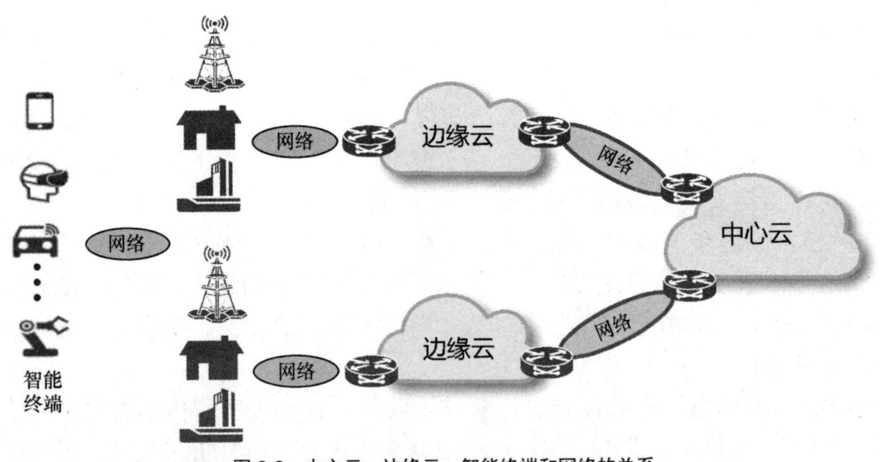

图 2-2　中心云、边缘云、智能终端和网络的关系

网络的发展推动了计算的演进，主要体现在以下几个方面。

① **连接性能的提升**：网络的发展提供了更广泛、更高速的连接性，使得大型计算机、个人计算机及云计算和边缘计算资源之间可以实现快速、可靠的数据传输和通信。在大型计算机时代，网络用于连接大型计算机和终端设备，用户可以通过终端设备远程访问大型计算机的计算能力和存储资源。随着个人计算机的普及，互联网的出现使得用户可以通过网络进行文件传输、电子邮件接收、即时通信等。而云计算和边缘计算则需要更高速、可靠的网络连接来支持数据在云端和边缘设备之间的传输和协同。

② **分布式计算的发展**：网络的发展促进了分布式计算的兴起。在大型计算机时代，计算集中在大型计算机上进行，而网络的发展使得计算能力可以通过网络分布到不同的计算节点上。个人计算机的出现使得每个用户都可以拥有一台计算设备，这为分布式计算提供了基础。随着云计算和边缘计算的发展，计算资源可以在云端数据中心或靠近数据源和终端设备的边缘节点上进行分布，网络成为连接这些分布式计算节点的关键媒介。

③ **数据共享和存储的便利性**：网络的发展使得数据共享和存储变得更加便利。在大型计算机时代，数据主要存储在大型计算机的中心存储设备上，用户需要通过网络进行数据访问和传输。个人计算机的普及使得每个用户都可以拥有本地存储设备，方便存储和访问个人数据。而云计算的出现使得用户可以将数据存储在云端，实现数据的远程存储和共享。边缘计算则将数据存储在接近数据源和终端设备的边缘节点上，提供低时延的数据访问。这些存储和共享的便利性都离不开网络的支持。

④ **实时性的增强**：随着 XR、云游戏等业务的发展，用户对于实时性的要求

越来越高。发展的网络提供了更快速、低时延的数据传输能力，使得实时数据在云端和边缘设备之间可以快速传输和处理。云计算通过将计算资源集中在云端数据中心，使得大规模数据的处理可以在更强大的计算设备上进行；而边缘计算将计算能力推向数据源和终端设备附近，使得实时计算可以更快速地进行。

2.2.2　移动通信网络演进促进计算生态发展

移动通信网络的发展对计算生态发展起到了重要的促进作用，具体如下。

① **移动计算的普及**：移动通信网络使得移动计算成为现实。通过无线网络，人们可以使用移动设备（如智能手机、平板计算机）进行计算和访问互联网，随时随地获取所需的信息和服务。这推动了移动应用程序和移动互联网的蓬勃发展，为人们提供了便利性和灵活性。

② **云计算的应用**：移动通信网络在云计算技术的发展过程中发挥了重要作用。通过无线网络，用户可以轻松地连接云服务，利用云计算资源存储数据、执行计算任务和运行应用程序。移动通信网络的普及使得云计算成为一种便利和可行的解决方案，推动了云计算技术的发展和广泛应用。

③ **物联网的繁荣**：移动通信网络为物联网的实现提供了基础。物联网指的是通过无线网络将各种物理设备、传感器和系统连接起来，从而实现智能化的数据交换和控制。移动通信网络的发展促进了物联网技术的成熟和应用，推动了智能家居、智慧城市、工业自动化等领域的发展。

④ **实时通信和协作的拓展**：移动通信网络实现了人与人、人与机器之间的实时通信和协作。通过无线网络，人们可以随时随地进行语音通话、视频会议等即时交流，促进了远程工作、远程教育、远程医疗等应用的发展。

⑤ **创新技术的发展**：移动通信网络为新兴技术的发展和应用提供了基础。例如，移动通信网络为增强现实（AR）、虚拟现实（VR）、AI 等计算技术的应用提供了必要的网络连接和传输速度。这些新兴技术的发展推动了计算领域的创新和进步。

综上所述，移动通信网络的发展为计算提供了更大的便利性、灵活性和互联性，推动了移动计算、云计算、物联网等领域的发展，促进了计算技术的创新和应用。

2.3　计算与网络协同

网络、云计算、边缘计算、端计算在协同过程中，形成了不同的协同应用策

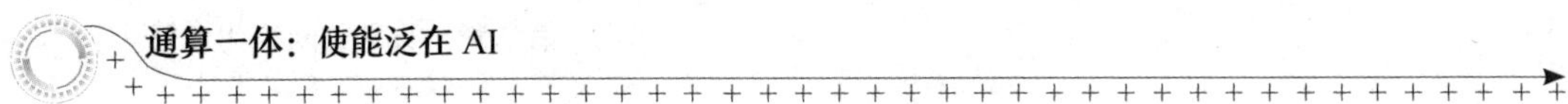

略，出现了多种协同应用场景，但也面临一些挑战。

2.3.1 协同策略

云计算、边缘计算和网络，特别是移动通信网络、端计算可以协同工作，充分发挥各自的优势。云计算提供强大的计算资源和存储资源，边缘计算提供低时延和实时性处理能力，移动通信网络提供灵活和移动的连接性。这种协同可以满足不同应用场景的需求，提供高效、实时和可靠的计算和通信服务。要实现云计算、边缘计算和移动通信网络、端计算的协同，充分利用它们各自的优点，可以采取以下策略。

① **数据分布处理**：将数据处理任务分配到云计算、边缘计算和终端设备，根据任务的性质和要求来决定在何处进行处理。对于大规模的数据处理任务，可以利用云计算提供的强大计算资源进行处理；对于实时性要求较高的任务，可以利用边缘计算在靠近数据源的位置进行处理；而对于一些本地的实时交互任务，可以利用移动通信网络直接在终端设备上进行处理。

② **数据分布存储**：根据数据的访问频率和大小，将数据存储在云端、边缘节点或终端设备中。对于经常需要访问的数据和大规模的数据，可以将其存储在云端，以满足高容量和弹性扩展性的需求；对于需要快速访问的数据，可以将其存储在边缘节点上；而对于一些本地数据和用户个人数据，可以存储在终端设备上，以提高数据隐私和安全性。

③ **边缘智能和决策**：利用边缘计算节点的智能和决策能力，将一些决策任务和本地优化任务在边缘节点上执行。通过将决策和优化任务推向边缘，可以减少与云计算中心的通信和降低时延，提高响应速度和决策的实时性。

④ **网络优化和负载均衡**：通过网络优化和负载均衡算法，将网络流量和负载在云计算、边缘节点和移动通信网络之间进行平衡。根据网络状况、节点负载和用户需求，动态地调整数据传输路径和节点的负载分配，以提高网络的性能、可靠性和带宽利用率。

2.3.2 协同场景

云计算、边缘计算和网络，特别是移动通信网络、端计算的综合应用场景涵盖了许多领域，具体如下。

① **智慧城市**：在智慧城市中，移动通信网络为各种设备和传感器提供连接，将数据传输到云端进行处理和分析。边缘计算部署在城市的边缘节点上，可以实时处理大量的传感器数据，从而实现实时的交通监控、环境监测、智能灯光控制、垃圾管理等功能。

② **工业物联网**：在工业领域，移动通信网络用于连接工厂内的各种设备和机器，实现机器之间的通信和数据传输。云计算平台可用于对大规模工业数据进行分析和优化，提高生产效率和质量。边缘计算可以在工厂内的边缘节点上进行实时监测和控制，降低数据传输时延，支持实时的设备管理和故障诊断。

③ **智慧交通**：在交通领域，移动通信网络为车辆和交通基础设施提供连接，实现车联网和智慧交通系统。云计算平台可用于处理车辆和交通数据，进行交通流量优化、智能导航等。边缘计算可以在交通信号灯等边缘节点上进行实时的交通监控和决策，减少交通拥堵和事故的发生。

④ **移动互联网和物联网应用**：在移动互联网和物联网应用中，移动通信网络提供了设备和用户的无线连接。云计算平台为移动应用和物联网平台提供数据存储、计算和分析能力，支持大规模用户和设备的服务。边缘计算可以在接入网的边缘节点上进行实时的数据处理和决策，提供更快速和个性化的服务。

⑤ **医疗保健**：在医疗保健领域，移动通信网络可以用于连接医疗设备、监护设备和患者设备，实现远程医疗和监测。云计算平台可用于存储和分析医疗数据，实现远程诊断，完成医疗决策。边缘计算可以在医疗设施的边缘节点上进行实时的数据处理和监测，降低数据传输时延，支持实时的医疗服务和紧急响应。

这些应用场景展示了云计算、边缘计算和移动通信网络综合应用的广泛性和多样性。它们通过整合和协同工作，实现了更高效、更智能和更可靠的服务和应用。

2.3.3　协同面临的挑战

随着云计算、边缘计算和网络，特别是移动通信网络、端计算协同策略的实施及应用场景的出现，协同面临的挑战也随之出现，具体如下。

① **网络带宽和时延**：综合应用需要大量的数据传输和实时性能的支持。然而，目前的网络带宽和时延限制无法满足高容量数据传输和低时延的要求。特别是在边缘计算场景下，边缘节点和云端之间的网络连接会受限，影响数据传输和决策的实时性。

② **安全和隐私**：综合应用涉及大量的数据传输和存储，安全和隐私成为重要问题。数据在传输和存储过程中需要进行加密和保护，以防止未经授权的访问和数据泄露。同时，用户的隐私也需要得到充分的保护，确保个人数据不被泄露或滥用。

③ **标准和互操作性**：云计算、边缘计算和移动通信网络、端计算的综合应用涉及多个技术和平台，缺少统一的标准和互操作性系统集成和数据流动都有困难。不同厂商和技术供应商之间的差异化导致系统集成和部署的复杂性，限制了综合应用的扩展和互操作性。

④ **数据管理和分析**：综合应用可生成大量的数据，管理和分析这些数据是协同面临的挑战之一。有效地收集、存储、处理和分析数据，提取有价值的信息，对于实现综合应用的目标至关重要。同时，数据质量、数据一致性和数据隐私的问题也需要解决。

⑤ **能源效率**：在综合应用中，边缘设备和节点需要保持高效的能源利用率，以确保长时间的运行和可持续性。由于边缘节点通常位于离线电网或电池供电的环境中，能源效率和管理成为协同面临的挑战之一。

应对这些挑战需要行业各方的合作和努力，包括技术创新、标准制定、安全保障、人才培养等。随着技术的不断发展和成熟，这些挑战将得到逐步解决，云计算、边缘计算和移动通信网络、端计算的综合应用将得到更广泛的推广。

展望云计算、边缘计算、端计算和网络，特别是移动通信网络的发展方向和趋势，具体如下。

① 随着边缘计算能力提升，AI 技术与边缘计算的结合将实现智能边缘。智能边缘节点将具备本地的机器学习和推理能力，能够实时处理和分析数据，并根据智能算法做出决策，提高系统的智能性和自适应性。智能边缘节点将具备强大的计算、存储和处理能力，能够执行更复杂的任务和应用。边缘设备将不仅是数据的收集节点和传输节点，还能进行实时的数据处理和决策，实现更高效的边缘智能。智能边缘的大规模应用，进而推动泛在智能的实现。

② 分布式计算和移动通信网络协同能力提升，云设备、边缘设备和终端设备将形成更紧密的协同关系，实现分布式计算和任务卸载。任务可以根据需求和资源情况通过网络，特别是移动通信网络，在云、边缘和终端之间进行动态分配和调度，以提高系统的性能和效率。

③ 安全和隐私处理能力增强，随着云、边、端融合规模的扩大，安全和隐私保护将成为重要关注点。加强边缘设备和网络的安全防护能力，保护数据的传输和存储，以及强化用户隐私权益将是未来的重要发展方向。

综合来看，以云计算、边缘计算、端计算为代表的计算能力和以移动通信网络为代表的通信能力的融合共生是未来的发展趋势。这种趋势将催生更高效、更智能和更可靠的应用，并推动下一代计算和通信网络的发展。

AI的泛在化发展

从早期的理论探索到现代的技术突破，AI已经成为我们生活中不可或缺的一部分，它的发展历程证明了人类对于掌握更高智慧的不懈追求。在过去的几十年里，AI技术经历了从孕育到爆发的过程，其应用范围从简单的推理计算扩展到复杂的决策制定，在医疗、教育、金融等多个领域都发挥着重要作用。随着5G和即将到来的6G移动通信技术的发展，AI的潜力将被进一步挖掘，以实现更快的数据处理和更广的连接范围。通信技术与AI的融合，使得信息传递更为迅速，决策更为精准，生活更为便捷，推动整个社会的进步。我们可以预见，在不久的将来，AI与移动通信网络将结合得更加紧密，并广泛应用于生活的各个方面，创造出更多前所未有的可能性。

3.1 AI的发展简史

AI从最初的概念提出，到每一次技术浪潮的兴起与衰退，再到当前的深度学习和生成式AI的繁荣，我们可以看到科学家们的远见卓识和对技术进步的不懈追求，以及AI在解决实际问题中的巨大能力。在AI发展的历史长河中，每一次的低谷都为下一次的高潮积累了宝贵的经验和教训，每一次进步都凝聚着无数研究人员的智慧和汗水。AI的发展，不仅推动了AI领域的发展，也给人类社会的发展带来了深远的影响。

1. AI的起源（20世纪40—50年代）

AI的起源可以追溯到1943年，科学家沃伦·麦卡洛克（Warren McCulloch）和沃尔特·皮茨（Walter Pitts）首次提出利用神经网络来模拟大脑功能的理论。1955年，约翰·麦卡锡（John McCarthy）和其他几位研究人员提交了举办达特茅斯AI暑期研讨会的建议书，该建议书中首次使用了AI这一术语。1956年，达特茅斯AI暑期研讨会的召开标志着AI作为一个独立研究领域正式诞生。

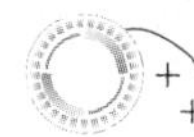

2．AI 的第一次浪潮（20 世纪 50—60 年代）

在 AI 的早期阶段，很多研究人员对其发展充满了希望。1957 年，康奈尔大学的弗兰克・罗森布拉特（Frank Rosenblatt）提出了感知器模型，这是一种基本的神经网络，能够执行简单的布尔运算和线性分类。此后，爱德华・费根鲍姆（Edward Feigenbaum）等人开发了第一个专家系统 DENDRAL，标志着 AI 开始从理论研究转向实际应用。然而，到了 1969 年，由于技术和理论的局限性，以及计算能力的不足，AI 的研究遭遇了严重挫折，进入了所谓的“AI 冬天”。

3．AI 的第二次浪潮（20 世纪 70—80 年代）

1974 年，保罗・韦伯斯（Paul Werbos）提出了反向传播算法，为训练复杂神经网络奠定了基础，但当时并未得到广泛关注。直到 1986 年，杰弗里・辛顿（Geoffrey Hinton）和大卫・鲁梅尔哈特（David Rumelhart）的研究重新点燃了学者们对神经网络的研究热情，他们提出了通过增加隐藏层来解决非线性问题，如异或问题。此外，犹大・伯尔（Judea Pearl）于 1988 年提出的贝叶斯网络，为处理不确定性信息提供了强有力的工具。尽管如此，神经网络研究在解决梯度消失问题时再次陷入僵局。

4．AI 的第三次浪潮（20 世纪 90 年代—21 世纪 10 年代）

20 世纪 90 年代初，随着计算能力的显著提升和数据量的增加，AI 领域再次迎来了发展的春天。1997 年，尔根・施密德胡伯（Jurgen Schmidhuber）发明了长短期记忆（LSTM）网络，极大地推动了循环神经网络的研究。1998 年，杨・勒昆（Yann LeCun）等人将卷积神经网络应用于手写数字识别，大幅提高了图像识别的准确性。21 世纪初，随着深度学习的兴起，AI 的应用迅速扩展，从图像识别和语音识别到自然语言处理，AI 的实际应用正在逐步渗透到人类生活的各个领域。

5．AI 的第四次浪潮（21 世纪 20 年代）

2022 年 11 月，ChatGPT 的发布引起了整个社会的巨大关注，引发全社会方方面面关于 AI、生成式 AI、大模型甚至通用 AI 的讨论、研究和应用。生成式 AI 通过从数据中学习关联关系，进而生成全新的、原创的内容或产品，不仅能够实现传统决策式 AI 的分析、判断、决策功能，还能够实现创造性功能。目前，典型的生成式 AI 的应用包括文字理解与生成（如 ChatGPT）、图片生成（如 Stable Diffusion）、视频生成（如 Sora）、音乐生成（如 MusicLM）、代码生成（如 Github co-pilot）和蛋白质生成（如 ProGen）等。生成式 AI 正在重塑办公、设计、建筑和内容领域的工作方式，并开始在生命科学、医疗、制造、材料科学、媒体、娱乐、汽车、航空航天领域进行初步应用，为各个领域带来生产力的大幅度提升。

总体来看，AI 的发展是在一系列不断地挑战与应对挑战中逐步前进的，每一次技术革新都极大地推动了该领域的进步。从最初的理论探索到现在的广泛应用，AI 技术不断演进，持续推动人类的 AI 梦想成为现实。在未来，随着技术的进一步发展和伦理问题的深入讨论，AI 将更加智能和安全地服务社会。

3.2　AI 的泛在化发展

经历了高速发展、从学术探索转向应用落地的 AI，已经从一个科幻概念转变为现实世界中触手可及的技术，并且正在加速走向“泛在 AI”时代。

“泛在 AI”是通过无处不在、无所不在的信息感知、信息获取实现泛在感知，并借助强大的感知交互能力、计算决策能力和内容生成能力，为用户提供更加普遍意义上的“AI 泛在服务”，使能“智慧泛在”的社会。泛在 AI 不仅服务于特定的行业或领域，也是推动社会和经济整体发展的关键力量。AI 泛在化的驱动因素具体如下。

① **技术进步：**深度学习、机器学习和自然语言处理等技术的突破，使 AI 能够处理复杂的任务和大量的数据；随着 AI 模型的性能和效率持续优化，AI 应用门槛的降低，非专业人士也能轻松使用 AI 工具，极大地推动了 AI 的发展。

② **数据可用性：**互联网和物联网设备产生了海量的数据，爆炸式增长的数据为 AI 提供了前所未有的“营养”，这些数据都是 AI 系统学习、训练优化的基础。

③ **计算能力：**以云计算、边缘计算、智能终端为代表的计算能力持续发展，为 AI 应用提供了强大的计算资源和存储资源，以及低时延和实时性处理能力，使 AI 应用能够快速响应和处理信息。

④ **经济效益：**AI 技术能够显著提高效率、降低成本和创造新的商业模式，吸引了企业和政府的投资。AI 可以应用到广泛而多样的场景中，在医疗、城市、制造、服务和数字内容等领域都有长足发展。

⑤ **政策推动：**2023 年 5 月，中国工程院中国新一代人工智能发展战略研究院发布的《中国新一代人工智能科技产业发展 2023》，强调建设具有全球竞争力的人工智能产业集群。这意味着中国正致力于构建一个在全球范围内具有竞争力的人工智能产业生态系统，推动人工智能科技创新和产业发展，助力实体经济向数字化、智能化转型。

3.2.1 泛在化的应用场景

在上述各种因素的综合驱动下，目前，AI 的应用已经遍布各个行业，下面我们对其主要的行业应用进行介绍。

① **医疗保健**：AI 在医疗保健行业的应用正在迅速发展，其价值和影响日益凸显。AI 技术的进步为医疗保健领域带来了革命性的变化，从提高诊断的准确性到优化治疗方案，再到患者的护理和服务管理，应用价值巨大。AI 在医疗影像分析方面的应用已经相对成熟，通过深度学习和计算机视觉技术，能够帮助医生更快、更准确地识别疾病，特别是在处理大量数据时表现更出色。例如，AI 可以分析成千上万的医学影像，快速识别异常，辅助医生进行诊断，这不仅提高了工作效率，还提升了诊断的准确率。在药物研发领域，AI 的应用也显示出巨大的价值，通过分析复杂的生物数据，预测药物分子与目标蛋白结合的可能性，加速新药的发现和开发过程。这意味着，借助 AI 可以在更短的时间内，以更低的成本开发新的治疗方法。此外，AI 在慢性病管理和个性化医疗方案的制定中也发挥着重要作用。通过分析患者的历史健康数据和实时监测数据，AI 可以帮助医生制定更为精准的治疗计划，实现个性化医疗服务。

② **金融服务**：AI 在金融服务行业的应用正在深刻改变传统的金融生态系统。AI 技术的集成不仅提高了金融服务的效率，还增强了风险管理能力，通过大数据分析、模式识别和预测模型来识别潜在风险，帮助金融机构更好地管理风险。此外，AI 的应用还促进了个性化金融服务的发展，根据客户的偏好和需求提供定制化的金融产品和服务，从而提高客户体验和忠诚度。随着技术的进步，AI 在金融服务行业的应用也在不断拓展，包括智能投资顾问、智能风控、智能客服等多个方面，这些应用不仅提升了服务质量，还为金融机构带来了新的业务机会和市场竞争力。AI 在金融服务行业的应用价值和影响是多方面的，既包括提升效率和客户体验，也涉及风险管理和监管挑战，这些都是当前金融服务行业发展的关键因素。

③ **制造行业**：在制造行业引入 AI 技术不仅可提高生产效率和产品质量，还可推动制造流程的优化，使得生产更加灵活和可持续。例如，通过机器学习和计算机视觉技术，AI 可以实现预测性维护，减少设备发生故障的次数，提高生产线的运行效率。此外，AI 在供应链管理和质量控制方面的应用也为制造业带来了显著的变化，提升了资源利用效率和环境保护水平。随着技术的不断进步，AI 在制造业的应用前景广阔，预计将进一步推动行业的数字化和智能化转型。根据德勤的研究，在中国制造业中，AI 的应用市场规模有望在 2025 年超过 140 亿元人民币，这显示出 AI 巨大的增长潜力。AI 技术在制造业中的应用不仅限于生产过程，还涉及产品设计、销售、售后服务等多个环节，为企业创造了全新的价值。

④ **交通运输**：AI 在交通运输行业的应用正在彻底改变我们的出行方式，它能在提高安全性、优化流程的同时，减少对环境的影响。AI 技术通过机器学习和大数据分析，能够预测交通流量，优化路线规划，避免拥堵。例如，自动驾驶汽车利用计算机视觉技术和传感器来识别道路条件，提高驾驶安全性。此外，AI 在公共交通系统中通过实时数据分析来提高运营效率，提升乘客体验。在物流领域，智能机器人和自动化系统正在改变货物的存储和运输方式，提高供应链的效率。AI 还在交通信号系统中发挥作用，通过智能信号灯来减少交通事故的发生，提高道路使用效率。总体而言，AI 技术不仅提高了交通运输行业的经济效益，还有助于构建更加可持续和安全的交通环境。

⑤ **客户服务**：AI 在客户服务行业的应用正逐渐成为一种重要的技术力量，它不仅改变了客户服务的运作方式，还提高了客户服务的效率和客户满意度。AI 技术通过自动化处理大量重复性、低层次的查询，解放了客服人员，以便他们从事更有价值的工作，如处理复杂问题和提供个性化服务。此外，AI 的学习和分析能力使得客户服务体验不断提升，能够提供更快速和更准确的解决方案。

随着云计算、边缘计算、无线通信、物联网、智能终端等的普及和应用，AI 将与这些技术更加紧密地融合，推动智能化进程向更高层次发展。未来，AI 技术将成为像网络和电力一样的基础服务设施，推动产业变革、社会转型，改变我们的工作和生活方式，为人类带来前所未有的便利和机遇，催生全新产业生态。

3.2.2　泛在化的设备形态

在当前的技术革新浪潮中，人工智能正在广泛嵌入我们的生活和工作中的各类设备。从个人使用的移动设备到城市公共基础设施，再到家居和交通载具，AI 的集成使得智能设备不仅是信息处理工具，还是我们日常活动中的互动伙伴。下面我们将探讨 AI 在各种设备中的应用，以及这些技术是如何塑造现代生活的。

① **移动手持设备**：智能手机和平板计算机作为我们日常生活中最常见的设备，已经集成了众多 AI 功能。这些设备通过内置的 AI 助手，如 Siri，提供了语音控制、日历管理、实时信息搜索等个人助理功能，极大地方便了用户的日常生活。此外，通过高级的图像和语音处理技术，这些设备能够实现如实时语言翻译和视觉对象识别等高级功能，为用户提供了前所未有的便利性和互动性。

② **可穿戴设备**：可穿戴设备如智能手表和健康监测设备，通过追踪健康指标如心率、步数和睡眠质量，不仅提供健康监测，还能预测用户的健康趋势，并在紧急情况下自动联系救援服务。这些设备的 AI 分析功能让个人健康管理更加主动和精准，成为现代健康生活方式的重要组成部分。其他可穿戴设备如智能眼镜，在集成场景、语音、手势识别语音回答等能力后，为用户提供更直观的交互

方式。此外，利用更先进的生成式 AI 技术，可穿戴设备可以实时动态生成用户个性化的内容，并对用户行为进行快速反馈，增强用户的沉浸感。

③ **家居家电**：智能家居设备如智能音箱、智能灯泡和智能恒温器等，正通过 AI 技术变得越来越“聪明”。这些设备能够学习用户的偏好，自动调整家中的环境，如温度和照明，甚至能够根据用户的日常习惯进行能源管理，如智能冰箱可以跟踪食品存货并提醒我们何时需要补充，甚至能根据用户的消费习惯推荐食谱，从而提升了居住的舒适度和效率。

④ **汽车**：汽车行业也在快速采纳 AI 技术，特别是在自动驾驶和驾驶辅助系统中。现代汽车不仅可以自动导航，避开交通拥堵，还能实时监测车辆状态和周围环境，提高行车安全。车载 AI 系统还能学习驾驶者的习惯，提供个性化的媒体播放和路线建议。

⑤ **城市基础设施**：城市基础设施中同样也在快速集成 AI 能力。例如引入 AI 能力的视频监控设施能够实时分析监控画面，自动识别可疑行为，提高安全监控的效率和响应速度。智能电网的输电设备使用 AI 来预测电力需求和优化能源分配，不仅提高了能源使用效率，还有助于降低环境影响。

⑥ **工业设备**：在工业领域，AI 使得生产机器人能够进行更精准的组装作业，智能化的生产线可以根据实时视觉检测数据，判断生产过程中各环节的质量，根据优化算法自动调整操作，提高效率和产品质量。预测性维护技术通过分析设备数据预测潜在故障，减少了意外停机时间，这对于保持工业操作的连续性至关重要。

3.2.3 泛在化的服务方式

在探讨人工智能的泛在化发展进程中，我们将其历程划分为几个关键阶段，每一阶段都标志着 AI 能力的一个重要扩展，也是服务方式的突破。这些阶段不仅显示了 AI 技术从理论到实用的演进，还揭示了它越来越广泛的应用价值。我们将从 AI 在辅助决策中的应用开始探讨，这一阶段主要关注 AI 如何处理和分析大量数据来支持和优化决策过程。随后，将讨论生成创造阶段，这一阶段 AI 的能力扩展到了自主创作和解决方案生成，显示了 AI 从执行具体任务到进行创造性思维的转变。最后，将涉及具身智能，这一新兴领域强调了智能系统与物理世界的交互，是 AI 实现更广泛应用的关键。

1. 辅助决策服务

在人工智能发展的早期阶段，其主要应用集中在辅助人类进行判断和决策。一方面，由于人们对于人工智能中“黑箱”式的算法持谨慎态度，无法完全信任其决策过程，这限制了 AI 的广泛应用。另一方面，由于算法的准确性不足、泛化能力有限，以及自动化能力受限，人类无法完全依赖这些 AI 算法来解决实际问题，因此，这些算法的应用仍然非常有限。然而，随着算法的不断成熟、数据质量的提升以及算法可解释性的增强，人工智能正在逐步扩展其在各个领域的应用。自动驾驶便是一个典型例子：从单一功能的智能化增强，到辅助驾驶，再到实现端到端的全自动驾驶，人工智能在这一领域的决策能力正在日渐增强。

AI 的核心优势在于其能够处理和分析大量数据，从而为决策者提供基于数据的、精确的见解。在商业、医疗和科研等领域，这种基于大数据的分析可以揭示不为人注意的模式和趋势，为决策者提供前所未有的深度洞察。例如，通过机器学习分析消费者行为数据，公司可以精准定位市场需求，制定更有效的市场策略和产品开发计划，从而提高投资回报率和市场响应速度。

同时，AI 系统可以通过实时分析大量历史和实时数据，有效识别潜在的风险因素，帮助决策者进行风险管理。在金融行业中，AI 可以对市场进行持续监控，实时分析金融风险，预测并避免可能的金融危机，从而保护投资者的利益。在供应链管理中，AI 能够预测和应对供应链中断风险，通过动态调整库存和物流策略来最小化运营中断。

人类决策往往会受到各种主观情绪和认知偏见的影响，而 AI 作为一种基于数据和算法的工具，可以提供更客观、更一致的决策支持。在医疗诊断中，AI 辅助系统可以减少诊断错误，提供一致的诊疗建议，这对于提高治疗效果和患者安全具有重要意义。

通过自动化复杂和重复的决策过程，AI 不仅可以提高决策效率，还可以释放人类从事更有创造性和策略性的工作。在工业生产中，AI 可以实时优化生产流程和能源使用，减少浪费，提高生产效率和可持续性。这种优化不仅限于提高单个工厂的效率，还包括整个供应链的优化，从原材料采购到产品生产再到市场分销，每一环都能通过 AI 的优化实现成本降低和效率提高。

AI 在辅助决策中的应用正在逐步改变我们处理信息、做出决策的方式。通过提高决策质量、减小风险、减少人为误差并解放生产力，AI 帮助个人和组织实现更高效、更智能、更可持续的运营。尽管如此，引入 AI 辅助决策也带来了对数据质量、算法透明度和决策公正性的新要求和挑战，需要我们在享受 AI 带来的便利的同时，也关注并解决这些伴随的问题。

2. 生成创造服务

在 AI 泛在化的发展中，“生成创造”阶段标志着人工智能从单纯的数据分析和决策辅助转向具有创造力的角色，能够自主生成内容和解决方案。过去，人工智能的发展道路一直是探索更好的算法，更高质量的数据，去将人工智能算法适配到更广泛的应用场景。然而，GPT 类模型的出现，让人类第一次切身感受到模型规模的 Scaling law，即通过不断增加模型大小和训练数据所产生的能力涌现效应。在自然语言处理和计算机视觉领域，Transformer 模型的出现打破了模态之间的壁垒，使原生多模态的大模型有能力同时理解多种模态的数据，并生成想要的模态表达。这一阶段的 AI 不仅模仿人类的创造行为，而且能够在艺术、文学、音乐、设计等领域自主生成新作品，甚至在科学研究和工程设计中提供创新的思路和方法。

在这一阶段，AI 的能力超越了简单的数据处理，能够接管更多需要创造性思维的任务。这一转变极大地解放了脑力劳动者，如设计师、作家、科研人员等，从繁重的信息处理和初步设计工作中解放出来。他们可以将更多的精力投入更高层次的创意发展和策略规划，从而提升整体的创新效率和质量。例如，通过使用 AI 来自动生成初步研究报告、文学草稿或设计草图，创作者可以更快地迭代和完善他们的作品。

AI 技术通过提供工具和平台，显著降低了创作的技术门槛。个人无须深厚的专业知识即可创作音乐、绘画或编写程序。这种普及化使得更广泛的人群能够参与到创作过程中，增加了文化和技术创新的多样性。例如，AI 绘画程序可以帮助没有绘画背景的用户根据自己的想法创建复杂的视觉艺术作品，这不仅拓展了艺术创作的参与者范围，也丰富了艺术的表现形式。

在科学研究中，AI 的生成能力正在帮助人类突破知识的边界。AI 能够在化学和材料科学领域预测分子结构和性质，加速新材料和药物的开发。此外，AI 在生物信息学中通过分析庞大的遗传数据，帮助科学家理解复杂的生物机制，加速新药和治疗方法的研发。

虽然“生成创造”阶段的 AI 带来了巨大的潜力和机会，但同时也需要我们认真考虑并解决伴随而来的多种风险和挑战。AI 生成的内容可能包括具有争议性的、不道德的或非法的元素，例如使用 AI 生成虚假信息或其他误导性内容。这不仅挑战了社会的道德底线，也可能被用于不当目的，如进行政治操纵或进行诈骗。AI 的生成能力如果缺乏适当的监管和控制，可能会产生不可预测或不可控的结果。例如，在生物工程或化学领域，如果 AI 自主生成的新分子或材料具有潜在的危害性，而人类未能及时识别和管理这些风险，可能会带来严重的后果。

3．赋予具身智能

在人工智能的未来发展中，具身智能被视为 AI 在生活中广泛应用的重要阶段。具身智能作为人工智能领域的一个重要研究热点，正在逐步从理论研究走向实际应用，从封闭的实验室环境迈向广阔的现实世界。具身智能的核心理念在于将智能系统与具体的物理实体相结合，赋予其通过感知、认知和交互操作来理解并影响周遭环境的能力。具身智能的概念最早在 1950 年由艾伦·图灵（Alan Turing）提出。“具身”一词指的是智能实体必须依附一个具体的物理载体（如人类或动物需要身体一样，以便认识世界、探索世界，并通过与环境的互动产生影响。而“智能”一词，则是指该实体必须具备的一系列能力，包括感知周围环境、认知处理、推理判断、做出决策，以及能力的持续迭代与优化。

具身智能不仅仅是一个理论概念，它的实际应用潜力巨大，从智能机器人到自动化生产线，再到服务机器人，都是具身智能理念的实际体现。这些应用不断推动着泛在人工智能技术的边界，使得机器不再只是冰冷的计算机处理器，而是成为能够理解和响应人类需求的“有形”伙伴。

具身智能算法的研究核心在于探索如何在“真实世界”中实现“智能”，这种智能本质上是对知识的抽象和任务的泛化能力的体现。传统方法通过建立仿真环境，利用仿真器生成大量机器人数据，并采用强化学习在这一环境中开发出机器人控制策略，最终将这些策略迁移到实际应用中。例如，OpenAI 在 2019 年推出的灵巧手转魔方就是一个案例。

然而，这种模拟现实方法在初期主要解决的是对单一对象进行简单操作的任务。要实现具身智能的广泛应用，关键在于提升控制策略的泛化性，使得同一套策略能够适应于多种对象和操作。当前的研究表明，即便是在同一类别内，将策略从单一操作扩展到有限泛化的对象时，成功率也会降至 60%～70%，意味着每 3 次操作就可能有一次失败，这远远不能满足产业化的需求。

低成功率的主要原因是仿真环境与真实世界之间存在差异，如环境光线、背景纹理和表面反光等因素的影响。随着仿真技术的进步，仿真器能模拟的对象种类和属性正在变得越来越丰富和复杂，从最初的刚性物体仿真，到液体、热效应，再到刚体和柔体的动态交互，以及各种传感器的支持，仿真技术正在不断发展。尽管如此，当前阶段除了对刚性物体的仿真相对成熟外，非刚性物体、传感器和复杂操作的仿真仍处于非常初期的阶段。

而与模拟现实相对应，预训练模型似乎是一套更加“取巧”的范式，它基于已经具备一定智能的预训练基础模型，思考如何用好预训练模型解决具身任务。大模型“具身”的本质让一个物理实体（通常是机器人）完成真实世界中的任务，这就需要对机器人做控制，控制的概念自顶向下，包括任务级、技能级、动作级、基元级、伺服级五大层级。其中任务级控制，如打扫地面这个任务，通过预训练模型的图像、意图理解能力，对世界的初步“常识”能力和任务的规划能力，进行合乎场景环境的任务级控制规划。例如谷歌在 2023 年提出的 SayCan 和清华大学发布的 ViLa。

预训练模型在提升技能级控制的泛化性方面显示出显著的效果，例如在提高机器人拿起抹布这类技能的泛化能力。2022 年，谷歌推出了 RT-1 算法，该算法基于具有强大特征提取能力的 Transformer 网络结构，并通过对真实机器人数据进行模仿学习来实现。继 RT-1 后，通过迁移学习的方法发展出了 RT-X，该策略整合了全球多个实验室使用不同本体的数据进行联合训练。例如，将一个机械臂的箱式抓取数据迁移到另一个机械臂，从而显著提升了各个单一技能的泛化能力。与 RT-1 直接从零开始训练某个技能模型不同，RT-2 利用具有更强常识处理能力的视觉语言模型为基础，并利用 RT-1 中的机器人数据对这些模型进行微调。这种方法将任务的成功率从 20%～30%提升到 60%以上。尽管预训练模型显著提高了技能的泛化性，但 60%～70%的成功率仍未达到产业化应用的标准。因此，尽管我们取得了一定进展，但与实现理想的未来状态相比，仍有很长的路要走。

动作级控制是指通过将技能拆解为机器人的一条动作轨迹，让机器去跟踪这条轨迹，即轨迹生成，比如机器人生成机械臂擦桌子动作的几何轨迹。在 2023 年，VoxPoser 首次做了轨迹生成的尝试，通过分析环境中的目标和约束来规划空间轨迹，但未涉及精细操作如调整夹爪角度。针对这一限制，清华大学开发了 CoPa 系统，利用 GPT-4V 的常识进行精细操作轨迹生成。例如，在执行“拿起锤子敲钉子”的任务时，CoPa 先识别并准确抓取锤柄，再确保敲击动作的准确性，通过精细的控制规划生成操作轨迹，提高了任务执行的精确度和效率。

基元级（几何动作的每时刻位置、速度、扭矩等）、伺服级控制（运动指令转化为电机模拟信号）这些层级的控制目前已经有较成熟的解决方案，如传统的运动控制器、伺服驱动器等。因此，目前具身智能的挑战仍然在高层级控制的泛化性，以及感知、计算、执行硬件的进化。

1988 年，莫拉维克悖论指出：“让计算机表现出成年人的智能相对容易，但让它掌握一个 1 岁小孩的技能却是极其困难，甚至看似不可能。”具身智能恰好涉及这一看似简单却极具挑战的问题。这是因为具身智能在本质上尝试解决的是儿童早期的智能问题。一旦智能体具备了像儿童那样主动探索、认识和改变世界的能力，它便能通过持续的知识学习和经验总结，逐步发展成为真正意义上的人工智能。

3.3　移动通信中的泛在 AI

移动通信网络架构的演进，从最初的 2G 到现在的 5G/5G-A 及未来的 6G，不断地推动着泛在 AI 的发展。2G 到 4G 主要关注连接速度的提升和覆盖范围的扩大，而 5G 网络的到来是一个转折点，它提供了前所未有的数据传输速度、极低的时延及大规模设备的连接能力。5G 网络可以支持海量数据的实时传输，这对于数据驱动的 AI 来说至关重要，因为 AI 的学习和决策能力在很大程度上取决于数据的质量和处理速度。随着 5G-A 的商用部署及面向 6G 的持续演进，网络的通信能力和计算能力将进一步提升，从而允许更复杂的 AI 算法在边缘设备上运行，推动 AI 的分布式部署，也为泛在 AI 提供丰富的网络感知数据和更优质的网络连接基础。

3.3.1　5G 奠定泛在 AI 基础

随着 5G 技术的快速发展，5G 与 AI 的融合已成为推动 AI 泛在化发展的关键因素。AI 算法和模型使得泛在智能系统能够更好地理解和分析用户的行为和需求，而 5G 网络的高速率、低时延和大连接等特性，提供了高效的数据传输和处理能力，为 AI 的广泛应用提供了强大的技术支撑。AI 技术在 5G 网络中的应用，不仅能够增强网络的自我管理能力，提高资源分配的效率，还能够通过预测维护减少故障和中断的发生。基于 5G 网络与 AI 技术的协同，大量的感知和计算设备可以实时、高效地传输数据，使得 AI 系统能够快速、准确地识别并响应各种情景，并做出相应的反馈或动作，从而为用户提供更加个性化、智能化的服务，同时也为各行各业带来了显著的变化。

无线通信网络和 AI 的融合有两个含义：一是 AI 赋能网络（AI4NET），考虑将 AI 技术应用于网络运行和运维优化；二是网络使能 AI（NET4AI），通信网络作为一个平台来支撑或者提供 AI 服务。

在 AI4NET 方面，当前 AI、机器学习、深度学习已在 5G 系统内的各个层面和业务领域进行了较多应用和价值探索。AI 可以通过各个厂家私有实现的方式应用在无线接入网域、承载网域、核心网域和网管域。无线接入网域可基于 AI 实现基站的动态节能、MIMO 多天线权值寻优和基站故障快速定位和预警等；承载网域可基于 AI 实现云化超强管控和意图承载快速部署；核心网域可基于 AI 实现智能切片和服务水平协议（SLA）智能拆解等；网管域可基于 AI 实现网络智能监控、错误根因分析、系统行为趋势预测、全域全量数据关联的数字化运维和端到端感知保障等。上述诸多应用已经能够彰显 AI 在网络智能化方面的价值。在标准化方面，3GPP SA2、SA5 针对 5G 定义了网络数据分析功能（NWDAF）和管理数据分析功能（MDAF）及相关机制流程。3GPP RAN3 和 RAN1 针对各自识别的关键用例，尝试定义和引入可标准化的 AI 操作范式。

总体来说，5G AI4NET 将 AI 技术引入网络，可实现 5G 网络自运营和运维；AI 将数据转化为信息，从实战中学习积累知识和经验，提供分析决策，为网络使用者提供零等待、零接触、零故障的网络服务体验，也为网络运营者打造自配置、自修复、自优化的运维能力，实现通信网络高度自治，实现无处不在的智慧内核。此外，5G 网络通过切片来实现能力按需部署，也可针对不同的业务自动化、智能化调动网络资源和算力，针对不同业务进行差异化配置资源，满足各行各业的差异化需求。

在 NET4AI 方面，5G 技术的发展正不断推动着智能化服务的革新，特别是在智慧交通、智慧工业园区、沉浸式娱乐和生成式人工智能（AIGC）等领域。下面从数据、算法和算力 3 个关键方面探讨 5G 网络提供的智能化服务。

从数据角度看，5G 网络能够支持更高的数据传输速率和更低的时延，这意味着可以实时收集和处理大量数据。在智慧交通系统中，5G 可以帮助实时监控交通流量，优化信号灯控制，避免拥堵。在智慧工业园区，5G 可以实现设备的即时通信，提高生产效率和安全性。对于沉浸式娱乐和 AIGC，高速的数据传输则允许更丰富的用户交互和更高质量的内容生成。

从算法角度看，随着 5G 基站的广泛部署，算法可以在网络边缘进行更加高效的运算，这使得智能化服务可以更快地响应用户需求，如通过机器学习算法对交通流量进行优化，或者在工业环境中对设备进行预测性维护。沉浸式娱乐和 AIGC 领域的算法可以利用 5G 的低时延特性，提供实时的个性化内容和体验。

从算力角度看，5G 网络具备海量基站构成的巨大算力池，海量分布式靠近用户的算力对于处理大量数据和复杂算法、降低中心化算力成本、降低计算时延等至关重要。智慧交通系统可以利用分布式算力实时处理车辆和传感器数据，智慧工业园区可以利用这些计算资源进行复杂的模拟和分析。对于沉浸式娱乐和 AIGC，分布式算力可以支持高质量的图形渲染和内容创作。

网络和计算的融合为各种智能化服务提供了巨大的潜力，有望创造全新的业务模式和用户体验，为泛在 AI 服务奠定了基础。随着技术的进步，我们可以期待更多的创新和改变为人们的生活和工作带来便利和乐趣。

3.3.2　6G 赋能智慧泛在社会

当前，业界普遍认为智能内生将成为未来 6G 移动通信系统的核心特征之一，6G 系统将从一开始的设计阶段就全面考虑 AI 的深度融合应用。

从网络角度看，当前 5G 网络中的各种 AI 应用不断丰富，对下层传输管道平台的通信性能需求也不断提升，且通信的成本开销压力不断累积，6G 移动通信系统需要能更好、更经济地满足通信性能需求，以缓解成本压力。

从业务角度看，6G 将会大规模地支持更多计算密集型的业务应用，例如沉浸式移动 XR、全息通信、通感互联、数字孪生等边缘智能场景与富媒体服务。6G 网络还将实现高性能的自生、自治、自演进和意图驱动，实现极致的个性化用户体验。

当前，6G 网络的体系架构还在酝酿和探索中，但以分布式计算、边缘智能、云原生和软件定义可编排等为代表的先进技术趋势已经浮现。相较于传统云 AI 和边缘智能模式，智能内生将更贴近终端用户且更能适配空口的动态状况，因此更易面向用户环境进行快速动态的策略调整和预测。在 AI 数据采集和传输方面，智能内生将带来更低的时延和更少的传输资源消耗。此外，智能内生还有利于用户数据的隐私保护，强化本地安全治理。

随着传输技术的进步，AI 算力成本逐渐降低，AI 算法技术丰富成熟，6G 各网元节点将被赋予更强的本地数据智能处理和传输能力，从而实现更高性价比的泛在 AI。通过将 6G 智能内生技术进一步标准化，将促进数据技术（DT）、操作技术（OT）、IT、CT 融合（DOICT）不同厂家之间的设备、模块和流程的对接协作及生态重构，进一步促进构建更广泛的、安全可信的 AI 服务平台，实现“智慧泛在”的愿景。

第4章 通信与计算一体共生，使能泛在AI

4.1 附生与共生，探索自然界的生命之舞

通过回顾通信和计算的发展历程，我们可以清楚地看到，在当今信息社会中，通信技术、计算技术和 AI 技术扮演着不可或缺的角色，它们相互依存、相互支持、相互促进，共同推动了现代社会的快速发展。为了更好地说明它们之间千丝万缕、相辅相成的关系，我们将视角转向大自然的热带雨林生态系统。

热带雨林是地球上功能最强大的生态系统。这片茂密的绿色世界展现了生物多样性的壮丽景观。高耸入云的树木构成了一个巨大而复杂的森林层次结构，托起了整个生态系统的繁荣。这里的植物和动物相互依存，每个物种都在这个生态链中扮演着重要角色。

最基础的生态关系便是共生。它是指两个或多个物种之间相互依赖并从中获益的关系。同样以亚马孙热带雨林为例，许多热带雨林植物的根部与菌根真菌形成共生关系，这种关系通常被称为“菌根共生”。一方面，菌根真菌帮助植物提高水分和矿物质的吸收效率，通过真菌的庞大网络，植物能够从更广大的土壤范围中获取资源。另一方面，真菌获得植物通过光合作用产生的碳水化合物，这些养分对真菌的生长和繁殖至关重要。

图 4-1　热带雨林中菌根共生现象

从附生关系演进到共生关系是一种进化过程，两个不同的物种逐渐形成了相互依赖和互利的关系。在附生关系中，一种生物通过与另一种生物的接触或附着来获得利益，而另一种生物则没有明显的影响。然而，随着时间的推移，这种关系可以进一步发展为共生关系，两个物种建立起更为紧密的联系。相较于附生关系，共生关系有以下优势。

① 共生关系可以带来更大的互惠性。在共生关系中，各个物种之间有着协作和互助的关系。通过相互交流和合作，它们能够获得更多的资源和生存条件。这种互惠性使得共生关系更为稳固，而不只是依赖对其他物种的取利。

② 共生关系促进了物种的进化和适应性。通过共生关系，不同物种可以共同进化，以更好地适应环境。例如，一些植物与昆虫存在共生关系，植物为昆虫提供营养和庇护，而昆虫则为植物传粉。这种共生关系推动了植物和昆虫的进化，使它们能够更好地适应各自的生存需求。

③ 共生关系可以增强物种的抵抗力和竞争能力。通过与其他物种形成共生关系，一个物种可以增强一些能力，例如对抗疾病、捕食者或极端环境条件的能力。这种共生关系可以使得物种更具竞争力，能够在复杂的生态系统中生存下来。

④ 共生关系还有助于资源的充分利用。在共生关系中，不同物种可以有效地共享和利用资源。例如，一些细菌可以与宿主生物共生，在宿主体内合成某种营养物质，而宿主则为细菌提供所需的环境。这种共享资源的方式使得生态系统中的资源能够得到更高效的利用。

⑤ 共生关系有助于生态系统的稳定和平衡。通过共生关系，不同物种之间建立了复杂的相互作用网络，这种网络促进了物种的多样性和平衡。当一个物种在共生关系中获得利益时，它会更好地保护和维持该关系，从而有助于整个生态系统的稳定和可持续发展。

自然界中的附生关系与共生关系在热带雨林生态系统中具有重要意义，也为我们探索事物间发展规律提供了方法论参考。附生关系与共生关系促进了生态多样性，丰富了热带雨林生态系统，为植物提供了一种自然的适应策略，使它们能够在恶劣的环境条件下存活和繁衍。更为重要的是，从附生向共生的演进，进一步加强了物种间的相互协作，共同利用资源，提高了整个生态系统的稳定性和韧性。

4.2　通信、计算、AI，迭代进化的共生技术体系

我们将视角切回信息技术领域，通信技术、计算技术在现代社会中相互依赖、相辅相成，它们协同工作，推动着信息社会的快速发展，已然形成了一种密不可分的共生技术体系。通信技术通过提供传输和交流信息的方式将人们连接在一起，而计算技术则是处理、存储和分析这些信息的基础。借助通信技术，计算技术能够突破时间和空间的限制，充分实现灵活的资源共享和信息共享，为个人和企业

提供随时随地、按需使用的场景计算服务。同时，计算技术的发展也促进了通信技术的进步，提供了更高效、可靠的数据传输和处理能力，持续提升差异化业务体验、提高网络效能及升级服务化网络。

另外，通信技术和计算技术共同支撑了 AI 技术对算力和数据的庞大需求，推动了泛在 AI 业务的蓬勃发展。同时，AI 技术的广泛应用，尤其是 AI 云计算、5G 内生 AI 的发展极大增强了传统通信、计算设备的性能和服务能力。相互依赖、相互促进的共生关系使得通信技术与计算、AI 等技术紧密融合，共同创造了一个信息流畅、智能泛在的智慧社会环境，给人们的日常生活、工作和学习带来了巨大的便利和效益。这种通算一体共生技术体系与自然界的共生生态呈现出惊人的相似之处，具体如下。

① 通算一体共生技术体系可以为通信技术与计算技术带来更大的互惠性。在通信网络中引入云计算技术、AI 技术，如微服务、容器化、自动化部署与持续集成/持续交付、弹性计算和面向服务的架构，成功地扭转了网络缺乏柔性的被动状况。网络技术的发展和连接性能的提升，有力推动了分布式计算技术的成熟和边缘云计算业务的发展。

② 通过通算一体共生技术体系，信息化科技的发展效率得到显著提升。科技文明的飞速发展往往是由多个单点技术突破和积累而引发的。而具有强关联性的共生技术体系，更容易从彼此的技术突破获得连锁性演进，最终形成高速迭代发展。如计算机的首次出现，让人类迈入了一个全新的计算时代，而大型机+无盘工作站的组网方式，让人们更加依赖网络，更加关注网络性能和技术，使令牌网络、以太网络等得以快速发展。随着网络的普及，互联的计算设备有了更多样的应用方案，网格计算、分布式计算及云计算逐步登上历史舞台，成为现代计算领域的重要支柱。随着生成式 AI 技术的突破性发展，AI 应用进一步下沉至细分行业及个人用户，这类应用将对确定性移动网络连接、动态算力编排等能力提出更高要求，这进一步推动了通信、计算的发展。可以预见，通算一体共生技术体系将推动并加速信息化科技的进步。

③ 通算一体共生技术体系可以增强信息化技术对需求的适应能力。随着人类社会活动的快速发展和多样化，传统单一系统提供单一服务模式正向着异构系统集成提供多元化一体服务演进，尤其是在近十年的千行百业业务上云的背景推动下，市场上出现了更多个性化、定制化的需求。例如广受全球跨国企业推崇的软件定义广域网（SD-WAN），利用在遍布全球的云主机资源上部署数据转发软件服务，并协同配置专线传输网络资源，让全球的分支机构可基于异构公共网络，灵活、快速、自主、按需地构建业务专网。面对这种需要云主机资源、专线资源、局域网资源协同调配，业务可由用户自助配置、实时上线的复杂业务需求，传统

通信系统的设备部署、调试、交付上线模式已无法满足，单一的通信技术难以快速响应用户业务要求。随着网络功能软件定义化、多云协同等计算技术的引入，网络更加柔性灵活，用户 SD-WAN 需求可直接通过云网一体编排技术，在全球范围动态申请云资源并容器化部署互联网接入点（POP），同时自动配置多协议标签交换（MPLS）网络实现专线品质连接，最终满足了用户虚拟专网按需实时“一键”上线的需求。可见，当传输网络引入软件定义化、多云协同等互联网特性，通信技术与计算技术的深度整合，可让网络具有更强的需求适应性及更高的服务响应效率。

④ 通算一体共生技术体系还有助于信息基础设施资源的充分利用。在当今社会，人们越来越意识到有效利用资源的重要性。能否高效利用有限的资源，直接决定了一个产业的生产效率和经济效益。面对云网业务需求的暴增，基于附生关系的云网业务一体机率先得到发展，通过多设备集成，复用机柜、供电、传输、控制平台等资源，可综合提供云网一体服务，一定程度上提升了资源利用率，降低了成本。随着通算一体共生技术体系的发展，利用云原生架构的网络功能、生成式 AI 应用被大量部署在白盒通用硬件中，与其他行业应用共用包括 CPU、内存、网络在内的基础设施，真正实现业务全云化部署、资源全池化复用，泛在 AI 服务提供的能力、信息基础设施利用效率将得到显著提升。

⑤ 通算一体共生技术体系有助于生态系统的稳定和平衡。虽然通信、计算、AI 之间存在融合共生的自然关系，但如果没有体系化的技术研究和系统化的规划，原生态的技术环境难以形成共赢的产业生态。通过学术界和产业界共同努力，通算一体共生技术体系在技术原理、服务价值、产业分工等方面已达成初步共识，面向连接+计算一体服务的共同愿景，有望打造一个共赢的产业生态。

综上所述，通信技术和计算技术是紧密相关的两个领域，在当今信息社会中发挥着重要的作用。随着技术的不断迭代发展和创新，不同技术领域之间的交叉融合加深了通信和计算之间的联系。通信和计算正在从功能整合、系统集成的附生关系，逐步向着通算资源融合、功能一体的共生关系演进。我们可以预见通信技术和计算技术的共生发展，将在更多领域展现出巨大的潜力，并给人类带来更多的便利和创新。

4.3　通算一体共生，使能泛在 AI

通信与计算正朝着融合共生的方向不断发展，这种融合共生趋势是信息技术发展的自然趋势，也是用户需求变化的必然结果。无线接入网也经历了从单一接入网功能向无线边缘计算平台的演进，未来无线接入网设施与异构计算设施进一步深度融合发展，所形成的通算一体网络将成为新一代无线接入网形态，也是对算力网络“最后一公里”服务能力的重要补充。

通算一体网络基于无线接入网，实现通信、业务计算和 AI 服务多层面融合，为用户提供通信+计算+AI 一体化服务。它实现了网络资源、网络功能和网络服务等多个层面的异构融合。在这种网络下，通信与计算既有独立演进能力，又有互相促进赋能的协同能力。具体而言，通算一体网络应该具有资源融合共生、功能融合共生、服务融合共生这 3 项关键技术特征。

资源融合共生：从资源维度来看，该特征基于无线接入网基础设施及终端设备，统一提供无线通信处理和业务应用的计算资源。

功能融合共生：从网络功能维度来看，该特征是以面向通信的无线通信功能协议为基础，融合计算和通信流程，支持实时精细化的通信和计算一体控制。

服务融合共生：从服务能力维度来看，该特征是通过对计算资源、通信和计算网络功能、通信和计算服务的管理编排，按需提供本地或面向算力网络的通算一体服务能力。

这种资源、功能、服务融合共生技术，既可获得 CT、IT 独立演进的灵活性，又可获得高效率的协同，所形成的通算一体网络可将数据、计算与网络等多种资源进行统一编排管控，实现网络融合共生、算力融合共生、数据融合共生、运维融合共生、智能融合共生及服务融合共生的一种全新网络形态，可以作为实现 6G 平台化、服务化网络和内生 AI 的基础能力底座，催生多样化服务，为社会的发展注入新动能、新趋势和新业态。

从国家经济社会发展层面来看，随着新一代信息技术的快速发展，产业数智化转型升级已上升到国家战略的高度，要求新型的信息基础设施能够赋能千行百业数智化转型，助力实现数字经济高质量发展。随着各行业转型的深入发展，特别是 AI 时代的到来，数智化业务在服务时延、数据安全性、连接可靠性等方面均有较高要求，集中建设大型互联网数据中心（IDC）已无法完全满足数智服务的需求。在国家政策和行业需求的推动下，通算融合正在进行大规模的实践，算力网络正是这样的探索实践案例。算力网络作为国家重要战略举措，已经成为信息通信领域基础设施效率升级的重要攻关方向和发展趋势。如果说东数西算是算力网络的“中枢神经”，建设具有连接与计算能力的无线接入网就是算力网络重要的“神经末梢”。因此，无线接入网向通算融合共生方向演进，打造算力网络“最后一公里”的确定性服务创新方案，是算力网络服务更多经济实体、走进千行百业的关键，也是通向 6G 网络的必由之路。

下面，我们将从应用场景与需求、技术融合趋势等方面来简要分析驱动通算

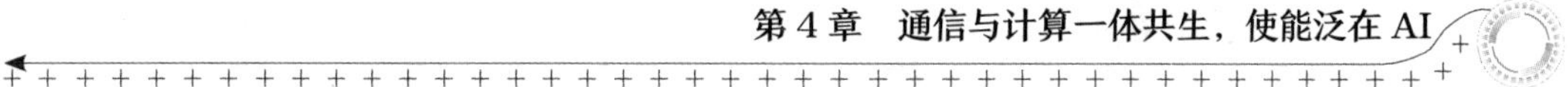

一体共生发展的几个重要因素。

4.3.1　应用场景与需求

车联网、XR、云手机、通感一体、AIGC 等新兴业务具有深度边缘计算、数据本地卸载和确定性移动通信保障的综合需求，高效、智能的计算服务需求迅猛增长，需要实时的数据传输和处理，以保证通信和计算的低时延、高可靠特性。因此，这些业务产生的海量数据需要更体系化、更高效地被获取、传输、存储和消费。例如，在工业制造领域中，需要进行大规模的模拟计算和优化设计，以提高生产效率和产品质量；在智慧城市建设中，需要实时获取并处理大量的传感器数据和监控视频，实现智能化的城市管理和服务。这些场景对通算一体提出了更高的要求，需要网络和计算资源能够紧密协同工作，满足多样化的应用需求。

通算一体可以实现数据的本地化处理和实时反馈，提高系统的效率和响应速度。例如，在工业制造领域中，通算一体可以实现分布式计算和存储，以提高生产效率和产品质量；在智慧城市建设中，通算一体可以将计算任务分散到各个节点上进行处理，以应对大规模数据处理的需求。通算一体还可以提供更灵活的网络服务，满足不同场景的个性化需求。

另外，通算一体还可以提高业务数据的安全性和隐私保护。通过将计算任务分散到本地节点进行处理，可以降低数据传输和存储的风险，保护数据的隐私性。通算一体还可以实现数据的备份和冗余，提高系统的可靠性和稳定性。

4.3.2　技术融合趋势

在新型信息服务体系构建过程中，跨领域的技术融合已成为推动通算一体的关键因素之一。传统的通信技术主要承担数据传输和通信功能，提供连接和访问的能力；而传统计算技术则依托数据中心或云计算平台提供数据计算、分析、存储功能。然而，随着行业应用需求的不断增加和技术的快速发展，传统网络和计算资源之间的界限逐渐变得模糊。一方面，云计算、移动边缘计算、物联网等新技术将计算资源和网络资源紧密结合在一起，计算资源可以通过云平台进行动态分配和管理，而网络资源也可以提供强大的计算能力和存储能力。这使得计算资源不再局限于传统的数据中心，而是可以分布在云端的各个节点上，实现分布式计算和存储。另一方面，随着大数据和 AI 时代的到来，数据的规模和复杂性也不断增加，传统数据中心集中计算模式已经无法满足大规模数据处理的需求。因此，人们开始将计算任务分布到多个计算节点上进行处理，以提高处理速度和效率。同时，通过使用高速网络连接各个节点，可以实现数据的快速传输和共享。

新兴网络技术和云计算等的出现使得计算资源可以与网络资源相结合，实现了分布式计算和存储。同时，大数据和 AI 时代的到来也对计算资源提出了更高的要求，推动了分布式计算的发展。因此，传统网络和计算资源之间的界限正在不断淡化，互相融合的趋势越来越明显。将通信网络和计算能力进行深度融合，实现资源的高效利用和协同工作，已经成为业界的共同追求。

4.4 商业经营模式转型需求

4.4.1 无线接入网服务转型需求

随着 6G 多样化业务需求的提出，无线接入网需要加速从传统提供连接服务向提供多样化、定制化的服务方式转变。为了满足不断变化的市场需求和业务场景的需求，无线接入网需要具备以下能力。

首先，无线接入网需要具备灵活性。灵活性是指网络能够根据业务需求和市场需求快速调整和优化网络资源，提供多样化、定制化服务。通过灵活的网络架构和敏捷的运营流程，无线接入网能够快速响应用户的需求，并适应不断变化的市场趋势。

其次，无线接入网需要具备可扩展性。可扩展性是指网络应具备平滑升级和扩展的能力，以适应未来不断增长的网络流量和多样化的业务需求。通过采用可扩展的架构和技术，无线接入网能够支持网络的平滑演进和升级，提高网络的可持续性和竞争力。

最后，无线接入网需要具备智能化能力。借助 AI、机器学习等技术，网络能够自主优化配置、维护和管理，提升网络性能和效率。通过智能化技术，无线接入网能够自动化处理网络故障、优化资源配置、提高网络可靠性，进一步提升用户体验。

通信与计算的融合是支撑无线接入网以上能力的基础，它将通信与计算紧密结合，以实现网络资源动态分配和优化，提高网络性能和效率，降低成本和时延，满足不同业务场景的需求。通信与计算的融合创新和一体服务可有效支撑无线接入网的服务化转型，包括网络边缘智能化与网络功能虚拟化和容器化，实现网络功能的快速部署和灵活扩展，提高网络资源利用率和可靠性。通信与计算融合可以通过将计算资源和业务逻辑部署在离用户和业务场景更近的位置，以提升用户体验、业务效率和网络效率。结合云计算、边缘计算、AI 等技术，可创造出新的应用场景和服务模式，为面向消费者（ToC）、面向企业（ToB）等场景提供定制化的服务。

因此，通算一体对于加速无线网络的服务化转型具有重要意义和价值。随着网络技术的不断发展，其潜力和优势将在更多领域展现出来。

4.4.2　移动通信网络经营的降本增效需求

通常情况下，一个 5G 基站拥有大量的计算资源，包括 CPU、GPU 和内存等。然而，由于网络负载不均匀或数据处理任务不确定等，5G 基站的部分计算资源无法在特定的时间和空间范围内被有效和充分地利用，存在着大量基站算力闲置的情况。

闲置算力的存在对移动通信运营商来说不仅是一种资源的浪费，还会增加网络建设、运维及运营成本。为了解决这个问题，基站的计算资源可以通过智能调度算法和云计算技术来优化和配置，使得空闲的计算能力能够被更有效地利用，移动通信网络的经营实现降本增效。

我国已部署超 300 万个 5G 基站，它们蕴藏着巨量闲置的算力，为通算一体提供了优质的资源储备和广阔的应用前景。通过创新升级信息基础设施能力这些算力资源可以被充分利用，从而实现资源共享和协同调度，这不仅能提升资源利用率、降低运营成本，还能为创新应用提供新的机遇。

4.5　新质生产力升级需求

全球发展面临挑战，需要生产力新变革。党的二十大报告指出，世纪疫情影响深远，世界经济复苏乏力，局部冲突和动荡频发，全球性问题加剧，世界进入新的动荡变革期。想要摆脱全球发展困境，就需要生产力的新变革。加快形成新质生产力既是中国应对当前自身发展问题的新思路，更是中国关于全球发展的新创见。

传统生产方式的发展面临困境，生产力发展需要由粗犷向高质量转型。粗犷式生产的本质是生产力无序发展，以信息通信产业为例，ICT 融合业务的快速发展，给传统信息网络建设维护带来巨大挑战。哪里有需求，哪里就有建设；有什么样的需求，就部署什么样的设备。这种刚性的信息基础设施建设模式使投资被固化，能力被固化。然而业务需求在空间、时间、容量、类型上持续快速变化，这种固化能力与快速变化的需求之间的矛盾导致传统信息通信设施在成本、功能、性能方面存在劣势。

以 ICT 设备集成为代表的传统生产方式亟须通过创新向新质生产力升级，即利用新技术、新方法和新理念来提高生产效率和创造价值。通算一体网络是多层面科技创新的产物，无线云化、无线算力、无线原生智能等创新技术将服务能力和商业价值从固定的基础设施上解耦并按需流动。智慧众筹、算力共享等创新模式实现了多赢的商业模式，所形成的以跨领域能力融合为特征的新产业可广泛整合社会资源，提升产业效能。此外，通算一体共生可产生革命性价值，所提供的全新通算智一体服务功能和高质量服务能力，将创建有别于传统信息服务的新价值赛道。

通算一体网络带来的新技术、新模式及新产业，将直接推动信息通信产业的变革，加速向新质生产力的全面升级。

综上所述，在应用场景与需求、技术融合趋势、商业经营模式需求、新质生产力升级需求等多重因素驱动下，通算一体网络作为算力网络的关键一环，是通算一体共生发展的重要阵地。我们需要充分利用其海量的基站及传输资源，广覆盖、高可靠、近用户的优势，将散布在全国的空闲算力高效利用起来，打造面向 6G 多业务、多量纲、高效能的无线边缘算力承载底座，实现信息服务基础设施效率和多元化泛在 AI 服务能力升级，迈向 6G 无线接入网通算一体新纪元。

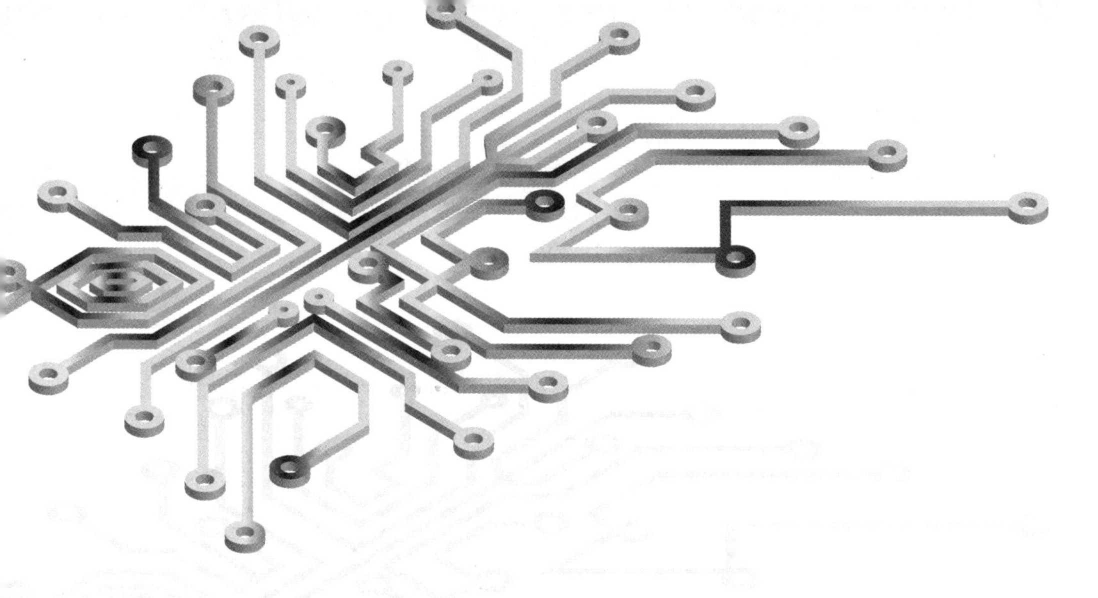

第二篇　引擎：通算一体核心驱动力

在当今信息社会，通信和计算是两个不可或缺的角色，它们共同支撑着各行各业的数字化转型和智能化升级。随着 5G 网络的规模商用部署，通信和计算的一体发展成为一个重要的趋势和方向，它将为通信行业带来新的机遇。通信+计算的一体发展有利于 5G 网络的建设和运营，也有利于通信行业的跨界创新和发展。一方面，通过通信+计算的融合一体化能力演进，可以更好地实现网络切片、边缘计算等新型网络架构和服务模式，为垂直行业提供定制化、差异化和高品质的网络服务，拓展网络的应用领域和市场空间；另一方面，通过通信+计算的一体化，可以进一步促进通信网络与云计算、AI、大数据等新兴技术的深度融合，推动综合性技术创新和业务创新，增强通信行业的竞争力、影响力，持续拓展价值边界。具体来看，场景、技术、商业这 3 个方面将合力驱动通算一体的发展。

场景驱动，拓展通算一体新应用

随着 5G 的发展和 6G 的演进，通信与计算的融合发展已成为一个不可逆转的趋势。结合移动通信网络的智能化、车联网的智能化、工业园区的智能化、XR 沉浸式娱乐的智能化及 AIGC 的发展趋势，我们可以看到，这种融合不仅是必要的，而且具有巨大的价值。移动通信网络的智能化为我们提供了更加高效和灵活的通信连接能力。在 5G 和 6G 网络中，通过边缘计算及分布式智能等技术，数据可以在离用户更近的地方进行处理，这样可以大大降低时延，提高用户体验。车联网的智能化使得交通系统更加安全和高效，通过车与车、车与路边设施之间的通信，可以实现实时交通信息的共享，从而减少交通拥堵，降低交通事故的发生率。工业园区的智能化推动了制造业的数字化转型，通过高速可靠的通信网络和强大的计算能力，工业园区内的机器人和自动化设备可以实现更加精准和高效的操作。XR 沉浸式娱乐的智能化为用户提供了前所未有的娱乐体验，通过 5G 和 6G 网络，用户可以在家中享受到低时延、高清晰度的虚拟现实娱乐内容。AIGC 的发展趋势表明 AI 与内容生成领域的融合潜力，随着通算一体的发展及无处不在的通算一体基础设施，我们将看到更多由 AI 创造出来的个性化内容及基于智能代理的个性化服务。

5.1 移动通信网络的智能化场景

5.1.1 移动通信网络的智能化概述

移动通信网络的发展经历了几代变革，支持的业务类型和应用场景越来越丰富。2G 网络的出现使得人们可以实现语音通话及简单短信的传输，但数据传输速度极为缓慢。随着技术的不断发展，3G 网络带来了更快的数据传输速度和更多的数据传输方式，例如视频通话和互联网接入等。在 4G 时代，高速数据传输被更好地实现，人们可以方便地进行在线视频、音乐和游戏等的享受。而 5G 网络的到来进一步将互联网技术应用到物联网领域及垂直行业，为未来的智能化社会打下了基础。未来的 6G 通信网络将进一步提升数据传输的速度和时延性能，并且涵盖更多的新通信场景和新应用，为我们带来更多的便利和更加智能化的生活方式。

为了支持如此繁复的业务和场景，通信网络的架构、协议也随之变得越来越复杂。首先，随着业务类型的增加，网络通信的负载量也大大增加。这就要求通信网络架构和协议能够支持更多的用户，同时保证网络质量和实时性。为了实现这一点，网络架构需要更加分布式和分层式，并且必须符合标准化的网络协议。其次，业务在从数据和语音通信向更加复杂的数据传输（如视频和游戏）转变的过程中，网络协议也必须更加灵活和智能。例如，视频和游戏等应用需要低时延、大带宽和高信道质量，需要不同的协议适应不同的应用场景，需要实时调度和优化网络资源。此外，随着物联网和智能化城市的快速发展，许多种类的设备都需要接入通信网络。例如，智能家居、智慧城市中的传感器网络、车联网等都需要可靠的网络支持。网络协议需要适配更多种类、更复杂的设备，同时确保数据安全和隐私保护。最后，未来网络是 4G、5G、6G、非地面网络（NTN）、Wi-Fi 等多种制式共存，带来连接选择、业务分流、跨域互操作、设备支撑等诸多挑战。以上这些复杂的业务、场景和网络功能都需要有新的网络设计和运维范式来应对。

此外，AI 技术将成为未来网络的基础构建性技术，AI 内生是未来网络的必然趋势，而 AI 本身的不确定性也将给未来网络优化带来巨大困难。AI 的不确定性是其泛化性和不可解释性导致的。AI 的泛化性是指 AI 模型在处理新数据时的表现能力。AI 模型的训练是基于已有的数据集进行的，因此 AI 模型在新数据集上的表现能力并不是完全确定的。当 AI 模型在训练集上表现良好，但在新数据集上表现失常时，就称之为过拟合现象。这是因为 AI 模型在训练时过度依赖训练集的数据，而无法适应新的数据集。这就导致 AI 模型出现泛化性问题。AI 的不可解释性是指 AI 模型产生结果的过程无法被完全理解或解释。机器学习模型几乎是黑盒子，即输入与输出之间的转化过程是难以解释的。这使得 AI 模型的决策结果常常是不确定或不可靠的，尤其在对于人类难以理解的数据背景下，如高维空间中的复杂数据场景中，AI 的不可解释性问题尤为凸显。这些问题都导致了 AI 模型功能和性能的不确定性，从而限制了 AI 功能和网元在未来网络中的可靠性和适用性。错误的 AI 决策可能会导致网络故障、性能下降，甚至网络中断等严重后果。未来 AI 内生的网络进一步增加了网络的复杂性和不确定性。

在传统通信网络中，解决网络“规建维优”问题的思路是使用物理公式对网络环境进行简化，设置约束条件，通过建模将网络问题抽象为一个数学优化问题来求解，或者用数值近似方法来逼近最优解。随着网络场景和业务日趋复杂，网络参数数量急剧增加，网络中 AI 模块的引入代价变得越来越高。当前运营商在网络“规建维优”中面临诸多困难：在外场特别是 ToB 场景中，环境多变，运维费时费力，故障诊断和分析困难；新技术效果和理论与仿真差距大，难以提前实地验证，落地部署缓慢；同时数据被封闭在不同网元上，形成无数“数据孤岛”，难以汇聚为大数据以发挥其价值。面向未来，网络通信的模式、承载的业务类型、网络所服务的对象、连接网络的设备类型等将呈现出更加多样化发展的态势，使得网络呈现出高度的动态性和复杂性。传统的网络优化方法依赖专家经验进行人工分析设计，并需要在实地进行多次人工测试和验证，成本高、风险大、精确度低，难以解决以上困难。

5.1.2　场景特征及需求

移动通信网络的智能化的主要特征包括超高速数据传输、极低时延、高可靠性连接、海量数据处理及精确的个性化服务能力，数字孪生技术和分布式 AI 技术将成为新一代智能服务的重要支柱。数字孪生技术能够在数字空间中创建物理世界的精确虚拟副本，优化网络设计和运营，而分布式 AI 技术则能在网络的各个节点上进行数据处理和智能决策，提供近实时个性化服务。这两种技术的同步发展对于移动通信网络的智能化至关重要，因为它们共同支持了网络的自适应、高效率和可持续性，满足未来社会对智能网络的需求。

数字孪生技术是将物理世界的物、人、事及其互动联系在数字世界中建立虚拟映像，是近年来的革命性技术。在数字域构造一个物理对象或系统的虚拟数字孪生体，可以有效地模拟、优化和预测对应物理实体的行为和性能。目前数字孪生技术已在多个垂直行业实现落地应用，如自动驾驶、数字城市、数字矿山、数字工厂等。在通信领域，无线通信网络不仅可以为数字孪生技术在各个领域的应用提供泛在高速的连接，也可以借助数字孪生技术实现新架构、新流程和新服务。

数字孪生网络是用数字孪生技术构建的物理网络的孪生镜像，不仅包含核心网、承载网、无线接入网等各种网元模型，并对部署其上的算法和软件进行模拟，也包括对无线环境、用户的行为、能耗模型等复杂的外界物理因素进行建模。仿真引擎可以驱动各个模型根据通信协议和物理规律运行和进行交互，模拟真实网络的动态变化。

数字孪生网络可以通过网络内部状态和无线信号可视化，揭示当前网络深层次的运行规律，帮助网络管理者更好地理解和改进网络，并通过多种人机交互方式实时在线对网络进行操控；通过构建未来变化场景，并提供用户体验级别的指标预测，可以实现精细化的预见性智能网络规划；通过利用其具备的优化能力和验证能力，可以实现网络的迭代式智能优化演进；此外，通过利用模型的预测能力，可以自动对网络故障的根因进行详尽分析，并使用孪生镜像进行恢复，对网络中潜在风险因素进行提前示警。总而言之，数字孪生网络可实现网络全生命周期流程的自动化和智能化，是未来自智网络的基石。

分布式 AI 网络是用分布式 AI 技术构建的通信网络，由多个相互连接的节点组成，每个节点都配备 AI 能力，能够独立或协作地执行 AI 任务。在传统的集中式 AI 网络中，数据通常由一个中央服务器或一个服务器集群收集和分析。然而，这种方法存在许多问题，例如高时延、高网络流量和单点故障。相比之下，分布式 AI 网络可以通过分散数据的计算和存储，使节点能够实时通信和协作，并增加系统的容错性，有效地解决这些挑战。使用分布式 AI 网络，意味着 AI 能力将作为网络的基本服务，分布到网络中的各个节点，多点协同完成 AI 分析，使未来 6G 网络能够按需调整、弹性伸缩，自主学习和演进，支持各层级节点间的智能协同、数据和知识双驱动、算力资源灵活调配。

未来通信网络中的分布式 AI，指网络中通信、计算和存储等节点都具备 AI 能力，都可以从当前环境中学习新的策略，单独自我优化，或者互相协作优化。学习得到的知识也可以向上汇聚到更高层，作为更高层学习演进的输入。整个网络从底层各个通信计算功能节点到上层意图解析和集中控制都具备自优化、自演化能力，实现真正的自智网络。

分布式 AI 网络中的多节点学习可以通过以下多种方式进行协作。

① 联邦学习：每个节点先在本地学习模型，然后节点将本地模型参数上传到中心节点，中央服务器更新全网模型参数，然后将更新后的参数下载到本地模型。这种方式不会将节点数据上传到中心节点，避免了隐私泄露的问题。

② 多 Agent 联合学习：数据集被分成若干个部分分布在多个节点上。每个节点只训练自己所持有的数据，并将本地模型发送给中心节点协作。这种方式适用于节点之间数据集大幅不同的情况。

③ 迁移学习和元学习：数据集被分成若干个部分，不同部分的数据被分布在不同的节点上。每个节点在本地训练模型，并将本地模型指定的参数发送给其他节点。这种方式适用于节点之间数据集有部分重叠。

无论哪种方式，都需要在节点间进行数据、计算资源的协调和共享，需要在节点间进行大量信息交互。同时，因为 AI 的不确定性，为了确保 AI 策略在网络中行之有效，符合预期，需要有对应的数字孪生功能进行验证，消除 AI 不确定性。

在未来 6G 网络中，分布式 AI 技术与数字孪生技术是互补性极强的关键技术。分布式 AI 技术为数字孪生的模型构建和分析提供有力支撑，而数字孪生技术不但可以为分布式 AI 提供大量低成本的训练数据，而且可以作为有效的手段解决 AI 的不确定性、泛化性、可解释性难题，实现 AI 能力和 AI 服务在网络中泛化可靠部署。

由于 5G 及以前的网络只能提供通信服务，因此目前数字孪生系统和 AI 功能都采取外挂式部署的方式，由此存在以下问题：①低效率：数字孪生和 AI 需要大量算力、数据等资源，由于没有统一规划，只能根据具体需要进行添加调用，流程复杂且存在大量重复的数据和计算；②高时延：数据、算力、模型和通信连接等资源间没有规定互相调用的标准接口，只能通过管理面等外环拉通，导致秒级甚至分钟级时延，无法保证数字孪生服务质量，无法支持各种实时功能；③不完整：缺乏数字孪生和 AI 模型从训练、部署、验证到迭代的全生命周期管理机制，限制了数字孪生和 AI 能力的可拓展性、迭代增强性和场景泛化应用能力。

5.1.3 通算一体的移动通信网络智能化

为了实现自优化、自演进的未来网络，迫切需要网络自身具备通信功能以外的数据采集、传输、存储、计算功能，并具备任务统一调配、资源统一编排的功能。未来网络需要具备以下特征。

① **统一的智能任务编排**：在将用户的意图经过理解形成任务后，网络能够合理地将该任务编排为不同的工作流，统一调度安排。未来网络中统一的数字孪生任务和 AI 任务工作编排如图 5-1 所示，用户需求首先经过基于大模型的意图理解模块分解为AI任务和数字孪生任务。这些任务经过工作流编排模块具体细化为数据、通信、计算工作流。这些工作流映射到网络中终端、接入网、边缘云和中心云等不同节点上执行。不同节点通过通信面、数据面和计算面合理交互相应数据并分工协作，完成对应的工作流。这种编排方式可以对原始数据和计算结果进行重复有效合理使用，减少冗余，提高效率，并根据当前网络各个节点能力、复杂程度和所具有的数据信息合理安排调度。

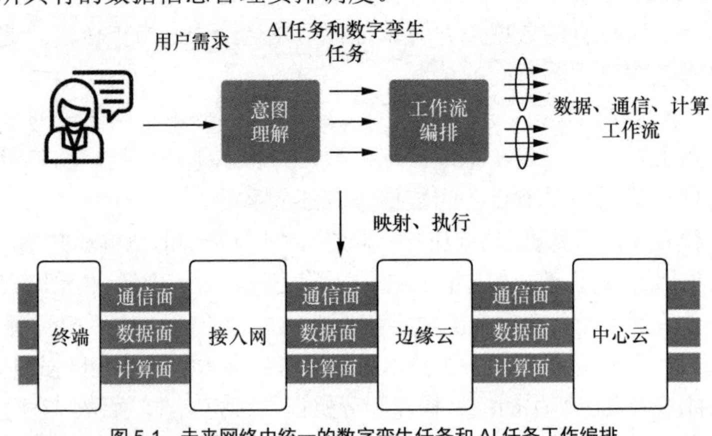

图 5-1 未来网络中统一的数字孪生任务和 AI 任务工作编排

② **有质量保障的任务执行**：传统网络中的 AI 相关任务执行不能根据不同的任务需求制定不同的质量目标，也不能确保任务按照目标要求的质量执行。AI 服务的性能指标、开销指标、安全性、隐私性、自动化、可控度等要求可在未来网络中以量化或分级的方式定义，确保精准满足用户层面的需求，并将算力、数据、连接的开销通过智能编排进行精简。

③ **高精度的全面数据感知**：数据是构建、优化和改进 AI 和数字孪生的基础，未来网络需要为分布式 AI 和数字孪生提供丰富而精确的高质量数据集，打破当前通信网络中各个网元的数据孤岛。未来网络应具备强大的感知能力，除获得通信中产生的数据外，也能产生大量的感知数据并提供给 AI 和数字孪生任务；还应具备将某个网元中的任意数据按需组合并开放的功能，以及跨多节点多域多维数据互相组合关联的功能；此外，还应该具备对数据进行准确标注和筛选的能力。

④ **低时延的灵活数据交换**：由于数据感知、AI 和数字孪生功能的泛在性，未来网络需要能够在任意两个节点之间交换数据。不同于当前网络固定的端到端的业务数据承载，未来网络需要能够根据用户需求动态在多个节点之间建立数据承载，满足跨域跨实体的实时数据需求。各个节点都应具备高速率的通信功能，通过有线或者无线连接，提供大带宽和低时延的通信传输，通过多跳智能路由来增加网络的传输带宽和吞吐量，从而实现低时延数据交换。

⑤ **多层次多域的并行高速计算**：未来网络能够将不同算力节点连接起来，动态实时感知算力资源和数据分布状态，进而统筹分配和调度 AI 和数字孪生所需的计算任务和数据传输任务，构成全局范围内感知、分配、调度算力的能力，在此基础上汇聚和共享算力、数据和应用资源。算力是网络中“云、边、端”多层次的有机融合，包括云计算的数据中心、网络侧边缘计算及终端侧算力；也是不同接入网、核心网和应用层多域计算的有机融合。根据计算任务的计算量、计算节点的负载、计算节点到数据节点的距离、计算任务的时延等关键信息，未来网络采取最优调配方案，在网络内部即完成 AI 和数字孪生所需要的计算任务。

⑥ **高可靠的分布式存储**：未来网络可提供数据的分布式可靠存储，使用存算分离架构，实现数据的备份和共享，提高数据的可靠性和可用性，保证 AI 和数字孪生模型的持续可靠性和及时更新性。首先，数据的冗余存储和备份，可以在节点发生故障或网络出现故障时，保证数据不会丢失或损坏，提高数据的可靠性和稳定性。其次，分布式存储将数据分散存储在网络中的多个节点上，可以实现在不同的节点上同时读写数据，提高数据的访问速度和吞吐量，并避免单点故障问题。此外，分布式存储还通过分散存储和加密技术，保护数据安全和隐私。通过去中心化，可以解决中心化服务器架构引发的单点故障问题和资产固化问题，并且可以充分利用网络中闲置的资源，提高资源利用率，为未来网络实现 AI 和数字孪生数据存储需求带来更加灵活、高效和可扩展的技术框架。

未来网络不但可以通过数据产生、传输、计算和存储手段为 AI 和数字孪生提供强大的支撑，而且可以通过 AI 和数字孪生来增强和改进自己进行数据产生、传输、计算和存储的能力。各个节点通过机器学习和能力迁移等技术，实现对节点设备数据的自主分析和处理，以及改进计算、存储和通信的效率，从而提高智能化和自适应性。通过数据分析和建模等技术，未来网络对各任务编排可以进一步提升准确性和预见性，从而提高各种任务的自主性和运行效率。更深层次地，未来网络可以实现对网络业务、各种 AI 任务与数字孪生任务的规律的自主发现和探索，从而实现网络高度自主智能化。通算一体网络作为未来网络的基石，实现数据采集、交换、存储、计算功能，是实现自优化、自演进未来网络的技术前提和架构基础。

5.2 智慧交通场景

5.2.1 智慧交通概述

智慧交通是数字化、智能化赋能新基建的典型场景，是交通变革、城市演进的必然趋势。由于政策、技术、市场、社会需求等多重因素影响，智慧交通逐渐步入以单车智能+车路协同+算力赋能融合为目标的演进路径。通信提供关键连接，算力作为基础性支撑，共同促进车（高精感知+高级别的单车智能）-路（精准感知+边缘算力的路边单元）-云（集中算力+智慧交通大模型）三方融合。车联网（V2X）作为实现使能智慧交通的关键架构，经历多年产业化、标准化进程，现在步入“AI+通算一体”的新发展阶段，最终，将实现智慧内生的交通系统。本节将分析目前市场化已相当成熟的纯单车智能方案在智慧交通中的限制，然后介绍车联网的发展与关键场景，继而对“AI+通算一体”的车联网新发展进行阐述。

5.2.2 场景特征及需求

随着技术的不断进步，我们可以看到从单车智能到 5G 智能车联网的发展。首先，智能化水平的提升使得单车不仅是一个简单的交通工具，而是集成了导航、健康监测、防盗系统等多种功能的智能设备。其次，随着 5G 技术的应用，车辆之间以及车辆与交通基础设施之间的连接更加紧密，实现了数据的实时传输和处理，极大地提高了道路安全性和交通效率。在这个过程中，数据分析和云计算技术的应用为智能车联网提供了强大的支持。通过对大量数据进行分析，可以更准确地预测交通流量和潜在的安全风险，从而优化路线选择和交通管理。此外，云平台还能够支持远程诊断和升级服务，为用户提供更加便捷的和个性化的服务体验。

未来，随着 AI 技术的进一步发展，我们可以预见更加智能化和自动化的车联网服务。例如，自动驾驶技术将使得车辆能够在没有人为干预的情况下进行自主导航和驾驶。同时，车辆将能够通过学习用户的行驶习惯来提供更加个性化的服务。总体来看，从单车智能到 5G 智能车联网，我们的出行更加安全、高效和舒适。这一领域的发展将继续推动交通行业的变革，并为我们带来更加美好的未来。

1．单车智能：与智慧内生交通系统存在差距

单车智能指的是依靠车载激光雷达、毫米波雷达、摄像头等传感器及计算平台等实现自动驾驶。GB/T 40429-2021《汽车驾驶自动化分级》对用户与驾驶自动化系统的角色进行了介绍，具体见表 5-1。

表 5-1　用户与驾驶自动化系统的角色

驾驶自动化等级	用户的角色	驾驶自动化系统的角色（驾驶自动化系统激活）
0 级 应急辅助	驾驶员： 执行全部动态驾驶任务，监管驾驶自动化系统，并在需要时介入动态驾驶任务以确保车辆安全	① 持续地执行部分目标和事件探测与响应； ② 当驾驶员请求驾驶自动化系统退出时，立即解除系统控制权
1 级 部分驾驶辅助	驾驶员： ① 执行驾驶自动化系统没有执行的其余动态驾驶任务； ② 监管驾驶自动化系统，并在需要时介入动态驾驶任务以确保车辆安全； ③ 决定是否及何时启动或关闭驾驶自动化系统； ④ 在任何时候，可以立即执行全部动态驾驶任务	① 持续地执行动态驾驶任务中的车辆横向或纵向运动控制； ② 具备与车辆横向或纵向运动控制相适应的部分目标和事件探测与响应的能力； ③ 当驾驶员请求驾驶自动化系统退出时，立即解除系统控制权
2 级 组合驾驶辅助	驾驶员： ① 执行驾驶自动化系统没有执行的其余动态驾驶任务； ② 监管驾驶自动化系统，并在需要时介入动态驾驶任务以确保车辆安全； ③ 决定是否及何时启动或关闭驾驶自动化系统； ④ 在任何时候，可以立即执行全部动态驾驶任务	① 持续地执行动态驾驶任务中的车辆横向和纵向运动控制； ② 具备与车辆横向和纵向运动控制相适应的部分目标和事件探测与响应的能力； ③ 当驾驶员请求驾驶自动化系统退出时，立即解除系统控制权
3 级 有条件自动驾驶	驾驶员（驾驶自动化系统未激活）： ① 驾驶自动化系统激活前，确认装备驾驶自动化系统的车辆状态是否可以使用； ② 决定何时开启驾驶自动化系统； ③ 在驾驶自动化系统激活后成为动态驾驶任务后援用户。 动态驾驶任务后援用户（驾驶自动化系统激活）： ① 当收到介人请求时，及时执行接管； ② 发生车辆其他系统失效时，及时执行接管； ③ 可将视线转移至非驾驶相关的活动，但保持一定的警觉性，对明显的外部刺激（如救护车警笛等）进行适当的响应；	① 仅允许在其设计运行条件下激活； ② 激活后在其设计运行条件下执行全部动态驾驶任务； ③ 识别是否即将不满足设计运行范围，并在即将不满足设计运行范围时，及时向动态驾驶任务后援用户发出介入请求； ④ 识别驾驶自动化系统失效，并在发生驾驶自动化系统失效时，及时向动态驾驶任务后援用户发出介入请求； ⑤ 识别动态驾驶任务后援用户的接管能力，并在用户的接管能力即将不满足要求时，发出介入请求；

续表

驾驶自动化等级	用户的角色	驾驶自动化系统的角色（驾驶自动化系统激活）
3 级 有条件自动驾驶	④ 决定是否以及如何实现最小风险状态，并判断是否达到最小风险状态； ⑤ 在请求驾驶自动化系统退出后成为驾驶员	⑥ 在发出介入请求后，继续执行动态驾驶任务一定的时间供动态驾驶任务后援用户接管；在发出介入请求后，如果动态驾驶任务后援； ⑦ 用户未响应，适时采取减缓车辆风险的措施； ⑧ 当用户请求驾驶自动化系统退出时，立即解除系统控制权
4 级 高度自动驾驶	驾驶员/调度员(驾驶自动化系统未激活)： ① 驾驶自动化系统激活前，确认装备驾驶自动化系统的车辆状态是否可以使用； ② 决定是否开启驾驶自动化系统； ③ 在驾驶自动化系统激活后，车内的驾驶员/调度员成为乘客。 乘客/调度员（驾驶自动化系统激活）： ① 无须执行动态驾驶任务或接管； ② 无须决定是否及如何实现最小风险状态，且不需要判断是否达到最小风险状态； ③ 可接受介入请求并执行接管； ④ 可请求驾驶自动化系统退出； ⑤ 在请求驾驶自动化系统退出且系统退出后成为驾驶员	① 仅允许在其设计运行条件下激活。 ② 激活后在其设计运行条件下执行全部动态驾驶任务。 ③ 识别是否即将不满足设计运行范围。 ④ 识别驾驶自动化系统失效和车辆其他系统失效。 ⑤ 识别驾乘人员状态是否符合设计运行条件。 ⑥ 在发生下列情况之一且用户未响应介入请求时，执行风险减缓策略并自动达到最小风险状态： • 即将不满足设计运行条件； • 驾驶自动化系统失效或车辆其他系统失效； • 驾乘人员状态不符合设计运行条件（如有）； • 用户要求实现最小风险状态。 ⑦ 除下列情形以外，不得解除系统控制权： • 已达到最小风险状态； • 驾驶员在执行动态驾驶任务。 ⑧ 当用户请求驾驶自动化系统退出时，解除系统控制权，如果存在安全风险可暂缓解除
5 级 完全自动驾驶	驾驶员/调度员（驾驶自动化系统未激活）： ① 驾驶自动化系统激活前，确认装备驾驶自动化系统的车辆状态是否可以使用； ② 决定是否开启驾驶自动化系统； ③ 在驾驶自动化系统激活后，车内的驾驶员/调度员成为乘客。 乘客/调度员（驾驶自动化系统激活）： ① 无须执行动态驾驶任务或接管； ② 无须决定是否及如何实现最小风险状态，且不需要判断是否达到最小风险状态； ③ 可接受介入请求并执行接管； ④ 可请求驾驶自动化系统退出； ⑤ 在请求驾驶自动化系统退出且系统退出后成为驾驶员	① 无设计运行范围限制。 ② 仅允许在其设计运行条件下激活。 ③ 激活后在其设计运行条件下执行全部动态驾驶任务。 ④ 识别驾驶自动化系统失效和车辆其他系统失效。 ⑤ 在发生下列情况之一且用户未响应介入请求时，执行风险减缓策略援并自动达到最小风险状态： • 驾驶自动化系统失效或车辆其他系统失效； • 用户要求实现最小风险状态。 ⑥ 除下列情形以外，不得解除系统控制权： • 已达到最小风险状态； • 驾驶员在执行动态驾驶任务。 ⑦ 当用户请求驾驶自动化系统退出时，解除系统控制权，如果存在安全风险可暂缓解除

目前，2 级组合驾驶辅助已经得到规模应用。但是，基于单车智能的自动驾

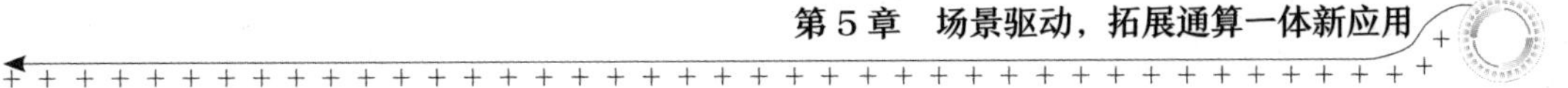

驶面临以下挑战。

（1）单车成本高

高级自动驾驶需要大量车载传感器及计算平台，单车硬件成本高，随着自动驾驶级别上升，算力需求也呈指数级上升。为保证安全可靠，一些部件可能会有冗余部署，也会进一步增加车端成本。

（2）感知能力受限

单车感知设备的高度、车辆速度及传感器自身能力都限制了单车智能的感知能力。一方面，对处理单车数据的要求较高，对单车的算力需求高。另一方面，单车根据掌握的瞬时信息容易出现误判，比如视距方案可能会造成"幽灵刹车"（"幽灵刹车"指的是当驾驶员开启自动辅助驾驶功能后，在车辆前方没有障碍物或者不会与前方车辆发生碰撞时，车辆却会进行非必要的刹车，可能给驾驶员带来重大的风险），触发碰撞告警。此外，车载传感器的自身感知能力无法满足自动驾驶的要求，比如雷达（激光雷达+毫米波雷达）+ 摄像头来感知外部环境，而通常车载雷达高度小于 1.5m，由于高度所限，前车/侧车阻挡概率高，无法获得被遮挡区域的状况，容易存在感知盲区。另外，车载激光雷达探测距离是 150m。在 5G 汽车联盟（5GAA）中，自动驾驶舒适感知距离是 1km，单车感知无法满足自动驾驶需求。

（3）协同困难

单车只能依赖其自身感知结果进行自动驾驶，无法获得全局信息，也无法做到车与路、车与路之间的高效协同，决策算法依据不够充分，在复杂场景下还有可能做出错误判断，导致 3 级及以上技术的落地进展较慢。一些投入高级别自动驾驶的明星公司出现经营困难，被迫转入 2 级+的自动驾驶，整体上自动驾驶的实际应用还处于 3 级以下水平。基于路侧单元（RSU）的协同自动驾驶，由于路侧单元覆盖率低，搭载车辆渗透率低，车辆用户的体验感长期在低水平徘徊。

单车成本高、感知能力受限、协同困难这三大因素组成了纯单车智能方案的缺陷。单车智能是实现智慧内生的交通系统的必要支撑，然而，通向智慧交通还需要车联网实现车路云的泛在连接。

2. 车联网：使能车路云泛在连接

车联网指通过在车辆和路侧单元上安装各种传感器、通信设备和感知终端等设备，将车辆与道路、交通管理系统和算力基础设施等进行全面互联，在车、路、行人及云平台等之间进行无线通信和信息交换的系统，是能够实现智能化交通管理、智能动态信息服务和车辆智能化控制的一体化网络，包括车与车（V2V）、车与路侧基础设施（V2I）、车与人（V2P）、车与网络（V2N）等。车联网发展的核心目标是赋能实现自动驾驶和自主交通。

近年来，随着技术的不断进步和应用，车联网技术在国内外得到了迅速的发展。在国外，美国、欧洲国家和日本等在车联网技术方面处于领先地位。美国是全球最大的车联网市场，众多汽车制造商和科技公司都推出了车联网服务。例如，通用汽车的安吉星、福特汽车的 SYNC 和特斯拉的 Autopilot 等，这些服务通过车载蜂窝网络或 Wi-Fi 等技术将车辆与云端进行连接，提供导航、安全预警、紧急救援等服务。欧洲国家的电子不停车收费（ETC）系统是比较成熟的车联网应用之一，它实现了高速公路的不停车收费，提高了道路交通便利性。日本的车载信息娱乐（IVI）系统则是基于智能手机的车辆联网服务，通过将手机与车辆进行连接，实现智能导航、安全驾驶等功能。

在国内，车联网技术也得到了发展和广泛的应用。我国政府出台了一系列政策措施，加强了对车联网产业的监管和引导。2019 年，中共中央、国务院印发的《交通强国建设纲要》明确提出，到 2035 年，基本建成交通强国，加强智能网联汽车（智能汽车、自动驾驶、车路协同）研发，形成自主可控完整的产业链。2021 年，中共中央、国务院印发的《国家综合立体交通网规划纲要》提出，到 2035 年，智能网联汽车（智能汽车、自动驾驶、车路协同）技术达到世界先进水平。国内企业也在车联网技术方面进行了大量的研究和开发，如阿里巴巴、腾讯、中兴、华为等。这些企业通过自主研发和合作，推出了各种具有创新性和实用性的车联网产品和服务，如智能导航、安全预警、车载娱乐等。此外，我国还积极推动车联网技术在公共交通领域的应用，如智能公交、智能出租车等，以提高公共交通的效率和舒适性。

车联网技术应用广泛，具体如下。

（1）智能导航系统

智能导航系统是车联网技术的重要应用之一，它可以帮助车主实时获取道路信息和交通状况，为车主提供精确的导航服务。通过车联网技术，智能导航系统可以接收来自交通管理部门、其他车辆、行人和其他传感器的各种信息，包括交通拥堵、事故、施工等实时信息，帮助车主避开拥堵和危险区域，规划更加高效和安全的行驶路线。同时，智能导航系统还可以提供实时停车位信息等服务，为车主提供更加便捷和舒适的出行体验。

（2）智能驾驶辅助系统

智能驾驶辅助系统是车联网技术的另一个重要应用，它可以通过各种传感器和算法协助车主进行自动驾驶或辅助驾驶，从而提高行车安全性和舒适性。例如，自动刹车系统可以在车辆接近碰撞时自动减速或刹车，避免事故的发生；自适应巡航系统可以根据前方车辆的速度自动调整本车速度，保持安全距离并防止追尾；自动泊车系统可以帮助车主自动寻找停车位并完成泊车操作，解决停车难题和降低停车风险。此外，智能驾驶辅助系统还可以提供车道偏离警示、行人识别、盲点监测等服务，进一步提高行车安全性。

（3）远程控制系统

车联网技术可以实现车辆的远程控制。通过手机 App 或智能设备，车主可以远程控制车辆的各种功能，如开启空调、锁车、启动发动机等。这些功能可以帮助车主更加方便地管理和使用车辆。同时，远程控制系统还可以监控车辆的状态和位置信息。例如，如果车辆出现故障或被盗，远程控制系统可以及时发出警报并协助车主采取相应的措施。

（4）智能语音助手

智能语音助手是车联网技术的一个创新应用。通过语音识别和自然语言处理技术，智能语音助手可以实现使用语音控制车辆的各种功能，如打开空调、播放音乐、拨打电话等。这些功能可以帮助车主更加方便地使用车辆，减少烦琐的手动操作。同时，智能语音助手还可以提供各种信息服务，如实时路况、天气预报、新闻资讯等，为车主提供更加智能化的出行体验。

（5）行车安全系统

车联网技术可以提高行车安全性。通过行车安全系统，车辆可以实时获取周围环境信息和其他车辆信息，并利用传感器和算法进行自动驾驶或辅助驾驶。此外，行车安全系统还可以提供车辆防盗和救援服务。例如，如果车辆被盗或发生事故，车载传感器可以自动报警并向救援机构发送求救信号，以便及时处理和解决问题。同时，行车安全系统也可以实现车辆间的通信，让驾驶员能够更加及时地发现路上的危险情况并采取相应的措施。例如，当一辆车检测到前方有障碍物或事故时，行车安全系统可以立即将这种情况报告给其他车辆，从而让其他车辆能够及时避让并避免事故的发生。

（6）车家互联系统

车联网技术可以实现智能家居与车辆互联。通过车家互联系统，车辆可以与家庭智能设备进行连接，实现家庭与车辆之间的信息共享和智能化控制。例如，车主可以通过手机 App 或智能语音助手控制家中的智能设备，包括智能灯泡、智能窗帘等；同时，家庭也可以通过智能设备了解车辆的状态信息和位置信息，实现家庭与车辆之间的智能化互联。车家互联系统可以为车主提供更加便捷的生活体验。例如，车主下班回家时，可以通过手机 App 远程打开家里的灯光和空调；车主离家时，可以通过智能语音助手关闭家里的所有电源开关并锁好门锁。这种智能化的生活方式可以提高生活的便利性和舒适性。

车联网对于社会、经济、环境等方面都有着重要的影响，具体如下。

① **提高交通效率**：车联网可以通过智能化的交通管理系统，优化交通流量的分配，避免交通拥堵，提高道路的通行效率。这不仅可以缩短车辆的滞留时间

和降低燃油消耗，还可以提高物流运输的效率，降低物流成本。

② **提升驾驶安全**：车联网可以实现车辆之间的信息共享和实时交流，以及车辆与路侧基础设施之间的信息交互。这可以帮助驾驶员及时获取路况信息、车辆状况和危险预警，从而更好地规划行驶路线、控制车速，避免交通事故。

③ **节能环保**：车联网可以通过优化车辆的运行状态和路线规划，降低不必要的燃油消耗和排放，减少对环境的污染。此外，车联网还可以实现电动汽车的智能充电，根据车辆的运行状态和电量情况，自动调整充电时间和充电功率，提高能源利用效率。

④ **创新商业模式**：车联网可以为企业提供更加智能化的车辆管理和运营服务，例如基于大数据的车辆维护和预警、基于车联网的智能出行服务等。这些创新商业模式可以为企业的运营和发展带来新的机遇和更多效益。

⑤ **改善社会生活**：车联网可以改善人们的出行体验和生活质量。例如，车联网可以通过实时监测交通流量和路况，为人们提供更加准确和及时的出行信息，方便人们选择最佳的出行方式和路线。此外，车联网还可以提高公共交通的效率和安全性，提高人们的出行满意度。

车联网通信技术标准主要有两大类，即专用短程通信（DSRC，即 IEEE 802.11p）技术标准和蜂窝车联网（C-V2X）技术标准。DSRC 技术标准是在 IEEE 802.11 标准基础上增强设计的车联网无线接入技术标准，DSRC 支持 V2X 直接通信，在车辆密集时通信时延大、可靠性低。C-V2X 提供两种互补的通信模式：一种是直接通信模式，终端间通过直接通信链路 PC5 接口进行数据传输，不经过基站，实现 V2V、V2I、V2P 等直接通信，支持蜂窝覆盖内和蜂窝覆盖外两种场景；另一种是蜂窝模式，沿用传统蜂窝通信模式，使用终端和基站之间的 Uu 接口实现 V2N 通信，并可通过基站的数据转发分别实现 V2V、V2I、V2P 通信。由于蜂窝系统具有覆盖广、容量大、可靠性高、移动性好、产业规模大的优点，相较于 DSRC，C-V2X 在国际技术与产业竞争中已形成明显的超越态势。

C-V2X 通过 PC5 技术实现，PC5 是基于无线局域网或蓝牙等短距离通信标准，实现设备间直接通信的技术。具体来说，PC5 技术主要包括两个协议：Uu PC5，定义了从用户设备到网络侧设备之间的通信流程，可以实现车辆与路侧单元之间的通信；X2 PC5，规定了同一网络内不同设备之间的直接通信方式，可以帮助多个车辆或终端设备进行信息交换和资源分享。C-V2X 通过提供兼容 PC5 的接口，并提供支持更长更稳定连接的 Uu 接口，实现了更为泛在、更为稳定、更大容量的车联网通信。

5.2.3　通算一体的智慧车联网

随着 5G 技术的发展，为了进一步扩展广域连接能力及车联网场景的数智化服务能力，业界开始以通算一体的 5G 网络为载体，实现“聪明的车+智慧的路+灵活的网”，推动自动驾驶及智慧交通持续跃升。通算一体的智慧车联网是指利用 5G 技术实现车联网，加上一级云端算力和二级边端单元算力，构筑智慧内生的交通系统。通算一体的智慧车联网不但充分利用了 5G 网络的能力，而且还有效应对目前单车智能自动驾驶存在的挑战。通过 5G 网络，车辆可以实现低时延的数据传输和通信，实现车辆之间的实时信息交互、车辆与交通基础设施的互动及车辆与云端服务的连接。5G 车联网可以提供更快速、更安全、更智能的交通体验，提高驾驶安全性，优化交通流量，避免交通拥堵，并为自动驾驶、智能交通管理等领域的发展提供支持。

具体来看，基于丰富的 5G 网络建设经验，结合通信感知一体化技术，以及无线边缘计算和边云协同相关技术，产业界进行了广泛的探索和实践。比如中国移动和中兴通讯携手提出“5G 通感算控一体化车联网架构”，即基于通算一体基站的 5G 车联网系统，如图 5-2 所示，实现“车-路-云”之间的全方位协同配合，如协同感知、协同决策规划、协同控制等，从而满足不同等级自动驾驶车辆行驶安全、高效、节能与舒适需求，以达到自动驾驶车辆性能和交通全局最优化发展目标，实现车路云一体化的智慧交通。

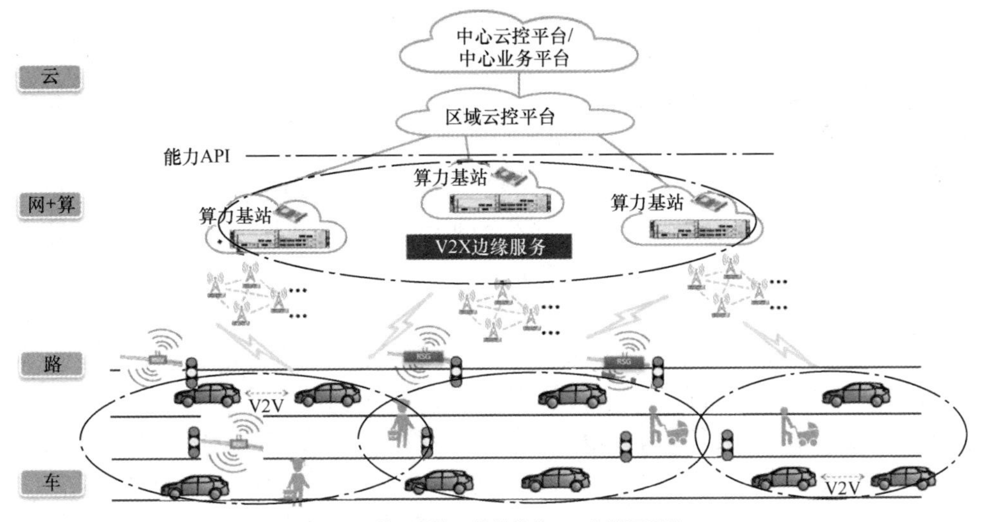

图 5-2　基于通算一体基站的 5G 车联网系统

在普通 5G 基站侧新增算力资源，可以构成通算一体基站，即在 5G 网络节点增加算力，这些算力可以用于 V2X 车路协同服务。在通算一体基站上可以按需部署面向车侧的通信连接的服务、面向感知融合计算的服务、面向控制协同优化的服务及面向通感的服务，从而实现基于通算一体基站的 5G 车联网系统。

单个通算一体基站按需部署于车路协同区域，在 5G 网络中直接提供 V2X 车路协同服务，多个通算一体基站构成 V2X 服务集群。单个通算一体基站节点可提供千米级范围内的 V2X 车路协同服务，整个集群可提供十千米级（城市级）V2X 车路协同服务。

面向车辆，系统通过 5G 提供的网络连接，使得车辆在不安装传统车载单元（OBU）的情况下也可以接收 V2X 消息，还可以同传统路侧单元协同，使得 5G 网络和传统 PC5 网络可以融合组网，更好地提供 V2X 车路协同服务。

面向路侧，系统提供可按需部署相对集中的边缘算力进行路侧感知的计算，可以将路侧感知设备，如摄像头、雷达、激光雷达，进行原始感知回传并利用边缘算力进行计算得到感知结果，也可以协同路侧计算设施将计算结果进行更大范围融合，以生成更大范围内的协同。

面向云端，基于通算一体基站的 5G 车联网系统作为边缘云控平台，可以接收上级云控（区域云控和中心云控）的业务协同和业务指示，并上报路侧感知信息、路侧感知事件等，以支撑区域云控和中心云控进行全局协调。

基于通算一体基站的 5G 车联网系统，实现 5G 连接到车、路侧感知到网、业务算力到边，形成车路网云图一体化的车路协同服务。

① **连接到车**：连接方面，将原有分散的 PC5 网络融合至 5G 网络，统一承载 V2X 车路协同业务信息，以更低成本实现广域全网连接。基于 5G 的服务质量（QoS）、切片实现高可靠连接保障，网络性能进一步提升，建设成本更低，部署更快。

② **感知到网**：感知方面，通过通感一体基站代替路侧毫米波雷达等感知设备，具备无线通感一体能力，提供全程全网无线感知计算，同时通过空口资源共享实现一网多能，感知性能进一步提升。

③ **算力到边**：算力方面，包括云端和无线边缘二级算力，实现 V2X 云边协同，一级算力实现广域管控，二级算力与基站实现通算融合，支持实时业务下沉，数据智能卸载，可实现低时延边缘计算和本地精准推送。

通过空口统一、通感一体、通算融合，以及智慧内生的系统设计，可以实现更低成本、更优性能、更快部署的效果，为车联网建设和商用落地提供了更加经济高效的解决方案。首先，空口统一可以确保各种无线通信技术之间的兼容性和互操作性，从而降低系统的复杂性和成本。其次，通感一体可以将传感器、控制器和执行器集成在一起，实现对车辆运行状态的实时监控和精确控制，提高系统的性能。此外，通算融合可以实现数据的高效处理和分析，为决策提供准确的信息支持，并在此基础上充分利用 AI 技术，实现对数据的深度挖掘和分析，提高系统的智能化水平。

5.3 智慧工业园区场景

5.3.1 智慧工业园区概述

在过去几十年中，很多以传统制造业为主导的工业园区被建立。这些园区不仅提供了大规模的生产和制造设施，也带来很多问题和挑战，如环境污染、资源浪费、能源消耗，对劳动力的过度依赖和缺乏创新的局限性等。

随着经济和技术的发展，传统工业园区正在逐渐转型升级，朝着智能化、绿色可持续发展，形成新一代的智慧工业园区。它融合了工业互联网、AI、大数据和其他前沿技术，旨在提高生产效率、降低资源消耗、改善工作环境和促进可持续发展。

因为融合了工业互联网、AI、大数据等技术，智慧工业园区必然需要处理大量的数据和业务，这就对数据处理和算力提出了更高的要求，具体如下。

① **大规模数据处理能力：**智慧工业园区产生的大量数据需要进行处理和分析，以提取有价值的信息。例如，通过对传感器数据进行实时分析，可以监测设备状态、预测故障，从而实现设备维护的智能化。此外，对生产数据进行分析可以优化生产过程，提高生产效率和质量。

② **实时数据处理能力：**智慧工业园区的生产过程需要实时监控。例如，通过实时采集和处理传感器数据，可以及时发现异常情况并采取相应的措施。此外，实时处理数据还可以做出实时的生产调度和决策，以应对市场需求的变化。

③ **AI 算法支持：**AI 技术在智慧工业园区中的应用非常广泛。例如，通过机器学习算法可以对生产数据进行分析和预测，以优化生产计划和资源调度。深度学习算法可以应用于图像识别和视觉检测，用于质检和安全监控。此外，自然语言处理算法可以用于处理和分析文本数据，支持智能客服和知识管理。

④ **边缘计算能力：**智慧工业园区通常由分布式的设备和传感器组成，这些设备和传感器需要具备一定的计算能力来进行数据处理和决策。边缘计算可以将一部分计算任务从云端转移到设备端，以降低数据传输时延和减轻网络带宽压力。例如，在智能制造中，设备可以实时处理传感器数据，进行实时优化和控制，而不必依赖云端的计算资源。

⑤ **安全计算能力：**智慧工业园区的数字化转型需要保证数据的安全性和隐私性。计算和算力需要具备一定的安全计算能力，以保护数据不被未经授权的访问和篡改。例如，数据加密可以确保数据在传输和存储过程中的安全性。身份认证和访问控制可以限制敏感数据和系统资源的访问权限，防止未经授权的操作和攻击。

5.3.2　场景特征及需求

1．钢铁企业中的无人天车

钢铁行业作为发展多年的成熟行业，传统上依靠天车来搬运生产物料。天车通常指的是沿着固定轨道运行的、具备强大起重能力的机械设备。在工厂车间，桥梁式天车是常见的起重设备。这些起重设备在大多数情况下是由人工进行操作的，操作人员在上岗之前，必须持有相应的天车操作证书。然而，面对恶劣的工作环境、不断上升的人工成本、设备老化、安全风险等问题，无人天车的重要性愈发凸显。通过引入先进的智能技术，无人天车具备自主完成起重任务的能力。它不但能够实现自动控制和移动，而且可编程，具备人机交互功能，甚至可以模拟人工操作，极大地提升了作业效率和安全性。

钢铁企业通过逐步在生产过程中引入无人天车，实现了内部物料的自动化搬运，提升了物流效率和安全性，降低了运营成本和能耗，从而增强钢铁企业的市场竞争力和盈利能力。

无人天车需要实时获取任务需求和设备状况，智能地生成最优的作业计划，并通过多级联动控制实现行车的自动化运行。此外，无人天车还采用了机器视觉等辅助技术，使得行车能够精确地识别货物位置和形状，保证行车的稳定性和准确性。

无人天车还与智能库管系统相结合，通过先进的传感器和无线通信技术，实时地收集并上传行车、运输链、过跨车等设备的位置状态等信息，与工厂管理系统进行数据交换和分析，实现从进料到发货的全流程信息化管理。这样，钢厂可以随时掌握物料的库存情况和流向情况，优化生产计划和物流安排。

行车调度是钢铁企业生产调度的重要组成部分，是工序间物流衔接和生产节奏控制的重要枢纽。合理有效地进行天车调度能够为生产调度的实施奠定基础，对保证生产稳定运行、提高钢厂系统整体效益起着至关重要的作用。

为保障运行的安全和高效，无人天车面临的挑战包括以下几项。① 实时性，需要实时收集和处理生产和物流各环节、各设备的数据，以保障生产调度的效率。② 精准性，行车吊装和行进过程都伴随重物移动，为保证安全，对行车的控制必须精准和稳定。③ 可靠性，天车是钢铁生产的核心设备，设备故障极大影响企业的生产效率。④ 智能化，控制天车稳定运行、优化作业路径所涉及的环境复杂，因素众多，一般的自动化控制逻辑不能满足需求。

面对实时性、精准性、可靠性、智能化的挑战，无人天车对数据处理和计算的需求具体如下。

① **实时数据采集和处理：**监测各个天车的位置、速度、负载等参数，以及

周围环境信息。这些数据需要通过高速网络传输到中央服务器，并进行实时的分析和处理，以优化系统的运行效率和安全性。

② **故障诊断和快速恢复：**无人天车出现故障时，需要及时被检测和诊断，并采取相应的措施进行恢复，以减少人工干预和缩短停机时间。

③ **任务优化：**无人天车可以利用 AI 和机器学习技术，综合各环节、各设备的数据，以及物料的重量、形状、位置等参数，计算出合适的吊钩高度、速度和角度，以防止物料在空中摇晃或碰撞；根据生产计划、物料库存、设备状态等信息，动态调整运输任务的优先级和顺序，以避免出现物料堆积或缺乏的情况。

2. 3C 制造中的机器视觉质检

3C 是指“计算机（Computer）、通信（Communication）、消费电子产品（Consumer Electronics）”。这个术语主要用于计算机、通信和消费电子产品行业。3C 制造具有高度自动化、研发周期短、产品更新快、需求多样化、资金投入大和供应链管理复杂等特点。这些特点对企业的质量管理提出了更高的要求，包括严格执行标准、建立完整的质量管理体系、引入先进的质量检测技术、加强供应商管理、建立完善的质量反馈机制和加强人员培训等，这就需要企业在质量管理方面不断提高和创新。

在 3C 制造的质量管理创新中，机器视觉质检是一项重要的业务，即通过使用计算机视觉技术和图像处理算法，对产品进行自动化的质量检测和分析，其主要优势如下。

① **提高质量和一致性：**机器视觉质检可以高效地检测产品的质量问题，如表面缺陷、组件错误、装配不良等。相较于人工质检，机器视觉可以更准确、快速地识别和对产品缺陷进行分类，从而提高产品质量和一致性。

② **提高生产效率：**机器视觉质检可以实现自动化的产品检测和分析，大大缩短了人工操作的时间，降低了成本。它可以在高速生产线上实时进行质检，快速排查问题，缩短生产中的停机时间，提高生产效率。

③ **降低人工错误率：**人工质检容易受到疲劳、主观判断和人为因素的影响，错误率较高。而机器视觉质检可以消除这些因素，提供更准确和一致的结果，降低人工错误率。

④ **数据分析和追溯：**机器视觉质检可以收集大量的质检数据，并进行统计和分析。这些数据可以用于产品质量改进、生产优化和追溯等方面，帮助企业实现数据驱动的决策和持续改进。

在 3C 制造过程中，引入机器视觉质检实现高精度和高效率检测的同时，还将面临一些挑战：点位多，在 3C 制造过程中，产品的每一个部分都需要进行检测，这就需要机器视觉质检能够处理大量的点位信息；带宽大，由于需要处理大量的点位信息，因此机器视觉质检需要有足够大的带宽来传输这些数据；时延低，在 3C 制造过程中，任何的时延都可能影响生产效率，机器视觉质检需要能够实时处理和响应。

面对点位多、带宽大、时延低的挑战，机器视觉质检对数据处理和计算的需求具体如下。

① **图像处理能力**：机器视觉质检需要能够高效地处理大量的图像数据，包括图像采集、预处理、特征提取、目标检测等，因此需要具备强大的图像处理能力，包括图像处理算法和硬件加速器等。

② **并行计算能力**：为了应对大量的图像数据和复杂的算法计算，机器视觉质检需要具备高度的并行计算能力。这可以通过使用多核 CPU、GPU 或者专用的加速卡（如 FPGA、ASIC 等）来实现。

③ **大存储和大带宽**：由于机器视觉质检需要处理大量的图像数据，因此对存储和传输带宽的需求也很大，需要具备足够的存储空间来存储图像数据，并且需要具备高速的网络传输能力，以便在多点位、大带宽的环境下进行数据传输。

④ **高实时性**：机器视觉质检通常需要对图像数据进行实时处理和分析，因此需要能够在低时延的情况下进行高效的图像处理和质检分析，以满足实时性的要求。

3. 露天矿山中的无人矿山卡车和远程操控电铲

无人矿山卡车（矿卡）的常见应用场景之一是露天矿山。露天矿山的作业流程有爆破、采装、运输等，具有面积广阔（2～10km^{2}大小）、地形复杂（多层工作平台梯形分布，地形随着采掘变化）、环境恶劣（爆破产生震动，有落石，塌方）等特点。此外，露天矿山对生产安全性和可靠性要求较高，在有高产能任务指标时，要求 24 小时全天候生产，系统故障会极大影响开采效率和经营效益。

露天矿山的无人矿卡、电铲、挖掘机、运土车等大型装备有几十到数百辆。为了提高生产效率、安全性和可持续发展能力，降低人员风险和减少资源浪费，露天矿山在少人化、无人化改造过程中，需要引入一系列新型业务，具体如下。

① **无人矿卡运输**：传统的矿卡需要由驾驶员操作，但无人矿卡可以通过自动驾驶技术进行远程控制。在露天矿山作业中，无人矿卡可以用于矿石的运输和堆放。它可以自动导航到指定的地点，准确地将矿石从采矿区域运送到堆放区域，提高了运输效率和准确性。

② **远程操控电铲**：传统的电铲需要由驾驶员亲自操作，但新型电铲可以通过远程控制进行操作。在露天矿山作业中，远程操控电铲可以用于矿石的挖掘和装载。驾驶员可以通过远程操作台控制电铲的动作，准确地将矿石挖掘并装载到无人矿卡中，提高了作业效率和安全性。

③ **辅助设备监控**：引入辅助设备监控可以实时监测和管理矿山的辅助设备，如输送带、破碎机等。通过智能传感器、数据采集和云平台等，可以实现对设备

的实时监控、故障预警和维护管理，提高设备的可靠性和运行效率。

④ **车辆智能化管控**：引入车辆智能化管控可以对无人矿卡进行实时监控和管理。通过 GPS 定位、远程监控和智能化算法，可以实现对车辆的实时监控、路径规划和调度管理，提高车辆的使用效率和安全性。

这些新型业务可以为矿山企业带来更多的发展机遇，是矿山行业迈向智能化、自动化的重要步骤。在露天矿山偏远、简陋的条件下，部署的无人矿卡和新型电铲需具备以下能力。

① **保障通信网络**：无人矿卡和新型电铲需要与操作中心进行实时通信，传输指令和接收数据。偏远地区可能存在网络覆盖不完善的情况，因此需要建立稳定的通信网络，确保数据的传输和指令的下达。

② **感知多维场景**：为了保证无人矿卡和新型电铲能够准确感知环境、车辆和人员，需要配备多种传感器，如摄像头、激光雷达等。这些传感器可以实时获取周围环境的信息，以便进行智能导航和障碍物避让。

③ **实时控制**：由于作业环境存在不确定性和变化性，因此无人矿卡和新型电铲需要具备实时控制能力。操作中心应该能够实时监控设备的状态和作业情况，并及时做出相应的调整和指令下达，以保证作业的安全和效率。

为了实现以上能力，对数据处理和计算提出了需求，具体如下。

① **感知和导航计算**：无人矿卡和新型电铲需要进行感知和导航计算，包括对周围环境进行感知、检测和识别，以及进行路径规划和导航。这些计算任务对算力的要求较高，需要实时地处理大量的传感器数据，并进行复杂的计算。

② **实时控制计算**：无人矿卡和新型电铲需要实时地控制车辆或设备的运动，包括速度调整、转向控制、刹车控制等，因此要求在短时间内能够对输入信号进行分析和处理，并及时给出相应的控制指令。对于实时性要求较高的场景，需要更强大的通信和算力支持。

③ **通信和数据处理**：无人矿卡和新型电铲需要进行远程通信和数据处理，包括与操作中心进行实时的数据传输和交互，因此要求能够处理大量的数据，并进行实时的数据传输和处理。对于大规模的矿山作业来说，这需要强大的计算能力。

④ **协同调度计算**：无人矿卡和新型电铲需要与其他设备和系统进行协同调度，包括矿卡、电铲与堆放设备等进行协同作业，确保作业的高效运行。这需要建立一个全要素的协同调度系统，实现设备之间的信息共享和任务分配。对于实时性要求较高的协同调度场景，需要更强大的算力支持。

4. 电力系统中的智能配电网

电力系统由发电、输电、变电、配电、用电和调度等环节组成。新型电力系统需要通过深度推进电力系统智能化、智慧化，把电源、电网、负荷、储能各个环节有机整合起来，形成一个一体协同的智能电力系统。配电网是电力系统的“最后十千米”，负责城区和郊区的配网线路，是电力系统中直接与用户相连并向用户分配电能的环节，是保障电力“配得下、用得上”的关键。

配电网的特点主要包括以下几个方面。

① **供电可靠性要求高**：配电网作为向工业、商业和居民用户供电的最后一级网，对供电可靠性要求非常高。任何供电中断都可能给用户生产和生活带来严重影响，因此配电网需要具备高可靠性和快速的故障恢复能力。

② **负荷多样性**：配电网服务的用户包括工厂、企业和居民等多种类型，因此负荷特点多样，需要根据不同用户的用电特点进行合理的供电调度和负荷管理。

③ **大量分布式能源接入**：随着可再生能源的发展，越来越多的分布式能源（如太阳能、风能）接入配电网，这给配电网的运行和管理提出了新的挑战，需要实现对分布式能源的有效接入和管理。

④ **双向供电需求**：随着分布式能源和储能技术的发展，用户对双向供电的需求逐渐增加，配电网需要支持双向电能流动，对应的供电数据也需要支持双向交互。

⑤ **能效和节能要求**：能源的有效利用和节能减排是当前能源领域的重要发展方向，配电网需要支持对用户能源使用情况的监测和评估，提升用户能效和节能。

⑥ **智能化和自动化需求**：随着信息技术和通信技术的发展，用户对智能化和自动化的需求逐渐增加，配电网需要实现远程监控、智能调度和故障诊断等功能，提高运行效率和服务质量。

基于配电网点多面广、海量终端实时监控、数据双向频繁交互，其在智能化过程中需要具备以下能力。

① **实时性、可靠性和安全性**：配电网智能化需要大量的数据通信支持，包括从传感器到数据中心的数据传输，以及控制指令的下发。实现这个能力的挑战在于如何选择合适的通信技术、网络架构和边缘计算技术，减少对中心系统的依赖，以确保数据的实时性、可靠性和安全性。

② **海量数据的高效处理**：配电网智能化需要处理大量的监测数据和用户用电数据，需要借助数据处理和分析技术来提取有用的信息和规律。实现这个能力的挑战在于如何有效地处理大规模数据、进行实时分析和建立预测模型，以支持智能化决策和运行优化；如何结合 AI 和大数据处理，构建高效的智能化系统，以实现对配电网运行状态、负荷预测、故障诊断等方面的智能化处理和决策支持，提高电网的运行效率和可靠性。

③ **复杂系统的高效运行**：配电网智能化涉及众多子系统和设备，需要确保各个部分能够协同工作、无缝连接。实现这个能力的挑战在于如何解决不同设备

和系统之间的高效互操作，以实现整体系统的高效运行。

要实现上述能力，对数据处理和计算提出的需求如下。

① **数据通信**：配电网智能化需要高速、稳定的数据通信能力，以支持设备之间的实时数据交换和协同工作。这需要算力来识别业务流，感知业务流特征，精准匹配网络资源，以确保低时延和大带宽的通信。

② **边缘计算**：配电网智能化需要在边缘设备上进行数据处理和决策支持，因此需要具备较强的边缘计算能力，包括对实时数据的快速处理和分析，以及支持边缘设备上的智能决策。

③ **大数据处理和 AI**：配电网智能化需要处理大规模的实时数据和历史数据，包括数据清洗、预处理、聚合、挖掘和建模等。配电网智能化需要支持对 AI 和机器学习算法的训练和推断，以实现对配电网运行状态、负荷预测、故障诊断、智能化巡检等方面的智能化处理和决策支持。

④ **系统集成和互操作性**：配电网智能化需要具备更高集成性的计算能力，以实现不同设备、系统和数据源的集成和统一管理。

5.3.3　通算一体的智慧工业园区

1. 钢铁制造：无人天车

无人天车通过通算一体基站提供的计算、感知和 5G 连接服务，实现实时位置和传感称重数据的传输，并接收控制系统的动作指令。此外，机器视觉技术也被应用于该系统中，用于车辆形象识别和表面质量检测等功能。通过机器学习等算法，相关信息将被发送至库存管理子系统，以便实现无人天车的自动装卸。无人天车解决方案由智能调度系统、无人天车管理控制系统和无人天车控制系统组成，其示意如图 5-3 所示。

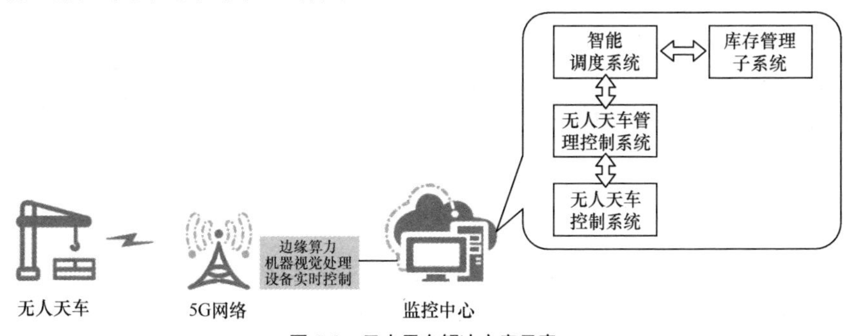

图 5-3　无人天车解决方案示意

无人天车解决方案的设计和实现考虑了多个关键因素，旨在提高仓库管理的效率和准确性。

首先，通过集机器视觉处理和设备实时控制于一体的通算一体基站，无人天车能够实时地传送其位置和传感称重数据，从而实现对无人天车的实时监控和控制。这不仅有助于提高无人天车的安全性，还能够及时发现和解决潜在的问题。

其次，智能调度系统发送的设备实时控制在通算一体基站中得到进一步处理分析，并根据货物不同批次的特点和要求，给无人天车发出更合适的垛位进行存放。处理分析的 AI 模型通过利用无人天车管理控制系统采集的多种信息，在边缘持续优化模型，使之不仅能够最大程度地利用仓库空间，还能够避免不同批次之间的混淆和交叉。

再次，网络边缘机器视觉技术的应用使得无人天车能够准确地识别钢卷的形状和位置，及时发现钢卷表面的异常情况，并采取相应的措施。这有助于提高装卸的准确性和效率，同时也能够减少人为错误和事故的发生。

最后，通过机器学习等算法，通算一体基站能够将无人天车采集的相关信息在边缘侧预处理，并发送至库存管理子系统，以便实现无人天车的自动装卸。这样一来，不仅能够减少人工操作，还能够提高无人天车的效率和准确性。同时，无人天车也能够实时地监控和管理库存，以便及时调整和优化仓库的存储布局和容量。

2. 3C 制造：机器视觉质检

机器视觉质检涉及的计算处理及算力模块包括机器视觉网关和通算一体基站等，其示意如图 5-4 所示。

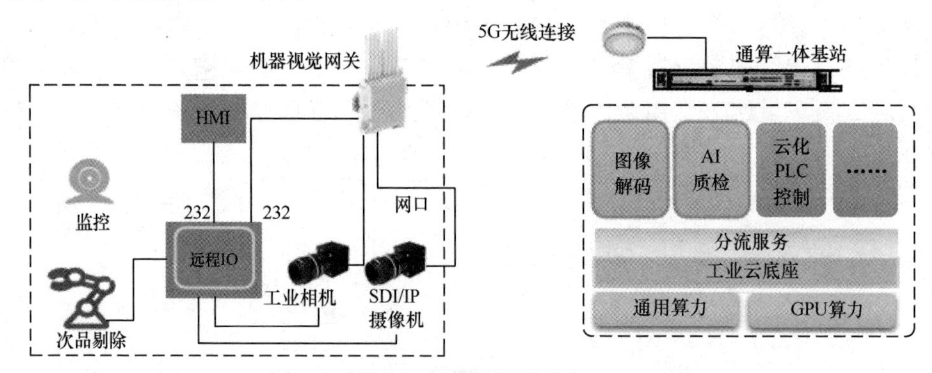

图 5-4 机器视觉质检示意

① **机器视觉网关**：负责接收摄像头采集的图像数据，并进行图像编码和无损压缩。图像编码将图像数据转换为更适合传输和存储的格式，可以减少图像数据的内存，从而节省传输带宽和存储空间。无损压缩是一种不会影响图像质量的压缩方法，可以保证图像数据的完整性和可还原性。通过图像编码和无损压缩，

机器视觉网关可以有效地减少传输的图像数据量，降低存储成本。

② **通算一体基站**：一个综合性的设备，具备图像解码、AI 质检和云化 PLC 控制等功能。图像解码模块将经过编码和压缩的图像数据解码为原始图像数据，以便后续的图像处理和分析。AI 质检模块结合 AI 和深度学习算法，可以实现对图像的自动分析和质检，如目标检测、缺陷检测等。云化 PLC 控制模块可以将质检结果与云平台或 PLC 控制系统进行连接，实现次品剔除的自动化处理。

上述应用通常需要处理大量的图像数据，因此机器视觉需要具备大带宽和低时延的网络传输能力，以保证图像数据的快速传输和实时性。此外，由于这些应用需要进行大量的图像处理和智能计算，因此机器视觉需要具备较强的算力和计算能力，以满足实时性和准确性的要求。

3．矿山挖掘：无人矿卡和电铲远程驾驶系统

无人矿卡和电铲远程驾驶系统由以下部分组成，其示意如图 5-5 所示。

① **矿山 5G 专网**：为无人矿卡和电铲远程驾驶系统提供通信支持的网络。它能够提供高速、低时延的通信服务，支持车辆与操作中心之间的实时数据传输和交互。通过露天矿山 5G 专网，无人矿卡和电铲可以与其他设备、系统和人员进行无线连接，实现远程监控、指挥和管理。

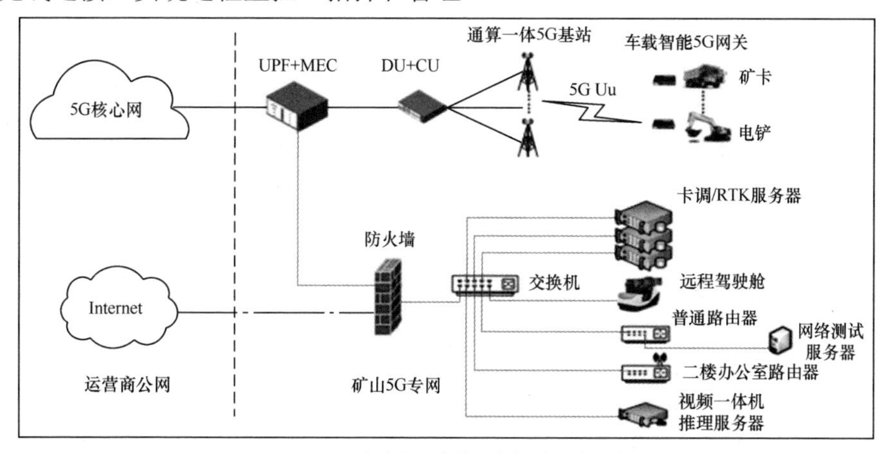

图 5-5　无人矿卡和电铲远程驾驶系统示意

② **车载智驾 5G 网关**：负责提供车辆的感知、导航、控制和通信等功能，集成了多种传感器、计算单元和通信模块，能够实时地感知环境、进行决策和控制，并与其他设备和系统进行通信。

③ **远程驾驶舱**：通过矿山 5G 专网与车载智驾 5G 网关进行通信，实现与车辆的实时连接。驾驶员可以通过车端传输的信息进行驾驶反馈，通过操控方向盘、油门、

刹车踏板、挡位等模拟器触发驾驶信号，信号经过处理由舱端服务器回传给车辆。

其中，涉及计算处理的模块主要有车载智驾 5G 网关和通算一体 5G 基站。

① **车载智驾 5G 网关**：无人矿卡和电铲远程驾驶系统的核心计算处理模块之一。在视频监控方面，车载智驾 5G 网关能够接收和处理车载摄像头的视频流，进行实时的图像压缩、图像识别、目标检测和跟踪等算法处理。在远程控制方面，车载智驾 5G 网关能够接收远程驾驶舱发送的控制指令，并将指令转化为车辆的实际动作。车载智驾 5G 网关需要具备足够的算力支持，以处理复杂的数据和算法，并实现实时性要求。

② **通算一体 5G 基站**：提供通信和算力服务的基础设施，支持部署无人矿卡和电铲远程驾驶系统所需应用服务，具体如下。

- 视频超分还原：通算一体 5G 基站能够接收车载摄像头传输的视频流，并进行高效的图像处理算法，提高视频的清晰度和细节。
- 全局协同调度：通算一体 5G 基站能够接收和处理多个车辆的状态和任务信息，进行智能调度和优化，实现车辆之间的协同工作。
- 实时远程控制：通算一体 5G 基站能够接收远程驾驶舱发送的控制指令，并将指令传输给对应的车辆，实现实时的远程控制。

通过协同工作，无人矿卡和电铲可以在复杂的矿区环境中进行高效、安全的远程驾驶。

4. 电力系统：智能配电网

智能配电网系统包含由通算一体 5G 基站提供的智能配电 5G 专网，以及配电自动化、精准负荷控制、智能化巡检等应用子系统，其示意如图 5-6 所示。

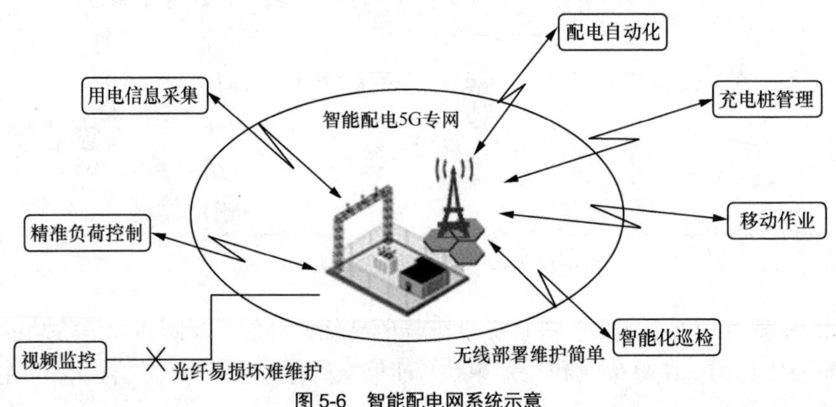

图 5-6 智能配电网系统示意

(1) 智能配电 5G 专网

智能配电 5G 专网示意如图 5-7 所示，按照配电网业务需求划分为远程管理区切片和远程控制区切片，以更好地匹配业务类型，并进行隔离及差异化保障。智能配电 5G 专网还部署了用于识别业务流、感知业务特征，并匹配业务需求、精准调度网络资源的算力资源和智能算法，能够更好地满足配电网业务低时延、高可靠、高能效的诉求。

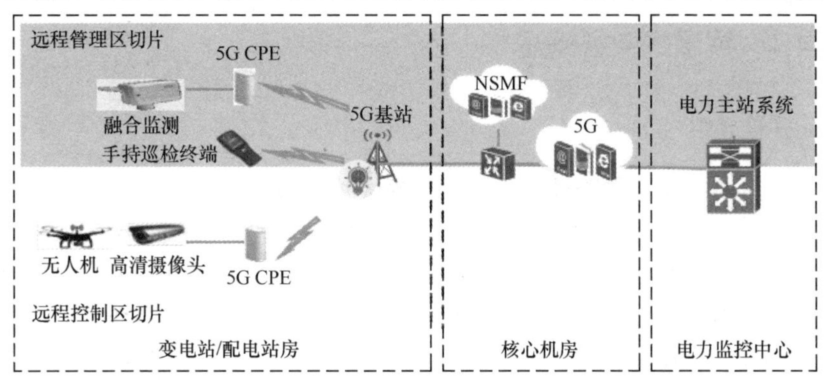

图 5-7　智能配电 5G 专网示意

（2）配电自动化

通过计算机信息技术对配电网进行监控，有效提高电网供电阶段的稳定性。通过在配电现场设置一定数量的智能配电终端，实现配电自动化系统，其作用体现在模拟量、数字量和控制量的采集上，即所谓的三遥功能（遥测、遥信和遥控）。

（3）精准负荷控制

精准负荷控制具有负荷预测、负荷调度、负荷监控和故障处理等功能。通过对电力负荷进行智能化的预测和分析，配电网可以提前进行调度安排，以满足不同时间段的用电需求。此外，精准负荷控制实现了对电力系统的故障处理和应急处理，以确保电力供应的连续性和稳定性。

（4）智能化巡检

在摄像头、无人机、巡检机器人、通算一体 5G 基站等设备集成终端-边缘分层的算力。部署用于识别仪表读数、设备状态、违章作业、安全隐患的智能算法，实现对输电线路设备的外力破坏、异物和电气设备故障的自动识别，避免无效数据回传，降低人工图像处理工作量，提高视频监测人员工作效率，降低人工巡检成本。

综合以上案例，可见海量数据采集、实时自动控制、基于 AI 算法的图像识别/视觉检测等业务都是智慧工业园区的典型应用。它们一方面都有低时延、高可靠的通信要求，因此 5G 网络不仅要支持超高可靠、低时延通信，在时间敏感网络等技术方面，还需要部署算力资源和智能算法以实现业务识别、特征感知、精准调度、故障处理；另一方面本身也需要强大的算力资源和面向生产现场训练的 AI 算法，以实现实时高效的业务处理。在通信和应用都需要算力支撑的场景中，采用通算一体的设备不仅能提升实时性，还能简化设备部署和运维复杂度，降低综合成本。

5.4　沉浸式业务场景

5.4.1　沉浸式业务概述

1．背景介绍

沉浸式业务是当前国内外关注的热点领域。2020 年，疫情发生，“宅经济”快速发展，线上生活成为常态，现实生活开始大规模向虚拟世界迁移，人类开始成为现实与虚拟的“两栖物种”。元宇宙（Metaverse）的概念在此时应运而生。Metaverse 中 Meta 表示超越，verse 表示宇宙（universe），合起来可以理解为创造一个平行于现实世界的人造虚拟空间。它承载用户社交娱乐、创作展示、经济交易等一切活动，因其高沉浸感和完全的同步性，逐步与现实世界融合、互相延伸拓展，最终达成“超越”虚拟与现实的“元宇宙”，为人类社会拓宽无限的生活空间。元宇宙以游戏为起点，逐渐整合互联网、数字化娱乐、社交媒体等，往长远看甚至可能整合社会经济与商业活动。图 5-8 给出了基于沉浸式业务的元宇宙概念。

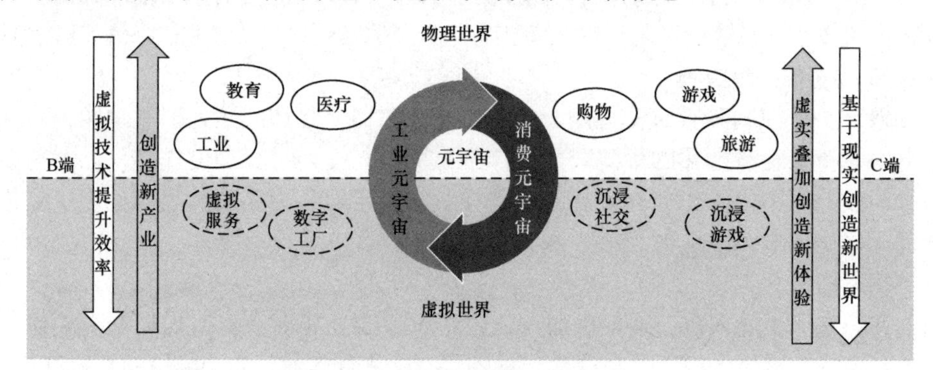

图 5-8　基于沉浸式业务的元宇宙概念

2022 年 11 月 1 日，工业和信息化部等五部门联合发布《虚拟现实与行业应用融合发展行动计划（2022—2026 年）》。该计划指出，VR 是新一代信息技术的重要前沿方向，是数字经济的重大前瞻领域，将深刻改变人类的生产生活方式。2023 年，中共中央、国务院印发《数字中国建设整体布局规划》，首提“沉浸式服务体验”，XR 在赋能经济社会发展中将发挥重要的推动作用，助力数字中国建设。国家高度重视扩展现实产业发展，国家“十四五”规划将其列入数字经济重点产业，催生新产业、新业态和新模式。2023 年 6 月，苹果公司在年度开发者大会上推出了其首款混合现实（MR）头戴式显示设备——Vision Pro，以及第一个空间操作系统

Vision OS，用户可以通过语音、眼动、手势等方式与眼前场景进行交互。

2．沉浸式业务和 XR 的相关概念

沉浸式业务是指利用人的感官和认知，通过技术手段为用户营造身临其境的感受，从而提供一系列逼真度高的业务。高逼真度可基于各类多媒体技术的结合实现，如感知信息获取、媒体处理、媒体传输、媒体同步和媒体呈现，包括 VR、AR、MR 和 XR 等。

VR 最早可以追溯到 1968 年首次发明的头显设备。VR 是以渲染的视觉和听觉为主导，通过计算机模拟虚拟环境给人以环境沉浸感。用户在 VR 中可以通过听觉、视觉和触觉感受虚拟物体，可让人完全沉浸在虚拟环境中。用户只能感受到虚拟世界，现实视觉被完全隔绝。

AR 是实时根据现实世界的位置和角度，并叠加相应的虚拟图像和三维技术，即在真实空间叠加虚拟物体，把虚拟信息映射在现实环境中，但不能与真实环境交互。用户不会完全脱离现实世界。

MR 是物理世界和数字世界的结合，可将现实世界数字化，并与虚拟世界融合产生新世界，虚拟物体和现实世界的对象在新世界共存并实时交互，最终使得用户可以置身于一个新的场景中。在新场景中，用户无法区分哪些对象是计算机合成的虚拟对象，哪些对象是真实世界存在的现实对象。

XR 是不同类型的虚拟现实技术的统称，具体是指计算机通过计算机技术和可穿戴设备产生的虚实结合的场景和人机交互。它包括 VR、AR、MR 等，如图 5-9 所示。

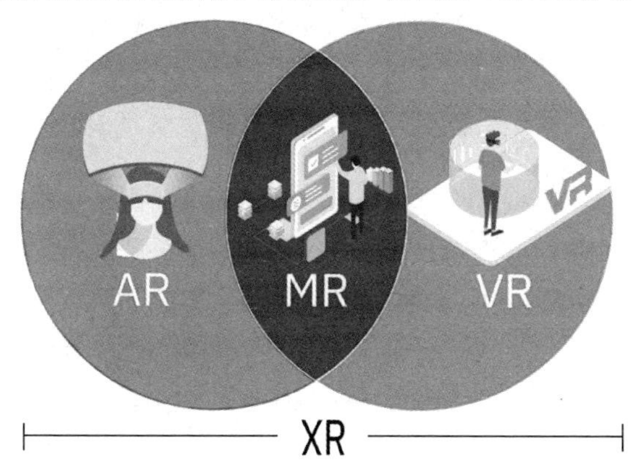

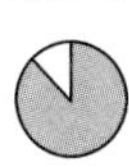

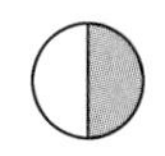

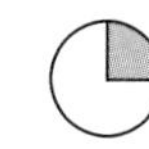

图 5-9　VR、AR、MR 和 XR 的区别

5.4.2 场景特征及需求

1．沉浸式业务的网络需求

3GPP 已经开始进行 XR 研究，主要聚焦以下 5 个场景。

AR1：XR 分布式计算，XR 终端客户链接至网络和 XR 渲染应用。XR 终端客户可以发送收集到的信息（如传感器信息、支持的译码器信息及显示配置等）给 XR 边缘服务器，边缘服务器根据这些信息对编码器等内容进行合理的配置。

AR2：XR 会议，会议虚拟环境可以由渲染环境、360 照片、视频或某种混合环境组成。用户虚拟形象可以是图形虚拟形象、基于视频的 3D 视频虚拟形象和经过渲染的虚拟形象。

VR1：视点相关流，与用户的视点有关的渲染方式，在用户视点以外的物体可以不进行渲染，也可以以低分辨率进行渲染。在用户视觉范围内的内容需要以高分辨率进行渲染。

VR2：XR 分离渲染，XR 服务器根据 XR 设备接收的姿势信息预渲染所需要的 XR 场景。同时，XR 设备使用异步时间扭曲（ATW）技术基于姿势信息来处理接收到的预渲染场景，以反映用户在场景被渲染之后进行的头部运动。

CG：云游戏，与 VR2 的视频渲染方式类似。

可以预见，到 2030 年，随着 6G 网络的到来和 XR 业务的推广，用户将会从沉浸性、舒适性、互通性和经济性等各个方面提出越来越高的要求。表 5-2 给出了 3GPP 定义的传统 XR 业务和元宇宙业务的主要指标。从传统 XR 业务到元宇宙的沉浸式业务，用户对数据速率、数据包成功率和端到端时延的要求越来越高，给移动网络带来了巨大挑战。

表 5-2 3GPP 定义的传统 XR 业务和元宇宙业务的主要指标

用例	数据速率/Mbit·s^{-1}	数据包成功率	端到端时延/ms
下行： 分离渲染（VR2） XR 会议（AR2）	如 30, 45, 60	如 99%, 95%, 99.99%	如 50, 60, 100, 200
下行 云游戏（CG）	如 8, 30, 45	如 99%, 95%, 99.99%	80
上行：姿势控制	0.2	如 99%, 90%, 95%	如 5, 10
上行：AR 场景/数据/音频/视频	如 10, 20	如 99%, 90%, 95%	如 50, 60, 100, 200
移动元宇宙沉浸式游戏和现场表演	1～1000	99.99%	5～20
AR 沉浸式体验	200～2000	99.9%	10
基于 NPN 的沉浸式交互式移动医疗服务	1～100	99.9999%	10～100
基于元宇宙的远程驾驶	0.1～50	99.999%	1～100

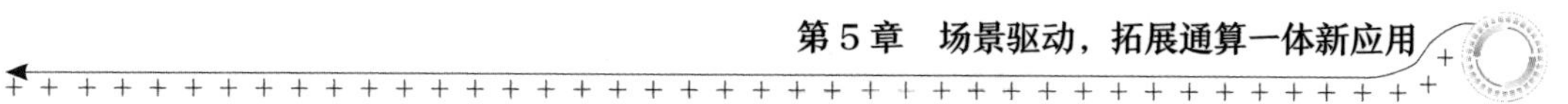

（1）数据速率要求

画面清晰度是沉浸式业务的重要性能指标之一。影响虚拟影像清晰度的指标包括分辨率、帧率、色深、视场角和编码压缩比等。对于沉浸式业务或者元宇宙业务，其业务形态的基础均为视频业务。视频业务具有大数据速率、准周期到达等特点。随着虚拟现实技术的发展，为了使用户获得更好的沉浸体验，视频业务的清晰度要求上升至 4K 甚至 8K，视频帧率要求上升至 90fps（帧每秒）甚至 120fps。同时，针对某些特定的 XR 业务可能需要针对左右眼进行分别渲染，这些都极大增加了单个用户设备承载的数据量。因此，沉浸式业务对用户设备所支持的数据速率提出更高的要求。决定三自由度（3DOF）的云 XR 系统吞吐率要求的三大因素包括视频帧分辨率、色深和视频帧率。用户数据速率高是云 XR 系统高吞吐率的关键保障，确保 XR 用户的体验。

3GPP 在研究中确定了典型业务的数据速率。在 VR2 的分离渲染场景或者 AR2 的 XR 会议场景中，单个用户的数据速率及对应的帧率为 30Mbit/s@60fps（30Mbit/s 的数据速率对应 60fps 的帧率，以下类推）、45Mbit/s@60fps、60Mbit/s@60fps。在云游戏场景，单个用户的数据速率及对应的帧率为 8Mbit/s@60fps 或者 30Mbit/s@60fps。在元宇宙业务场景下，为了能够让用户获得更加沉浸式的体验，数据速率要求进一步上升，如在基于非公共网络（NPN）的沉浸式交互式移动医疗服务场景下，数据速率最高可达 100Mbit/s。在移动元宇宙沉浸式游戏和现场表演场景下，数据速率最高可达 1000Mbit/s。在 AR 沉浸式体验场景下，数据速率最高可达 2000Mbit/s。

（2）可靠性要求

画面稳定性是沉浸式业务的重要性能指标之一，反映了 XR 业务的流畅性、完整性和有效性，能够确保整个 XR 业务不出现卡顿、画面失真和丢帧等现象。可靠性要求主要是避免错误传输导致丢帧。可靠性要求通常与时延要求相关，错误传输的数据包包括两类，第一类是超过空口时延要求的数据包，第二类是达到最大传输次数（首传和 HARQ 重传）且还没有传输正确的数据包。

3GPP 针对 VR2、AR2、CG 等业务场景，要求数据包成功率为 99%、95%或 99.99%。在元宇宙场景中，对可靠性要求有了进一步提高。在基于 NPN 的沉浸式交互式移动医疗服务场景中，数据包成功率要求为 99.9999%；在移动元宇宙沉浸式游戏和现场表演场景中，数据包成功率要求为 99.99%；在 AR 沉浸式体验场景中，数据包成功率要求为 99.9%。

（3）传输时延要求

自然交互是沉浸式业务的重要性能指标之一，也是 XR 被期待的重要原因。自然交互是自然化延伸人类的视觉、触觉、听觉、味觉和嗅觉等感官。在实现方式上，人类可以采用真实世界的交互方式，如手势、声音、眼球、脑波等，与虚拟环境进行交流和互动。相关业务指标包括初始缓冲时延、运动感知冲突（晕动症）、操控响应时间等。初始缓冲时延包括初始缓冲准备时延和初始缓冲加载时延，一般对于具有分钟级以下的首次缓冲加载时长不反感，如果超过 3 分钟，将出现明显反感，云 XR 需要重视这个指标，需要减少云端到终端的传输时长。由于云 XR 系统对用户的交互响应存在时延，用户前庭对运动后的视觉与实际看到的图像存在差异，这种时延被称为运动到成像（MTP）时延，定义为用户头部的移动与头显中的画面更新之间的时延，MTP 时延过高会导致用户出现眩晕感，目前公认的是 MTP 时延低于 20 ms 就能大幅减少晕动症的发生。所以，云 XR 系统低传输实验是上述时延相关业务指标的关键保障，从而确保了 XR 用户的体验。

为了身临其境和避免眩晕的用户体验，传输时延需要足够小。3GPP 定义的端到端时延为，从数据包接收开始，数据包可以传输的时间范围，若超过此范围，该数据包被丢弃。为了获得最佳的沉浸式体验，该时延应接近人的感知极限，约为 10ms。3GPP 给出了时延要求，在下行 VR 场景和 AR 场景，如 VR2 的分离渲染场景或者 AR2 的 XR 会议场景中，单个用户的端到端时延要求为 50、60、100 或 200ms；在下行云游戏场景中，单个用户的端到端时延要求为 80ms；对于上行业务来说，视频业务的端到端时延根据场景有不同的要求，如 50、60、100 或 200ms。在元宇宙场景中，端到端时延的要求进一步提高。在基于 NPN 的沉浸式交互式移动医疗服务场景中，端到端时延为 10～100ms；在移动元宇宙沉浸式游戏和现场表演场景，端到端时延为 5～20ms；在 AR 沉浸式体验场景中，端到端时延为 10ms。

（4）同步要求

沉浸式业务或者元宇宙业务的生成和传输包含了多模态的信息，这些信息来源于视觉、听觉、触觉、嗅觉等，并具有不同的 QoS 需求。为了获得更好的用户体验，不同 QoS 的两个数据流存在同步需求。例如，传感器传输的触觉信息与 AR 眼镜传输的视频信息需要进行同步，确保用户的行为操作和感官感觉获得对应的视觉内容的同步，以获得更好的沉浸式体验。针对多 QoS 数据流传输场景，3GPP 定义了几类场景的同步要求，见表 5-3。

表 5-3　3GPP 定义的几类场景的同步要求

媒体组件	同步门限	
音频+触觉	音频时延：50ms	触觉时延：25ms
视觉+触觉	视觉时延：15ms	触觉时延：50ms

注：对于每个媒体组件，“时延”是指该媒体组件与其他媒体组件的相对时延。

（5）其他要求

其他要求包括业务容量、定位精度、抖动要求、网络安全。首先，针对用户密集区域，需要满足区域业务流量指标，保证用户体验。其次，如在移动元宇宙沉浸式游戏和现场表演、云游戏场景中，需要获取用户当前位置信息，对定位精度有一定的需求。还有，如在基于 NPN 的沉浸式交互式移动医疗服务场景中，远程精密外科手术需要额外考虑数据包传输的抖动。最后，沉浸式业务包括个人身份、人脸特征、指纹、声音甚至生理数据等敏感信息，需要网络支持个人数据保护，而现有安全技术会增加端到端时延，需要统筹考虑。

（6）面向 XR 业务的网业协同技术

为了满足上述的网络需求和业务指标，需要考虑面向 XR 业务的网业协同技术，增强网络与业务的双向感知，网随业动，业由网生，构建基于 XR 业务的广义确定性网络。面向 XR 业务的网业协同技术主要包括业务感知、业务保障和业务评估 3 个方面。

在业务感知方面，首先，网络需要感知沉浸式业务的帧信息，并对特定的 XR 业务实施帧级保障，确保特定沉浸式业务的帧级要求，以满足面向特定沉浸式业务的数据速率、传输时延和可靠性要求。其次，多模态的沉浸式业务一般包含多个数据流，如视频流、语音流、触觉流等，其中视频流包含重要性不同的帧类型，网络需要识别不同的流和不同的帧类型，从而给不同的数据流/子流提供差异化保障。

在业务保障方面，网络传输不佳会导致较差的沉浸式业务的用户体验，如晕动症、卡顿、花屏等现象，这些是 XR 业务的痛点。我们可以通过一系列通信传输技术，增强网络和业务的协同，为用户提供极强存在感的沉浸式体验。

在业务评估方面，3GPP 定义了影响 XR 业务体验质量（QoE）的测量量，但是这些测量量主要分布于终端和服务器，网络侧大多无法获取。XR 体验评估方法包括测量量的获取和上报、网络关键绩效指标（KPI）的定义、测量量和网络 KPI 到业务质量的映射关系及典型场景下的测试等。网络 KPI 包含帧级时延、帧级时延分布、帧级抖动、帧级速率和帧级丢包等。业务质量包含卡顿、花屏、黑边、音视频同步、交互响应时延、初始时延等。

2. 沉浸式业务的算力需求

（1）AI 算力需求

伴随着自然语言生成（NLG）技术和 AI 模型的成熟，生成式 AI 逐渐受到大家的关注，目前已经可以自动生成文字、图片、音频、视频，甚至至 3D 模型或代码。

首先，AI 算力可以赋能 XR 内容制作。作为典型例子，3D 内容（包括 3D 模型、3D 动画和 3D 交互等）是 VR/AR 核心之一，目前各个领域的 3D 内容尚需要大量人工进行制作，而且对制作人员的门槛要求相对较高，因而产能较低，这是相关行业发展遇到的一大瓶颈。而 AI 则有望在一定程度上实现 3D 内容制作的自动化，替代部分重复劳动，并提升制作效率。随着 AI 模型的发展与算力的提升，AI 有望带来 3D 内容生成领域的变革。

其次，AI 算力可以赋能 XR 硬件的交互。随着机器学习和深度学习的发展，虚拟信息可以“理解”真实世界，二者的融合更趋于自然。例如，AI 语音助理将成为 AR 眼镜的核心交互方式，AR 眼镜将集成 AI 语音助理功能，成为辅助日常生活的工具，比如帮助用户订外卖、导航路线等。另外，AR 眼镜基于同时定位及地图构建（SLAM）技术，理解拍摄的内容，通过特征提取，实现机器的语义理解，优化 AR 系统的辅助功能。

最后，AI 算力可以赋能 XR 游戏，通过不断地用人体动态数据、语言、反应等信息训练 AI 驱动中 XR 游戏的虚拟角色，使其动作、行为更加流畅，且更加智能化，大大增强游戏的沉浸感。

（2）渲染算力需求

虚拟内容和画面的创建均是基于图形渲染和算力支撑；用户能否进行沉浸式的交互与体验也需要建立在真实建模和强大算力的基础上；沉浸式业务设备未来发展趋势是轻量化，以满足用户更好的穿戴体验（如舒适度、发热、能耗）需求，其主要受限于功耗、算力和体积，对算力要求更高的沉浸式业务和元宇宙，如果希望拥有尽可能多的用户，需要降低对设备配置的要求，将更多的运算模块/单元迁移到网络。下面针对 VR 和 AR 两个场景分别进行具体分析。

针对 VR 应用的高算力需求，为减轻端侧计算负担，需要基于 5G 网络实现端云协同渲染方案，结合 XR 设备端、5G 空口及边缘云计算，通过协同分离渲染的方式实现身临其境的 XR 体验。计算任务在边缘云服务器和 XR 终端设备之间进行分配。在 XR 终端设备一侧，主要进行一些节能、低时延的帧渲染和头部姿态数据追踪，而在边缘云一侧，则专注于计算密集型的运算处理和图形渲染。

AR 更注重对现实场景的感知和交互性，如物体识别、空间定位等，仍然需要足够的渲染能力来确保虚拟内容与真实环境的无缝融合，并提供流畅的交互体验。为处理更复杂、更逼真的图形，渲染任务可以在云端或边缘服务器上进行，从而降低设备本身的功耗和复杂度，提供更高质量的渲染效果。现阶段可通过将 AR 眼镜与 5G 终端连接，与云端进行通信来实现边缘云、5G 终端、AR 眼镜的分离渲染。在这种实现方式中，简单的任务可以由 AR 眼镜卸载到终端侧进行处理，而更复杂、计算密集型的任务则由边缘服务器负责处理。这种分布式计算模式充分利用了设备的计算能力，同时借助边缘服务器的高性能计算资源，为用户提供流畅、高质量的 AR 体验。

5.4.3　通算一体的沉浸式业务

随着沉浸式 XR 业务的数据量快速增长，数据中心的成本和能耗将快速增加。在传统的中心化计算模型中，大量数据需要从边缘设备传输到远程数据中心进行处理，数据传输通常需要网络带宽和能源。边缘计算、分布式计算等技术在降低处理时延的同时，将数据处理及存储推向边缘，减少了数据在网络中的传输，从而减轻了网络的负载，降低了能源消耗，显著提升了 XR 用户的体验。端云协同架构如图 5-10 所示。

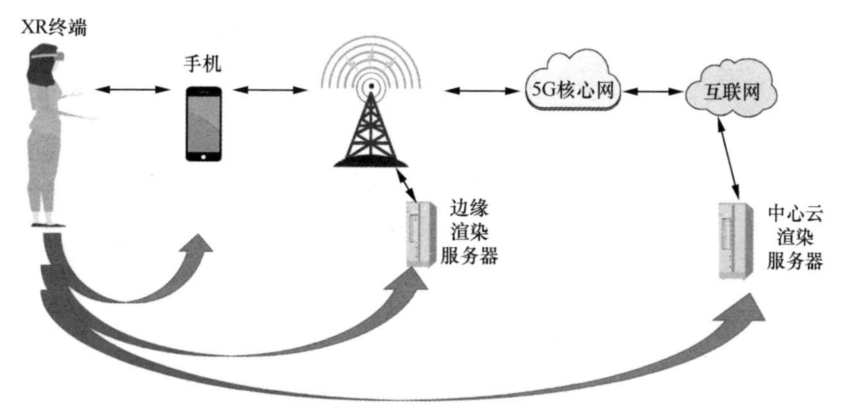

图 5-10　端云协同架构

对 XR 应用的支持可以采用通算一体的网络架构，动态灵活地部署所需计算资源（如 CPU、GPU 等），实现算力资源和通信网络资源的深度协同优化。具体来看，XR 的应用需要综合考虑算力资源和通信网络的影响，一方面，考虑 XR 的用户体验，XR 的计算任务可以通过端、边、云三级算力协同完成。例如渲染，优先在终端侧进行渲染并根据业务需求及本地算力负荷进行端、边、云的协同计算，尽可能降低处理时延，实现最佳的能耗和计算能力分配。另一方面，考虑通信的影响，根据无线信道质量的变化，渲染任务可在远程边缘云计算和本地终端计算之间切换。当信号质量较好时，系统可以选择将计算任务发送到边缘云端的渲染服务器进行处理，以实现更大规模的计算和资源优化；而当信号较弱或网络时延较长时，系统将计算任务转移到终端上进行处理，以实现更低的时延。基于上述自适应机制，XR 应用可在不同网络条件下保持稳定性，保障 XR 用户获得最优的服务体验。总之，通算一体网络是沉浸式业务和元宇宙的基础，其朝着计算、存储、传输和智能一体化的方向演进，如图 5-11 所示。

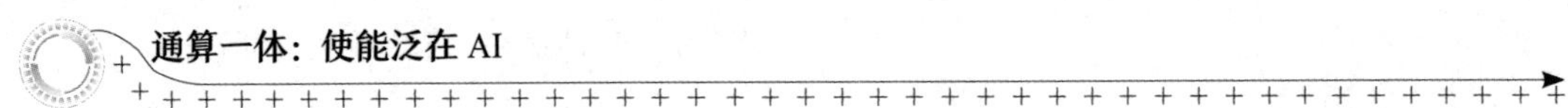

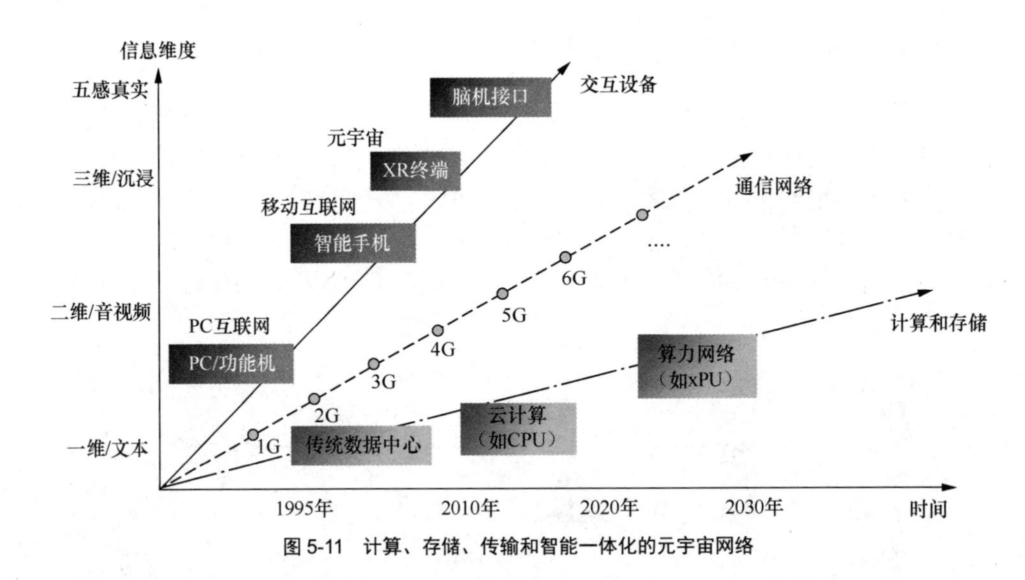

图 5-11　计算、存储、传输和智能一体化的元宇宙网络

基于沉浸式业务的元宇宙正在从概念走向现实。随着人们对于远程工作、在线教育、数字娱乐等需求的增加，以及对于新鲜创意、个性化定制、社交互动等需求的增加，沉浸式业务将获得更广泛而深入的市场空间。随着 XR、5G、6G、云计算、通算一体、网业融合等技术成熟度的提升，元宇宙将真正改变我们与时空互动的方式，为社会和个人带来广阔价值空间，最终引起一场新的工业革命。

5.5　生成式 AI 场景

5.5.1　生成式 AI 概述

18 世纪末到 19 世纪初，第一次工业革命以蒸汽机为标志，在全球范围内展开。在这次革命中，化石燃料驱动的机器替代了人工，显著降低了单位产品的生产成本，从而使得大规模工业生产取代了手工制作。19 世纪末 20 世纪初，电力的广泛应用引发了第二次工业革命。电能逐渐成为主要能源，社会生产力大幅提高。随着发动机和电动机的广泛应用及电报和无线电通信技术的出现，信息传输效率显著增强。20 世纪中期，信息技术的广泛应用标志着第三次工业革命的到来，其中，电子计算机成为其核心，这次革命也被称为信息革命。

目前，第四次工业革命的大幕正在缓缓开启。这次革命以 AI 和大数据为核心，涵盖了 AI、物联网、生物技术等领域，其中，AI 成为其主要推动力，数据成为关键的生产要素。AI 的发展分为两个主要方向：决策式 AI 和生成式 AI，它们都助力了生产力的提升，推动了技术进步，使人类逐渐从重复性劳动中解放出来。

决策式 AI 专注于学习数据的条件概率分布，以便分析、判断和预测已有数据。它在推荐和风险系统中起到辅助决策的作用，并被应用于自动驾驶和机器人中的决策制定。视觉识别是决策式 AI 的一个经典应用，在训练模型识别带标签或无标签的图像数据后，可以对新图像进行分类，如区分汽车与自行车。决策式 AI 的技术已相对成熟，被广泛应用于多个领域，如人脸识别、精准广告推送、金融用户评估和智能驾驶辅助等，大大提高了非创造性工作的效率。

生成式 AI 专注于学习数据中的联合概率分布，并不是简单分析已有数据，而是学习归纳已有数据后进行创造演绎，基于历史进行模仿式、缝合式创作，生成全新的内容，也能解决部分判别问题。一个典型的生成式 AI 应用是图像生成，在学习大量图片数据及对图片的文字描述后，可根据相应的描述，生成用户想要的图片，如根据用户的需求对一辆汽车的照片进行修改，改变汽车颜色、形状等。生成式 AI 涉及内容创作、科研、人机交互及多个工业领域，具体的应用有聊天机器人、文案写作、文字转图片、代码生成、语音生成、智能医疗诊断等。生成式 AI 从 2014 年开始快速发展，近期发展速度呈指数级增长，但相应的成熟产品和监管仍在早期阶段。目前，典型的生成式 AI 的应用包括文字理解与生成（如 ChatGPT）、图片生成（如 Stable Diffusion）、视频生成（如 Sora）、音乐生成（如 MusicLM）和代码生成（如 GitHub Copilot）。

我们平常所说的大模型，是生成式 AI 的一种，即大语言模型或多模态大模型。大模型通常包含几十亿到上万亿的参数，以 Transformer 模型架构为基础，能够实现与用户自然语言的对话，以及图片、视频、代码等多模态数据的理解和生成。近年来，随着大模型能力的爆发式增强，以大模型为基础的移动 AI 智能体得到越来越广泛的应用。移动 AI 智能体可以广义理解为拥有智能的移动设备，如智能汽车、家居机器人、手机个人助理、原生 AI 可穿戴设备等。在具体实现上，目前移动 AI 智能体的智能核心，通常在大模型的基础上，增加长期记忆能力、任务计划能力和工具使用能力等，并赋予它和真实世界更强的交互能力。

5.5.2　生成式 AI 场景应用

生成式 AI 通过从数据中学习关联关系，进而生成全新的、原创的内容或产品，不仅能够实现传统决策式 AI 的分析、判断、决策功能，还能够实现创造性功能。生成式 AI 已催生了设计、建筑和内容领域的创造性工作，并开始在生命科学、医疗、制造、材料科学、媒体、娱乐、汽车、航空航天领域进行初步应用，为各个领域带来巨大的生产力提升。下面分别介绍生成式 AI 在不同场景中的应用。

1．生成式 AI 在智慧交通中的应用

在智慧交通中，生成式 AI 的应用主要体现在协同感知、自动驾驶、智能座舱等方面。图像生成技术可以产生高度真实的图片或视频，这对自动驾驶系统的训练和验证非常有价值。一方面，图像生成技术可以模拟多种天气、光照和交通条件下的驾驶场景，包括一些罕见或危险的情况，为自动驾驶系统提供全面的训练数据，增强其应对各种实际驾驶情况的能力。另一方面，利用图像生成技术，可以模拟来自不同类型传感器（如雷达、激光雷达和摄像头）的视角，帮助自动驾驶系统更好地融合和解释这些传感器的数据。在多移动智能体参与的交通场景中，利用生成式 AI 的多模态感知能力，协同感知技术允许多个传感器或设备共享和融合数据，以获得更全面、准确的环境信息。在智慧交通系统中，这意味着不同来源（如车辆、交通信号、监控摄像头和移动设备）的实时数据（包括交通拥堵、事故、施工等）可以被整合。此外，运用生成式 AI 技术，结合自然语言处理，自动驾驶汽车可以实现更加自然和直观的人机交互。用户可以通过简单的语音指令设置目的地，甚至根据实时情况调整路线，如“避开拥堵”或“选择风景优美的道路”。用户也可以通过语音指定驾驶风格，比如“经济驾驶”“舒适驾驶”或“运动模式”，系统将根据指令调整车辆的行驶方式。更进一步，自动驾驶系统可以学习并模仿用户的驾驶习惯和偏好。比如，通过分析用户的驾驶行为，如加速、减速、转向率，系统可以在自动驾驶模式下模仿这些习惯，为用户提供更好的自动驾驶体验。

2．生成式 AI 在智能制造中的应用

在智能制造中，生成式 AI 技术的核心能力之一是处理和分析大规模数据。例如，无人天车和机器视觉系统会产生大量数据，包括视频流、传感器数据等。通过深度学习算法，生成式 AI 和大模型技术能够从数据中提取有价值的信息，为决策提供支持。生成式 AI 技术不仅能够处理和分析数据，还能够通过持续学习进行自我优化。这在智能制造的应用中尤为重要，因为它可以持续改进无人天车的运作和机器视觉的检测精度。AI 模型可以根据实时反馈和历史数据进行自我调整，不断优化无人天车的路径规划和负载管理策略，适应生产需求的变化。随着越来越多的产品图像被分析，AI 模型可以自生成优化代码，持续提高其识别缺陷的精度和速度，适应新的产品特性和质量标准。在无人矿卡运营和智能电网管

理中，安全性是至关重要的。生成式 AI 和大模型技术通过实时监控多模态感知数据并提供预测分析，能够有效提高系统的安全性，降低操作风险。生成式 AI 技术可以实时监控无人矿卡的运行环境和状态，及时识别潜在的安全隐患，防止事故发生。同样，大模型技术可以分析电网运行数据，识别潜在的故障和风险，提前采取措施避免电网故障或事故的发生。

3. 生成式 AI 在沉浸式娱乐中的应用

生成式 AI 技术在沉浸式娱乐场景中的应用，尤其对扩展现实、元宇宙、多模态通信和全息通信的发展具有深远的影响。这些技术通过增强内容的生成能力、提升交互体验和优化通信效率，极大地推动沉浸式娱乐体验的创新和普及。首先，生成式 AI 和大模型技术通过学习大量数据，能够自动生成逼真的图像、视频、音频和 3D 环境，给沉浸式娱乐内容创作带来重大的变化。利用生成式 AI，可以快速创建丰富多样的虚拟世界和角色，大幅降低内容创作的成本和门槛。生成式 AI 能够将文本转换成图像、视频或音频，实现跨模态的内容创作，为用户提供更加丰富和直观的交流方式。在全息通信中，生成式 AI 可以实现逼真的全息影像，提升远程通信的沉浸感和真实感。其次，生成式 AI 技术通过理解用户的语言和行为，能够提供更加自然和流畅的交互体验。在 XR、元宇宙中，用户可以通过自然语言与虚拟环境或角色交流，AI 通过理解和生成自然语言来支持这种交互，使用户感觉更加自然和舒适。AI 模型也可以分析用户的行为模式，预测其可能的需求和偏好，从而在多模态通信和全息通信中提前准备相应的内容来响应，提高交互效率。在多模态通信和全息通信中，数据传输的带宽需求极高。再次，生成式 AI 技术也能够通过智能压缩和数据优化，显著提高通信效率。比如，自编码器可以根据数据的重要性进行动态压缩，保留关键信息的同时减少数据量，实现高效的数据传输。对于 XR 和元宇宙中的 3D 内容，大模型能够根据用户的视角和互动需求实时渲染场景，优化数据传输和处理过程，降低时延。最后，生成式 AI 技术不仅能够创造视觉和听觉内容，还能够模拟触觉、嗅觉等其他感官体验，为用户提供全方位的沉浸感。通过生成式 AI，可以模拟出与虚拟环境或对象交互时产生的触觉反馈、温度变化甚至是气味，使得 XR 和元宇宙体验更加生动和真实。在全息通信中，AI 技术可以同步模拟人在真实交流中的各种感官体验，如握手时的触感，提高远程交流的真实感和亲密感。

4. 生成式 AI 在无线专网中的应用

移动网络赋能垂直行业的能力愈加增强，包括 URLLC、网络切片、边缘计算、NPN、时间敏感网络（TSN）、5G LAN 等。无线移动网络旨在赋能千行百业，而生成式 AI 的出现，为网络赋能行业提供新的可能性，从提供连接+边缘存储计算能力，跨越到提供一站式全方位服务。

以智慧医疗为例，现如今，通过建设 5G 专网，提供边缘云计算资源服务和满足医学特定应用的网络服务保障等，5G 技术在各级医疗机构中发挥着重要作用，使远程医疗协作、医疗影像存储与共享网络构建、优化医疗配置资源、VR 隔离探视、机器人导诊等成为可能。医疗大模型与 5G 专网的融合，可以帮助医疗机构提供更好的诊疗服务，让网络发挥更大价值。

基于生成式 AI 的医疗大模型，可以融合医学影像、文本，甚至语音或视频等多模态信息赋能各种医疗场景。例如，面对健康咨询、诊后追踪等，医疗大模型可以充当助手角色，提供疾病风险预测、检查结果分析、用药指导、恢复监测等健康管理服务，并通过通俗的语言，平衡专业性、易读性，完成多轮对话。面对就诊，一方面，医生在诊断中需要调动大量医学知识，记忆大量的患者信息，常会出现疲惫的问题，而医疗大模型的引入可以帮助医生记录信息，缓解疲劳；另一方面，医疗大模型学习患者健康信息，辅助生成治疗方案，可在救治过程中快速提供更有针对性的定制化方案。在公共卫生方面，医疗大模型可用于辅助流行病学的大数据分析及趋势判断。

然而，医疗大模型由于其特殊性，与常见的大模型在部署方式上有很大不同。一方面，医疗行业的专业性与严肃性毋庸置疑，医疗场景对问题的容错率低，这就对模型的性能提出更高的要求。另一方面，医疗大模型的训练数据主要来自患者，于是对数据的隐私保护提出更高要求，严肃、安全、可控成为其显著特点，这侧面提出了模型数据本地化处理的要求。同时，不同医疗机构的数据来源、数据格式、患者信息等有很大不同，于是对医疗大模型提出进一步的个性化配置需求。面对如此复杂且苛刻的条件，传统通信、计算分离的网络架构存在诸多风险。而通算一体的网络架构，可以在设计之初就把计算资源配置、数据管理、网络传输保障等纳入需要考虑的因素，充分考虑各网络节点的协同模式，最终为医疗机构等垂直行业提供具有生成式 AI 能力的专网服务。

5. 生成式 AI 在智能网络 OMC 中的应用

网络运营和维护中心（OMC）负责管理和控制网络组件，以确保其平稳高效地运行。它的功能涵盖故障、配置、性能、安全和账户管理。尽管网络 OMC 拥有先进的功能，但其操作仍然在很大程度上依赖人工。网络维护专家面对大量的网络管理请求，并运用他们的丰富经验进行问题解决或网络优化。鉴于网络结构的日益复杂和 IT、CT、OT 的融合，网络维护的复杂性预计将显著增加。经过无线网络领域特定知识数据和历史收集的“问题-解决”方案数据集训练的大语言模型，可以替代知识百科全书和专家经验数据库。这样的模型使专家能够使用自然语言查询交互地获取准确的答案。

大模型的编码能力在维护日志分析中可以起到关键作用。传统的方法需要手工检查每一条记录，以确定故障的潜在原因，这需要了大量的时间和人力。基于大模型的数据分析工具，如代码解释器，可以通过解析网络故障警报和关键日志文本信息，自动识别异常事件、故障原因等。通过人机交互，结果会传达给维护人员，协助他们迅速定位并纠正网络故障问题。

6. 生成式 AI 在意图驱动网络中的应用

随着网络复杂性的增加和自动化需求的激增，传统的手动配置和管理网络设备的方法已经变得不再适用。意图驱动的网络技术提供了一个更加高效的新型的解决方案。通过关注业务需求，意图驱动的解决方案使网络管理者能够使用“意图人类语言”与基础设施交互。这种交互并不需要网络管理人员深入研究设备配置的细节，而是允许他们仅向意图驱动网络传达网络服务目标。

意图驱动网络通常由 4 个组件组成，即意图翻译和验证、自动化实施、网络状态感知和自动化修复。一个可以由大语言模型娴熟地解决的重要挑战是理解“意图人类语言”，并将其翻译成特定的网络策略和配置。这需要大模型既具有理解人类语言的能力，也具有理解网络规则的能力。此外，由大语言模型的上下文感知能力启用的交互式多轮对话有助于高效地查询网络资源的位置、状态等，确保更直观的用户体验。

大模型也可以用于网络拓扑理解、状态探测、日志分析和错误定位。通过分析历史数据和模式，大模型可以预测网络中可能出现的故障或瓶颈，从而采取预防措施来降低风险。系统根据告警类型自动适应诊断场景规则，发起诊断命令，根据诊断查询结果进行逻辑判断，智能地识别故障的根本原因，迅速生成并应用处理方法。

7. 生成式 AI 在数字孪生网络中的应用

数字孪生（DT）是物理实体的高保真实时数字表示，通过虚拟孪生与物理实体之间的双向交互，实现数字模型与物理世界同步发展。作为物理网络的虚拟表示，数字孪生网络专为网络分析、诊断、仿真和控制而设计。它将传感器、网络数据、流量数据、数据挖掘、可视化和解释集成到一个统一的系统中，为整个 5G 网络或其过程提供实时复制。借助这种全面的方法，DT 可以评估性能，预测环境影响，并增强 5G 网络的自治能力。

在网络生命周期的各个阶段，从新技术验证、建设规划到非实时网络管理和编排、近实时网络参数优化/配置，甚至实时决策及为如 V2X 这样的网络辅助服务提供增强信息，DT 都有实用价值。构成 DT 的最重要组成部分是数据（从物理实体收集）、模型（用于仿真和预测网络状态）、接口（确保物理实体与使用 DT 的应用程序之间的互操作性）及映射（用于识别交互的 DT 和底层实体）。

将生成式 AI 纳入数字孪生技术在多个维度上激发了新的潜能。首先，建立 DT 的基础是从各种来源收集多样化、多模态的数据。大模型对多模态数据的理解能力和合成能力变得不可或缺，确保 DT 是对真实网络的全面准确反映。其次，移动网络将集成多个“垂直”环境，如工业、车辆（V2X）、健康（电子健康）、能源（智能电网）等，基于生成式 AI 的网络 DT 构建为新兴用例生成丰富的训练数据，提供深入见解和训练材料，进一步精炼和创新这些应用。

8. 基于生成式 AI 的 AI 智能体

随着生成式 AI 的能力不断进化，生成式 AI 正逐步实现从多模态内容生成到提供个性化服务的转变。在这个过程中，AI 智能体的概念应运而生，它基于大语言模型，通过增加长期记忆能力、任务计划能力和工具使用能力等，可以实现大语言模型所不具备的功能。在训练过程中，用户场景化数据，如用户的历史对话、习惯、环境和地理位置等信息，都需要在网络中被采集和处理，频繁与其他 AI 智能体交互。这也要求无线网络不仅能够稳定地传输大型模型文件，还要支持终端侧的推理、分布式学习及端到端、边缘到云的协同学习。随着智能汽车、人形机器人和家用智能设备等智能体的不断进化，这些 AI 智能体之间的协作需求不断扩大，网络不仅需要提供计算能力，还需要提供感知服务和确定性的端到端时延保障。此外，AI 原生可穿戴设备，如智能胸针、智能眼镜等，成为 AI 智能体的实体载体，这些设备对多模态输入、低时延、个性化服务及低功耗等方面有着特殊的需求，同时依赖于网络的实时计算和推理能力。

总结而言，AI 智能体技术的大规模应用带来的业务需求主要集中在以下 3 个方面。

① **无线网络传输能力**：需要支持 10GB 至 100GB 甚至更大规模 AI 模型的稳定无线传输，以满足不断增长的数据需求。

② **低时延和个性化服务**：随着 AI 智能体的普及，跨应用和场景化的信息收集、频繁的大模型数据库操作和模型微调成为常态，这对网络的响应速度和处理能力提出了更高要求。

③ **多智能体协作服务**：随着移动 AI 智能体的快速发展，移动网络需要满足区域内智能体间的实时协作需求，这要求更高近网络边缘的 AI 计算能力和更低时延、更高可靠的通信能力。

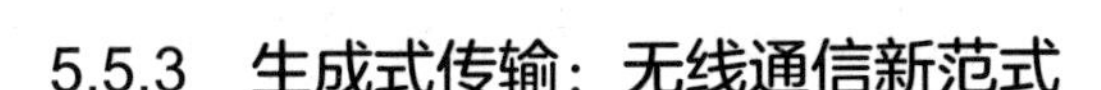

5.5.3 生成式传输：无线通信新范式

在研究生成式 AI 对网络的影响时，一个不得不面对的问题就是生成式 AI 会让产生数据的边际成本趋近于 0。在如此低的成本下，网络中传输的生成式数据体量将急速膨胀，可能出现大量低质量、低信息度的视频被传输，但在接收端被快速遗弃的情况。传统网络不是为传输大量生成式数据设计的，因此，在设计下一代网络时，我们要从多方面考虑新型的传输机制，以满足生成式数据的广泛传输需求。其中一个潜在的解决方案是生成式传输。生成式传输是为了在接收端生成内容，其传输的内容不是生成后的内容，而是用于内容生成的特征数据。

根据摩尔定律预测，当未来 6G 网络到来时，终端的计算能力会有几十倍的增长，这为移动终端部署更大规模的生成式 AI 模型提供了可能性。在如今的短视频应用中，合成人声已经得到广泛应用。随着视频生成模型的成熟和终端算力的发展，我们很有可能看到，未来终端消耗的大量视频是生成式的。那么，对于这种生成式视频，我们可以通过生成式传输，在发送方仅传输用于生成内容的必要信息，从而大幅压缩传输数据大小，并允许接收方提供额外定制化生成能力。

举个简单的例子，内容创作者利用视频生成模型（如 Sora）创建一个 1 分钟的短视频。那么利用相同的模型原始输入信息和随机数种子，就可以控制模型生成一个完全一样的短视频。在传输时，内容创作者仅需将模型原始输入信息和随机数种子发送给内容消费者，由消费者在移动终端利用相同的生成模型复现生成的视频，就可以大大减少传输的数据量。

具体来说，当发送方想要向接收方传达生成式内容的特征信息，而不需要完全还原相同的细节时，那么利用感知压缩，可以以非常高效的方式传递内容。在目前的生成式 AI 模型中，对文字、图片数据的理解和生成通常是在高维特征向量空间中进行的。比如，文字在 GPT 中的处理是先将句子切割成令牌（token），然后将令牌映射到高维的向量空间，每个维度代表令牌的一种特征，这个过程被称为嵌入。图片在扩散 Transformer 模型中的处理是先将图片中的像素点映射到图像的潜空间，图像的潜空间仅表达图像的特征而省略细节的差异。文字的嵌入向量表达和图像的潜空间表达是感知压缩的具体体现形式。这种通过感知压缩的特征信息，其特征是去除高频变量，保留核心特征维度，便于生成式 AI 模型处理。在未来，通过感知压缩的特征信息将作为生成式 AI 的通用“语言”，在发送方和接收方通过相同的编码器/解码器或者生成式 AI 模型压缩/复原出来。生成式传输示意如图 5-12 所示。然而，正如现在手机性能有高低之分，未来移动终端的内容生成能力也有强弱之分。此时，终端可以借助通算一体网络提供的计算能力，在边缘完成内容复原或生成。通算一体网络既感知端侧的生成能力，为终端的生成寻找最合适的内容生成计算节点，也感知通信状态，为生成内容的端到端服务提供通算联合保障能力。

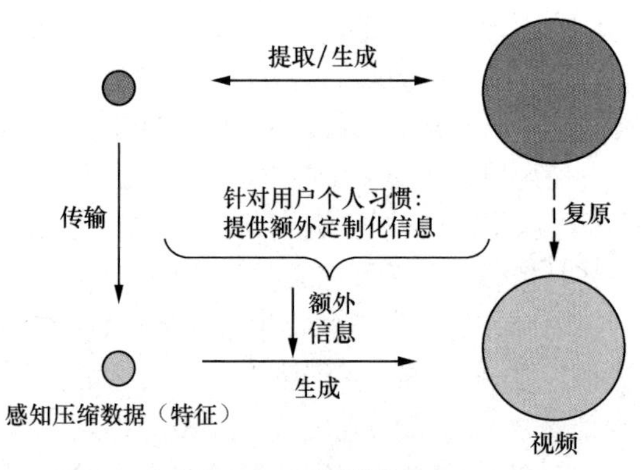

图 5-12　生成式传输示意

感知压缩数据作为一种新的数据类型，和传统的传输数据（如语音、短信、移动数据）类型不同。根据其生成内容的模态和应用场景不同，我们应进一步研究其新 KPI 需求、新 QoS 保障机制和新压缩算法等。针对移动设备的生成式传输机制的研究也应同步进行，如云边端协同计算（生成）、压缩/生成模型的参数构建和分发、传输内容的模态转换等。由于传输的生成内容的特征并非内容具体细节，生成式 AI 模型可以针对个人倾向，额外定制生成内容的细节，甚至另一种风格，给予内容消费者更大的二次创作能力。与传统压缩算法仅依靠数学模型不同，感知压缩算法能够识别图片、视频或 3D 模型中的关键内容（如重要的视觉元素或者场景变化），并优先保留这些信息，对其他部分进行更高比例的压缩。这种方法特别适用于高分辨率视频传输和复杂 3D 场景的实时渲染，能够在保证用户体验的前提下大幅减少数据的传输量。

同时，感知压缩的动态优化也和网络传输状态有关。感知压缩利用生成式 AI 技术，通过深度学习理解数据的内在结构和重要性，动态地对数据进行压缩，这个过程应该同时考虑数据传输和数据生成的联合性能。生成式 AI 模型应该根据网络条件、设备能力和用户需求，动态调整压缩比例和压缩策略。例如，在带宽充足的情况下减少压缩比例，以优化质量；在网络拥堵时增加压缩比例，以保证传输的流畅性。

5.5.4　通算一体网络赋能泛在生成式 AI

现如今，生成式 AI 的应用场景多种多样，服务各种对象，模型运行环境和部署需求都不同。例如，语言类大模型可能由手机操作系统集成，用来向用户提供更友好的交互方式，以及和其他应用程序交互。图片生成和增强类模型可能被应用于应用程序中，而语音增强、翻译类模型可能直接嵌入下一代通信系统的协议栈。面对垂直行业场景，生成式 AI 大模型的运行可能因保密、时延、确定性等被要求部署在现场。

模型性能的提升往往需要更为复杂的模型架构和训练过程策略，因此对计算能力的需求进一步提高。模型训练的时间和资源消耗是限制其发展的关键因素。对大多数企业而言，具备非常强大的计算资源是比较困难的，因此一些企业正不断探索可以优化模型训练及推理过程的基础设施。另外，数据的传输和处理同样花费不菲，因为这涉及将大量数据从存储设备转移到计算设备。训练完成后，如何有效利用和部署它们，提高推理和微调的效率，并确保它们能够在端到端工作流中维持工作负载的平衡，都是需要考虑的问题。

我们看到以开源大模型作为统一基座，利用个性化或行业特有数据进行模型微调成为众多企业的选择。这一方面避免了从头开始训练大模型所需要投入的高昂成本，另一方面拥有更灵活的部署方式和更敏捷的迭代速度。由于其对硬件资源需求相对较少，可以实现在更广泛的计算场景中进行策略调整和优化。

面对上述问题，通算一体的网络设计提供了答案。下面，我们以生成式 AI 当下和未来的发展脉络，描述通算一体技术将如何让生成式 AI 更繁荣地发展。

和传统通信有固定信息源和终点的数据流动模式不同，生成式 AI 应用的数据产生和汇聚依赖于计算位置。针对这个根本性的改变，减少数据传输成本的最直观方法是缩短其传输距离。例如，当前语言模型的计算大多数部署在中心云，这导致绝大多数用户发送和接收的生成数据都在有线网络和无线网络中经过漫长的流动。设想一下，如果一些关键的计算可以在贴近用户的位置进行，那么数据传输链路的成本将大大降低，以及可能的网络阻塞的问题也大大缓解。以开源语言大模型 LLAMA2 为例，其生命周期包括数据收集、预训练、微调、推理及产品人机交互。在这些环节中，微调和推理的计算需求并不像预训练那样巨大，单张显卡就可以支撑其运算。这允许了此类计算被部署到网络边缘侧。除了通用大模型外，有地域性特色的大模型在未来会根据本地采集的数据对模型进行微调。本地数据的采集通常在区县或地市一级即可完成，这意味着下沉网络的计算能力即可处理这些收集的区域性数据，供大模型使用。垂直行业生产数据因为其安全性和隐私性，有不能出园区的要求。在园区或生产车间内部部署通算一体网络是垂直行业大模型最佳的部署位置，其微调、推理等计算服务由通算一体化平台统一提供，在保证数据安全不出场的同时降低链路时延，提升服务的稳定性。

手机作为如今个人获得网络服务最常见的设备，在未来会是生成式 AI 应用和人的主要交互设备。在 2023 年举办的高通骁龙峰会上，高通展示了其第一代支撑大模型的移动端芯片。这款芯片已支持运行 100 亿参数的生成式 AI 模型，搭载此芯片的手机运行稳定扩散模型，只需 1s 就可以用文本生产图像，并可以运行 LLAMA2-7B 等多种开源语言模型。会上展现了多种手机端生成式 AI 的应用场景，包括个性化推荐、实时多语言翻译、XR 场景构建和 2D/3D 图像生成、个人智能助理、语音对话记录总结等。相较于云端大模型，移动端大模型拥有低时延、低成本、个性化、高安全性等优势。然而，即使端侧的芯片算力发展不断超过人们的预期，其固有的发热、电池、架构等问题仍限制了其更广泛的应用。混合式生成式 AI 服务的部署方式可以有效解决这些问题。例如，云端网络提供大模型的预训练服务，无线网络提供大模型的蒸馏，或根据用户、地域、位置等数据将大模型调整为用户专属的个性化模型，最后由终端侧提供模型的推理和数据收集服务。如此，无线网络作为混合式部署中重要的一环，其附加在通信能力基础上的计算能力至关重要。

未来，我们与 AI 代理交互的方式不仅局限于手机。一些公司正在尝试各种选择，包括眼镜、吊坠、胸针甚至全息影像。Humane 公司开发的产品 AI Pin 是第一个以满足个人智能助理需求打造的 AI 原生胸针设备，其只有一块橡皮那么大。它没有屏幕，可以通过语音、触碰、手势和激光投射与用户交互。其操作系统为 Cosmos，它的作用就是把用户查询引导到合适的工具，而不是打开一个一个的应用程序，也不需要设置多个账户。用户直接告诉它查询和需要完成的任务，就会直接获得答案。这种设备作为 AI 代理的具体实现设备，其计算能力大部分依赖于云端。T-Mobile 作为网络连接提供商，收取每月 24 美元的流量套餐费用，包括一个专用电话号码和无限的通话时长、短信、数据及云存储等。这意味着，网络运营商需要时刻保持畅通的网络连接，并随时随地提供强大的计算能力。这些正是通算一体网络的发展目标。随着网络技术的演进和 IT 逐渐融入电信技术，未来此类设备会作为网络个人助理的服务节点，利用网络提供的强大的广域覆盖、高速流量、原生计算，实现低时延、高速且安全的生成式 AI 服务。

5.5.5 总结

生成式 AI 对通信行业产生了深远的影响，同时通算一体的网络能力增强为泛在 AI 的未来铺平道路。随着生成式 AI 的发展，我们正在亲身经历其在自然语言理解与生成、语音合成、图像生成、视频生成等方面的快速发展，这些进步重塑了产业结构及人机关系，并为各行各业提供了新型的人机协同工具与服务。然而，生成式 AI 的潜力仅在拥有强大计算和通信能力的融合网络支持下才能被充分挖掘，通算一体的网络不仅为生成式 AI 提供了必要的计算资源，更以其低时延和高效率的无线传输特性，为移动泛在生成式 AI 的即时应用提供了可靠支撑。通算一体网络不仅可以提高数据处理的速度和效率，还能支持更广泛的应用场景，如智慧交通、远程医疗、智慧城市等。这样的网络环境能够保障生成式 AI 模型从数据收集、处理、分析到最终应用的每一个环节都能高效运作，从而实现更加个性化、动态化和智能化的服务。

生成式 AI 和通算一体网络的发展将共同推动泛在 AI 的时代加速到来。通过不断优化网络架构和增强计算能力，我们将能够解锁 AI 技术的全新潜能，实现更加智能化、个性化和高效率的社会。

技术驱动，塑造通算一体新能力

生产力决定生产关系，生产关系又对生产力发展方向产生制约作用，二者之间的相互作用共同推动着社会形态的演变和人类文明的进步。充分认识生产力和生产关系之间的辩证统一的关系，对于理解人类社会发展规律具有重要意义。

纵观人类历史发展，在生产力的各个要素中，科学技术的重要性日益凸显。特别是从 18 世纪第一次工业革命以来，每一次工业革命都以崭新的技术作为原动力，推动生产力实现数量级乃至多个数量级的飞跃。技术的进步与发展不仅深刻改变了人类的生产生活方式，也推动了社会形态的演变。

纵观无线通信网络技术的发展，从第一代移动通信技术到第五代移动通信技术的演进历程中，每一代都是在前一代技术的基础上，以核心科技创新为引擎，推动网络产生革命性进步。技术的升级与创新是无线通信网络得以持续进步的根本动力。同时为了确保不同通信系统之间的互操作性，国际电信联盟（ITU）制定了无线通信国际标准，包括频率规划、技术标准和性能指标等，各国按照这些标准开展无线通信技术的研发和部署工作，使全球无线通信得以有序发展。

同样在通算一体技术发展的过程中，算力和网络技术、算网协同技术、弹性可靠的连接技术和与此相关的标准规范共同推动着通算融合的进一步发展。本章针对 AI 技术、单点计算技术、算力协同技术、弹性可靠连接技术 4 个层面展开论述，并进一步分析通信与计算、AI 融合的相关标准化进展，以便读者深入理解通算一体技术发展的核心技术驱动力。

6.1 AI 技术

AI 技术研究和开发能够模拟、延伸和扩展 AI 的理论、方法、技术及应用系统，其研究领域包括深度学习、强化学习和大模型等。

6.1.1 深度学习

机器学习是 AI 的核心技术之一，它利用算法让计算机从数据中学习并自动改进。深度学习作为机器学习的一个分支，突破了传统机器学习需要人为进行特征工程的限制，可以自动从原始数据中提取出有用的特征，进而进行各种任务，如分类、回归、生成等。深度学习模型能够自动提取数据从低层次到高层次的特征表示，从而实现更高级别的学习和推理能力。随着卷积神经网络、循环神经网络等模型的发展，深度学习在图像识别、语音识别等领域取得了显著的成果。同时，生成对抗网络、自编码器等新兴技术的提出也为深度学习的发展注入了新的活力。

深度学习可以为通算一体网络带来显著的性能提升。通过对网络流量和用户行为的预测，深度学习能够优化网络资源的分配，提前调整网络参数以满足未来需求。这种预测能力不仅提高了网络的响应速度，还降低了网络拥堵和时延的风险。

深度学习进一步推动了无线网络的智能化发展。通过对网络数据的深度分析和学习，深度学习能够提取出有用的特征和信息，为网络架构和功能协议栈的优化提供有力支持。在体系架构方面，深度学习通过训练和优化网络模型，提高了网络架构的智能化程度。这使得网络能够自我优化和自我修复，更好地适应环境变化和用户需求。在协议栈方面，深度学习通过优化信号处理和通信协议，提高了数据传输的准确性和稳定性。同时，深度学习还能够加速协议栈的处理速度，提高数据传输效率。这种智能化的处理方式不仅提升了网络的整体性能，还为用户提供了更流畅、更稳定的通信体验。

6.1.2 强化学习

强化学习作为机器学习的一个分支，是一种通过试错学习来优化决策的技术。近年来，随着深度强化学习等技术的发展，强化学习在复杂任务中的应用取得了显著的成果。然而，强化学习在实际应用中面临着一些挑战，如环境的不确定性、探索-利用的权衡等。为了应对这些挑战，研究人员提出了各种改进算法和框架，如深度强化学习、多智能体强化学习等，为强化学习的发展提供了新的方向。

在无线网络中，强化学习可以被用于优化网络资源的分配、路由选择等。强化学习可以为无线网络的高效运维提供新的解决方案。通过与环境的交互，强化学习能够不断优化运维策略，提高网络的稳定性和性能。在运维过程中，强化学习能够实时监测网络状态和用户行为，根据反馈调整运维策略以最大化网络性能。

这种动态调整的能力使得网络能够快速适应各种变化，提高运维效率和响应速度。同时，强化学习还能够减少不必要的运维操作，降低运维成本。通过智能化的运维方式，强化学习为无线网络提供了更稳定、更高效的运维支持。

6.1.3 大模型

大模型是生成式 AI 中的一种模型，它指的是参数规模庞大、结构复杂的神经网络模型。近年来，大模型（如 GPT-4、BERT 等）在 AI 领域引起了广泛关注，这些参数规模庞大的大模型能够处理更加复杂和多样化的任务。随着大模型的颠覆性发展，AI 在自然语言处理、计算机视觉、语音识别等领域的任务处理能力得到了极大的突破。特别是大语言模型，如 ChatGPT，能够准确识别并理解用户的意图，为用户解答问题等，并在结合多模态技术后不断向更多领域拓展。可以预计，大模型将会成为 AI 与通信融合的关键组成部分，在提高网络中 AI 算法的通用性和多任务处理能力等方面发挥重要作用。在应用上，大模型以预训练基础模型为底座，通过各种策略，如提示词工程、微调及向量库等方式来适配各类具体任务。另外，大模型意图理解和涌现能力，也给大模型的应用带来了更多的可能性，例如可以实现基于意图的编排，调用各种工具实现具体任务等，同时，大模型的庞大参数量和算力需求，也给其在网络中的应用带来了新的挑战。

大模型将在运维、执行、验证等方面为移动网络服务。通过整合通信知识，大模型可以帮助检测故障和生成解决方案。随着网络服务的多样化和复杂化，大模型可以用来编排和调度任务流程，还可以进行性能优化、环境预测、资源分配等。凭借出色的生成能力，大模型有望在验证阶段发挥重要作用，如室外复杂环境的通道生成、高铁场景模拟等。同时，与大模型相结合的知识图谱为运维人员提供了丰富的上下文知识，帮助他们快速定位和解决问题。通过智能化的知识推理和关联分析，知识图谱能够辅助运维人员更高效地处理网络故障和异常。这种智能化的运维方式不仅提高了运维效率和质量，还为网络提供了更稳定、更可靠的运维保障。然而，大模型的应用也面临着一些挑战，如计算资源的消耗、模型的训练和优化等。未来，随着计算资源的不断增加和算法的优化，大模型在通算一体网络中的应用将更加广泛和深入。

当前，AI 技术在网络中的应用仍面临一些技术挑战。例如，如何在复杂多变的无线通信环境中实现高效的学习和决策、如何平衡模型复杂度和计算资源消耗、如何在网络规模扩大和数据量增长的情况下保证 AI 系统的稳定性和可靠性等。随着通算一体、边缘计算、云计算等技术的融合发展，AI 技术有望更好地适应和满足无线网络的需求，推动网络向更加智能化、高效化的方向发展。

未来，AI 算法将渗透各个领域，广泛应用于社会运行的各个角落、数智化转型的方方面面。如智慧交通、智慧工业、沉浸式业务等场景，都需要 AI 算法无处不在地运行。为了满足泛在 AI 的需求，网络需要从算力、通信等多个维度进行升级和优化。

算力需求是 AI 需求的核心。AI 算法需要大量的计算资源来执行复杂的任务，这就要求网络不仅要提供强大的中心计算能力，还要在边缘端提供计算支持，以处理海量数据。此外，算力需求还表现在对计算效率和能效比的要求上，即网络需要更加智能地分配和管理计算资源，确保算力能够满足不同 AI 应用的需求。

通信同样是支撑泛在 AI 应用不可或缺的一部分。网络需要具备强大的数据传输能力，确保 AI 模型训练所需的数据能够高效、安全地传输。同时，通信网络的稳定性和覆盖范围也是影响 AI 应用效果的重要因素。为了满足这些需求，网络需要不断升级和优化，以适应不断增长的数据传输需求和多样化的应用场景。

6.2　单点计算技术

从无线基站角度看，基站的算力演进经历了几个阶段：①3G 时代采用 CPU + DSP + FPGA 架构，仅支持基本通信功能；②4G 时代进一步使用自研 SoC，性能有较大提升；③5G 时代开始引入异构计算资源池，形成规模更大的边缘计算平台。统计数据显示，相较于 4G 网络初期，在 4G 网络演进阶段，无线接入网单个小区的算力需求增加了一倍。而相较于 4G 网络，在 5G 网络阶段，单个小区的算力需求是之前的 10 倍。从支持的业务看，基站算力也从最初只能支持基础通信跨越到可以支持各类复杂多变的边缘计算应用。

随着时间的推移，基站作为边缘计算和通信的融合节点，其自身算力会不断增强，进一步提升网络效能。同时基站边缘计算平台也将继续强化和演进，为构建高效的通算一体网络提供关键支撑。

从整个半导体行业发展的大的视角来看，过去的半个多世纪以来半导体行业一直遵循着摩尔定律的轨迹高速发展，如今我们的半导体制程节点已经达到了 4nm，借助于极紫外（EUV）光刻等先进技术，正在向 3nm 甚至更小的节点演进，每进步 1nm，都需要付出巨大的努力，单纯靠提升工艺来提升芯片性能的方法已经无法充分满足时代的需求，半导体行业也逐步进入了后摩尔时代。为持续提升芯片性能，工业界和学术界在后摩尔时代提出了许多的方法和技术以满足层出不穷的新的业务和应用的需求。一方面在半导体制造和封装领域探索 3 种可行的技术路线：More Moore 技术路线、More than Moore 技术路线和 Beyond CMOS 技术路线。另一方面利用架构的创新来提升算力密度，优化算力资源，比如采用新的计算范式及体系结构的创新等。下面从先进工艺、体系结构和计算范式 3 个方面分别进行阐述。

1．先进工艺

过往几十年集成电路行业的发展是摩尔定律的有效体现。摩尔定律在 20 世纪 60 年代被第一次提及，其基本内容为在维持最低成本的前提下，以 18～24 个月为周期，集成电路的集成度和性能将提升一倍。我们所熟知的 10nm、7nm 芯片的命名方式是根据工艺节点而定的。然而，从 2015 年开始，摩尔定律已经在逐步放缓，物理效应、功耗和经济效益是现阶段制约摩尔定律演进的关键因素，当前需要重新探索集成电路的发展规律和路径。目前业界认为集成电路产业发展已经进入后摩尔时代。身处后摩尔时代，厂商必须突破原有的研发路径，利用新理论和新技术来培育新的增长动力，性能与功耗的比值将成为评判技术和产品的重要指标。业界已提出后摩尔时代产业发展的 3 种技术路线如图 6-1 所示，具体如下。

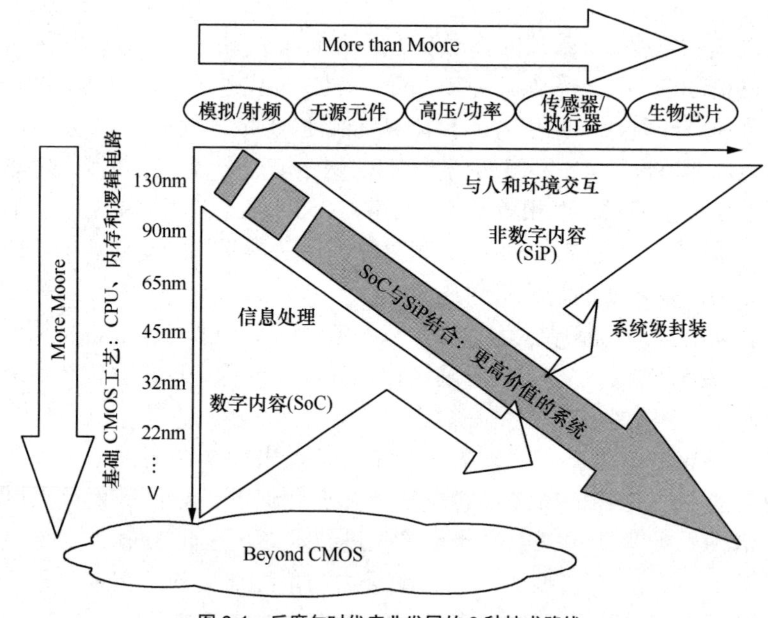

图 6-1　后摩尔时代产业发展的 3 种技术路线

（1）More Moore

所谓“More Moore”，具体而言就是在器件结构、沟道材料、连接导线、高介质金属栅、架构系统、制造工艺等方面进行创新研发，沿着摩尔定律一路微缩。

然而，More Moore 这条路线注定不会这么一帆风顺。当特征尺寸缩小到 10nm 的时候，栅氧化层的厚度只有 10 个原子那么厚，在这个时候会产生诸多量子效应（比如量子隧穿效应），导致晶体管的特性难以控制，这些都导致晶体管漏电非常严重。在传统的摩尔定律时代，工艺制程进化对于晶体管的优化主要在性能方面。在 More Moore 时代，对于晶体管的优化将从侧重于性能提升转向侧重于减小漏电，即所谓的“由功耗驱动的制程进化（Power-Driven Technology Transition）”。Intel 在先进制程所使用的 FinFET 就是一个典型的例子。FinFET 由于使用三维结构，可以更好地控制漏电，但是晶体管的速度相较于平面工艺并没有多少提升。FinFET 仍然是关键的晶体管架构，目前看来它们还可以持续扩展到 2025 年。

为了降低供电电压，未来的晶体管必须过渡到如横向纳米片这样的 GAA 结构，以维持栅极驱动改进的静电学。横向 GAA 结构最终将演变为与垂直 GAA 结构的混合形式，以弥补在更紧密的中距上增加寄生以及特殊 SoC 功能（如内存选择器）所造成的性能损失。

（2）More than Moore

“More than Moore”侧重于功能的多样化，是由应用需求驱动的。之前的集成电路产业一直延续摩尔定律而飞速发展，满足了同时期人们对计算、存储的期望与需求。“More than Moore”的本质是将不同功能的芯片和元件组装拼接在一起封装。其创新点在于封装技术，在满足需求的情况下，可快速有效地实现芯片功能，具有设计难度低、制造便捷和成本低等优势。这一发展方向使得芯片发展从一味追求低功耗及高性能转向更加务实的市场需求。

3D 封装技术是把不同功能的芯片或结构，通过堆叠技术或过孔互连等微机械加工技术，使其在 Z 轴方向上形成立体集成和信号连通的技术。从系统级封装的传统意义上来讲，因为在 Z 轴上有了功能和信号的延伸，所以凡是有芯片堆叠的都可以称之为 3D。3D 封装运用的技术有封装堆叠（PoP）、芯片堆叠（SDP）、硅通孔（TSV）技术及硅基板技术。其中硅通孔技术是 3D 封装技术的关键，也是当前技术先进性最高的封装互连技术之一。3D 封装具有四大优势：①可缩短尺寸、重量减轻为原来的 1/50～1/40；②在能耗不增加的情况下，运转的速度更快；③寄生性电容和电感得以降低；④更有效地利用硅片的有效区域，与 2D 相比，3D 区域使用效率超过 100%。3D 封装虽然优点突出，但有一个各大厂商都需要攻克的难题，即功率密度随电路密度提升而提升，解决散热问题是 3D 封装技术的关键。

（3）Beyond CMOS

“Beyond CMOS”的主要思路就是发明制造一种或几种“新型的开关”来处理信息，从信息传递的角度来看，单个电子是不能传递信息的，多电子组合才能携带信息。与此同时，信号在传递过程中还会存在能量消耗并产生热量。若寻找到其他基本单元自身可以携带信息或者在信息传递过程中消耗更少的能量，将会降低功耗并提升性能，打破现在所面临的发展瓶颈。理想的这类器件需要具有高功能密度、更高的性能提升、更低的能耗、可接受的制造成本、足够稳定以及适合大规模制造等特性。量子器件、自旋器件、磁通量器件、碳纳米管或纳米线器件等能够实现自组装的器件是 Beyond CMOS 方向研究的热点。

2. 体系结构

随着计算机技术和应用的高速发展，计算机体系结构和软硬件实现形式也在不断演进。下面将从体系结构创新、芯片技术创新、编程框架创新等方面对体系架构的演进进行阐述。重点关注领域定制技术、存算一体技术、对等系统结构和编程框架的发展现状及趋势，这些技术和演进趋势也将持续提升无线接入网的性能，满足未来应用的需求。

（1）领域定制架构

图灵奖获得者约翰•亨尼西（John Hennessy）和戴维•帕特森（David Patterson）在 2019 年共同发表的《计算机体系结构的新黄金时代》中提出，当摩尔定律不再适用，一种软硬件协同设计的 DSA 会成为主导，这种设计的核心在于针对特定问题或特定领域来定义计算体系结构。前几年火热的 AI 芯片和最近方兴未艾的数据处理器（DPU）都是 DSA 的典型代表。

DSA 针对特定领域的应用而设计，采用高效的架构，如使用专用内存最小化数据搬移、芯片资源更多侧重于计算或存储、简化数据类型、使用特定编程语言和指令等。与专用集成电路（ASIC）芯片相比，DSA 芯片在同等晶体管资源下具有相近的性能和能效，并且最大程度地保留了灵活性和通用性。

相关企业在 2019 年提出了计算和控制分离的 AI 领域定制芯片架构——“夸克”，如图 6-2 所示，针对深度神经网络的计算特点，将算力抽象成张量、向量和标量单元，通过独立的控制单元（CE）对各种处理单元（PE）进行灵活编排和调度，从而可以高效实现各种深度学习神经网络计算，完成自然语言处理、AI 检测、识别和分类等各种 AI 应用。由于采用软硬件协同设计的定制化方案，DSA 芯片在相同功耗下可以取得比传统 CPU 数十倍甚至几百倍的性能提升。

微软在 2023 年 11 月份的 Ignite 大会上推出了 Azure Maia 100 定制芯片，这是一款 AI 加速器芯片，旨在处理 Azure 云计算平台上的 AI 和通用工作负载，拥有 1050 亿个晶体管，基于 5nm 工艺打造，专为大语言模型设计。

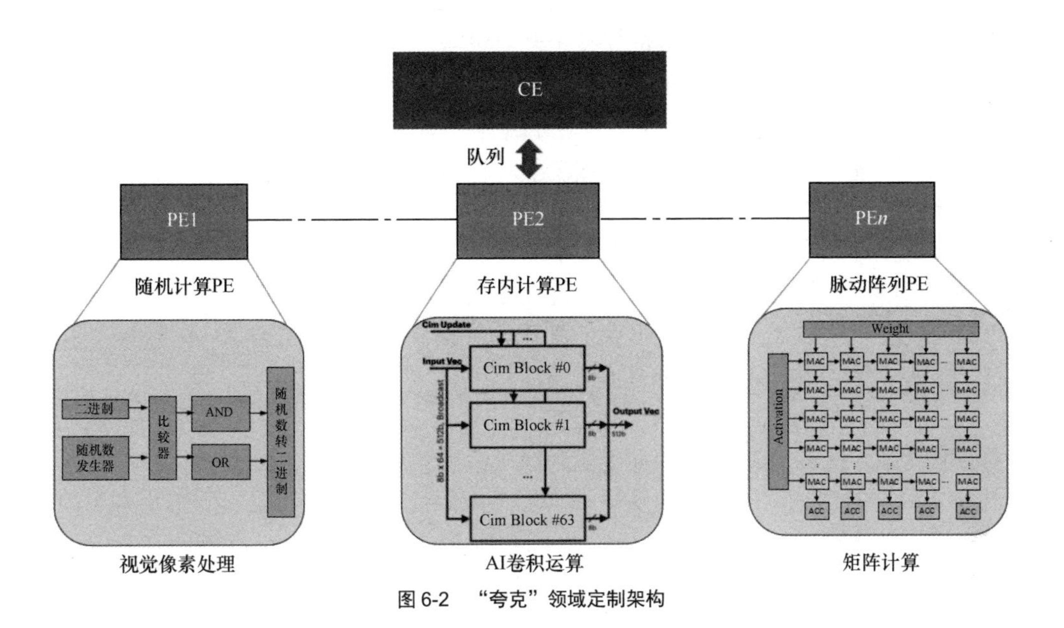

图 6-2　“夸克”领域定制架构

（2）存算一体

近年来，计算机视觉、自然语言处理和语音学习任务中，AI 训练模型所需的计算量以平均每两年 15 倍的速度增长，其中以 Transformer 大模型为代表的训练计算量增长速度为每两年 750 倍；同时，推理需要的计算量也同步增加，其中，GPT-3 在 Token 个数为 2048 时，约需要 700TFLOPS 的算力。此外，Transformer 参数量的增长速度达到每两年 240 倍，GPT-3 的参数量已经达 1750 亿，对内存容量和数据带宽的要求达到惊人的程度，计算机体系结构著名的“内存墙”问题比想象中来得更快。谷歌针对自家产品的耗能情况进行了一项研究，发现整个系统能耗的 62.7%浪费在 CPU 和内存的读写传输上。而读写一次内存的数据能量比计算一次数据的能量多消耗几百倍，由于“内存墙”和“功耗墙”的存在，大量的数据访问也会严重限制计算性能。随着大数据和 AI 应用的发展，传统计算体系结构在“内存墙”和“功耗墙”的双重限定下，对新兴数据密集型应用的影响变得越来越突出，迫切需要新的计算体系结构解决这一问题。

存算一体技术就是从应用需求出发，减少数据的无效搬移带来的开销、增加数据的读写带宽，提升计算的能效比，进行计算和存储的最优化联合设计，从而突破现有内存墙和功耗墙的限制。

存算一体包含系统架构、体系结构和微架构等多个层面。在系统架构层面，在传统计算和存储单元中间增加数据逻辑层，实现近存计算，减少数据中心内、外数据低效率搬移，从系统层面提升计算能效比。在体系结构层面，利用 3D 堆叠、异构集成等先进技术，将计算逻辑和存储单元合封，实现在存计算，从而增加数据带宽、优化数据搬移路径、降低系统时延。在微架构层面，进行存储和计算的一体化设计，实现存内计算，基于传统存储材料和新型非易失存储材料，在完成存储功能的电路内同时实现计算功能，取得最佳的能效比。

近存计算指在系统层面将数据与计算靠得更近，减少数据无效搬移带来的开销。硬件上使用存储级内存（SCM）和非易失存储器（NVM），软件架构上使用“在网络计算”“缓存计算”等方案。近数据处理（NDP）是影响下一代数据中心存储、数据库/大数据系统等数据智能处理的关键架构，未来结合 AI 和深度学习，对在线实时短视频检索和处理等新型关键应用意义重大。

在存计算指在 SoC 芯片内部让数据和计算就近放置。利用半导体后道封装加工微米级别（PCB 焊接为毫米甚至厘米级别）的精度、密度能力提供更多的输入/输出、更大的带宽以及更低的功耗来实现高能效计算。比如阿里巴巴平头哥实验室流片的动态随机存储器（DRAM）+计算逻辑通过 3D 堆叠“Face to Face Bonding”封装在一个 SoC 内的 AI 芯片。

存内计算指通过向存储单元添加计算能力，使其既存又算。显然这与冯·诺依曼架构的计算与存储分离思路完全背离，但这种底层电路结构特别适合密集迭代型的计算。比如 AI 计算，尤其是 AI 中计算量很大的张量部分。过去实验室追求类似阻变式存储器（RRAM）的超高性能功耗比的存内计算方案，近年来，由于这类器件和材料的批量生产问题在短时间内难以攻克，工业界纷纷转向了成熟材料，如静态随机存储器（SRAM）的全数字 CIM 方案。其收益比相较于传统乘加器 PE 电路在系统层面有 2～3 倍的收益。

（3）对等系统

传统的计算系统以 CPU 为中心进行搭建，业务的激增对于系统处理能力要求越来越高，摩尔定律放缓，CPU 的处理能力增长越来越困难，出现了算力墙。通过领域定制架构和异构计算体系结构可以提升系统的性能，但是改变不了以 CPU 为中心的架构体系，加速器之间的数据交互通常还是需要通过 CPU 来进行中转，CPU 容易成为瓶颈，效率不高。

基于以数据为中心的处理器（xPU）的对等系统可以构建一个新型的分布式计算体系结构。如图 6-3 所示，对等系统由多个结构相似的节点互联而成，每个节点以 xPU 为核心，包含多种异构的算力资源，如 CPU、GPU 及其他算力芯片。xPU 的主要功能是完成节点内异构算力的接入、互联及节点间的互联，xPU 内部的通用处理器核可以对节点内的算力资源进行管理和二级调度。节点内不再以 CPU 为中心，CPU、GPU 及其他算力芯片作为节点内的算力资源处于完全对等的地位，xPU 根据各算力芯片的特点及能力进行任务分配。

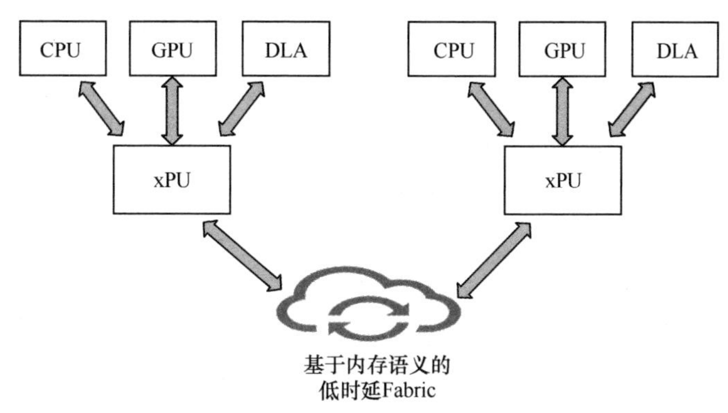

图6-3 对等系统示意

对等系统的节点内部和节点之间采用基于内存语义的新型传输协议，即采用读/写（read/write）等对内存操作的语义，实现对等、无连接、授权空间访问的通信模式，通过多路径传输、选择性重传、集合通信等技术提高通信效率。与传输控制协议（TCP）、一种能在因特网上进行远程内存直接访问的集群网络通信协议（RoCE）等现有传输协议相比，基于内存语义的传输协议具有低时延、高扩展性的优势。节点内 xPU、CPU、GPU 及其他算力芯片之间通过基于内存语义的低时延总线直接进行数据交互。节点间通过 xPU 内部的高性能转发面实现基于内存语义的低时延 Fabric，从而构建以节点为单位的分布式算力系统。同时 xPU 内置安全模块、网络模块、存储加速模块，降低了算力资源的消耗，提升了节点的性能。

基于对等系统架构的服务器可以看成一个“分布式计算系统”，有利于产业链上各节点独立规划开发，发挥各自优势。比如利用 xPU 卸载+库/外 OS 演进+App direct 模式解决公共能力（存储、网络）瓶颈，整体性能的提升不再依赖于先进工艺；基于对等内存语义互联实现系统平滑扩展，将庞大分布式算力视为一台单一的“计算机”。采用“对等系统”等体系结构创新，优化计算、控制和数据路径，用全局最优替代局部最强，减少计算性能提升对先进工艺的依赖。

（4）编程框架

摩尔定律工艺发展和后摩尔架构体系的进步，需要相应的软件栈和框架的支持，以发挥硬件性能提升的优势。因此，软件开发工具包（SDK）、统一的编程接口和深度学习框架亦得到快速发展。

SDK可以提升单个设备对业务的支持性能。设备支持业务时需要编译转换层，将业务描述转化为设备架构指令，同时考虑性能需求。硬件厂商自行开发的编译工具可发现业务的时空相关性，进行优化以提升并行度，从而充分利用设备的缓存、带宽等资源。针对特定功能，编译器也会进行针对性优化和封装。比如 Intel x86 处理器 AVX512 指令引入，就会有对应编译工具支持，使得其并行处理能力充分发挥。相关企业对深度学习领域设计的专用加速器“夸克”，配有“智在”SDK 套件，完成深度学习网络到底层架构指令的转换，并获取对业务支持的低时延和高算效、高功效。

由于不同硬件架构各异，编程接口也不尽相同。为实现代码复用和跨平台部署，需要统一的编程接口。统一编程框架通过抽象不同硬件形态，实现跨平台的硬件适配。用户只需要基于框架编写一次代码，即可运行于不同硬件，无须学习每个设备的底层细节。例如 Khronos 组织推出的 SYCL 作为 OpenCL 的 C++抽象层，通过现代 C++提供统一编程模型，大幅降低了应用开发的门槛。这实现了“一次编写，多处运行”，降低了开发和维护成本。

深度学习框架提供多设备协同能力，支持大计算、大存储的业务。有些业务负载的计算、存储需求巨大，往往需要多个设备协同完成。比如深度学习领域的训练业务，在该领域 PyTorch、TensorFlow、PaddlePaddle 等框架除了可以帮助算法工程师方便并快速构建模型，也需要完成算法模型的实际运行验证并希望快速得到反馈，这需要快速的训练收敛。这个训练工程计算量巨大，需要很多设备协同完成。框架可以帮助完成多设备节点的任务调度、编排和映射。

各厂商 SDK 深度挖掘硬件的性能潜力，统一的编程接口和深度学习框架对简化开发、提升复用性，实现“编译一次，部署多端”具有重要意义。它降低了用户的使用门槛，有利于应用的快速迭代和多平台部署，推动软硬件的协同创新。

3. 计算范式

随着 AI 和物联网的高速发展，传统数字计算机面临巨大的算力和能耗挑战。量子计算和概率计算作为新兴的计算范式为解决这些挑战提供了崭新的思路。下面将介绍这两种新型计算模式的基本原理、优势以及在无线网络中的潜在应用，分析它们通过追求极致算力提升和高效解决组合优化问题，为未来无线网络的算力支持提供新的途径，推动通信和计算的深度融合。

（1）量子计算

量子计算是一种遵循量子力学规律，调控量子信息单元进行计算的新型计算模式。1981 年由美国物理学家 Feynman 首次提出，并建立了用量子计算替代经典计算来模拟量子物理系统的思想。此后，1985 年 Deutsch 进一步发展了这一构想，提出了量子图灵机的概念，并通过“量子线路”的方法将经典计算中的逻辑门推广到量子领域。经过几十年的发展，许多重要的量子算法被提出，并用于快速高效解决问题，如 Shor 算法、Grover 算法等。

量子计算拥有随着计算单元“量子比特”的扩展而指数增加的计算能力。量子力学中的态叠加原理使得量子信息单元的状态可以处于多种可能性的叠加状态，普通计算机中的 2 位寄存器在某一时间仅能存储 4 个二进制数中的一个，而量子计算机中的 2 位量子位寄存器可同时存储这 4 种状态的叠加状态。这样，与传统计算相比，量子计算处理大规模数据等特定问题，其算力可达到传统算力的万亿倍。

在无线网络中，一些波束成形、可重构智能表面（RIS）实时调控等二值优化问题，可以通过量子计算加速运算，利用量子退火算法求解全局最优解。一些无线领域 AI 算法也可通过量子计算加速运算，例如量子卷积神经网络，通过构建量子线路实现卷积运算，提升运算效率与速度。未来随着量子计算技术的发展，结合传统超算技术，实现量超融合，可为未来无线算力提供强大算力支撑。

（2）概率计算

传统的冯•诺依曼数字计算机具有存算分离的计算架构，在一些重要计算任务中，如类脑智能、大数据处理、自动驾驶等，会产生巨大的时延和额外的能耗。新型的计算架构——概率计算有望解决上述挑战。

传统数字计算机利用确定性的比特进行计算和信息处理，难以求解如采样、优化等具有指数级复杂度或需要利用随机数的问题。自旋概率计算机，可以在室温下工作，同时具有紧凑、高速、低能耗、与传统半导体工艺兼容等优点，比传统数字计算机更高效、更节能地处理上述问题。

概率计算是一种介于经典的确定性二进制计算和量子计算之间的计算范式，具有高效解决一些复杂任务的能力。自旋概率计算的基本单元为一个翻转概率可以控制的二进制随机比特，即概率比特。每个概率比特可以作为一个伊辛自旋，概率比特之间的相干耦合决定了各自自旋间的交互权重，而当前状态决定了概率比特的翻转概率。基于自旋概率计算机的随机性质，在求解问题过程中可以“跳出”能量局部极小值点，直至抵达能量基态。因此，通过将相关问题映射到自旋概率比特网络中，自旋概率计算机可以高效地执行一些组合优化问题。

在无线通信基站侧，可以将相关概率计算芯片作为潜在方案，实时解决一些波束成形、RIS 实时调控等问题，降低硬件资源消耗。

6.3 算力协同技术

未来，通算一体网络将原生支持通信与计算相融合，成为支撑“东数西算”工程、社会高效互联互通、可持续发展的网络基础设施，赋能未来丰富多彩的强计算相关业务。通算一体网络的关键技术之一在于协同计算技术，即通过灵活地调度无处不在的计算节点的算力资源，实现在合适的位置、以更低的能耗和成本，完成数据传输与信息计算，即在满足无线通信需求的同时，实现网络资源和计算资源的最优配置。

作为网络传输的根本保障，通信技术决定了网络容量、接入点数量、网络时延等多项关键指标，也将在多点算力协同演进中起到关键性的作用。作为数据传输的“最后一公里”，无线接入网承担着无线算力网络与终端节点信息交互的重要任务。无线接入网技术中，超可靠低时延通信通过冗余传输、网络切片等技术保障计算节点之间高速准确的数据交互，实现边缘节点的算力协同；新型天线技术如大规模多输入多输出天线技术，利用多天线所带来的分集增益，极大提升无线网络的频谱利用率。同时结合毫米波通信和混合波束成形等技术，大幅提升无线网络的带宽，从而实现算力节点之间大量数据的高速传输；此外，新型空口技术和多用户共享接入技术提升支持接入的无线算力节点数量并有效地进行干扰管理，促进算力网络和用户节点紧密结合。同时，有线网络中 400Gbit/s 光通信、高阶调制和切片分组等技术实现大带宽、低时延的主干通信网络，为数据中心之间远距离、大流量的数据交互奠定了基础。

协同计算技术在推动无线网络逐步向通信计算融合的过程中发挥了关键作用。首先利用云计算、边缘协同计算等云边端协同技术，实现多个边缘节点算力资源的合理分配和调度，提升用户的业务体验并提高资源的利用率；其次利用博弈论、多智能体、网络集群等技术，通过对业务、算力资源和网络资源的协同感知，将业务按需调度到合适的节点，实现算网资源统一编排、统一运维、统一优化；同时，联邦学习、隐私计算等技术可以保障多节点协同计算时的数据隐私保护与信息安全。此外，空中计算等新型技术可以进一步增强通信过程与计算过程统一，实现物理层面的通算融合。基于上述技术，网络资源和计算资源将真正实现全面融合。

接下来，本节将逐一介绍多点算力协同演进中提到的各项关键技术，如无线网络技术、有线网络技术、云计算、移动边缘计算、隐私计算、空中计算等。

6.3.1　网络传输技术

1．无线网络技术

5G 无线网络为支持 EMBB、URLLC 和 MMTC 三大应用场景，引入了高频段（FR1、FR2）、新型信道编码方案、超大规模天线阵列（m-MIMO）、短帧、快速反馈和多层/多站数据重传等技术。5G 无线网络高速率、低时延和大连接的特点可以保障数据中心之间拥有更大的数据带宽、更低的时延，从而提高数据处理和计算的效率；同时还可以提供更可靠的数据传输，避免数据丢失和发生错误，从而保证数据和计算结果的准确性。网络能力的提升为分布式计算、云计算等更为复杂的计算模式提供了基础，促进了大规模、高效率计算的发展，同时使得跨地域、跨网络的数据传输和计算成为可能，从而拓宽了数据和计算的应用范围。下面将对支撑无线通算网络几种关键的无线网络技术进行介绍。

URLLC 具有高可靠、低时延、极高的可用性等特点，要求上下行用户面时延低于 0.5ms，空口环回时延低于 1ms，同时可靠性达到 0.001%误块率（BLER）。因此，高效率的空口传输成为 URLLC 的关键技术。例如，短帧结构和传输时间间隔（TTI）能够有效地缩短传输时间；Mini-Slot 技术可以使无线网络调度单位更小、调度操作更加灵活；网络协作技术可以完成上行免授权、下行资源抢占等资源管理功能；高可靠技术利用 One-Shot 和 Two-Shot 等传输机制，能够达到极高的传输可靠性。

m-MIMO 技术通过建立极大数目的传输信道，提升了系统的空间分辨率（空间自由度），实现不同维度（空、时、频、极化）资源的深度挖掘，从而实现无线信号的高速传输，频谱利用效率和能量利用效率提升。与之相配合的是波束成形技术，它能够调控天线阵列的波束能量分布，使得多用户增益得到提升并极大地减少干扰。在毫米波通信的高频段、边缘计算节点间的无线短距离信号传输中，它可以在特定的方向和节点群集中高能量信号，实现信号的高速传输。另外，在毫米波段的 m-MIMO 系统中应用新型混合波束成形技术，可以避免全数字波束成形中 RF-Chain 带来的成本开销和能耗问题，有助于解决一系列工程问题，实现 m-MIMO 的设计应用。

低密度奇偶校验（LDPC）码和极化码（Polar 码）作为 5G 无线网络中关键的信道编码方式，具有很好的抗干扰性能、高能量利用率、低系统时延和高频谱利用率。LDPC 码是一种具有稀疏校验矩阵的线性分组纠错码，由于其并行结构的特点在硬件实现上较为容易，因此可以应用在大容量通信中，但其编译码的复杂性较高。Polar 码是基于信道极化现象的新型编码方案，在编码侧可采用方法使各个子信道呈现出不同的可靠性，当码长持续增加时，部分信道将趋向于容量近于1的完美信道。Polar码是目前唯一在理论上被证明能够达到香农极限的信道编码方式，其编译码复杂度较低，无须迭代计算，但其频带利用率和中短码长的性能不如LDPC码。因此LDPC码和Polar码在5G系统中同时应用，综合两种编码方案的各种优势，有效提高无线通信系统的性能。

多址接入技术是无线通信系统的关键特征，5G无线网络除支持传统的OFDMA技术外，还在探索更多新型多址技术。新型多址技术通过多用户的叠加传输，不仅可以提升用户连接数，还可以有效提高系统频谱效率，通过免调度竞争接入，还可以大幅度降低时延。其中最具有代表性的新型多址技术称为非正交多址接入（NOMA），通过串行干扰消除进行多用户检测、通过功率域复用实现功率分配。NOMA以提高接收端复杂度的代价来换取更高的频谱效率，与无线算力网络相互促进，一方面，通算一体网络能够大幅度提升基站计算能力，从而促进串行干扰消除（SIC）接收机的实际应用；另一方面，NOMA带来的大带宽、低时延又可以促进无线算力网络的信息交互与资源共享。

相较于传统通信系统，5G无线网络基于灵活空口的概念设计，基于动态时分双工（TDD）架构进行设计，可以灵活分配每个子帧的上下行传输资源，从而使得不同小区更加灵活地满足动态业务需求，并降低无线节点的能耗。未来，随着全双工技术的发展、自干扰抑制技术和干扰消除机制的成熟，以及灵活双工特性的商业部署，5G网络将摆脱频分双工（FDD）/TDD的资源利用限制，根据收发链路间业务需求的自适应调度，实现更加高效的频谱资源利用，达到提升吞吐量及降低传输时延的目的。

2. 有线网络技术

有线网络技术的发展实现了大带宽、低时延的主干通信传输网络，以满足数据中心间大容量互联和数据长距离传输的需求。随着千兆宽带提速，第三代50G PON技术逐步成为下一代光接入网的主流标准。50G PON采用单纤双向传输，下行TDM，上行TDMA接入，实现光线路终端（OLT）和光网络单元（ONU）之间点到多点的高速通信。同时，随着“东数西算”工程的实施，数据中心规模的快速提升、枢纽带宽的大幅增加、枢纽间直连和低时延的迫切需求，通算一体网络重要通信干线的光传送网络（OTN），需要全新方案解决数据传输大容量和低时延的问题。以Real 400Gbit/s为代表的光传输方案通过支持长距QPSK/短距16QAM等多种调制方式，传输速率可按需随选，适应不同频谱宽度，从而实现骨干网、城域网及数据中心互换（DCI）不同场景容量与距离的最佳适配。此外，有线传输网利用弹性云系统（如TECS）、Cloud IP技术可以将强大的算力和发达的网络深度结合，针对资源池统一管理和调度，以应用为中心，跨域智能调度算力资源。这些技术可以降低应用部署的难度，缩短部署周期，提高业务上线速度。

6.3.2　协同计算技术

1．云计算

云计算本质上是一种分布式计算。它将计算机任务分布在大量计算机构成的资源池上，使各种应用系统能够根据需要获取计算能力、存储空间，为大量客户提供便捷、快速、低成本的信息服务。

云计算的核心是资源池，通过专门的软件实现和管理，无须人参与。用户可以动态地申请资源以支持各种应用程序运转，无须为烦琐的细节所烦恼，能够更加专注于自己的业务，有利于提高效率、降低成本和技术创新。

云计算可以让用户像使用水、电资源一样，随时随地使用计算机资源（计算服务、存储服务、网络服务等），并按照使用量付费。其优点如下。

① **按需分配服务**：云计算是一个庞大的资源池，用户可以根据自己的需要来购买和配置 CPU、内存、磁盘、带宽、防火墙等计算资源，不需要了可以随时取消。

② **可动态伸缩**：虚拟化技术可以实现服务器虚拟化、存储虚拟化、网络虚拟化和桌面虚拟化。这些虚拟资源能够灵活配置、弹性扩容，覆盖不同数量的物理资源。用户就像使用一台虚拟服务器，感知不到资源伸缩的过程。

③ **广泛网络访问**：云计算提供了 API、REST、VPN 和 HTTPS 等多种标准机制访问各种资源，用户可在任意位置使用各种终端获取和使用服务。

④ **高可靠性**：使用云计算比使用本地计算机更加可靠。因为云端使用数据多副本容错机制、计算节点同构可互换措施、镜像和灾备方案、分布式集群技术等措施来保障服务的高可用性，以最大限度地缩短发生灾难时的停机时间。

⑤ **极低成本**：云用户自己不需要考虑投入硬件成本及其维护成本、软件成本及其维护成本和管理成本等，可以将更多的精力投入企业的业务运营上，提升工作效率。

云计算的关键基础设施是云计算中心，它以高性能计算机为基础，面向各界提供高性能计算服务。云计算中心通过高度虚拟化各种 IT 设备，将其变成相应的计算资源、网络资源、存储资源等，并采用相应的技术使得这些资源能够根据互联网上的用户需求自动对外界分配。其优势是集中了大量的高性能计算机，可以为多样化、大算力应用提供支持。其劣势是云计算中心距离用户较远，网络时延较大，对于时延敏感应用的支持较弱。

2. 移动边缘计算

随着5G、物联网、工业互联网的发展，集中式云计算已无法满足应用在网络时延、带宽成本、数据安全等方面的需求。因此5G引入了移动边缘计算架构，将计算、存储能力从云端下沉到网络边缘。边缘计算可在网络边缘执行深度学习、强化学习等AI算法，避免计算任务从网络边缘传输到远程云计算中心的超长网络传输时延。边缘计算还可避免数据在公网传输、公共云计算中心处理所带来的隐私泄露等安全隐患。

不过，云计算与边缘计算并不相互排斥，它们各有优势与劣势，可以相互结合。云计算有大量的计算资源、存储资源，但离用户较远，传输时延较大。边缘计算传输时延较小，但计算、存储资源相对有限，无法满足海量数据的计算和存储。两者配合，边缘计算承担中等计算、实时性、移动性数据的处理分析和实时智能化决策等任务，云计算承担超大规模计算、存储和非时延敏感等任务。实现云边端协同、全网算力调度和全网统一管控，可以更好地为用户服务。

例如，在智慧交通系统中，边缘计算可以处理实时交通数据，而云计算可以用于分析历史数据，提供更全面的交通管理方案。在企业视频监控平台中，端侧设备进行视频采集，各边缘侧节点实现低时延视频接入、高可靠存储、本地智能推理，中心云统一进行视频汇聚存储、算法模型训练等。如果用户对隐私保护要求较高，也可以将模型训练下沉到边缘侧。图6-4展示了云边端协同的架构。

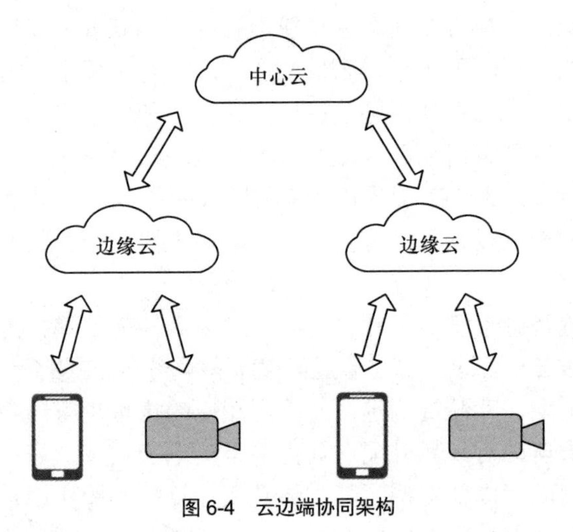

图6-4　云边端协同架构

在云边端协同架构下，可实现应用、资源的统一调度。云边端协同架构使用分布式云容器技术，进行跨云边的分布式应用统一管理，按需在不同位置、网络环境部署应用。

云边端协同架构通过构建全局算力、存储、网络资源监测平台，实时监测云边资源使用情况，进行弹性伸缩管理，负载按需迁移，实现资源的智能调度。

3. 隐私计算

在算力向边缘、基站下沉的过程中，保护用户隐私是需要重点考虑的问题。在多方参与的计算中，各方的数据都要使用隐私计算技术进行加密，既保护数据不外泄，又实现数据的分析计算，达到对数据“可用、不可见”的目的。

目前主流的隐私计算技术主要分为三大方向：第一类是以多方安全计算为代表的基于密码学的技术；第二类是以联邦学习为代表的 AI 与隐私保护技术融合衍生的技术；第三类是以可信执行环境为代表的基于可信硬件的隐私计算技术。下面重点讨论多方安全计算技术和联邦学习技术。

（1）多方安全计算

多方安全计算由图灵奖获得者姚期智院士于 1982 年通过提出和解答百万富翁问题而创立，是一种在参与方不共享各自数据且没有可信第三方的情况下安全地计算约定函数的技术和系统。通过安全的算法和协议，参与方将明文形式的数据加密后或转化后再提供给其他方，任一参与方都无法接触到其他方的明文形式的数据，从而保证各方数据的安全。

通用多方安全计算包括将目标计算任务转换为算术或布尔电路，分解为一系列算术门或逻辑门的基本组合，以及在特定安全模型下为电路设计多方安全计算协议。用于此目的的底层加密工具包括秘密共享、全同态加密、不经意传输和混淆电路。所开发的电路能够逐层执行计算，最终以安全的方式完成计算任务。

目前，业界已开源多个支持多方安全计算的框架软件，如基于 TensorFlow 的 TF-Encrypted、谷歌的 Private Join and Compute 和 Facebook 的 CrypTen 等。

（2）联邦学习

联邦学习是一种新兴的 AI 技术，在进行机器学习的过程中，各参与方可借助其他方数据进行联合建模。各方无须共享数据资源，即数据不出本地的情况下，进行数据联合训练，建立共享的机器学习模型。其目标是在保证信息安全、个人隐私、合法合规的前提下，多方联合开展高效率、安全、可靠的机器学习。

联邦学习最初由谷歌在 2016 年提出，用于安卓手机键盘的输入预测模型训练。此后出现了大量的研究论文，成为 AI 的一个研究热点。目前，联邦学习已经在金融、销售、安防、医疗等行业得到了应用。比如在安防领域，智慧安防用 AI 模型进行事前预警，通过判断位置、识别动作及分析行为，预测社区用户出行轨迹异常等情况，从而提升社区安全和管理效率。但各社区收集的用户数据之间互不关联，形成信息孤岛，难以训练出高性能的 AI 模型，导致数据价值无法挖掘。通过引入联邦学习，联合多社区建立安防模型，实现社区间数据的互通训练，可得到性能更优的模型。

根据参与方数据分布的不同，联邦学习分为 4 类：横向联邦学习、纵向联邦学习、迁移联邦学习和边缘联邦学习。

（1）横向联邦学习

横向联邦学习适用于两个数据集的用户特征重叠较多，但用户重叠较少的情况，把数据集按照横向切分，取出用户特征相同而用户不完全相同的那部分数据进行训练。比如有两家不同地区的银行，它们的用户相互的交集很小，但用户特征基本相同。

（2）纵向联邦学习

纵向联邦学习适用于两个数据集的用户重叠较多，但用户特征重叠较少的情况，把数据集按照纵向切分，取出用户相同而用户特征不完全相同的那部分数据进行训练。比如位于同一地区的一家银行和一家电商，它们的用户交集很大。但银行记录的是用户的收支行为和信用评级，电商记录的是用户的浏览与购买历史，用户特征交集较小。目前，纵向联邦学习使用的模型主要有逻辑回归模型、树型结构模型和神经网络模型。

（3）迁移联邦学习

迁移联邦学习适用于用户与用户特征重叠都较少的情况，利用迁移联邦学习克服数据或标签不足的情况。比如一家中国的银行和一家美国的电商，它们既没有相同的地域，也没有相同的业务，要进行联邦学习，必须引入迁移学习。

（4）边缘联邦学习

随着移动通信技术的快速发展和智能终端的普及，连接到网络的智能设备持续增多，自动驾驶和增强现实等智能应用需要更多的计算和数据资源及更短的处理时延。传统基于云计算平台的机器学习模式已经无法满足这些需求，因此 5G 引入了移动边缘计算架构，将计算、存储和网络资源与基站集成，将计算能力从云端下沉到网络边缘，距离用户更近，在较低的时延内提供更大的算力。

目前，5G 基站的计算能力已经比较强大，在业务低谷出现算力过剩现象，这部分算力可以提供给用户使用。也可以直接在 5G 基站中引入异构算力资源，把无线资源和算力资源有机结合，实现计算和网络的协同融合。

在 XR 业务场景中，可将传统需要通过云端特定服务器实现的图像渲染工作在基站侧实现，极大降低传输时延，支撑本地大带宽 XR 应用，打造沉浸式用户体验。在车路协同场景中，可直接基于现有广泛分布的基站资源，承载 AI 感知融合任务，快速、低成本实现车路协同。

移动边缘计算提供了分布式计算环境，可用于部署应用程序和服务。但是，单个终端自己训练的模型不够精确，多个终端受到法规和隐私保护的限制，无法共享各自的数据集进行训练。在此场景中，可以使用边缘联邦学习，进行分布式训练，参与学习的终端无须上传本地数据，只需要将训练后的模型参数梯度上传，再由基站服务器节点聚合、更新参数并下发给终端。

图 6-5 给出了面向车联网的边缘联邦学习经典部署架构，每个车辆通过摄像头、雷达采集数据，在本地模型中进行训练，得到的梯度加密后发起模型聚合，基站服务器进行模型聚合更新和全局模型计算，然后下发模型更新，车辆进行本地模型更新。

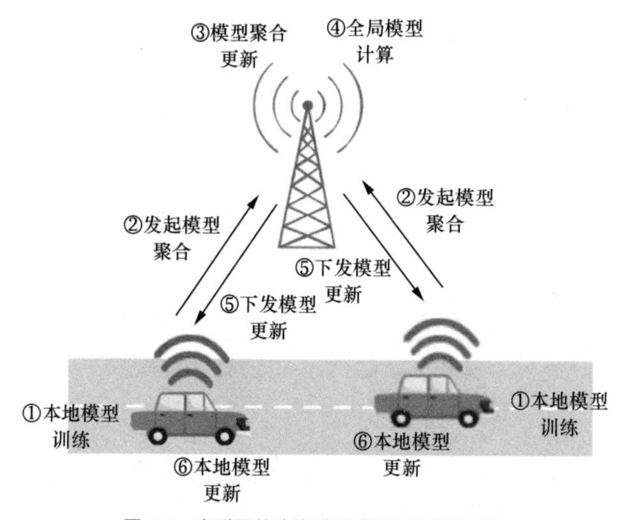

图 6-5 车联网的边缘联邦学习经典部署架构

4. 空中计算

空中计算打破了传统无线网络通信计算分离的模式，为实现“通算融合”提供了全新的架构。空中计算与传统多址接入方式对多用户数据进行单独解码，空中计算技术还可以利用无线链路上行多址接入信道的信号叠加特性，在不需要恢复出每路信号具体数据的前提下，通过各路信号的并发传输和叠加，实现目标函数在空口信道中的直接计算，完成终端数据的快速汇总处理。由于空中计算在电磁波传输过程中完成了部分数据计算，因此在通信容量受限的计算场景下，降低了先传输再计算造成的传输时延，实现了信息获取、传输和处理的强耦合特性，从而使得空口具有算力，促进通信、计算和智能系统的融合。

空中计算示意如图 6-6 所示，在一个多用户的上行系统中，本地数据在各个边缘节点处经由多址信道向基站进行上行数据传输。在传输过程中，利用多址接入信道的模拟波叠加特性。此时，同步设备会将传输信号同时发送，在空中直接相加，以加权和的形式到达接收端，即为聚合信号。可以将聚合信号映射到多种模拟函数的计算，如算术平均值、几何平均值、多项式函数、欧氏范数等。本质上，空中计算可以被理解为一种联合信源信道设计，而不是传统的基于“先通信后计算”的通信、计算分离设计。

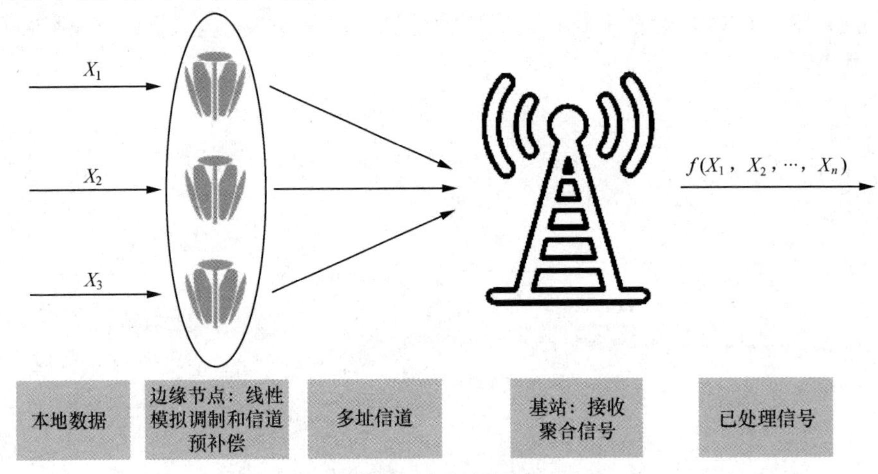

图 6-6　空中计算示意

现有空中计算可利用一种能够达到标准随机编码性能的数字编码方式和与之相对应的数字空中计算架构联合实现，同时可以利用机会通信的方法改善数字空中计算的可达速率。然而，由于无线信道本身具有衰落大、频带宽等特性，且通信过程不可避免地会受到噪声和干扰的影响，从而无法满足空中计算对于信号完美叠加的要求，并造成相应的空中计算误差。因此，需要利用预失真、后均衡等分集技术进行相应的补偿。

此外，空中计算与物理层 AI 技术相结合，可以进一步促进通算一体。由于空中计算技术通过通信和计算的一体化设计，可以有效降低分布式训练过程中的通信开销和时延，提高边缘智能网络和联邦学习的训练效率。因此，基于空中计算的联邦学习已成为通算融合技术中的一个重要研究热点。同时，利用无线多址接入的通信网络可以模拟前向神经结构的计算网络，从而实现通算融合一体化，提高整体效率。如何将通信网络和计算网络结合在一起进行统一化设计，给出通信和计算的统一化效用并进行最优的设计也是未来研究方向之一。

6.3.3　网络安全技术

在算力向边缘、基站下沉的过程中，网络安全是要重点考虑的问题。内生安全可信的网络安全技术可以让网络在复杂多变的环境中稳定运行，为用户提供安全可靠的计算服务。内生安全通过内置的安全机制，保障了数据在传输和处理过程中的完整性和机密性，降低了潜在的安全风险。在通算一体网络中，数据的处理和传输涉及多个节点和组件，确保这些组件间的可信交互至关重要。

为了网络系统内的个体之间能够实现身份识别、数据交互、权益保障和价值交易等可信交互，助力通算能力的全网流通，需要将安全可信能力内嵌在系统中，通过系统的设计保障整个网络的安全可信能力，形成安全可信的基础设施。同时，还需要对可信功能进行全生命周期管理，根据需要不断进行迭代更新，匹配通算一体网络实际需求。具体来讲，内生安全可信关键技术需要从信任、风控、隐私、韧性 4 个方面进行考虑。

（1）信任

传统网络中使用的信任机制是中心保障式，通过一个信任中心为交互的主体提供信任的凭证，此种方式不能满足分布式网络的自治需求。一方面，分布式网络形态使得网络间处于平等地位，无法形成一个各方主体都信任的权威主体；另一方面，业务大量发生于边端，使用中心信任机制后所有主体和主体之间的交互都需要经过信任中心，需要信任中心具备超强处理能力，主体与信任中心具备超强传输能力。因此网络的信任机制应是多模信任机制，包含了中心信任和多方信任。多方信任通过多主体的协商和共同保证来提供信任，根据类区块链共识机制算法保障交互的可信性，利用区块链多方信任、透明、不易篡改、可追溯、自动执行等特点，构建分布式信任基础设施。多方信任还包含了自动运行的智能合约机制，实现多方确认即是事实，避免了单方违约的风险。中心信任和多方信任相结合，可以保障网络在不同场景和需求下的可信能力，并且实现全网任意节点间的信任。

（2）风控

与通过被动打补丁的方式实现对于以往系统漏洞的填补不同，网络可以采取

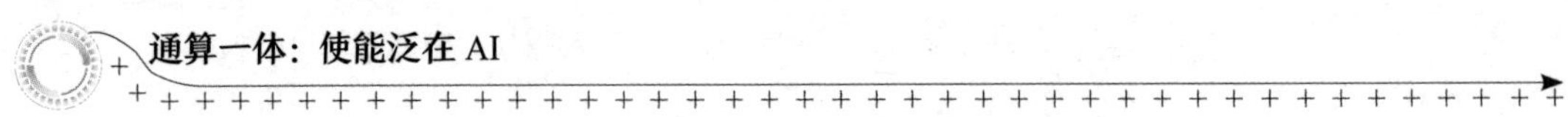

主动措施，打造安全交互的环境，针对网络系统不同组件和个体的安全特性进行设计，像拼图一样形成系统性的安全设计，用长板补齐短板，实现对于安全漏洞的预防和自动补缺。另外，统一的数字身份是安全交互的前提，一是统一的数字身份格式，使得数字身份可以在不同主体之间通行；二是统一的数字身份标识，使得主体持有一个数字身份即可在不同的交互中使用。网络还应支持抗量子密钥的应用，提前预防量子计算对网络安全造成的威胁。根据不同主体的需求，网络需要包含不同的等级和权限，按需提供安全保障，降低整个系统的安全成本。同时，认证机制可以形成资产和服务，依托于多模信任体系，使以用户为代表的各类主体更深度地参与网络，各类主体可以在网络中产生安全资产、使用安全资产，可以向其他网络单元和主体提供安全服务，在资产的支配和服务的提供中获取相应权益。

（3）隐私

未来通信网络将呈现多维的特点，包含了个人隐私、感知测绘、AI 数据学习等高度敏感信息，需要保障信息不被泄露。其中最重要的是个人身份的识别和保护，分布式数字身份可以实现对于身份的自主可控，根据不同需求生成包含不同内容的实时数字身份，保护身份其他信息不外露。隐私信息在网络中流转的保护，可以分为传输和处理两个方面。在信息传输维度，需要通过对称加密和非对称加密技术对传输者和接收者身份以及传输内容进行加密。在信息处理维度，需要通过隐私计算保障数据处理不泄露信息。其中底层密码学包含同态加密、零知识证明、不经意传输等基础技术，中间协议有通用多方计算（MPC）协议、专用隐私集合求交（PSI）协议、专用私有信息检索（PIR）协议等，上层算法包含基础算子、联合计算、机器学习等。数据价值是通过数据流通实现的，通过保障数据流通中的可信、可控和可证，最终实现数据的“可用不可见、可控可计量”。

（4）韧性

许多通算业务服务场景对系统稳定性要求极高。即使出现突发事件，也需要在一定范围内确保持续运行，并能迅速恢复。为实现系统的稳定运行，通过对网络资源进行池化、虚拟化，并设计多种主体的分布式协同合作，以实现 1+1>2 的效果，从而提升网络整体的安全韧性。对于网络的快速恢复，AI 网管可以弥补传统专家经验预设策略的粗暴简单的缺点，实现精准调控；同时也能解决人工干预反应较慢的问题，实现快速管理调度。此外，数字孪生技术有助于提升系统的韧性管理，通过对网络调度和策略进行数字模拟，一方面在事故发生之前采取预先措施降低事故的发生概率，另一方面在事故发生后迅速模拟各种应对措施，找到最优解决路径。

6.4　弹性可靠连接技术

为使能泛在 AI 服务确定性的体验保障，面对动态复杂的网络环境变化和终端移动性，网络的通信连接能力也需要进一步向弹性可靠方面持续增强和演进。弹性指无线网络能够高效使用网络中的多维资源，以敏捷适应多样化的 AI、计算等新服务需求；可靠指无线网络向用户提供确定性体验保障服务。为实现这一目标，本节将对潜在的关键技术，即弹性小区和柔性协议栈进行探讨和分析。弹性小区和柔性协议栈为通算一体网络提供了灵活、高效、可靠和可扩展的连接方式，为各类计算资源的利用、复杂计算任务的执行提供了支撑。此外，弹性可靠的连接还可进一步增强覆盖范围和通信效率，更好地满足泛在 AI 服务的通信需求。

6.4.1　弹性小区

传统的蜂窝小区模型非常经典，但“烟囱式”垂直构建的蜂窝小区模型在资源使用效率、能耗、定制和编排能力、新技术兼容等方面逐渐呈现出不足。因此业界在呼吁和探讨“去蜂窝化”“去小区化”“Cell Free”等新空口模型概念。此类新空口模型多以小蜂窝和非蜂窝小区覆盖为主，而蜂窝宏小区连续无缝覆盖为辅，实现系统机制的灵活简化和基站节点的轻量化等。弹性小区的关键技术包括频域载波池化、物理信道灵活编排、传输信道虚拟化、以服务为中心的移动性优化。

1．频域载波池化

通过引入载波级联技术，弹性小区可提升零散频谱（如重耕的 FDD 频谱或 TDD 频谱）利用效率，扩大物理下行共享信道（PDSCH）/物理上行共享信道（PUSCH）等信道信号的传输带宽，提高流量，减少开销（配置、调度、反馈）。载波级联技术支持基带与射频的解耦和射频载波的池化。对于多载波场景，小区中的一个基带载波映射多个射频载波。小区中的物理信道/信号基于基带载波进行配置，调度和资源分配同样也是基于基带载波进行处理。

为了能够按需优化吞吐量、覆盖、能耗等性能指标，弹性小区支持上下行链路的解耦和上下行载波链路独立的池化。这样可以打破上行链路和下行链路之间的强耦合和强依赖的关系，使得上下行链路可以按照应用场景和业务需求进行编排和定制。在上下行解耦方案中，小区包含一个上行链路池和一个下行链路池，

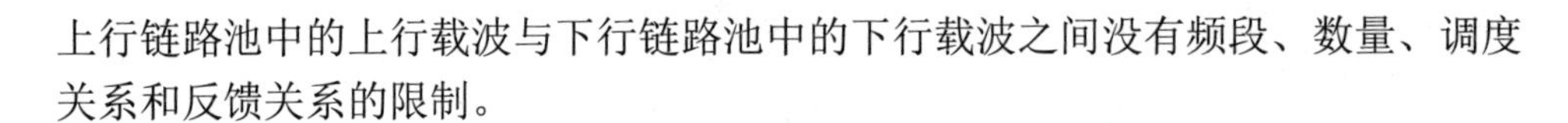

上行链路池中的上行载波与下行链路池中的下行载波之间没有频段、数量、调度关系和反馈关系的限制。

2. 物理信道灵活编排

为了满足用户多种多样的需求，增强系统弹性伸缩的能力，面对不同业务、不同时刻，用户对应的物理信道集不相同：在高用户密度且突发小业务包场景，可以使用“节能”编排策略，通过同步信号块（SSB）携带同步信息和轻量的数据，省掉了接收系统消息、建立连接和接收物理下行控制信道（PDCCH）的过程；在高用户密度且周期性业务包场景，可以使用“省开销”编排策略，实现系统信息、控制信息和业务信道解耦，系统信息和控制信息集中发送；在常规业务场景，使用常规编排，在终端接收同步消息和系统消息并建立连接后，通过 PDCCH 和 PDSCH 接收控制信息和数据。

3. 传输信道虚拟化

在现有设计中，存在类似 XR 这样的大量数据被封装成一个传输块（TB）的情况，一个 TB 中包含多个编码块（CB）。然而，任何一个 CB 出错都会带来整个 TB 无法递交，从而引发时延过大的问题。为了解决这一问题，考虑引入传输信道虚拟化方案。传输信道虚拟化方案将原来的一个数据流、一个传输信道、一个 TB 拆分成多个数据子流、多个传输信道、多个 TB，在接收端任何一个 TB 出错都不会妨碍其他 TB 的递交。为了可以高效地调度多个 TB，传输信道虚拟化方案还可以引入了 TB 组（TBG）的概念，一个 TBG 中的多个 TB 可以复用同一个调度信令，即一个下行控制信息（DCI）可以调度 TBG 中的所有 TB。

4. 以服务为中心的移动性优化

为了解决小区切换过程中物理资源和收发节点发生变化造成的用户服务中断的问题，避免或减少用户体验的下降，需要做到服务和资源解耦，移动性的锚点从物理小区转向 L2/L3 服务，资源切换（包括载波切换和 TRP 切换）应该尽量通过底层 L1 灵活切换，而不影响 L2/L3 的服务，即以服务为中心的移动性优化。这样可以最大限度地保证平滑的业务连续性，实现无缝移动性，保障业务服务的可靠性要求。

6.4.2 柔性协议栈

传统的无线空口协议栈相对固化，协议栈结构存在功能冗余、功能过度耦合、功能简化复杂度高以及兼容性差等问题。为解决上述痛点，业界正在积极探讨“柔性协议栈”“现场可定义协议栈”等新空口协议栈概念和设计。柔性协议栈具有功能组件化、数据包矢量化、组件并行化、智能编排和灵活部署等技术特征。这些特征可有效满足网络对协议栈功能可定制、按需编排和数据处理效率提升等需求，保证网络有更强的自适应能力去适配未来复杂多变的场景业务需求。

1．功能组件化

传统系统中引入新功能或者改变某个功能都会带来架构各个部分的连锁反应，并且各层相同的功能不能复用相同的流程，网络难以在更为复杂多变的业务场景下按需弹性伸缩。独立的可编排组件（OC）能够快速迭代升级和网络灰度进化，可实现功能最大化重用、最小化变更、独立开发部署和维护。独立的组件汇聚形成功能组件库，它不仅支持功能解耦，还支持新组件的引入及组件的替换、升级。图 6-7 展示了组件库及组件调用。通过对组件库中的组件进行配置、编排和管理，可根据各种个性化需要来自适应构建数据传输链条，实现网络功能的弹性伸缩。

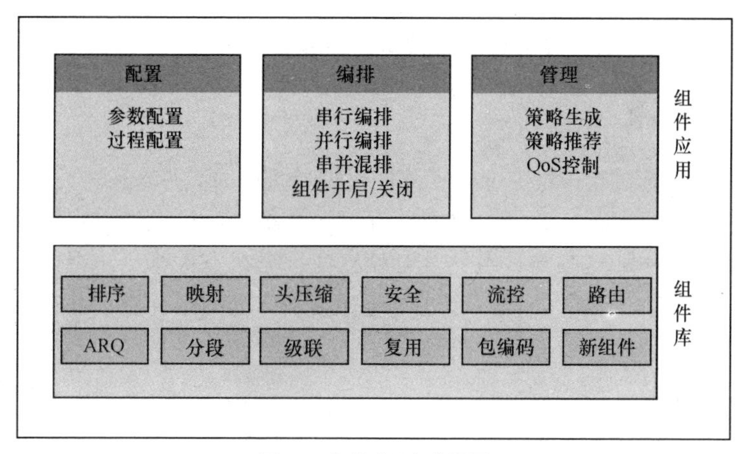

图 6-7　组件库及组件调用

2．数据包矢量化

为了提升数据包的处理速度，并增强数据包处理的灵活性，可以在协议栈引入一个可扩展、高性能的数据包处理框架，即矢量数据包处理（VPP），如图 6-8 所示。VPP 对具有相同特征的连续数据包进行矢量化且批量化处理，其效果远大于传统的单数据包标量化处理。引入 VPP 的设计思想是对具有公共集合特征且无须按序停留的连续数据包进行矢量化操作，能够显著提升数据包处理速度。在功能组件化的基础上，数据包矢量化的颗粒度可灵活变化。

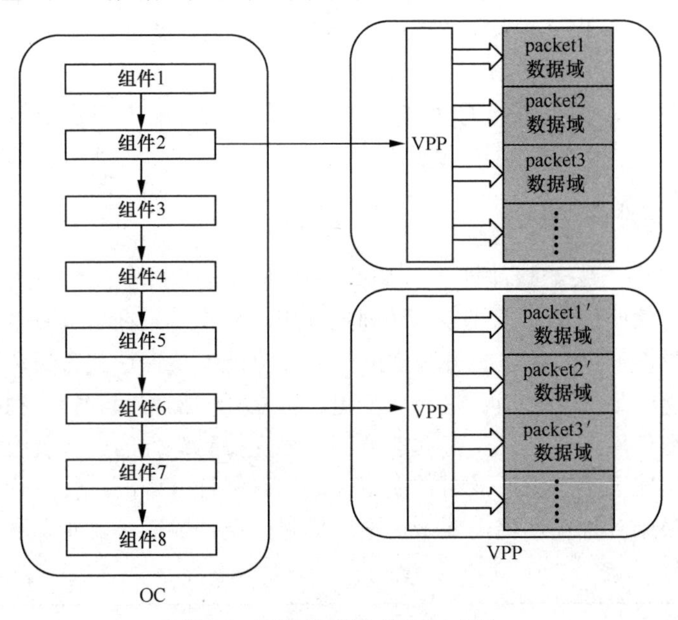

图 6-8　组件灵活编排+数据包矢量化

3. 组件并行化

在组件化的基础上，为了进一步降低数据处理时延，并增加转发面的灵活性，使得组件能够形成串行、并行、串并混合等多种组合，可以通过将组件并行化进一步提升系统效率。这些并行组件具有独立性、无状态性特点，组件的执行先后顺序变化不影响数据包的处理。通过对具有这些特征的组件进行并行编排，可实现多组件同时处理同一个数据包的效果。

4. 智能编排

在传统移动通信系统中，用户面功能的大部分配置参数是由控制面功能产生和提供的，用户面各个功能实体的执行和应用实际是比较偏被动和机械的，受到控制面功能的强支配和管控。此外，由于 3GPP 协议对用户面各个功能和子模块的行为进行了严格规范，用户面数据包处理流程中的每一个环节动作都是单一且确定的，并不面临动作多样性的分析和选择，应用的灵活性受限。可将用户面（子）功能转化为组件放入组件库，在大数据和 AI 引擎的驱动下，通过对组件库中各个组件进行智能提取、编排、使用，可按需进行功能组件顺序改变、功能组件动态开启/关闭、功能组件自主添加删除等操作。另外，通过对不同组件的深度协同，可提升组件协同性、鲁棒性、灵活性和扩展性。

5. 灵活部署

为了进一步实现场景业务需求的动态自适应匹配，可以通过将所有组件共同部署，并对组件进行编排及多组件并行处理单个数据包，支持如移动边缘计算（MEC）场景、CU-DU 合设等单域/单跳式部署，如图 6-9 所示。OC 并行化+VPP 在降低时延和提升吞吐量的同时，还提供了跨组件算力资源调度和进行整体式的 QoS 保障。如图 6-10 所示，柔性协议栈的非栈式用户面还支持跨域/多跳式部署，这对多级部署场景、多连接、MESH 组网等场景适配性非常好。通过对组件按需部署，增加了除 CU/DU 分离的方式之外的更多功能切分方式，使得部署灵活性增加。如对空天地 NTN/卫星网络，可以将一些非实时的组件放在天上、一些实时的组件放在本地。对工业应用场景，可以根据业务需求对组件打开或关闭。通过公共组件可以将两个不同域打通，如打通核心网域和接入网域。

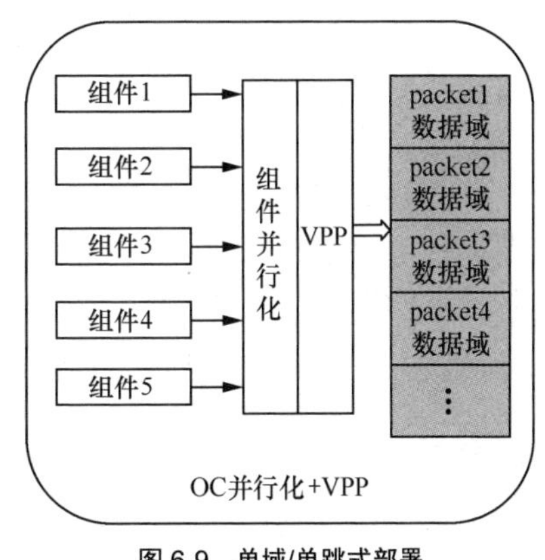

图 6-9　单域/单跳式部署

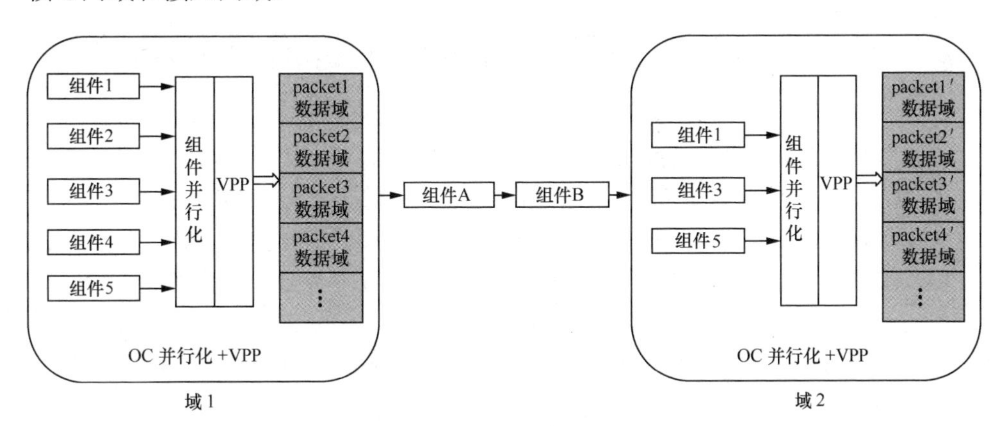

图 6-10　跨域/多跳式部署

通过柔性协议栈，无线网络可实现以下功能优化。

（1）功能按需产生

通过不同组件的智能编程实现功能按需定制，可以形成新功能和新接口，通过功能编排可形成灵活的协议栈。在功能内部，通过组件的升级、新组件的引入可实现功能的增强和扩展。

（2）功能融合统一

智能编程可对功能进行重组/重构，形成高内聚统一化接口，以便于实现全网融合。如核心网与接入网的用户面形成融合接口，减少组包、拆包和内存转换操作，降低处理时延。

（3）功能通用化

无线网络中具有相同流程、处理过程的部分，还可做成通用化组件或通用功能以及形成通用化接口。功能抽象复用后的通用化，不仅可以简化流程，还便于软件或硬件加速。

（4）功能优选固化

柔性协议栈最优的编排方式可形成固定的功能接口和集成组件接口。如对物联网场景，通过原子化编排选取最基本、最核心、最必要的组件封装在一起形成精简后的单一功能，便于最大化降低成本开销和能耗。

（5）功能切分灵活部署

对功能进行灵活切分后能够形成多个独立迭代进化的功能，对功能分离部署非常有利。在部署层面，网络将不再是如 CU、DU 分离这种单一切分部署，而是根据场景业务需要进行功能级部署。

6.5　通信、计算、AI 融合的标准化发展

通信标准是行业发展的基石，使得来自不同厂商、采用不同技术的设备能够相互通信，大大扩展了技术应用的范围和深度，还促进了技术的普及、应用和发展。回顾通信、计算和 AI 融合的标准化发展，最初是欧洲电信标准组织（ETSI）在其标准中定义和论述了网络功能虚拟化，又因为有中心云的部署和算力业务的需求，ETSI 随之开展了移动边缘计算的立项和技术研究工作。而作为无线运营商最有影响力的 3GPP 标准组织紧随其后，在初始的 5G 标准系统制定时就考虑了兼容 ETSI 定义的移动边缘计算场景的 5G 系统架构、5G 核心网与移动边缘计算平台的接口定义和功能，有效地支持移动边缘计算功能，将云和算力从中心发展到边缘。

随着虚拟化和云化在无线网络的应用，越来越多的无线设备厂商致力于云化基站的开发，同时 GPU 和网络处理器（NPU）等专用硬件的普及使无线设备乃至终端算力增强，多种多样的业务应用使无线侧对算力的需求越来越迫切。在此背景下，

ITU 在下一代 6G 网络的标准化讨论中对 6G 场景、应用、需求进行了系统分析，并提出了支持 6G 场景的关键技术，其中就提到了关于无线算力对 6G VR 等场景的有效支撑。中国通信标准化协会（CCSA）启动了多项与算力相关的研究项目，期望提前在 5G-A 时代研究相关技术，同时也为 6G 标准储备技术方案。本节将结合标准化工作介绍通信、计算及 AI 融合的进展。

6.5.1　网络功能虚拟化的标准化发展

电信网络的发展是一个不断引入新技术持续创新的过程，通信网络和业务始终在不断地进行着变革。从最初的模拟通信、数据通信到当代互联网、IT。网络功能虚拟化（NFV）是一种通过将网络功能从专有硬件设备迁移到基于软件的解决方案的技术。这种技术为电信运营商提供了部署、管理和升级网络功能的新方法。NFV 的目标是实现网络功能的自动化、虚拟化和可编程性，从而降低成本、提高灵活性和可扩展性。

为了推动 NFV 技术的发展和应用，由世界领先的七家电信网络运营商于 2012 年 11 月在 ETSI 成立了 ISG NFV 工作组，成为 NFV 的发源地。NFV 第一阶段（2013—2014 年）发布的文件被视为标准前研究，研究涵盖了 NFV 用例、虚拟化需求、NFV 体系结构框架。其中 NFV 参考架构如图 6-11 所示。

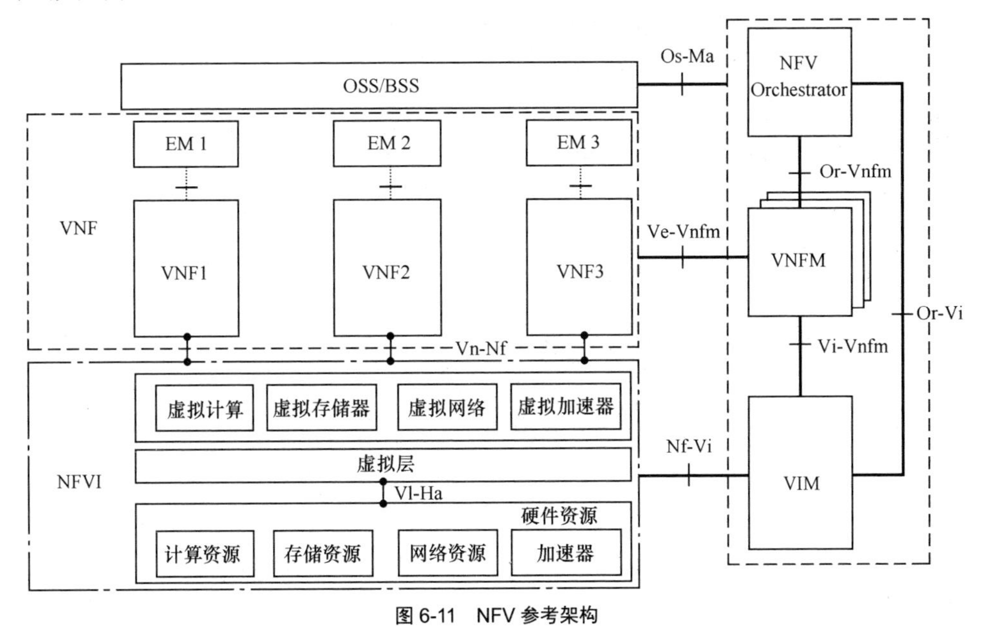

图 6-11　NFV 参考架构

ISG NFV 的正式规范性工作从“NFV Release 2”（2015—2016 年）开始持续

到现在的“NFV Release 5”，已经经过了4个版本的迭代，涵盖了需求、体系结构、接口、信息模型和协议的通用规范、测试用例和套件的规范。支持政策框架、虚拟网络功能（VNF）快照、管理和网络编排（NFV-MANO）、多站点、网络切片等新功能的接口和建模。从2019年夏季的Release 4开始，研究领域聚焦在网络部署和操作的编排、云化和简化上，包括研究用于支持基于容器的部署、支持5G、MEC部署、基于服务的体系结构概念和通用OAM功能等新特性的接口和建模。Release 5规范推动ETSI NFV的工作发展方向为：巩固NFV框架并扩展其适用性和功能集。研究特性包括绿色NFV、支持vRAN、基于服务化架构的MANO、NFV连接（连通性整合和操作）等。

ETSI还发布了与NFV相关的白皮书，以深入了解该技术的应用和潜力。这些白皮书涵盖的主题具体如下。

① NFV在5G网络中的应用：探讨了NFV如何助力5G网络的发展和部署。

② NFV与边缘计算：阐述了NFV技术与边缘计算的结合如何提高网络性能和可靠性。

③ NFV安全：分析了NFV在网络安全方面的优势和挑战。

ETSI NFV第6版的工作也已经开始，它将重点关注新的挑战、架构的演变及其他基础设施工作项。主要变化包括：①虚拟化技术超越传统的虚拟机（VM）和容器（如微型虚拟机、Kata容器和WebAssembly）；②创建声明性意图驱动的网络操作；③通过统一的管理框架集成异构硬件、应用程序接口（API）和云平台。所有更改都旨在简化NFV架构并实现自动化。

网络功能虚拟化能够将云计算技术引入电信网络，能够大幅提升网络的灵活性，有利于新业务的开发和部署，能够提升网络的管理和维护效率。NFV架构已经并将继续发展，尤其是随着云计算、AI和机器学习自动化的兴起，NFV在5G特别是5G MEC中的应用也将持续完善。

6.5.2 移动边缘计算的标准化发展

1. ETSI关于移动边缘计算的工作

移动边缘计算（MEC）是一种运用在移动通信系统的边缘节点，并承担大量计算任务的边缘服务器。MEC是ICT融合的产物，结合日渐成熟的SDN/NFV、大数据、AI等技术，5G网络成为各行业数字化转型的关键基础设施，MEC也成为支撑运营商进行5G网络转型的关键技术，以满足高清视频、VR/AR、工业互联网、车联网等业务发展需求。

ETSI在2014年率先启动了MEC标准化参考模型项目。该项目组旨在移动网络边缘为应用开发商与内容提供商构建一个云化的计算与 IT 服务平台，并通过该服务平台开放无线侧网络信息，实现大带宽、低时延业务支撑与本地管理。ETSI MEC 标准化工作是定义整个 MEC 的框架和架构，包括应用部署环境，管理软件架构、应用场景和 API 等。

在 2017 年年底，ETSI MEC 标准化组织已经完成了第一阶段（Phase I）基于传统 4G 网络架构的部署，定义了 MEC 的应用场景、参考架构、边缘计算平台 API、应用生命周期管理与运维框架、无线侧能力服务 API（RNIS/定位/带宽管理）。

ETSI 在 2018 年 9 月完成了第二阶段（Phase II）的工作内容，主要聚焦于包括 5G、Wi-Fi、固网在内的多接入边缘计算系统，把 MEC 的接入方式从蜂窝网络扩展到 WLAN 等其他接入方式，即把移动边缘计算的概念扩展成为多接入边缘计算。重点完成了 MEC in NFV 融合的标准化参考模型、端到端边缘应用移动性、网络切片支撑、合法监听、基于容器的应用部署、V2X 支撑、Wi-Fi 与固网能力开放等研究项目，从而更好地支撑 MEC 商业化部署与固移融合需求。发布了包括支持 WLAN 接入信息 API、固网接入信息 API、位置 API、应用移动服务 API、无线网络信息 API、V2X 信息服务 API、流量管理 API、MEC 管理（包括应用生命周期、规则和需求管理）。

ETSI MEC 标准化工作目前处于“第三阶段”，主要专注于复杂异构云生态系统，包括 MEC 安全增强、扩展的传统云和 NFV 生命周期管理（LCM）方法，以及移动或间歇性连接的组件和消费者拥有的云资源，截止到 2023 年 8 月，ETSI 发布了 MEC 系统间和 MEC 云系统协调的研究报告。MEC 服务的 API，框架和参考体系结构，MEC 服务 API 的一般原则、模式和常见方面、边缘平台应用使能、园区企业部署方案中的 MEC、IoT API、API 一致性测试和 IoT 测试规范等。

随着网络演进到 5G，MEC 还将作为 5G 的关键技术之一，用于支撑 5G 的低时延、大带宽、高智能的业务场景。2020 年 12 月，ETSI 发布了 5G MEC 集成报告，并宣布扩展规范工作组的对应职能。

ETSI 提出的 MEC 系统架构如图 6-12 所示。该系统架构被划分为移动边缘系统级、移动边缘主机级和网络 3 个层级。移动边缘主机级由移动边缘主机和移动边缘主机级管理两个单元组成，负责管理 MEC 主机的资源以及 MEC 平台和应用的配置管理；最上层的移动边缘系统级管理单元对 MEC 系统资源进行全面管理，并接收来自终端（UE）和第三方的业务请求；网络表示 MEC 主机与外部网络的连通性。

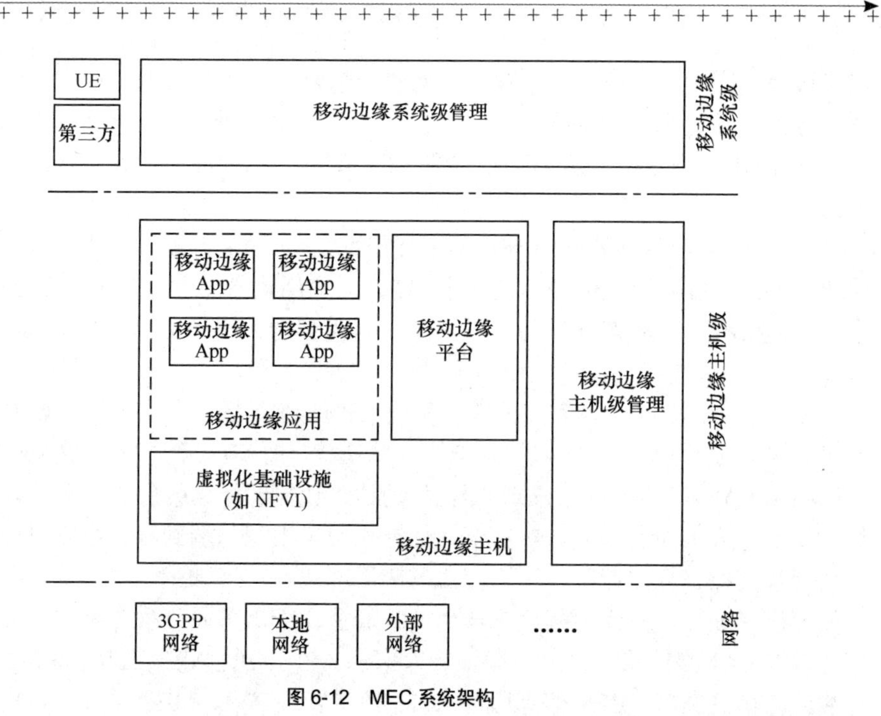

图 6-12　MEC 系统架构

从计算架构演进方面来讲，云及云化已是大势，云原生也深入人心，整个边缘计算的基础环境、产业条件都已经日趋成熟。从移动通信演进方面来讲，以前的 MEC 仅是一个锦上添花的存在，而在 5G 时代，边缘计算逐渐在更多应用场景中发挥价值，成为数字化转型的利器。

2. 3GPP 关于移动边缘计算的工作

5G 通信的超低时延与超高可靠要求，使得边缘计算成为必然选择。在 5G 移动领域，移动边缘计算是 ICT 融合的大势所趋，是 5G 网络重构的重要一环。

MEC 标准是双规发展制。一方面，ETSI 重点关注 MEC 的平台、虚拟机和 API 等的管理。而另一方面 3GPP 着重定义 5G 网络对 MEC 的支撑、MEC 和 5GC 网元的交互方式，以及如何提供服务质量保障，如图 6-13 所示。在 MEC 相关标准化进展方面，3GPP 主要从 QoS 框架、会话管理、高效用户面选择、网络能力开放、计费等方面开展研究。其中，在 Release 15 中，3GPP SA2 在下一代网络构架研究（TR23.799）及 5G 系统架构（TR23.501）中对边缘计算予以了支持。MEC 可以根据应用信息（应用标识、IP 地址、数据流规则等）通过 5G 控制面应用功能（AF）传递给策略控制功能（PCF），从而影响会话管理功能（SMF）进行用户面功能（UPF）选择及协议数据单元（PDU）会话建立。Release 16 主要关注

5GC/5G NR 的增强，对核心网和 NR 的核心要求，包括 RAN 的能力开放、5G 增强的移动宽带媒体分发机制、5GC 网管增强，以支持 MEC，比如 N6 口配置能力、通用 API 框架（CAPIF）增强、支持多 API provider 等。Release 17 主要关注 5GC 增强，主要包括自治系统（AS）地址发现、AS 切换、I-SMF 插入、策略和计费增强、CAPIF 针对 MEC 进行增强、无线接入终端（UE）和 AS 的应用层接口增强、为典型的 MEC 应用场景（如 V2X、AR/VR、CDN）提供部署指南等。在 Release 18 中，边缘使能层（EEL）架构需要增强，以支持新兴的行业需求，并完成 Release 17 中未完全指定的功能。在 SA6 中进行了一项详细的研究（FS_eEDGEAPP），以确定关键问题、架构要求、功能模型和相应的解决方案，以增强边缘应用程序架构和解决方案（如漫游、联合、边缘云交互、通用 EAS 选择）。Release 19 在 Stage1 中定义了工业场景和服务托管环境运营的 MEC 需求。

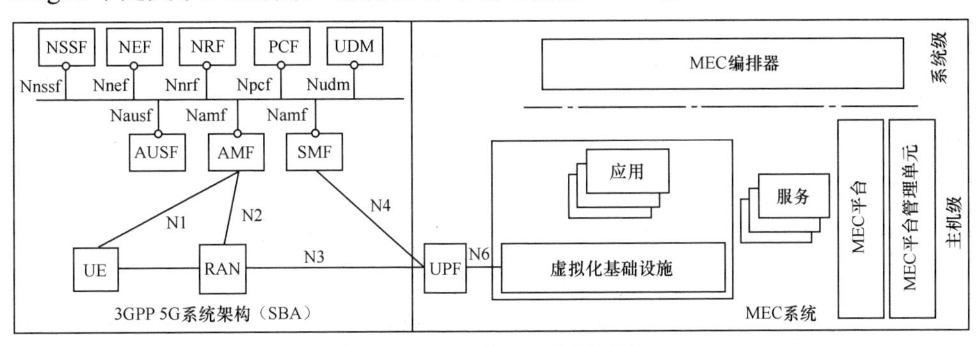

图 6-13　3GPP 对 MEC 的支持架构

云计算虚拟化节点在无线网络的边缘化部署以及 ETSI 和 3GPP 的标准双向结合，是计算与无线核心网网络的融合，但在 5G 标准中还未实现完全融合，ETSI 中构想的支撑 5G 网络的架构还未在 3GPP 标准中完全实现。随着专用硬件的发展和强大，无线接入网的计算能力也在不断增强，为未来 6G 通算一体化发展提供基础设施保障。

6.5.3　通信和计算融合的标准化发展

1．CCSA 和 IMT-2020 的通算融合预研标准

CCSA 已经开展了算力网络相关研究，输出了一系列技术要求，包括《算力网络 总体技术要求》《算力网络 算力度量与算力建模技术要求》《算力网络 算网编排管理技术要求》《泛在算力调度管理技术要求》《移动算力网络总体技术研究报告》。例如《算力网络 总体技术要求》规定了算力网络的总体技术架构和

技术要求，包括算力网络的总体架构和接口描述及算力服务技术要求、算力路由技术要求、算网编排管理技术要求。《算力网络 算力度量与算力建模技术要求》面向数据中心规定了算力度量与建模相关标准，如建立统一的算力功能模型及算力需求模型，建立算力度量衡的评价体系，包括算力的建模方式和描述语言，实现算力的可度量、可评价、可映射。《算力网络 算网编排管理技术要求》规定了算网编排管理技术要求，包括算力网络编排管理总体需求。《泛在算力调度管理技术要求》进一步规定了算力网络算力调度技术要求，如算力注册、算力感知及泛在调度等。《移动算力网络总体技术研究报告》列举了移动算力网络的几种典型应用场景，包括移动通信网络路径优化、端侧 AI 推理、脑机协同、智慧车联网、车联网移动性保障，并根据应用场景分析了移动算力网络的总体需求，包括内生算力服务发现和选择、端网协同的算力服务的高品质连接保障、广域移动下用户体验一致性保障、算网一体化能力开放和移动算力资源建模和感知。

IMT-2020（5G）推进组在 2023 年 6 月发布了白皮书《面向 5G-A 的移动算力网络需求及潜在关键技术》，白皮书中提出了移动算力网络架构的愿景构想，如图 6-14 所示。

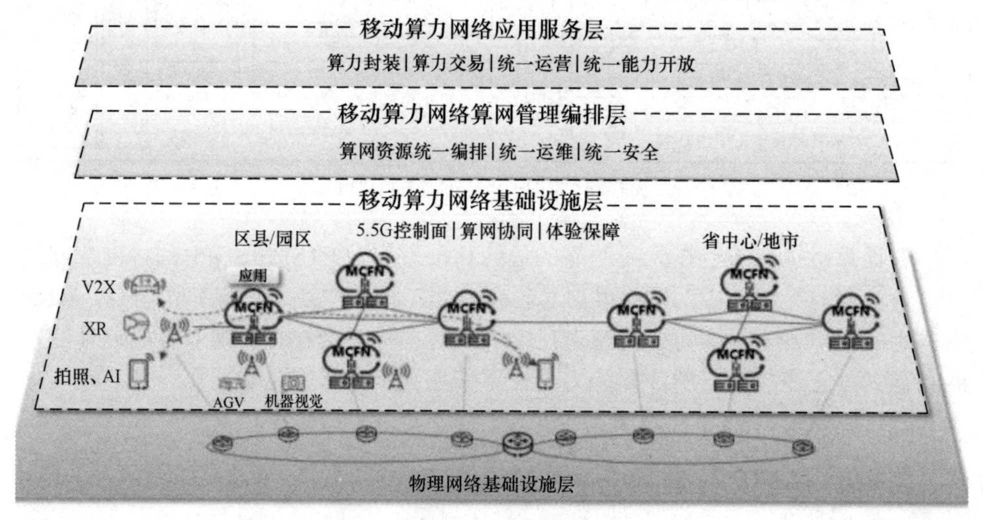

图 6-14 移动算力网络架构的愿景构想

白皮书中列举了典型移动算力网络场景需求，包括：①AR、VR、MR、Cloud VR、无人机（UAV）遥控竞技、终端 AI 应用等面向消费者的业务场景；②面向智能终端协作的分布式学习、5G 接入算网协同体验保障的产业园区算力专网、面向连锁企业及分支机构的企业广域算力专网、车联网等面向行业的业务场景；③基于算力的网络辅助路径选择、网络功能编排优化等面向网络的业务场景。通过对上述业务场景的分析，可以归纳得出对移动算力网络的7个主要需求领域：移动网络内生算力、多样化算力资源度量建模与状态感知、广域移动下用户体验一致性及服务连续性、基于端边云协同的算力服务、提供互联网与行业专网同时可获得的算网服务、移动网络算网一体化编排与联合调度、移动网络算网一体化能力开放。

通过对算力资源池化、核心网用户面 Mesh 互联、流量策略控制、算网统一资源调度及需求分解映射、算力节点状态感知、算力感知的移动会话管理、算网业协同实时调度、算网体验 QoS 保障、端边云算力共享服务层、算网一体能力开放关键技术的梳理，提出了移动算力网络对架构影响的3种潜在方案。

① 通过增加新的核心网网络功能，来支持移动算力网络的新增能力。

② 通过对网管系统进行增强，来支持移动算力网络新增能力。

③ 通过对应用使能层或能力开放平台进行增强，来支持移动算力网络新增能力。

为了进一步挖掘无线接入网算力的潜力，并提供最靠近用户的计算能力，《无线算力网络场景需求和关键技术研究》扩展了《算力网络 总体技术要求》中算力、算力网络的概念，使之延伸至无线网络，重定义了无线算力、无线算力节点、无线算力网络的基本概念，并结合无线网络的硬件资源将无线算力分为两类，即通用无线算力和异构无线算力，并定义了无线算力网络是一种基于无线接入网络资源实现通信和业务计算异构融合的网络架构，可以为用户提供高实时性的“通信+计算”一体化端到端服务。

该项研究分析了无线算力的来源，基于3种典型的无线算力基础设施，阐述了不同设施下可利用的算力资源和特点，提取了无线算力的资源泛在性、异构多样性、分布边缘性、服务连续性、能力波动性、调度碎片化的特征，提出了无线算力资源模型。无线算力资源的这些特性决定了如何灵活、高效、安全地实现无线算力共享，如何实时且精细化地对无线通算资源进行联合调度和一体控制，如何实现无线通算资源、功能及服务的按需编排和服务能力开放，是无线算力网络需要研究的关键问题。

无线算力网络典型应用场景见表6-1，包括工业互联网、网络云化、无线内生 AI、沉浸式 XR 业务、智慧车联网 I-V2X 等场景。

表6-1 无线算力网络典型应用场景

	终端/基站/云间计算协同	基站间计算协同	终端与基站间计算协同
网络内部使用	工业互联网场景	网络云化场景 无线内生 AI 场景	无线内生 AI 场景
第三方使用	沉浸式 XR 业务	智慧车联网 I-V2X	沉浸式 XR 业务

该项研究提出无线算力作为一种最贴近用户的深度边缘算力，可快速构建和按需定制无线云化网络，支持机器学习、大数据分析等关键技术的引入，进一步加速自智网络演进。同时，面向社会数智化转型，无线算力网络泛在的连接和计算能力可实现数据本地卸载和确定性移动连接保障，是高效的边缘应用承载方案。无线算力的协同方式主要包括终端/基站/云间计算协同、基站间计算协同和终端与基站间计算协同。

基于以上技术需求分析，该项研究进一步提出无线算力网络的 6 项设计原则。

① 融合一体：考虑融合原来不属于传统通信技术和生态的资源、方法和能力，提升系统的性能，极大拓展无线通信系统的功能和服务范围，例如：融合更丰富的感知能力、更强大的计算能力、原生融合 AI、原生融合安全可信等。

② 弹性高效：考虑基于算网资源的弹性按需供给、网络功能的弹性按需编排和服务弹性按需提供实现面向差异化和动态变化业务需求的高效率资源、功能和服务适配。

③ 智慧原生：在网络设计之初就系统考虑如何通过原生设计模式支持人工智能技术，一方面网络深度融合 AI 技术，实现对无线网络运行的优化和运维的自动化，以提升网络性能和效率、降低运维成本和增强业务体验；另一方面网络考虑如何通过提供泛在的连接、泛在计算及网络中的海量高价值数据等基础能力，支持未来泛在的 AI 业务应用。

④ 泛在协同：终端和基站之间、终端与核心网之间、终端与终端之间、基站与基站之间、基站与核心网之间及基站/核心网与边缘计算等通过协同合作，实现信息的共享和资源的协同。

⑤ 绿色低碳：提升无线算力网络的端到端能效，例如通过网络设备节能、优化网络设计和运营、提高绿色能源使用比例等减少能源消耗和环境影响，实现更高效、环保和可持续发展的运行。

⑥ 安全可信：包括安全、隐私和可信 3 个方面。在设计时，应遵循按需原则，实现平衡的安全、多方交互的信任、持续的隐私保护和智能协同的韧性保证。

在无线算力网络关键技术方面，该项研究主要围绕无线算力网络基础设施层、无线算力网络功能层和无线算力网络编排服务层 3 方面的关键技术进行阐述。

2. IMT-2030 的通算融合预研标准

IMT-2030（6G）推进组在 2023 年 12 月正式发布《6G 无线系统设计原则和典型特征》白皮书。该白皮书提出了 6G 系统架构，如图 6-15 所示，通算融合是 6G 的核心特征。另外，该白皮书从不同角度分析了通算融合的功能特征。

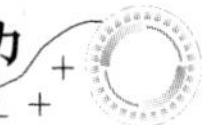

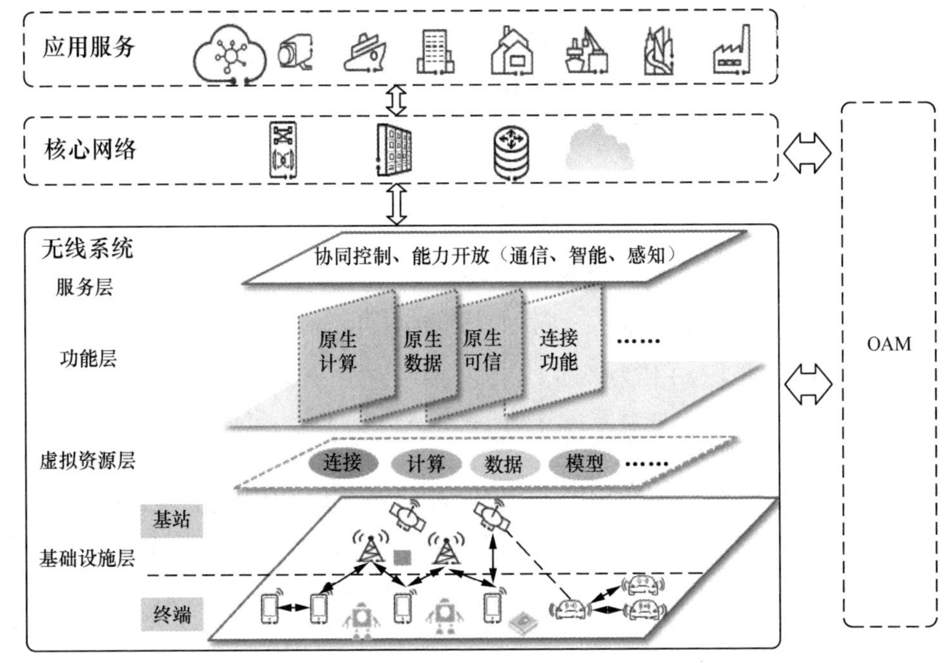

图6-15　支持通算融合的6G系统架构

① 从资源角度来看，无线通信和计算资源共生，基于无线系统基础设施，统一提供无线通信处理和业务应用的计算资源；计算任务可以调度在基站侧、终端侧等。

② 从网络功能来看，无线通信和计算功能共生，以面向连接的无线通信协议为基础，融通计算和通信流程，支持异构算力的感知、发现，以及实时精细化的连接和计算一体控制及面向通信计算服务的实时QoS保障机制。

③ 从服务能力来看，无线通信和计算服务共生，通过对计算资源、通信和计算网络功能以及通信和计算服务的管理编排，支持通信和计算一体服务和能力对外按需开放。

④ 从网络指标来看，6G在网络通信指标方面，除定义通信指标外，还考虑定义体现计算的KPI，如计算时延、计算精度等。

⑤ 从协同模式看，6G支持多种计算模式，如单节点计算模式、多节点计算协作模式等，如终端与基站协同、基站间的协同和终端/基站/边缘云/中心云协同。

⑥ 从业务分类来看，6G支持多种类型的计算业务，如数据处理业务、AI训练和推理业务、感知类业务等。

与此同时，试验任务组也展开了关于通算融合相关的一系列测试工作。

测试包括计算需求描述、计算资源、计算需求感知和通算联合编排等内容，验证计算任务在无线通信网络中的资源请求、任务编排和任务执行流程，以及网络是否能同时满足计算和通信的双重需求，在无线网络信道条件可变和计算任务量可变的双重条件下的网络功能和性能。

目前在 IMT-2030 中的通算融合方案还处于讨论阶段，而通算场景繁多，如何与其他 6G 候选技术，如通感一体化、AI 内生架构融合，形成你中有我、我中有你的统一一体化架构，是一个需要进一步思考的问题。

6.5.4 AI 和网络融合的标准化发展

当前业界主流标准化组织和行业组织在网络与 AI 技术的深度融合方面已开展了各种研究，主要是将 AI 作为辅助工具优化网络性能、提升网络效率，即 AI4NET。AI4NET 应用场景包括网元智能、网络智能和业务智能等。3GPP 目前研究在管理面增加 MDAF 网元，在核心网增加 NWDAF 网元功能，实现网元智能和网络智能化。同时，在空口研究了典型用例，实现物理层 AI，如 CSI 反馈、波束赋能等物理层功能智能化。未来，以网络原生智能为目标，一方面在 AI4NET 方向上向物理层 AI 深入，另一方面开始探索和研究 NET4AI，使得 AI 工作流中的各环节（如训练/推理）可以更高效、更实时，或者使数据安全隐私保护得到提升等。未来原生智能网络将传统网络服务范围从连接服务扩展到算力、数据、算法等层面。

表 6-2 总结了当前国内外主流行业组织或相关研究项目的核心观点。从表 6-2 可以看出，CCSA、IMT-2030、下一代移动网络（NGMN）、欧盟的 Hexa-X 项目和美国的 Next G Alliance 均已分别提出了网络内生 AI、原生 AI、in-network learning、无线技术 for AI 及 AIaaS 等概念，支持 AI 作为网络新能力。芬兰的 6G 旗舰计划（6G Flagship）虽未提出明确的概念，但表明了未来网络需在架构设计上支持 AI 工作流。美国国家科学基金会（NSF）主导的 RINGS 项目（简称 NSF RINGS）设置了多项研究性课题探索边缘 AI 服务场景下的理论、网络架构、协议和技术。另外，日本的情报通信研究机构（NICT）和芬兰国家技术研究中心（VTT）也提出了关于 AI 和网络融合的核心观点。

表 6-2　国内外主流行业组织或相关研究项目的核心观点

技术方向	行业组织/相关研究项目	核心观点
AI4NET	3GPP	管理面功能：MDAF；核心网功能：NWDAF；物理层 AI
	CCSA	将 AI 作为优化网络的工具，研究基于 AI/ML 的物理层、链路层的优化和语义通信
	ITU	将 AI 作为优化网络的工具，实现网络智能化。云原生赋能 AI，聚焦于 AI 云平台技术规范和能力要求，指导云服务提供商建立 AI 云平台服务规范

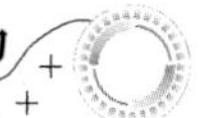

续表

技术方向	行业组织/相关研究项目	核心观点
AI4NET	IMT-2020	以用例研究为主，包括基于 AI 的节能、移动性管理、切片优化、覆盖和容量优化
	IMT-2030	基于 AI/ML 的物理层、链路层、网络层优化，网络智能化管控等
	ETSI	使用 AI 技术和情境感知策略，帮助运营商自动化其网络配置和监控过程，减少运营支出并改善网络运维效果
	NGMN	使用 AI 技术实现网络自主能效优化等
	6G Flagship	使用 AI 技术实现 6G 网络智能边缘计算，优化网络运营效果
	Hexa-X	AI 驱动的空口设计、无线资源管理（RRM）优化、网络自治和安全
	Next G Alliance	网络实现开放的架构和数据集，使用 AI 技术优化物理层、介质访问控制（MAC）、RRM、网络管理、安全方面的性能
	NSF RINGS	基于生成式模型弥补数据缺乏问题、基于 AI 的超高清（UHD）系统中的信道估计和波束对齐方法、基于 AI 的无线边缘网络通算资源调度
	NICT	构建集成边缘计算与以信息为中心的网络，实现基于 AI 的高级数据分析
	VTT	未来网络的性能优化需要 AI 驱动的管理和控制，整个网络更加依赖软件
NET4AI	3GPP	初步探索 AI 在 5G 网络中功能框架的设计、增强网元功能、制定节点间接口协议与信令流程
	CCSA	研究网络支持 AI 所需基本能力：AI 异构资源编排、AI 工作流编排、AI 数据治理等，提出 NET4AI 需要网络架构的革新
	IMT-2020	与 3GPP 保持同步。研究支持 AI 用例的统一无线网络架构、功能及无线网元功能增强，研究分布式 AI 算法的技术特征及对网络的需求
	IMT-2030	6G 网络将 AI 作为一项服务（AIaaS）提供给网络自身和第三方用户。需明确 AIaaS 的场景和业务需求、构建支持 AIaaS 的 6G 智能内生网络架构
	NGMN	提出 AIaaS 是 6G 用例之一。6G 网络提供的 AI 服务可用于实现网络自治、筛选高价值数据等。边缘分布式网络架构需支持大规模可扩展的 AI 模型训练，并提供运营商与第三方协作的分布式 AI 解决方案
	6G Flagship	边缘智能的架构从全云端智能逐步向边缘下沉直至全端侧智能，经历云边协同和边端协同
	Hexa-X	in-network learning：分布式智能需要安全和高效的通信，端侧智能的发展需要边缘智能功能、网络内生 AI 及高效的分布式 AI； 提出了 AIaaS 和 CaaS 等概念及用例，这些新服务将影响网络架构的设计、需定义相应的关键价值指标/关键绩效指标（KVI/KPI），并研究通算融合的分布式学习、安全、隐私和可信等方面

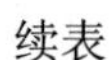

续表

技术方向	行业组织/相关研究项目	核心观点
NET4AI	Next G Alliance	无线技术 for AI：通过空口使能分布式计算和跨端网智能。需要研究高效的、能感知分布式计算和智能功能的空口技术和协议；分布式云和计算：提出通信、计算和数据的深度融合，使能广域分布式云，并提出了计算面、数据面的逻辑概念
	NSF RINGS	研究边缘 AI 服务场景下的关键技术，如分布式学习框架、端-边-云协作学习，联邦学习场景下可扩展和弹性的网络学习系统（包括理论分析、网络架构设计、应用和协议设计）、分布式学习和网络机制的联合设计等

6.5.5　6G 愿景与通算智融合演进

过去 30 年里，在国际电信联盟无线通信部门（ITU-R）的组织与协调下，各国政府、各行业为发展国际移动通信（IMT）宽带系统付出了巨大努力，ITU-R 也成功引领了 IMT-2000（3G）、IMT-Advanced（4G）以及 IMT-2020（5G）的发展。面向 2030 及未来，ITU-R 将着力于发展 IMT-2030（6G）——这是 6G 标准统一迈向全球的第一步。

在现阶段，ITU-R 的主要目标是就 IMT-2030（6G）的愿景达成全球共识，包括识别潜在用户应用趋势和新兴技术趋势、定义增强型/新型应用场景和相关能力、理解频谱方面的新需求等。ITU-R 于 2022 年 11 月正式发表了题为《面向 2030 及以后的地面国际移动通信系统的未来技术趋势》（*Future technology trends of terrestrial International Mobile Telecommunications systems towards 2030 and beyond*）的报告。该报告重点阐述了如何增强无线空口、无线接入网，并借助新兴技术趋势实现新功能、新业务。报告中指出的新兴技术趋势和关键推动力包括原生 AI（AI 空口设计和 AI 无线网络）、通信感知一体化、通信与计算架构融合、设备到设备通信、高效利用频谱等。通信与计算架构融合作为新兴技术成为 6G 网络的关键推动力。表 6-3 给出报告中纳入的技术趋势。

表 6-3　ITU-R《面向 2030 及以后的地面国际移动通信系统的未来技术趋势》报告中纳入的技术趋势

新兴技术趋势和关键推动力	原生 AI 通信技术 通信感知一体化技术 通信与计算架构融合技术 设备到设备通信技术 高效利用频谱的技术 提高能效、降低功耗的技术 原生支持实时服务/通信的技术 增强可信的技术

续表

增强无线空口的技术	先进的调制、编码、多址方案 先进的天线技术 带内全双工通信 多维度物理传输（RIS、全息 MIMO、OAM） 太赫兹通信 超高精度定位技术
增强无线网络的技术	无线接入网切片 通过弹性网络/软网络保障 QoS 无线接入网新架构 数字孪生网络 非地面网络互连 支持超密无线网络部署 加强无线接入网基础设施共享

2021 年年初，ITU-R WP 5D 正式启动了《IMT 面向 2030 及未来发展的框架和总体目标建议书》的研究工作，即大家熟知的“6G 愿景”。经过两年零四个月的持续讨论，世界各地累计投稿 156 份，IMT-2030（6G）的建议书草案终于如期完成。2023 年 6 月 22 日，在瑞士日内瓦举行的第 44 届 ITU-R WP 5D 会议通过了该建议书。

IMT-2030（6G）定义了六大场景，如图 6-16 所示，在 IMT-2020（5G）“铁三角”的基础上，IMT-2030（6G）往外延伸，拓展出一个六边形。在六边形最外围的圆圈上，给出了适用于所有场景的四大设计原则，即可持续性、泛在智能、安全/隐私/弹性、连接未连接的用户。

通信感知一体化、通信 AI 一体化作为 IMT 愿景建议书中首次提及的新场景，旨在提供通信以外的服务。为了在新业务、新应用涌现时对无线网络进行评估，这些场景定义了一些新功能，包括感知精度、分辨率、检测概率及 AI 相关的分布式训练和推理能力。在感知和 AI 的新功能中融入增强通信，6G 网络作为一个分布式神经系统，可以将物理世界、生物世界和网络世界融合起来，真正实现数字孪生，促进创新，提升生产力，改善整体生活质量，并为未来万物智联奠定坚实的基础。表 6-4 给出 IMT-2030 六大场景的典型用例。

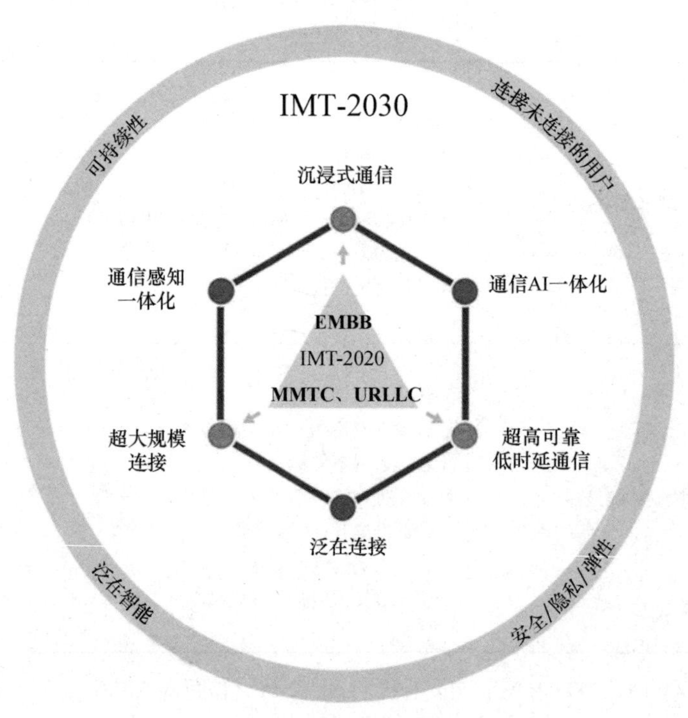

图 6-16　IMT-2030 愿景

表 6-4　IMT-2030 六大场景的典型用例

场景	典型用例
沉浸式通信	沉浸式 XR 通信、远程多感官智真通信、全息通信 以时间同步的方式混合传输视频、音频和其他环境数据的流量 独立支持语音
超大规模连接	扩展/新增应用，如智慧城市、智慧交通、智慧物流、智慧医疗、智慧能源、智能环境监测、智慧农业等 支持各种无电池或长续航电池物联网设备的应用
超高可靠低时延通信	工业环境通信，实现全自动化、控制与操作 机器人交互、应急服务、远程医疗、输配电监控等应用
泛在连接	物联网通信 移动宽带通信
通信 AI 一体化	IMT-2030 辅助自动驾驶 设备间自主协作，实现医疗辅助应用 计算密集型操作跨设备、跨网络下沉 创建数字孪生并用于事件预测 IMT-2030 辅助协作机器人（Cobot）

续表

通信感知一体化	IMT-2030 辅助导航 活动检测与运动跟踪（如姿势/手势识别、跌倒检测、车辆/行人检测等） 环境监测（如雨水/污染检测） 为 AI/XR 和数字孪生应用（如环境重建、感知融合等）提供环境感知数据/信息

从上表列出的六大场景典型用例可以看出，沉浸式 XR 通信、辅助自动驾驶、计算密集型操作跨设备、数字孪生、辅助协作机器人、为 AI/XR 和数字孪生应用（如环境重建、感知融合等）提供环境感知数据/信息等场景需要算力技术的支撑，即对应于新兴技术里的通信与计算架构融合技术。

随着第一个重要里程碑“全球 6G 愿景”的达成，6G 标准化之旅正式启航。6G 的标准化，不仅需要遵照 ITU-R 的时间表一步步开展，还需要在全球范围内密切合作。从 2024 年开始，ITU-R WP 5D 将投入 3 年的时间，研究具体的技术性能要求、评估准则和方法，为 IMT-2030 最后阶段（即 2027—2030 年）的技术提案评估做好准备。同时，3GPP 将继续其 5G→5.5G（即 5G-A）的演进之路，预计在 2025 年下半年的 Release 20 中启动 6G 技术的研究工作，并持续至 2027 年。而 6G 的标准化工作将在 Release 21 中开展，并在 2030 年前完成并提交至 IMT-2030 规范。

6G 愿景提到了各种新兴用例及应用。9 个具有代表性的用户和应用趋势如下：

① 无处不在的智能；

② 无处不在的计算；

③ 沉浸式多媒体和多感官互动；

④ 数字孪生和虚拟世界；

⑤ 智能工业应用；

⑥ 数字健康和福祉；

⑦ 无处不在的连接；

⑧ 传感和通信一体化；

⑨ 可持续性。

其中第②点“无处不在的计算”显示出计算在 6G 通信中的重要作用，且计算也渗透在其他场景之中，如智能、沉浸式多媒体、数字孪生、传感和通信等。ITU-R 描绘的用户、应用、技术趋势及六大场景将驱动和加速通算一体的研究，并推动其标准化进程。

商业驱动，激发通算一体新价值

7.1　数字化生存挑战

在《数字化生存》一书中，著名计算机科学家尼葛洛庞帝从数字化的本质、特征、影响和趋势等方面，分析了数字化对企业和社会的深刻变革，提出了数字化生存的理念和方法，为企业和个人在数字化时代的竞争和发展提供了有益的指导。尼葛洛庞帝认为，数字化是一种基于信息技术的社会变革，它不仅改变了信息的产生、传播、存储和利用的方式，也改变了人们的思维、行为、价值和文化。数字化使得信息成为一种无处不在、无限增长、无边界流动、无成本复制、无形价值的资源，从而创造了一个全新的数字世界，这个世界与传统的物质世界有着本质的区别。

在数字世界中，需要企业和个人具备 3 项关键能力，即数字化生存、数字化竞争和数字化创新。数字化生存是指在数字世界中生存和发展的能力，它要求企业和个人适应数字化的环境，掌握数字化的规律，利用数字化的工具，实现数字化的价值。数字化竞争是指在数字世界中进行竞争和合作的方式，它要求企业和个人建立数字化的战略，形成数字化的优势，开展数字化的合作，实现数字化的共赢。数字化创新是指在数字世界中进行创造和变革的过程，它要求企业和个人拥有数字化的思维，发现数字化的机会，运用数字化的方法，创造数字化的价值。尼葛洛庞帝认为，只有具备了这 3 种能力，才能在数字世界中生存下去，并取得成功。作为传统的语音和数据管道，通信行业是一个典型的受数字化影响较大的行业。随着信息技术的发展和普及，通信行业面临着来自各方面的挑战和机遇，如何应对这些变化、转变商业模式、实现可持续发展，从经营模式单一的比特搬运工到多元化数字服务的提供者，是通信行业必须思考和解决的核心问题。

7.2　从流量经营到服务经营，新模式激发新潜能

商业模式是指企业如何创造价值、传递价值和获取价值的逻辑。商业模式包括 4 个要素，即价值主张、客户群、收入来源和成本结构。价值主张是指企业提供给客户的产品或服务的特点和优势，是企业与对手竞争的核心因素。价值主张应该解决客户的痛点或满足客户的需求，从而吸引并留住客户。客户群是指企业为其提供价值的目标市场或人群。客户群可以根据不同的维度进行细分，如地理位置、年龄、性别、收入、消费习惯等。企业应该了解客户群的特征、需求和行为，从而定位自己的市场份额和竞争优势。收入来源是指企业从客户群获得的现金流。收入来源可以有多种形式，如销售商品或服务、订阅费、广告费、会员费、佣金等。企业应该根据自己的价值主张和客户群来选择合适的收入来源，从而实现盈利。成本结构是指企业为实现商业模式而产生的所有支出。成本结构可以分为固定成本和变动成本。固定成本是指不随着产量或销量变化的成本，如租金、工资、设备等。变动成本是指随着产量或销量变化的成本，如原材料、运输、营销等。企业应该控制和优化自己的成本结构，从而提高利润率。

在当今的市场环境中，商业模式是行业和企业竞争力的关键因素。好的商业模式可以帮助企业满足客户的需求，提高效率，降低成本，增加收入，创造差异化优势，建立忠诚度和信任。随着技术的进步，根据消费者的偏好、竞争者的策略、法律的变化等，商业模式需要不断地更新和创新，以适应外部环境的变化，这样才能保持竞争力，实现可持续发展。

移动通信产业在过去的几十年里经历了巨大的变革，从 2G 到 5G，从语音到数据，从单一的通信服务到多元的数字服务。随着技术的进步和用户需求的多样化，移动通信商业模式也在不断地演变和创新。下面从流量经营和服务经营两个方面，简要分析移动通信商业模式的发展历程和未来趋势。

流量经营是移动通信商业模式的基础，也是最传统的经营方式。流量经营指的是运营商通过提供语音、短信、数据等基础通信服务，向用户收取相应的费用，从而实现收入和利润的增长。流量经营的优势在于具有较高的市场渗透率和用户黏性，以及较稳定的现金流和盈利能力。流量经营的劣势在于随着市场饱和和竞争加剧，流量价格不断下降，导致运营商的收入增长放缓甚至下滑，以及面临用户流失和品牌价值下降的风险。具体来看，流量经营有以下几个问题。

① 流量经营的商业模式忽略了用户对不同类型和质量的流量的差异化需求，导致用户对流量的价值感降低，对流量的消费意愿减弱。

② 流量经营的商业模式难以满足用户对个性化、定制化、智能化的服务的期待，导致用户对移动通信服务的满意度下降，对移动通信服务的忠诚度降低。

③ 流量经营的商业模式面临着激烈的竞争和价格战，导致移动通信运营商的收入增长乏力，对移动通信运营商的盈利能力造成威胁。

为了应对流量经营的挑战，运营商开始进行服务经营的转型探索，即通过提供增值服务、内容服务、平台服务等多种形式的数字服务，向用户提供更多的价值和体验，从而实现收入和利润的增长。服务经营的优势在于能够满足用户对个性化、多样化、高品质的服务需求，以及开拓新的市场空间和商业机会。随着 5G 网络的不断建设和优化，5G 网络不仅是一个比特传输层，还是一个能够提供多样化、智能化、个性化服务的平台，为各种垂直行业提供支撑。

为了量化说明商业模式趋势，我们可以参考一些数据。2023 年电信业务收入达到 1.68 万亿元，同比增长 6.2%，显示出电信业务整体增长的态势。新兴业务如移动互联网、固定宽带接入、云计算等收入占比分别为 37.8%、15.6%和 21.2%，其中云计算和大数据收入较上年增长 37.5%，显示出数字化转型服务的成效凸显。蜂窝物联网终端用户数达到 23.32 亿户，占移动网络终端连接数的比重达到 57.5%，同比增长 26.4%，显示出物联网服务的快速增长。5G 应用案例数超过 9.4 万个，融入 71 个国民经济大类，显示出 5G 技术在各行各业的深度融合和应用。综上所述，我国移动通信市场运营商正通过加强 5G 网络建设、推动新兴业务发展、扩大物联网用户规模以及深化 5G 行业应用等多方面的努力，加快从传统的流量经营模式向服务经营模式的转变，实现业务的多元化和高质量发展。

由此，通信行业需要从传统的以规模为竞争优势、以成本为竞争手段、以价格为竞争武器、以市场份额为竞争目标、以同质化为竞争结果的竞争模式，转变为以创新为竞争优势、以质量为竞争手段、以品牌为竞争武器、以用户忠诚度为竞争目标、以差异化为竞争结果的竞争模式。这意味着通信行业需要更加注重技术的创新和应用，提供更加高效和可靠的质量保障，打造更加有影响力和认可度的品牌形象，培养更加稳定和持久的用户关系，实现更加独特和有吸引力的差异化定位。

7.3 通算一体，加速 5G 服务化转型

5G 通信与计算融合是指在 5G 网络中，将通信功能和计算功能紧密结合，实现网络资源的动态分配和优化，提高网络性能和效率，降低网络成本和时延，满足不同业务场景的需求。无线网络的服务化转型是指无线网络从传统的基于连接

的模式向基于服务的模式转变，即从提供统一的网络连接，向提供差异化的网络服务发展。服务化转型要求无线网络能够根据业务需求，灵活地调整网络资源和配置，实现网络功能的按需部署和按需调用，提供定制化的服务质量保障。

5G 通信与计算融合的创新和应用可以有效地支撑无线网络的服务化转型。一方面，5G 通信与计算融合可以实现网络边缘的智能化，将计算能力下沉到接近用户的位置，实现数据的本地处理和分析，减少数据传输量和降低时延，提升用户体验。另一方面，5G 通信与计算融合可以实现网络核心的软件化，将核心网功能虚拟化和容器化，实现网络功能的快速部署和灵活扩展，从而提高网络资源利用率和可靠性。

为了加速 5G 的服务化转型，需要在 5G 网络上集成云计算、边缘计算、人工智能等技术，使得网络能够根据业务的特点和需求动态地分配网络资源和算力资源，并实时调整策略、优化性能，实现网络和业务的深度融合，为 ToC、ToB 等场景快速提供按需定制服务。

① **增强用户体验**：将计算资源部署在离用户更近的位置（如 5G 基站），可降低时延和成本，提高带宽和可靠性，可以为用户提供更加流畅、清晰、稳定的服务体验，如针对高清视频、云游戏、虚拟现实等应用。

② **提升业务效率**：将业务逻辑和数据分析部署在离业务场景更近的位置，可提高数据处理和决策的速度和准确性，可以为业务提供更加智能、高效、安全的支持，如针对工业互联网、车联网、远程医疗等场景。

③ **提升网络效率**：将网络功能和服务部署在离网络资源更近的位置，可实现网络资源的动态分配和管理，可以为网络提供更加灵活、优化、节能的运行方式，如软件定义网络、网络功能虚拟化、移动边缘计算等。

④ **创造新商业价值**：将 5G 网络与云计算、边缘计算、人工智能等技术相结合，可以创造新的应用场景和服务模式，为用户和业务提供更加丰富、多样、创新的价值，包括 ToC 场景的新型体验&流量套餐及 ToB 的智慧工厂、智慧园区、智慧交通、智慧城市、智慧农业、智慧教育等。

综上所述，5G 通信与计算融合的创新和应用对于加速无线网络的服务化转型有着重要的意义和价值。未来，随着 5G 技术的不断发展和完善，5G 通信与计算融合将会在更多领域展现优势。

7.4　降本增收，新服务塑造新价值

通信与计算融合的创新应用是指利用 5G 网络的高速率、低时延、大连接等

特性，将计算能力部署在无线基站等网络边缘设备，实现数据的就近处理和分析，从而提供更加丰富和智能的服务，对于移动通信网络的降本增收及服务化转型发展有着重要的价值，主要表现为“三降三增”，具体如下。

① **降低网络建设成本：**在基站中集成计算功能，可以减少对外部服务器的依赖，降低网络时延、带宽消耗及减少电力、散热和空间占用，提高数据处理能力和安全性。同时，利用边缘计算技术，将部分数据和业务逻辑转移到基站或者用户设备上，减轻核心网的负担，降低云端资源的需求和成本。同时，它可以利用现有的网络设施，如基站、光纤和云平台，实现网络功能的软件化、虚拟化及计算能力的按需编排，更高的资源复用度显著降低网络能力升级和扩容的成本。

② **降低网络运维成本：**通信与计算融合可以实现网络的自动化和智能化管理，减少人工干预和降低错误率。例如，边缘计算可以实现故障的快速定位和恢复，提高网络可用性；网络切片可以实现业务的快速部署和切换，提高网络灵活性；多维资源优化可以实现网络的自适应优化和升级，提高网络性能；同时，利用云平台和开放接口，可以实现网络功能的快速部署和更新，降低人力和设备的投入，提高网络运维效率。

③ **降低网络运营成本：**一是节省传输带宽，将计算功能部署在网络边缘，可以减少数据在网络中的传输量，从而节省传输带宽。例如，对于视频监控等应用，如果将视频分析功能部署在边缘节点，就可以只传输分析结果，而不需要传输原始视频数据，这大大降低了传输的费用。二是提高资源利用率，将计算功能部署在网络边缘，可以根据业务需求动态地分配和调度网络资源，从而提高资源利用率。例如，对于车联网等应用，如果将车辆控制功能部署在边缘节点，就可以根据车辆的位置、速度、方向等信息，实时地调整边缘节点的计算能力和通信资源，避免资源的浪费和拥塞。三是降低网络功耗，将计算功能部署在网络边缘，可以减少数据在网络中的传输距离，从而降低能耗开销。例如，对于虚拟现实等应用，如果将渲染功能部署在边缘节点，就可以减少用户终端和云端之间的数据交互，从而降低终端和网络设备的能耗开销。四是降低新业务开发和运营成本，在网络中提供通信和计算的统一接口和平台，可以简化业务开发和部署的流程，提高业务的兼容性和可移植性，降低开发人员的技术门槛和学习成本，促进业务的创新和多样化。五是降低用户留存成本，5G 通信与计算融合的创新应用可以提高网络的性能和可靠性，就近处理数据可降低数据传输的时延和损耗，提升用户体验和满意度，从而增加用户留存和收入。

④ **增加消费者市场收入：**从 ToC 的角度来看，5G 通信与计算融合的创新应用可以提升消费者的体验和满意度（如通过基站的内生智能计算进行差异化业务的精准识别及用户中心化保障提升体验），从而增加消费者对网络的需求和付费意

愿。例如，5G 可以支持高清视频、云游戏、虚拟现实、增强现实等富媒体应用，为消费者提供更加沉浸式和互动式的娱乐体验；5G 可以支持智能家居、智能穿戴、智能车联网等物联网应用，为消费者提供更加便捷和智能的生活方式；5G 还可以支持远程医疗、远程教育、远程办公等远程服务应用，为消费者提供更加高效和安全的服务方式。这些应用不仅可以吸引更多的消费者使用移动通信网络，而且可以促进消费者升级套餐、增加流量、购买增值服务等，如即时订阅和保障的网红直播套餐等。

⑤ **增加企业市场收入**：从 ToB 的角度来看，5G 通信与计算融合的创新应用可以提升企业的效率和竞争力，从而增加企业对移动通信网络的需求和付费意愿。例如，5G 可以支持工业互联网、智慧城市、智慧农业等垂直行业应用，为企业提供更加灵活和可靠的生产管理方式；5G 可以支持无人驾驶、无人配送、无人巡检等自动化应用，为企业提供更加节省和安全的运营模式；5G 还可以支持大数据分析、人工智能、边缘计算等创新应用，为企业提供更加精准和智能的决策支持。这些应用不仅可以吸引更多的企业使用通算融合网络，而且可以促进企业购买专属网络、定制服务等，如车路协同场景下的确定性 5G 网络保障+边缘算力开放服务。

⑥ **增加家庭市场收入**：从面向家庭（ToH）的角度来看，5G 通信与计算融合的创新应用可以提升家庭的幸福感和品质感，从而增加家庭对移动通信网络的需求和付费意愿。例如，5G 可以支持家庭影院、家庭健身、家庭教育等家庭娱乐应用，为家庭提供更加丰富和多样的娱乐方式；5G 可以支持家庭监控、家庭医疗、家庭护理等家庭安全应用，为家庭提供更加及时和贴心的安全保障；5G 还可以支持家庭社交、家庭购物、家庭旅游等家庭服务应用，为家庭提供更加便捷和优质的服务体验。这些应用不仅可以吸引更多的家庭使用移动通信网络，而且可以促进家庭购买家庭套餐、增加设备、共享资源等，如云手机、云计算机、云游戏等算法一体化保障服务。

综上所述，通信与计算融合的创新应用对移动通信网络的收入增长起着巨大的作用，无论是从 ToC、ToB 还是 ToH 的角度来看，都可以为移动通信网络带来更多的用户、更高的流量、更多的服务，从而实现收入的增长和利润的提升。因此，移动通信运营商及相关产业伙伴应该积极拥抱通信与计算融合的创新应用，打造融合发展的生态圈，实现各方面价值的持续成长；结合通算融合在网络建设、运维方面的成本优势，加速投资回报的增长。另外，通信与计算融合的创新应用可以为政府提供更可靠、更便捷、更智能的服务，持续提升政府的公信力和效率，同时也为移动通信网络创造更多的社会价值和经济价值。例如，可以支持紧急情况下的快速响应、协调和救援，也可以支持日常生活中的便民服务、信息公开和民意征集，还可以支持长期发展中的规划制定、资源配置和监督评估。这些应用不仅可以增强政府与民众之间的沟通和互动，也可以促进政府与社会之间的协作和创新，为全社会的数字化转型提供更强大的动能。

7.5　共生共赢，产业协同共建新生态

生态系统理论是一种研究自然界和人类社会中各种相互作用和相互依存的系统的理论。生态系统理论认为，任何一个系统都是由多个子系统组成的，这些子系统之间存在着复杂的关系，影响着系统的结构和功能。生态系统理论强调系统的整体性、动态性、开放性和适应性，以及系统与环境之间的交互和反馈。

开放式创新是由美国加州大学伯克利分校教授亨利·切萨布鲁夫（Henry Chesbrough）于 2003 年提出的一种创新模式，主要思想是企业应该利用外部的知识、技术和资源加速内部创新，同时也应该允许内部的知识、技术和资源流向外部，以扩大市场和收益。开放式创新强调企业之间的合作和共享，打破了传统的封闭式创新模式。通信与计算融合作为一种跨领域、跨层次、跨场景的技术融合，需要各方面的参与和贡献。运用开放式创新理论，可以构建一个包括运营商、设备提供商、应用开发商、终端厂商等多方主体在内的多元化产业生态圈，实现资源的互补和价值的共创。具体来看，在新型的 5G 通信与计算融合产业形态下，主要有以下几种生态角色。

① **服务提供商**：新兴产业形态的核心角色，负责提供端到端的通信和计算服务，满足不同行业、场景、用户等需求。服务提供商可以是运营商、云服务提供商、第三方服务提供商等不同类型的主体，也可以是多个主体组成的联盟或合作组织。服务提供商需要具备以下能力：一是能够整合运营商和云服务提供商等不同来源的通信资源和计算资源，实现资源的最优配置和调度；二是能够根据不同服务需求划分不同的网络切片，实现服务的定制化和动态化；三是能够利用 AI 等技术对服务进行智能化管理和优化，实现服务的高效性和可靠性。

② **应用开发商**：5G 时代的创新者和价值创造者，负责开发各种针对不同场景和需求的应用，并通过运营商和云服务提供商提供的平台和接口，实现应用的快速部署和运行。应用开发商需要通过不断创新，与其他生态角色合作，实现应用的最优化设计和开发。

③ **网络运营商**：移动网络的基础设施提供者，负责建设、维护和管理移动网络，并提供网络连接、边缘计算、网络切片等基础服务。运营商需要通过开放网络能力，与其他生态角色合作，实现网络资源的最优化配置和利用。

④ **设备提供商**：作为提供通信和计算融合基础设施及服务的供应商，设备提

供商一方面持续推进底层技术创新、标准化、产品和服务开发，促进网络能力的升级与演进；另一方面，结合场景应用及生态合作的需求，持续推动设备能力的开放及网业协同能力的提升。

⑤ **终端厂商**：5G 时代的用户接入者，负责提供各种支持 5G 网络的终端设备，如手机、平板计算机、车载、工业等，并通过运营商和云服务提供商提供的平台和接口，实现终端设备的快速接入和管理。终端厂商需要通过不断优化，与其他生态角色合作，实现终端设备的最优化性能和体验。

⑥ **芯片厂家**：提供高性能、低功耗、高集成度的芯片解决方案，以满足 5G 通信与计算融合的技术需求。例如，5G 网络需要支持海量的连接数、低时延、高可靠性等特性，这就要求芯片厂家在基带、射频、天线等方面提供更先进的技术和产品。同时，5G 通信与计算融合也催生了边缘计算、云计算、人工智能等新的应用需求，这就要求芯片厂家在处理器、存储器、加速器等方面提供更强大的性能和功能。同时，芯片厂家需要与上下游合作伙伴建立良好的产业生态，以促进 5G 通信与计算融合的应用落地。例如，芯片厂家需要与设备提供商、运营商、云服务提供商等合作，共同推动 5G 网络的建设和优化。同时，芯片厂家也需要与终端厂商、应用开发者、用户等合作，共同开发和推广 5G 通信与计算融合的解决方案和产品。

⑦ **用户**：5G 时代的最终受益者，负责使用各种基于 5G 通信与计算融合的应用，如视频、游戏、教育、医疗、工业等，并通过运营商和云服务提供商提供的平台和接口，实现应用的快速访问和使用。用户需要通过不断反馈，与其他生态角色合作，实现应用的最优的满意度和价值。

⑧ **学术界**：首先，推动基础研究和前沿探索。5G 通信与计算融合是一种跨学科、跨领域的技术整合，它需要不断突破传统的理论框架和技术壁垒，探索新的科学问题和技术。学术界可以利用其丰富的研究资源和自由的学术氛围，开展基础研究和前沿探索，为 5G 通信与计算融合提供理论支撑和技术储备。其次，促进技术创新和标准制定。5G 通信与计算融合需要不断创造新的技术方案和产品形态，以满足不同行业和场景的需求。学术界可以利用其先进的研究成果和专业的技术能力，参与技术创新和标准制定，为 5G 通信与计算融合提供技术支持和规范指导。最后，培养高素质人才和领军人物。5G 通信与计算融合需要大量具备跨学科、跨领域知识和能力的高素质人才，以及能够引领产业发展方向和趋势的领军人物。学术界可以利用其完善的教育体系和优秀的师资队伍，培养高素质人才和领军人物，为 5G 通信与计算融合提供人才保障和智力支持。

要实现上述角色的价值共赢，促进生态的良性发展，需要遵循以下几个原则。

① **开放协作**：各个生态角色之间需要建立开放的合作关系，通过标准化、协议化、平台化等方式，实现能力的互通和共享，避免封闭和垄断。

② **互补优势**：各个生态角色之间需要充分发挥自身的优势，通过专业化、差异化、定制化等方式，实现服务的互补和增值，避免重复和浪费。

③ **共同创新**：各个生态角色之间需要持续进行创新，通过试验化、迭代化、升级化等方式，实现产品的改进和优化，避免停滞和落后。

④ **共享价值**：各个生态角色之间需要公平地分配价值，通过契约化、激励化、评估化等方式，实现收益的合理和均衡，避免失衡和冲突。

具体来看，首先，需要建立一个以用户需求为导向的创新机制，通过深入了解用户的痛点和需求，设计和开发适合不同场景和行业的通信与计算融合解决方案。例如，在智慧医疗领域，利用通信与计算融合技术实现远程诊断、手术、监护等服务，提高医疗质量和效率；在智慧交通领域，利用通信与计算融合技术实现车联网、自动驾驶、智能交通管理等应用，提高交通安全和便捷度；在智慧教育领域，利用通信与计算融合技术实现在线教育、虚拟现实、增强现实等教学方式，提高教育质量和公平。识别和分析 5G 通信与计算融合生态系统中的各个子系统及其相互关系，如技术子系统、市场子系统、政策子系统等，明确各个子系统的目标、功能、需求和资源，以及它们之间的协作和竞争的机制和规则。

其次，需要建立一个以协作共赢为原则的合作模式，通过搭建开放平台和标准接口，实现不同参与者之间的资源共享和能力互补。例如，在通信与计算融合平台上，运营商可以提供网络接入和边缘计算服务，设备提供商可以提供硬件设备和软件系统，平台提供商可以提供云计算和存储服务，应用开发商可以提供各种行业应用和服务，终端厂商可以提供各种智能终端设备。同时，建立并维护通信与计算融合生态系统中各方利益相关者之间的沟通和协调机制，促进信息共享、知识交流、经验借鉴、资源整合等，形成良好的合作氛围和信任基础。通过这样的合作模式，可以降低创新成本和风险，提高创新效率和效果。

最后，需要建立一个以价值分配为核心的激励机制，通过制定合理的收益分配规则和评价体系，实现不同参与者之间的价值共创和共享。例如，在通信与计算融合项目中，根据不同参与者的投入、贡献、风险等因素，确定其在项目收益中的分成比例；同时，根据项目的社会效益、经济效益、环境效益等指标，评价项目的综合价值。通过这样的激励机制，可以促进不同参与者的积极参与和持续创新。

与传统的产业形态相比，新型的通信与计算融合产业形态有以下几个关键的差异点。

① **从垂直集成到水平协作**：传统的产业形态是以运营商为核心，通过垂直集成的方式，提供端到端的通信和计算服务。而新型的产业形态是以用户为中心，通过水平协作的方式，提供灵活、定制、多样的服务。这就要求运营商开放网络

能力，与其他行业和领域的合作伙伴共建共享资源，实现互利互惠。

② 从单一模式到多元模式：传统的产业形态是以公共网络为主，通过统一的标准和规范，提供一致的服务质量。而新型的产业形态是以多种网络为辅，通过灵活的协议和协同，提供差异化的服务体验。这就要求运营商拓展网络类型，包括公共网络、专用网络、混合网络等，以满足不同场景和用户的需求。

③ 从封闭系统到开放平台：传统的产业形态是以设备提供商为主导，通过封闭的系统和接口，提供有限的功能和价值。而新型的产业形态是以平台提供商为引领，通过开放的系统和接口，提供无限的功能和价值。这就要求运营商转变角色，从设备提供商变成平台提供商，从网络运营商变成服务运营商，从基础设施建设者变成生态构建者。

通信与计算融合是一种新型的产业形态和生态体系，它需要各方的共识、共建、共享，才能在生态理论整体性、动态性、适应性等核心要素的指导下实现共赢。

① 从整体性的角度，要认识到通信与计算融合是一个多元化、多层次、多维度的复杂系统，涉及技术、市场、政策、社会等多个要素，这些要素之间相互依存、相互影响，构成了一个有机的整体。因此，要建立一个全局的视野，统筹规划和协调各个要素的发展，避免局部优化而导致整体失衡。

② 从动态性的角度，要认识到通信与计算融合是一个不断变化、不断演进的过程，受到内部环境和外部环境的影响，需要不断地调整和适应。因此，要建立一个灵活的机制，及时监测和分析系统的状态和趋势，及时发现和解决问题，及时创新和改进，保持系统的活力和竞争力。

③ 从适应性的角度，要认识到通信与计算融合是一个挑战和机遇并存的过程，需要根据不同的情境和需求，采取不同的策略和措施。因此，要建立一个开放的平台，充分利用各种资源和能力，实现跨界融合和协同创新，提高系统的效率，增加效益。

④ 从相互作用和影响的角度，要认识到通信与计算融合是一个涉及多个主体和利益相关者的过程，需要实现各方的沟通和协作，实现利益的平衡和共享。因此，要建立一个公平的规则，明确各方的权利和责任，建立有效的激励和约束机制，实现系统的稳定和可持续。

7.6　数字转型，场景爆炸激发新动能

数字化转型是当今社会的重要趋势，它涉及各行各业的信息化、智能化、网络化的改造和创新。数字化转型的本质是基于场景的信息获取、处理、知识生成、

精准服务及在此基础上的全链条价值实现。场景是数字化转型的核心要素，它是用户需求、业务逻辑、数据资源、技术能力等多方面因素的综合体现。场景决定了数字化转型的方向、路径、效果和价值。随着数字化转型的深入推进，各行各业的场景种类和数量将呈爆炸式增长。例如，在智慧城市中，交通、安防、医疗、教育等领域都将涌现大量的智能场景，包括自动驾驶、智能监控、远程诊疗、在线教育等；在工业互联网中，制造、能源、农业等领域都将出现大量的数字化场景，包括智能制造、智能电网、智慧农业等；在消费互联网中，娱乐、社交、电商等领域都将产生大量的创新场景，包括虚拟现实、社交网络、直播电商等。

上述场景对通信和计算的要求也各不相同。有些场景需要高速率、低时延、高可靠性的通信服务，如自动驾驶、远程诊疗等；有些场景需要大带宽、高并发、高容量的通信服务，如虚拟现实、直播电商等；还有些场景需要低功耗、广覆盖、大连接数的通信服务，如智能电网、智慧农业等。同时，这些场景对计算的位置和形式也有不同的偏好。有些场景需要边缘计算，即在离用户最近的地方进行数据处理和服务提供，以降低时延和带宽消耗，如自动驾驶、智能监控等；有些场景需要云计算，即在远端的数据中心进行数据处理和服务提供，以提高效率和安全性，如在线教育、社交网络等；还有些场景需要端计算，即在用户设备上进行数据处理和服务提供，以增强隐私和个性化，如虚拟现实、智能制造等。

因此，在数字化转型时代，通信和计算不再是孤立的技术领域，而是需要紧密融合的技术体系。在网络架构、资源管理、服务模式等方面通信和计算的协同优化和协同创新，可以实现更高效、更灵活、更智能的网络服务，满足不同场景下用户的多样化需求。同时，数字化转型带来的场景爆炸将为通信和计算融合的发展提供强大的推动力和广阔的应用空间。

第 8 章

从第四范式到跨界探索，开启通算一体新征程

8.1　科学与技术，范式变革引领融合发展

托马斯·库恩（简称库恩）在《科学革命的结构》中指出，科学发展不是线性的累积过程，而是由一系列范式转换所构成的非连续的跳跃过程。库恩认为，每个范式都有自己的基本假设、理论体系和研究方法，它们构成了科学家的共同认识和行为准则，即“正常科学”。当正常科学遇到无法解决的异常现象时，就会引发“危机”，导致范式的动摇和竞争。当一个新的范式能够更好地解释和预测异常现象时，就会发生“科学革命”，即范式的转换。科学研究的范式是科学家在某一时期对科学问题的认识和解决方法的共同基础，从历史上看，科学研究的范式经历了从第一范式到第四范式的变化。

第一范式是实验范式，它出现在 17 世纪，由牛顿力学和微积分的发明所引领。这个阶段的科学研究主要依靠实验观察和数学推理，目的是发现自然界的规律和定律。实验范式的基本驱动力是人类对自然界的好奇心和探索欲。

第二范式是理论范式，它出现在 20 世纪初，以爱因斯坦的相对论和量子力学为代表。这个阶段的科学研究主要依靠抽象思维和数学建模，目的是解释自然界的现象和机理。理论范式的基本驱动力是人类对自然界的理解和解释欲。

第三范式是计算范式，它出现在 20 世纪中后期，以冯·诺依曼的计算机和图灵的可计算性为代表。这个阶段的科学研究主要依靠计算机模拟和数据分析，目的是模拟自然界的过程和行为。计算范式的基本驱动力是人类对自然界的模拟和预测欲。

第四范式是数据范式，它出现在 21 世纪初，以大数据、云计算、人工智能等为代表。这个阶段的科学研究主要依靠数据挖掘和知识发现，目的是从海量数据中提取有价值的信息和知识。数据范式的基本驱动力是人类对数据潜在价值和智能化应用的创新开发和利用。

从第一范式到第四范式的变化是由多种因素驱动的。一个重要的因素是信息理论及技术的进步。信息技术不仅提供了更强大的计算能力、更丰富的数据来源和更高效的数据处理方法，而且也改变了科学家的思维方式、交流方式和合作方式，信息技术使得科学研究从封闭、孤立、线性的模式转变为开放、协作、非线性的模式。另一个重要的因素是社会需求的变化。随着社会经济的发展和人口增长，人类面临着越来越多的挑战和问题，如能源危机、环境污染、气候变化、公共卫生等。这些问题都具有高度的复杂性和不确定性，需要跨越不同领域和层次的知识和方法来解决。因此，科学研究需要从单一、静态、简化的视角转向多元、动态、综合的视角。

通信与计算融合发展是第四范式的一个重要表现。数据范式的科学研究不仅需要高速、高效的数据传输和处理，也需要高智能、高灵活的数据分析和应用。5G 通信与计算融合正是为了满足这一需求而产生的。通信与计算融合通过在网络边缘部署计算资源，实现了通信与计算的协同优化，提高了数据的时效性、安全性和可靠性，同时降低了数据的传输和存储成本，为数据范式的科学研究提供了更强大、更灵活的支持。具体来看，通信与计算融合发展至少从以下 3 个方面体现了第四范式的内涵。

① 通信与计算融合发展使得数据产生、传输、存储、处理、应用更加快速、高效、智能，为大数据挖掘和机器学习提供了更好的基础设施和平台。

② 通信与计算融合发展使得人与人、人与物、物与物之间的连接更加紧密、广泛、多样，为大数据挖掘和机器学习提供了更多的数据源和场景。

③ 通信与计算融合发展使得信息技术与其他领域，如生物医疗、智慧城市、工业互联网等更加深度融合，为大数据挖掘和机器学习提供了更多的应用需求和创新空间。

库恩的科学范式迁移理论对通信与计算融合发展的指导意义有以下几个方面。

① 通信与计算融合发展是第四范式下的科学革命，它不仅是对第三范式的延续和发展，也是对第三范式的颠覆和超越，因此需要有勇气和决心打破旧有的思维定式和技术壁垒，开拓新的视野和领域。

② 通信与计算融合发展需要有一个统一的、共同认可的范式，作为科学家和工程师进行研究和创新的基础和指南；同时需要有一个开放的、包容的范式，能够吸收和整合不同领域和层次的知识和技术，形成一个多元化和协同化的研究体系，并能够不断地对现有的理论和方法进行反思，形成一个动态化和演进的研究过程。

③ 通信与计算融合发展需要寻找革命性的突破和创新，即能够持续推进范式转换的关键因素和技术。这些因素和技术可能来自不同领域或层次，或者是对现有问题或现象的新发现或新解释。同时，通信与计算融合发展是由多种因素共同作用的复杂过程，它不仅受到技术进步和数据增长的推动，也受到社会需求和市场竞争的影响，因此需要有协调和平衡各种利益相关者的能力和策略，实现多方共赢和协同创新。

在第四范式的总体指引下，通信与计算融合有以下几个特征：数据驱动、网络化、智能化、跨界化。数据驱动意味着通信与计算融合需要处理海量、多源、多维、动态、异构的数据，从中提取有价值的信息和知识；网络化意味着通信与计算融合需要构建高速、低时延、高可靠、高安全、高效能的网络环境，实现数据的快速传输和共享；智能化意味着通信与计算融合需要利用人工智能技术，实现数据的自动处理和决策支持；跨界化意味着通信与计算融合需要融汇多学科、多领域的知识和方法，实现数据的多维度/多层次分析、应用及自我演进，满足不同场景的差异化需求，从被动的数据消费向主动的知识创造转变。其中知识的跨界不仅涉及信息领域自身信息论、控制论及可计算理论，而且也涉及认知心理学、经济学、进化论等。认知心理学可以帮助理解人类的感知、认知和行为，从而提高通信与计算的用户体验和社会效益。经济学可以帮助分析通信与计算的市场需求和价值创造，从而促进通信与计算的商业模式和产业生态的形成。进化论可以帮助探索通信与计算的演化规律和优化策略，从而提升通信与计算的自适应能力和竞争力。

8.2　通信与计算，理论突破驱动技术进步

美国作家詹姆斯·格雷克（James Gleick）的《信息简史》（*The Information: A History, a Theory, a Flood*）是一本探讨信息理论与技术发展的著作，从古代的文字、信号、电报到现代的计算机、互联网、智能手机，展示了信息的传播与变革对人类社会的影响。这本书是一部跨学科的著作，涵盖了信息理论、通信技术、计算机科学、语言学、密码学、哲学等领域的内容，展示了信息在人类文明中的演变和影响力。这本书告诉我们，信息是一种有限的资源，但拥有无限的可能性。信息是有限的，因为它受到物理世界的约束，如信道的容量、噪声的干扰、熵的增加等。信息又是无限的，因为它受到人类想象力的驱动，如编码创新、压缩优化、加密安全等。因此，当谈论通信与计算融合创新时，我们不仅要关注它的物理层面，也要关注它的逻辑层面。通信与计算融合创新不仅会突破物理世界的限

制，也可能会拓展逻辑世界，它会为人类提供更多的信息传输、信息处理和分析能力，也会对人类的智能、创造和发现产生巨大的激励。

格雷克在书中还介绍了香农、维纳、图灵 3 位信息理论奠基人和他们的重要贡献。

香农是信息论的奠基人，他在 1948 年发表了《通信的数学理论》一文，开创了信息论这一门新学科。信息论研究的是信息的产生、传输、存储、处理和利用的一般规律，它为通信技术、计算机科学、密码学等领域提供了重要的理论基础。香农的思想和理论对通算融合发展有着重要的指导作用，主要体现在以下几个方面。

① 香农提出了信息熵的概念，用来度量信息的不确定性和复杂性。信息熵越大，信息量越大，不确定性越高。信息熵可以用来评估通算融合网络中各种资源的利用效率和优化空间，指导资源分配和调度策略的制定。

② 香农提出了信道容量的概念，用来度量在给定信噪比条件下，信道能够传输的最大信息速率。信道容量是通信系统性能的基本指标，它决定了通算融合网络能够支持的最大数据吞吐量和服务质量。信道容量可以用来指导通算融合网络中各种技术的选择和组合，如多址技术、编码技术、调制技术等。

③ 香农提出了信源编码和信道编码的原理，用来实现信息的有效压缩和可靠传输。信源编码是指根据信息源的统计特性，去除信息中的冗余部分，使之达到最小平均码长。信道编码是指在信息中添加一些冗余部分，使之能够抵抗信道中的噪声和干扰，提高传输可靠性。信源编码和信道编码是通算融合网络中数据处理和传输的核心技术，它们可以用来指导通算融合网络中各种算法和协议的设计和优化。

维纳是控制论的创始人，他在 1948 年出版了《控制论：或关于在动物和机器中控制和通信的科学》一书，提出了控制论的基本概念和原理。控制论是一门研究动态系统的行为、结构和目标的科学，它涉及信息、反馈、自适应、学习、预测等方面。控制论不仅适用于机械、电子、生物等领域，也适用于社会、经济、管理等领域。

维纳的控制论思想对于通算融合发展有着重要的指导意义。首先，控制论强调了信息在动态系统中的核心作用，而通算融合正是以信息为基础，实现通信与计算的协同优化。其次，控制论提出了反馈机制的重要性，而通算融合需要通过反馈机制，实现网络资源的动态分配和调整，提高网络性能和效率。再次，控制论揭示了自适应和学习的原理和方法，而 5G 通算融合需要利用自适应和学习技术，实现网络的自组织、自管理、自优化，提升网络智能水平。最后，控制论展示了预测和规划的价值和方式，而 5G 通算融合需要借助预测和规划技术，实现

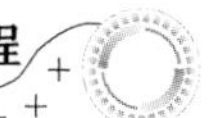

网络的可靠性和安全性，满足不同应用场景的需求。

控制论与通算融合的发展，有利于提高复杂系统的智能化水平，实现对复杂系统的全面感知、精准控制和高效管理。例如，在智慧交通领域中，通过控制论与 5G 通算融合，可以实现对车辆、道路、信号灯等各种交通要素的实时监测、分析和调度，优化交通流量和路网结构，减少交通拥堵和降低事故风险，提高出行效率和安全性。在智慧医疗领域中，通过控制论与通算融合，可以实现对患者、医生、医疗设备等各种医疗要素的实时监测、分析和协调，优化医疗资源和服务，降低误诊和漏诊风险，提高诊疗效果和满意度。

图灵是计算机科学的奠基人，他提出了图灵机、图灵测试、图灵完备性等概念，为计算机的设计和人工智能的发展奠定了基础。通算融合需要将计算能力部署在 5G 基站等网络边缘，实现低时延、高带宽、低成本的边缘计算服务。具体来看，图灵的理论对于通算融合的价值和意义具有以下几个方面。

① 图灵机和可计算性理论。图灵机是一种抽象的计算模型，它可以模拟任何现代计算机的运算过程。图灵机的概念为计算机科学提供了一个统一的理论基础，也为 5G 通信与计算融合的创新发展提供了一个理想的目标。通信与计算融合是指在 5G 网络中，不仅实现高速、低时延、高可靠的数据传输，还实现数据的实时处理、分析和决策，从而提高网络效率和智能化水平。为了实现这一目标，需要构建一个分布式、异构、协同的计算平台，这就需要借鉴图灵机的思想，将网络中的各种设备和资源视为一个统一的计算系统，通过协议和算法实现数据和计算的动态分配和优化。

② 图灵测试和人工智能理论。图灵测试是一个判断机器是否具有智能的试验，它通过让人类评判员与机器和另一个人类进行文本交流，判断机器是否能够模仿人类的语言行为。图灵测试的概念向传统的智能提出了挑战，也为通信与计算融合的创新发展提供了一个重要的应用场景。通信与计算融合可以使人工智能更加普及和便捷，通过网络将人工智能服务部署在云端或边缘端，实现对用户需求的快速响应和满足。同时，通信与计算融合可以使人工智能更加强大和智能，通过网络将海量的数据和计算资源整合在一起，实现对复杂问题的深度学习和解决。为了实现这些应用，需要借鉴图灵测试的思想，将人类作为参照物，不断提高机器的语言理解、推理、创造等能力。

③ 图灵密码和信息安全理论。图灵密码是一种利用数学原理对信息进行加密和解密的方法，它可以保证信息在传输过程中不被窃取或篡改。图灵密码的概念为信息安全提供了一个有效的保障，也为通信与计算融合的创新发展提供了一个必要的条件。通信与计算融合涉及大量的数据和计算资源的共享和协作，这就需要保证数据和计算过程的完整性、可靠性和隐私性。为了实现这一条件，需要借

鉴图灵密码的思想，利用数学方法对数据和计算进行加密和验证，防止恶意攻击和信息泄露。

8.3 认知与进化，协同演进促进人机共生

认知科学是一门研究人类和其他智能体的认知过程和机制的跨学科科学，它涉及心理学、神经科学、哲学、语言学等多个领域。认知科学的目标是揭示认知的本质和规律，以及构建能够模拟和扩展人类认知能力的智能系统。通信与计算融合的创新发展是当今信息技术领域的重要趋势，认知科学对于通信与计算融合的创新发展有着重要的价值，它可以从多个角度为通算融合网络的设计、实现、应用提供支持和指导。

① 认知科学可以为通信与计算融合的创新发展提供理论指导和方法论支持。认知科学可以帮助我们理解人类和其他智能体在复杂环境中的信息处理和决策机制，以及利用不同的通信资源和计算资源优化认知效果。这可以指导我们设计更符合人类需求和习惯的网络架构和服务模式，以及更高效和灵活的资源管理和调度策略。

② 认知科学可以为通信与计算融合的创新发展提供技术创新和应用场景。认知科学可以借鉴人类和其他智能体的认知能力，开发具有自适应、自组织、自学习、自愈合等特性的认知通信技术和认知计算技术，以应对网络中的动态变化和不确定性。这可以提升网络的性能、安全性、可靠性和鲁棒性，以及支持更多样化和个性化的应用场景，如智慧城市、智慧医疗、智慧交通等。

③ 认知科学可以为通信与计算融合的创新发展提供社会影响和伦理评估。认知科学可以帮助我们分析网络对人类社会和个体的影响，如信息获取、沟通交流、协作创新、情感表达等方面的变化，以及可能引发的社会问题，如隐私保护、数据安全、数字鸿沟、社会公平等方面的挑战。这可以促进我们建立更合理和可持续的网络治理机制，以及更符合人类价值和伦理原则的网络使用规范。

进化论是一种生物学理论，它认为生物的形态和特征是通过自然选择和遗传变异在长期的历史过程中逐渐演变而来的。达尔文是进化论的主要创始人，他在 1859 年出版了《物种起源》，阐述了他的进化思想。通信与计算融合的创新发展需要不断适应环境变化，优化资源配置，提升系统性能，这些都与进化论有着密切的联系。

① 进化论强调了生物多样性的重要性，这也适用于通信与计算融合的创新发展。通信与计算融合的创新发展需要充分利用不同类型、层次和规模的通信资源

和计算资源，实现资源的优化配置和动态调整，提高系统的效率和灵活性。

② 进化论指出了生物适应性的必要性，这也是通信与计算融合的创新发展的内在要求。通信与计算融合的创新发展需要能够适应不断变化的用户需求、业务场景和网络环境，实现服务的智能化、个性化和定制化，提升用户的体验和满意度。

③ 进化论展示了生物协同性的优势，这也是通信与计算融合的创新发展所追求的理想状态。通信与计算融合的创新发展需要实现不同主体、领域和平台之间的协同合作，构建开放、共享和互利的生态系统，促进创新成果的交流、转化和应用。

除了两个学科自身的发展与应用，认知科学与进化论的交叉研究将进一步拓展通算融合的发展空间。一个可能的方面是认知神经进化学，它研究了大脑结构和功能在进化历史中是如何发展和变化的，以及这些变化是如何影响认知能力和行为的。例如，人类的大脑相较于其他灵长类动物有着更大的额叶，这与人类更高级的社会认知和抽象思维有关。另一个可能的方面是进化心理学，它研究了人类心理特征是如何适应环境挑战而形成的，以及这些特征在现代社会中是如何表现出来的。例如，人类对高热量食物的偏好可能源于远古时期食物稀缺的环境，但在现代社会中这种偏好却是引发人们肥胖和其他健康问题的原因之一。

通过对认知科学与进化论的交叉研究，我们可以更好地理解人类和其他动物的信息处理方式，从而设计出更高效、更智能、更人性化的通信与计算系统。例如，我们可以利用人类和其他动物的语言能力和社会认知能力，开发出更自然、更灵活、更富有情感的人机交互界面。我们也可以借鉴自然界中存在的分布式、协作、自组织等机制，构建出更稳定、更可靠、更安全的通信与计算网络。这些不仅可以提高我们获取、处理、传递信息的效率和质量，也可以增强我们与自己、与他人、与环境之间的协同和共生。

8.4　鸟瞰与虫眼，融合视角描绘通算未来

《金融时报》美国版编委会主席吉莲•邰蒂（Gillian Tett）在《视角：鸟瞰与虫眼，看清世间的大走势和大格局》一书中，提出了一个独特的视角理论，认为人类应该从不同的角度和尺度来观察和理解世界。她认为，鸟瞰是一种从高空或远处看待事物的方式，可以帮助我们把握历史、文化和社会变化；而虫眼是一种从近距离或细节看待事物的方式，可以帮助我们了解个人、群体和情境的多样性和复杂性。这种“鸟瞰与虫眼”的视角，既可以帮助我们看到那些被忽视或被误

解的现象，也可以帮助我们跳出自己的思维定式，发现新的可能性和创新点。她主张，人类应该结合鸟瞰和虫眼，既不失对全局的把控，也不忽视对局部的关注，从而能够更好地适应和创造变化。

在当今的信息社会中，通信与计算融合发展是推动各行各业数字化转型、充分释放数字经济潜能的关键，技术上涉及无线网络的传输速率、容量、时延、可靠性等方面，以及云端、边缘端和终端的数据处理、存储、分析等方面。通信与计算有着各自的特点和挑战，也有着相互依赖和影响的关系。为了实现通信与计算的协同优化和多场景应用，需要跨越不同的学科和领域，进行融合创新和发展。

在这个过程中，鸟瞰与虫眼的综合性视角和思维是一种有效的方法。所谓鸟瞰，就是从高层次、全局性、宏观性的角度，对通信与计算的整体架构、目标、需求、规律等进行分析和设计。所谓虫眼，就是从低层次、局部性、微观性的角度，对通信与计算的具体技术、模型、算法、协议等进行研究和实现。鸟瞰与虫眼相辅相成，既能够保证通信与计算的系统性和一致性，又能够充分利用通信与计算的多样性和灵活性。具体来说，鸟瞰与虫眼的综合性视角和思维可以在以下几个方面更好地促进通信与计算融合的跨学科创新与发展。

① 在需求分析方面，鸟瞰可以帮助识别通信与计算所面临的各种应用场景和用户需求，如智慧交通、智慧城市、工业互联网等，从而确定通信与计算的总体目标和指标。虫眼可以帮助细化通信与计算所需要满足的各种服务质量和资源约束，如吞吐量、时延、可靠性、安全性等，从而确定通信与计算的具体需求和参数。

② 在架构设计方面，鸟瞰可以帮助构建通信与计算的层次化、模块化、开放化的系统架构，从而实现通信与计算的协同优化和灵活配置。虫眼可以帮助设计通信与计算的各个子系统和组件，如业务连接、协同计算、内生智能等，从而实现通信与计算的高效运行和可靠保障。

③ 在技术研究方面，鸟瞰可以帮助发现通信与计算所涉及的各种交叉学科和领域，如信息论、信号处理、网络科学、人工智能等，从而拓展通信与计算的理论基础和方法工具。虫眼可以帮助探索通信与计算所需要解决的各种关键问题和挑战，如频谱效率、能耗优化、安全保密等，从而提升通信与计算的技术水平和性能指标。

④ 在创新发展方面，鸟瞰可以帮助形成通信与计算的开放协作和共赢生态，如标准制定、产业联盟、创新平台等，从而推动通信与计算的市场应用和社会价值。虫眼可以帮助生成通信与计算的创新产品和服务，如智能终端、云游戏、远程医疗等，从而满足通信与计算的用户体验和商业模式。

总之，鸟瞰与虫眼的综合性视角和思维是一种有利于通信与计算融合的跨学科创新与发展的方法，它可以帮助我们从不同的层次和角度，全面地理解和掌握通信与计算的特点和规律，从而更好地实现通信与计算的协同优化和灵活配置、高效运行和可靠保障、理论拓展和技术提升、开放协作和共赢生态、创新产品和服务，以及市场应用和社会价值。

8.5 经济与社会，创新发展释放数字价值

经济学是一门研究人类行为和社会现象的科学，它探讨了人们如何在有限的资源下做出合理的选择，以及这些选择如何影响个人、企业和国家的福利。经济学的发展历程可以追溯到古希腊时期，当时的哲学家们就开始思考财富、价值和交换等问题。随着历史的演进，经济学逐渐分化出不同的流派和分支，如古典经济学、马克思主义经济学、新古典经济学、凯恩斯主义经济学、行为经济学等，每一种流派都有自己的理论框架和方法论，但也都面临着不同的挑战和批评。

经济学对促进通信与计算融合的创新发展有着重要的意义。经济学的重要理论，如创新驱动发展理论、网络经济理论、博弈论等，可以从不同角度指引通信与计算融合的创新发展。

① 创新驱动发展理论认为，创新是经济增长的源泉，是提高生产力和竞争力的关键因素。通信与计算融合的创新发展可以促进各行各业的数字化转型，催生新的业态和模式，激发创新活力和潜力。例如，通信与计算融合可以支持远程医疗、智能制造、自动驾驶等应用场景，提高医疗质量、生产效率、交通安全等方面的水平。

② 网络经济理论认为，网络是一种特殊的经济组织形式，具有规模效应、网络效应、正反馈效应等特征。通信与计算融合的创新发展可以构建更加广泛和强大的网络连接，实现信息资源的共享和优化配置，增强网络效益和社会福利。例如，通信与计算融合可以促进物联网、云计算、边缘计算等技术的发展和应用，形成海量数据的采集、传输、存储、分析和利用的闭环，为个人和企业提供更加便捷和智能的服务。

③ 博弈论认为，博弈是指多个理性决策者之间相互影响的情况，其结果取决于各方的策略选择和预期。通信与计算融合的创新发展可以改变博弈参与者的信息条件、行动空间、收益分配等因素，影响博弈结果和均衡状态。例如，通信与计算融合可以降低信息不对称和交易成本，增加市场透明度和竞争力，促进市场有效性和公平性。

综上所述，经济学对于促进通信与计算融合的创新发展有着多方面的意义，它可以为我们提供一个科学而全面的分析框架和工具，帮助我们更好地认识和把握这一创新发展所带来的机遇和挑战，以及制订和实施有效的市场策略、产业政策和公共政策，以实现社会的最大福利。

8.6 传统与革新，通算融合赋能新质生产力

新质生产力是指以信息技术为核心，以知识、技能、创新和协作为基础，以高效、节能、环保和智能为特征，以提高生产效率和质量为目标的一种新型的生产方式。新质生产力不仅包括物质生产力，也包括非物质生产力，如服务、文化、教育等。

新质生产力是在全球化、信息化、网络化和智能化的背景下提出的。随着科技的进步和社会的变革，传统的生产方式已经不能满足人们日益增长的需求和期待，也不能适应日趋激烈的国际竞争和复杂的市场环境。因此，人们开始寻求一种更先进、更灵活、更创新、更协同的生产方式，以提高生产效率和质量，降低成本和资源消耗，增强竞争力和可持续性。

通信与计算融合的创新应用是新质生产力发展的一个重要方面，它涉及多个领域和行业，如工业互联网、物联网、云计算、边缘计算、人工智能、大数据、虚拟现实、增强现实等。通信与计算融合的创新应用对于新质生产力发展的意义有以下几个方面。

① **提高生产效率和质量**：通信与计算融合的创新应用可以实现高速率、低时延、高可靠、高容量、高密度、低功耗等特性，从而支持各种复杂、灵活、智能的生产过程和场景，如远程控制、自动化驾驶、智能制造、智慧农业等，提高生产效率和质量。

② **促进创新活动和模式**：通信与计算融合的创新应用可以打破时间和空间的限制，实现跨地域、跨行业、跨领域、跨层级的协同创新，如开放创新、众包创新、平台创新等，促进创新活动和模式的多样化和丰富化。

③ **扩大消费需求和市场**：通信与计算融合的创新应用可以满足人们对更高品质、更个性化、更多元化、更智能化的消费需求，如在线教育、在线医疗、在线娱乐、在线购物等，扩大消费需求和市场。

④ **改善社会环境和生活**：通信与计算融合的创新应用可以提高社会管理和服务的水平，如智慧城市、智慧交通、智慧能源、智慧安防等，改善社会环境和生活。

综上所述，新质生产力是信息化时代的一个重要特征，它是人类社会生产力发展的一个新阶段。通信与计算融合的创新应用是新质生产力发展的一个重要方面，它对于提高生产效率和质量、促进创新活动和模式、扩大消费需求和市场、改善社会环境和生活都有着重要的意义。通信与计算融合的创新应用对于使能泛在 AI、构建智能社会具有重要价值，它不仅能够提高社会运行效率，还能促进信息资源的共享，为智慧城市和智慧生活提供强有力的技术支撑。此外，通信与计算融合的创新应用对于推进共同富裕也具有积极意义，它通过提供更加便捷、高效的服务，可缩小城乡数字鸿沟，促进教育和医疗资源的均衡分配，从而帮助更多人享受科技发展的成果，提升社会整体经济水平。

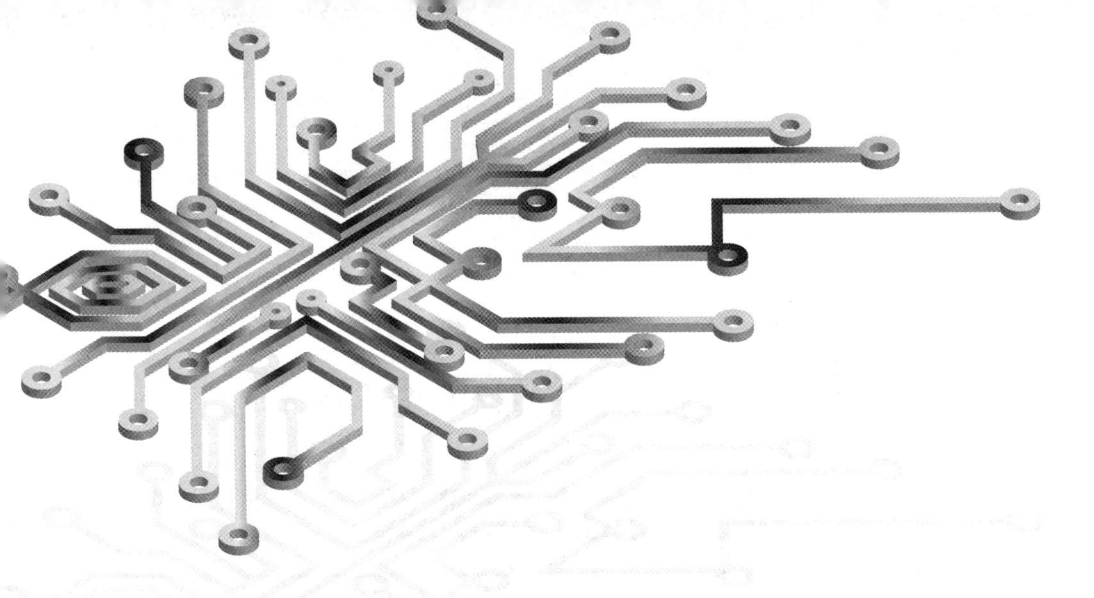

第三篇　基石：通算一体关键技术

上一篇分析了多样化的业务需求、技术和商业驱动力。通算一体网络的实现和应用依赖于技术、生态和商业模式等多个方面的共同进步和成熟，具有复杂性和长期性。通算一体网络的长期发展需要综合考虑DT、OT、IT、CT和AI等各项技术的成熟度及业务应用模式，同时匹配和服务中国移动提出的算力网络“泛在协同、融合统一、一体内生”3个阶段。本篇将聚焦于通算一体的关键技术，从通算一体的核心要素和技术挑战出发，分析通算一体网络的发展特征，探讨通算一体的系统框架，并介绍通算一体在基础设施层、网络功能层和管理编排层3个方向上的关键技术。

通算一体网络核心要素和面临的技术挑战

当前，信息时代正向智能时代加速迈进。通算一体网络作为一种创新的网络形态，借助差异化场景及业务的数据，深度融合无线接入网的通信资源和计算资源，以实现通信、计算和 AI 的多维度协同。它将打破传统移动通信网络仅提供单一连接服务的局限，为用户带来具有泛在 AI 特征的通算一体服务，成为构建智能时代的重要基石。本章将首先探讨通算一体的核心要素，重点分析无线算力这一要素的发展潜力。在此基础上，进一步分析无线通信与计算走向深度融合过程中所面临的挑战。

9.1 通算一体网络核心要素

9.1.1 通算一体要素全景

一般认为，一种新技术的诞生离不开资源要素和能力要素的支撑，资源要素和能力要素共同构成新技术的核心要素。资源要素指创新活动所需要的各种基础资源，基于资源要素可以进一步构建支撑系统所需要的各种能力要素。通算一体技术的诞生与发展，正是资源要素和能力要素紧密结合、协同作用的典型体现，通算一体的核心要素使能多样化典型应用场景如图 9-1 所示。接下来，本节将重点探讨通算一体技术的资源要素和能力要素，以便为读者全面揭示这一技术的本质和发展趋势。

通算一体的资源要素是由通信资源与计算资源所构成的，二者功能独立，又具有协同的能力。其中通信资源具有支撑计算资源所需数据高速、高效流动的能力，如 5G 网络更高的带宽、更快的传输速率、更低的功耗和更强的智能化能力等。而计算资源则扩展了通信资源的应用范畴。在通算一体网络中，终端和基站的计算能力不再局限于单纯的通信信号处理，而是与通信资源紧密结合，共同承载和执行更为复杂的计算任务。这种协同工作的模式有效地降低了计算任务的传输时延和处理时延，从而显著提升了端到端的用户体验。通算一体网络的独特价值就在于可有效整合通信资源和计算资源，并形成统一且高效的通算一体资源服务。这种整合不仅提升了无线网络基础设施的利用效率，同时也为上层的网络功能与业务服务提供稳定、可靠的资源支持。这些网络功能与业务服务是基于通算一体技术构建的各种应用功能与对外提供的业务服务，它们能够精准对接用户需求，确保服务的高效、稳定运行，并为用户提供丰富多样的服务选择。

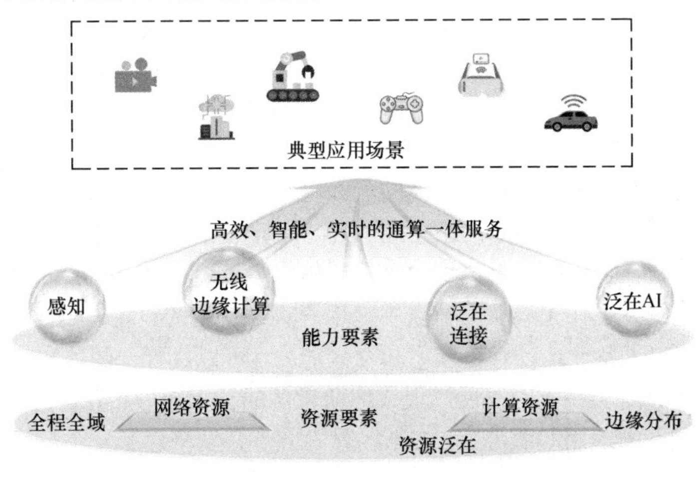

图 9-1　通算一体的核心要素使能多样化典型应用场景

通算一体的能力要素包括泛在连接、无线边缘计算和泛在 AI 等，它们实现了端到端跨域业务拉通能力。其中，泛在连接实现了广泛而稳定的通信连接，能够覆盖各类应用场景，确保数据的高效传输。无线边缘计算则将计算资源下沉到离用户最近的无线侧，实现了对数据的实时处理和分析，极大地提升了响应速度和效率。而泛在 AI 则赋予网络智能决策和自主优化的能力，提高了系统的自适应性和运行效率，进一步提升了服务质量和用户体验。这些能力要素的集成构建了全新的服务能力，为通算一体网络的未来发展奠定了坚实基础。

通信资源与计算资源这两种核心要素相互协同、相互促进，共同构成了通算一体网络的基础架构，为用户提供高效、智能、实时的通算一体服务，也为智能时代的发展注入了新的活力。

综上所述，通算一体网络依托对泛在、边缘分布的资源要素的协同利用，形成统一、高效、智能、实时的通算一体服务，为上层网络功能与业务服务提供稳定资源保障。目前在移动通信领域中，与通信资源相关的频谱分配、调制方式、信道编码、网络架构等技术已得到广泛而深入的研究，但对于通算一体网络中的计算资源（无线算力）特性和作用机制的研究尚处于探索阶段，其与传统蜂窝网络中计算资源的角色定位存在显著差异，因此值得进一步深入探讨。下面将聚焦通算一体网络中的无线算力，探讨其技术特点、发展趋势及应用场景。通过深入研究无线算力的特征，期望能够为通算一体网络的进一步发展提供新的思路和方向，推动其在未来沉浸式、智能化、全域化应用场景中实现更加广泛的创新和应用。

9.1.2 通算一体新要素：无线算力

在通算一体的核心要素中，无线算力作为一种新兴的技术正呈现出前所未有的发展潜力。所谓无线算力，指无线侧具有计算能力的节点通过对数据的处理，输出特定结果的能力，具体包括但不限于计算能力和存储能力。无线算力节点是承载无线算力的具体载体，包括无线云、具备计算能力和存储能力的无线设备及无线终端。其中，无线云是通过虚拟化技术实现的无线网络功能的云端部署平台，能够为移动通信系统提供灵活、可扩展的网络功能。具备计算和存储能力的无线设备可以是无线基站或接入点，它们除提供传统的无线通信服务外，还集成了额外的计算资源和存储资源。无线终端在无线算力节点中是用户直接使用的设备，如智能手机、智能汽车等，它们也具备一定的计算能力和存储能力，可以执行一些基本的计算任务和数据存储操作。随着技术的发展，现代终端设备的计算能力和存储能力越来越强，可以支持更复杂的应用和服务。这些无线算力节点共同构建了一个灵活且强大的计算网络，使得数据处理不再局限于传统的固定计算中心，而是可以依托计算网络进行数据处理，且数据可以在整个无线网络的范围内自由流动并得到高效利用。

通过对无线算力节点的分析，无线算力展现出了四大特性，即泛在性、边缘性、移动性、异构性、波动性和碎片化。接下来将阐述这些特性对通算一体技术产生的影响。

1. 无线算力的泛在性

无线算力的泛在性意味着计算任务可以通过无线算力节点在任何时间、任何地点访问和使用计算服务。图 9-2 展示了无线算力的泛在性分布。

（1）设备泛在

随着科技的进步，无线算力节点的发展呈现出设备形态多样化的趋势。除了在固定位置的基站可以集成计算能力，升级成为无线算力设备，无线终端设备如智能手机、个人计算机、物联网设备、智能汽车等同样也具备计算能力和存储能力，这就构成种类更为丰富的无线算力设备。不同的设备可以根据其硬件、操作系统和应用程序的不同特性，提供不同的计算能力和存储能力。

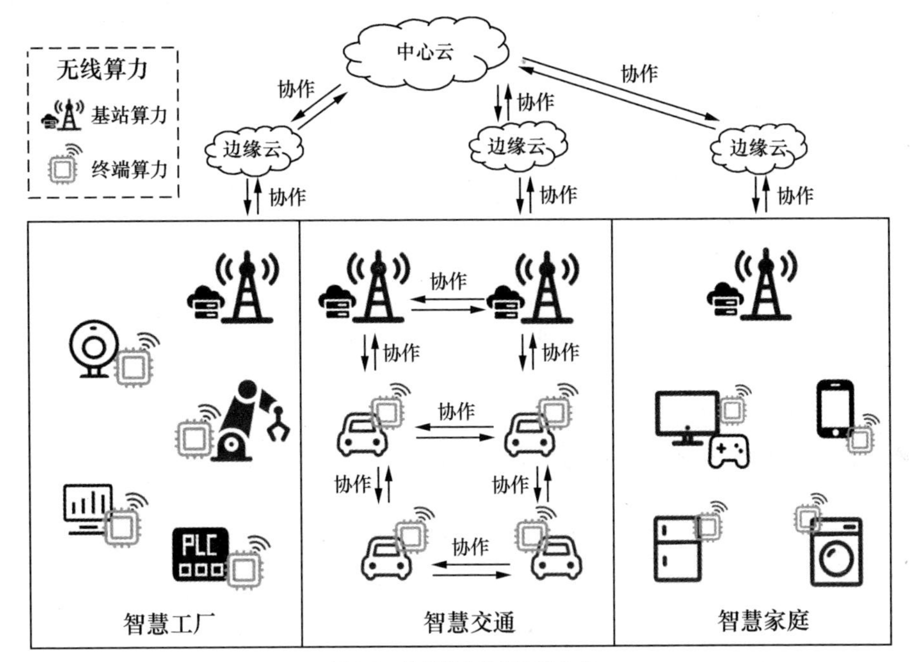

图 9-2 无线算力的泛在性分布

此外，无线算力设备的泛在性还体现在多种无线算力设备普及化的发展趋势上。截至 2023 年年底，我国数据中心机架规模超 810 万架，算力总规模达 230EFLOPS，智能算力规模达到 70EFLOPS。截至 2024 年 3 月底，全国累计建成 5G 基站 364.7 万个，5G 用户普及率突破 60%，5G 手机出货量占比达 83.7%。在行业应用中，5G 应用已经融入 97 个国民经济大类中的 74 个，在工业、矿业、电力、医疗等重点领域规模推广，“5G+工业互联网”项目超 1 万个。移动流量同比增长 14.3%，显现无线算力设备泛在性及多样化发展趋势。此外，IMT-2030（6G）推进组预测，面向 2030 年商用的 6G 网络中将涌现出智能体交互、通信感知、普惠智能等新业务、新服务，预计到 2040 年，6G 各类终端连接数为 1216 亿台，相较于 2022 年增长超过 30 倍。

无线算力设备的多样性和普及性使得无线算力能够适应不同的应用场景并满足不同需求。

（2）分布位置泛在

移动通信技术的快速发展使越来越多的人可以随时随地接入网络。无论是城市的高楼大厦、乡村的山川田野，还是沙漠、海洋等偏远地区，只要是移动通信信号覆盖的地方，人们就可以通过各种设备接入网络。这为具备计算能力和存储能力的无线算力设备间的互联互通提供了基础，使得各种无线算力设备可以分布在任何地理位置上并通过网络连接在一起，形成一个庞大的无线算力网络。

（3）应用场景泛在

在未来 6G 时代，无线算力将广泛存在于各大典型应用场景中，如智慧工厂、智慧城市、智慧交通、智慧医疗等，实现超级无线宽带、极其可靠通信、超大规模连接、普惠智能服务和通信感知融合。例如，在一个智慧工厂中，通过 6G 网络连接的大规模物联网设备能够实现高速、低时延的数据传输。无线算力通过就近快速处理海量数据，为工厂提供智能化的生产管理和优化，实现协同生产和智能路由。此外，无线算力还支持智慧医疗场景，为远程诊断和远程手术提供实时、高质量的通信连接，为医生和患者带来更可靠、便捷的医疗服务。通过通信感知融合技术，无线算力能够感知环境信息，实现智能决策和行为优化，为用户提供个性化的普惠智能服务，如智能交通导航、智能家居控制等。在 6G 时代，无线算力的广泛应用将推动各个领域的智能化革新，为人们带来更加便捷、高效的生活体验。

无线算力的泛在性打破了设备限制、提升了算力使用的灵活性、扩展了无线算力网络的服务形态，将更好地提升用户体验并促进产业发展，为广泛的应用场景提供无限的可能性。随着 5G、6G 等新一代通信技术的发展，无线算力的性能和效率将进一步得到提升，为各种智能化、互联化的应用场景提供更加强有力的支持。

2. 无线算力的边缘性

无线算力的边缘性主要体现在其部署位置靠近数据源和用户，这一特性使得数据能够在离用户更近的地方得到处理，从而显著提升了响应速度，降低了时延。

与传统的云计算模式相比，无线算力的边缘性使其在数据处理效率和用户体验的提升方面展现出了显著优势。当提及边缘计算时，ETSI 定义的多接入边缘计算是一个重要的参考概念。多接入边缘计算是在无线接入网的边缘提供 IT 服务环境和云计算能力的系统，它虽靠近用户，但并不直接提供计算能力。与之相比，无线算力节点不仅能提供计算能力，还与无线接入网的通信能力紧密融合，这种融合共生的特性使得无线算力在成本降低、效益提升和性能优化方面更具优势。

具体来说，无线算力部署在靠近数据源和用户的边缘位置上，不仅降低了额外建设计算系统的成本，还减少了与计算系统之间的网络通信开销。这种部署方式使得数据处理效率和响应速度在多接入边缘计算和端计算之间达到平衡，从而为用户提供更加灵活和高效的服务。

当前，无线基站设备和无线终端设备主要以管道的角色承担将数据上传至云端进行数据处理的任务，单一计算任务卸载在云端完成的模式，无法利用边缘侧的计算资源，增加了巨量数据的搬移成本，也极大地制约了通信基础设施的利用效率。面对算力需求快速增长与泛在算力利用率低之间的供需矛盾，优化算力供给方式成为迫切需求。通过在无线设备侧提供更多的计算能力，可以提升业务和服务的实时性和准确性，同时充分利用无线设备的计算资源，减轻无线网络的传输负荷。这种优化方式不仅发挥了无线算力的边缘性优势，如低时延、减轻传输负荷，还保护了数据隐私和安全。

通过充分利用无线算力的边缘性，可以为用户提供更加可靠、高效、高质量和安全的端到端服务，为未来的智慧应用和服务提供强大的支撑。

3. 无线算力的移动性

无线算力的移动性指其计算资源和处理能力能够随着网络拓扑、用户需求及任务特性的变化而动态调整与部署，实现计算能力的灵活迁移与高效利用。

可以从多个维度理解无线算力的移动性。首先，从物理层面来看，无线算力节点的位置通常可以随着用户的移动、设备部署或网络拓扑的变化而动态变化。这种物理位置的动态变化使无线算力能够更贴近用户需求，实现可随时随地提供计算服务。

其次，从逻辑层面来看，无线算力的移动性还体现在可以随着用户的移动和业务的变化而对无线算力资源进行动态分配和调度上。由于无线通信网络的灵活性和可扩展性，计算资源可以根据网络状态、用户需求及任务特性的变化进行实时调整和优化。这种逻辑层面的无线算力的移动性使无线算力能够更高效地利用计算资源，提高系统的整体性能。

在车载网络场景中，无线算力的移动性优势得到了充分体现。车辆作为移动的节点，在行驶过程中需要与其他车辆、路侧单元及云端服务器进行通信和协作。通过利用无线算力，车辆可以实时处理传感器数据、进行路径规划、实现车路协同等任务。这种场景对于提高交通安全性、提升用户驾驶体验及推动智慧交通系统的发展具有重要意义。

具体而言，假设一个自动驾驶车队在高速公路上行驶，每辆车都装备了多种传感器和计算设备。这些车辆通过无线接入网相互连接，形成一个移动的无线算力网络。当其中一辆车检测到障碍物或异常情况时，它可以利用自身的计算能力进行初步处理，并通过无线接入网将相关信息发送给其他车辆和路侧单元。其他车辆和路侧单元在接收到这些信息后，可以利用自身的计算能力进行协同计算，共同进行决策并采取相应的行动，以确保整个车队的安全行驶。在这种场景下，无线算力的移动性不仅提高了计算效率，还增强了车辆之间的协作能力，提升了整个交通系统的智能化水平。

无线算力的移动性不仅体现在无线算力物理层面和逻辑层面的动态变化上，还体现在计算资源的动态分配、分布式计算能力及智能化管理和调度等方面。这种移动性使得无线算力能够更好地适应不同场景的需求，为用户提供更加高效、便捷的计算服务。

4. 无线算力的异构性

无线算力的异构性指在无线接入网中，不同无线算力节点在计算能力上的差异性，导致它们具有不同的类型和规格，从而能够灵活地应对不同类型的应用需求，提供高效且个性化的算力支持。这种异构性具体体现在设备异构和底层资源异构两方面。

（1）设备异构

在无线接入网中，由于参与计算的设备可能基于不同的硬件平台、处理器架构及通信接口，并拥有差异化的计算能力，因此它们展现出多样化的设备类型特点。例如，智能手机、平板计算机、笔记本计算机等移动终端设备可以通过无线接入网连接到网络，也可以为移动应用提供计算能力；物联网终端设备可以通过无线接入网实现互联互通，提供分布式计算能力和数据传输的能力；而无线基站和 C-V2X 随行车载设备等，则可以提供更强大的计算能力和服务。不同类型的设备在无线接入网中相互配合，可以形成异构的计算环境，满足不同用户和应用场景的需求。

（2）底层资源异构

在无线接入网中，不同类型的计算设备具有异构的底层资源。从硬件角度来看，不同类型的计算设备具有不同的处理器、内存、存储器等硬件组件，这些组件的型号、规格和性能均有区别。而在软件层面上，这些设备在软件支持和数据结构方面也呈现出一定的差异性。以下将从 3 个方面简要介绍无线接入网中的异构底层资源。

首先，目前常见的处理器包括 CPU、GPU、FPGA 等。这些处理器在计算能力、并行性、功耗和专业应用领域等方面存在显著差异。例如，CPU 通常适用于通用计算任务，而 GPU 更适合并行计算任务和图形处理任务。与 CPU 和 GPU 不同，FPGA 具有独特的可编程特性，允许用户根据需要重新配置其硬件结构，因此适用于需要灵活性和定制化的应用场景。计算设备内的不同处理器的异构性使它们能够在不同的工作负载下发挥最佳性能。

其次，多层次的内存、有高速缓存（Cache）、主内存［随机存储器（RAM）］和辅助存储器（如硬盘）。这些内存、存储器在访问时延、带宽和容量等方面存在差异。

高速缓存的特点是速度快但容量小，主内存具有较大的容量但速度较慢，而辅助存储器的容量比主内存的容量更大但访问速度更慢。在计算设备中，内存层次结构的异构性要求程序和算法在不同的内存级别上进行优化，以充分利用不同层次的存储器。

最后，计算能力的异构性也体现在软件支持上。不同的硬件架构和特性通常需要相应的软件环境和工具链来支持。例如，针对 GPU 的并行计算任务通常需要使用特定的编程模型和库，如计算统一设备体系结构（CUDA）编程模型。而对于 FPGA 等可编程硬件，需要使用硬件描述语言（HDL）进行开发。因此，计算设备的异构性要求开发人员具备相应的软件开发技能，并具备使用适当的工具和框架来利用不同硬件的计算能力。

总之，无线算力的异构性使无线算力具备更强大的灵活性和适应性，能够满足不同应用场景的需求。通过合理利用异构计算设备，无线接入网可以实现资源的高效利用、任务的灵活分配和系统的良好可扩展性。这对于未来无线接入网的发展和智能化应用的普及具有重要意义。

5. 无线算力的波动性和碎片化

无线通信业务的潮汐特性和 ICT 业务多域复用基础设施的能力还会导致无线算力在时间维度和空间维度的分布上存在波动性，如图 9-3 所示。此外，无线算力的波动性及无线算力分布不集中的特点，进一步导致无线算力呈现碎片化。

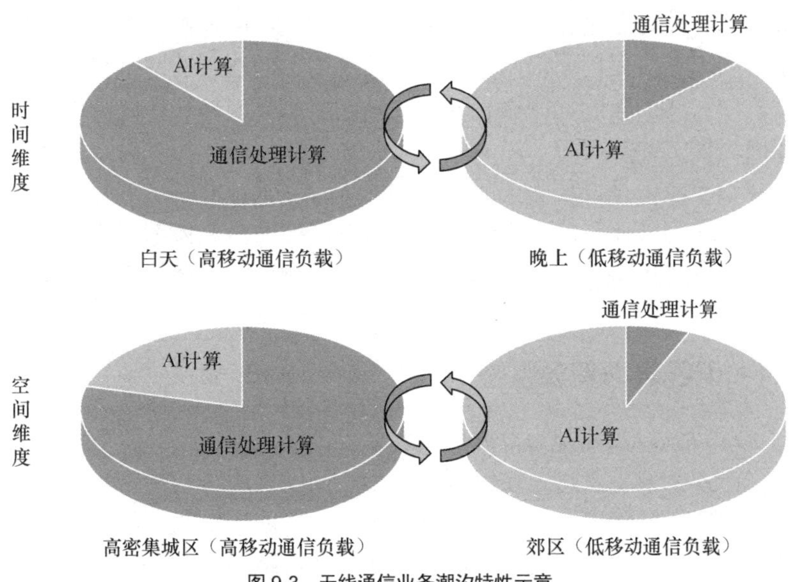

图 9-3　无线通信业务潮汐特性示意

无线算力的波动性和碎片化就像一把双刃剑。这样的特性所带来的优势在于无线接入网能够灵活应对不同时间段的不同需求和业务需求的变化，实现算力的动态分配和优化，提高资源利用效率。这些特点为通算一体提供了灵活性和可扩展性，使得无线接入网能够更好地适应复杂多变的业务环境。然而，无线算力的波动性和碎片化带来的挑战在于算力供应的不稳定性，使得计算资源的调度和管理复杂度提升，因此需要更加精确的预测和调度算法来整合和优化分散的计算资源，确保算力的持续供应，以满足不同计算任务的需求。

具体的例子如分布式 AI 业务，此类业务通常需要大量的计算资源，无线算力的波动性和碎片化可能导致计算资源的不稳定和不均衡，从而影响分布式 AI 业务的效率和性能。然而，通过合理的计算资源调度和管理，可以充分利用无线算力的波动性和碎片化带来的灵活性，动态分配计算资源，以满足分布式 AI 业务的需求。因此，无线算力的波动性和碎片化可以通过选择合适的计算资源调度策略，提高分布式 AI 业务的适配性。同时，分布式 AI 业务也可以利用无线接入网的广泛覆盖和高速传输特性，实现数据的快速传输和共享，进一步推动通算一体技术的发展。

9.2 通算一体网络面临的技术挑战

随着信息科技与各垂直行业的深度交融，智能终端如雨后春笋般涌现，泛在信息需求持续增加，促使通信网络逐步由传统的面向连接的网络转变为集连接、计算和 AI 于一体的智能化网络。通算一体网络将算力部署在终端侧和基站侧，赋予通信网络原生计算能力，以满足未来全面智能化时代对于极致连接、分布式感知与计算及智能信息处理等多元化能力的综合需求。同时，这种新型网络也使终端和基站集通信与计算能力于一体，可大幅降低网络总体部署成本，为运营商的业务推广和应用提供了便利。然而，这种资源融合和网络架构的变革也带来了诸多挑战。

9.2.1 无线算力资源管理

通信资源和算力资源作为数据传输和处理的重要载体，其管理与调度对于通算一体网络而言至关重要，上述资源的合理、高效利用将为网络带来巨大的应用价值。尽管通信资源管理已得到了学术界和工业界的广泛研究，然而，关于算力的研究却相对较少，算力的异构性和碎片化等特性给算力的研究与使用带来巨大挑战。

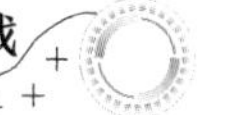

1. 异构算力的抽象表征与度量

资源的抽象表征是资源使用的前提，计算资源的调度通常以计算任务为最小调度单位，根据计算任务特性（如数据量大小、时延要求和算力需求等）和可用算力特性（数据处理能力和存储空间等）为其分配合适的计算资源，并根据计算资源使用情况计费。基于统一的算力抽象表征形式可有效简化计算资源的管理和控制。然而，算力具有异构性，包括 CPU、GPU、FPGA、DPU 等诸多形态，且上述计算资源的特点和优势各异，适用于不同的应用场景，很难以一种通用的方式对资源进行抽象表征。此外，不同应用场景也对计算资源的度量提出了不同的要求，使挑战进一步加大，如部分应用关注计算能力，即每秒执行的浮点运算次数，而部分应用则关注计算资源的能效比和可编程性等。

2. 碎片算力的整合与使用

无线算力广泛分布在众多设备中，具有泛在性的特点，然而各设备的计算资源是有限的，受网络环境动态性和网络负载波动性的影响，各设备的可用资源不断变化，造成了计算资源在时间维度和空间维度分布上呈现碎片化。上述特性为无线算力的管理和使用带来了较大挑战，如实时监测算力节点而导致的算力碎片管理成本较高、计算资源泛在性和异构性导致的资源共享难度大等挑战。

9.2.2 通信与计算能力协同

通信与计算能力协同是通算一体技术的核心。通算一体网络主要应用于对实时性要求较高的场景中，如车辆网络、AR、VR 等。这些场景要求网络能够近乎实时地处理和传输数据，包括数据上传、数据处理和结果回传等，以便为用户即时提供高性能的服务。考虑到业务需求的多样化和通信资源的动态性，网络需引入 AI 能力以应对不断变化的网络特征和业务需求，实现网络的自感知、自分析、自决策、自执行的智能闭环自治。由于 AI 的性能又高度依赖数据和算力，这对通信与计算能力之间的高效协同提出了极高的要求。

1. 实时状态感知

业务负载和资源状态都是高度动态的，如业务负载通常具有潮汐效应，随时间波动；带宽和链路质量受负载波动、用户移动性和天气变化等因素影响而变化；CPU、GPU 的可使用频率和存储空间也会因为硬件损耗、负载波动而变化。因此，网络需要实时感知业务请求和通信、计算资源的状态。实时感知涉及数据的采集、传输、处理和响应等多个环节，要求系统能够即时获取和处理大量的数据，并能够对不同来源、多种格式及时间颗粒度的数据进行快速、准确的整合、分析和处理，这对数据采集能力和数据处理能力均提出了极高的要求，相应地，就会对算力、算法、相关硬件设备及传输资源提出极高的要求，以保证数据传输、感知和响应的实时性。

2. 实时控制决策

基于对业务和资源状态的感知结果，网络进行实时控制决策，为业务请求分配合适的通信资源和计算资源。具体来说，用户可能产生大量的计算业务请求，计算业务请求通常包含多个作业/任务，各作业/任务的数据量及需求取决于业务特性。一般而言，资源分配可建模为高维多目标优化问题，根据对作业/任务的时延、完成率、能耗等的要求，网络中需要引入相应功能来解决通信/计算多条件约束下的通算资源联合调度问题，以实现业务质量保障。在问题求解过程中，通常基于 AI 获得调度策略，然而，AI 功能的实现需要系统具备强大的分布式存储和数据处理能力，以快速应对流式数据的处理和存储需求。同时，业务需求的差异性和场景的多样性导致不同来源的数据存在显著差异，进一步提升了问题求解的复杂度，并对 AI 推理决策模型的通用性和适应性提出了更高的要求。因此，在优化资源调度策略的同时，还需不断提升网络的分布式数据处理能力及 AI 模型的通用性和适应性，以确保业务质量得到全面保障。

3. 高效数据传输

如前所述，为了实现通信与计算能力的高效协同，必须建立高效的通信机制，以实现低时延、高可靠的数据传输。在通算一体网络中，数据需在终端、基站、核心网、云服务器（包括中心云和边缘云）之间共享和传输，然而上述各节点的数据传输能力和协议流程有所差别，如何确保数据能够迅速、可靠地在各个节点之间传递，也是通算协同有待解决的一个挑战。

9.2.3 通算一体服务的提供

通算一体服务的提供是通算一体网络应用和发展的关键。在解决了资源使用和通算协同问题后，下一步可以考虑向用户开放网络平台和服务接口，使第三方开发者可以接入网络资源，开发并部署自己的应用程序和服务。这种开放性的服务模式可以促进创新和合作，提高通信网络的灵活性和可扩展性。然而，通算一体服务的提供面临多方面的挑战。

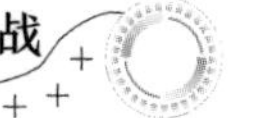

1. 通算一体服务开放模式和通算联合管理编排架构

智慧城市、虚拟现实、车联网等创新应用的出现，使得用户的需求变得多样化。随着 AI 在各行业中的广泛应用，用户对生活科技化、智能化的期望与日俱增，算力、AI 等可能成为新兴服务模式，这为通算一体服务的提供带来了巨大挑战，以什么样的模式提供哪些层级、哪些模式的服务，才能既符合当前市场需求又能满足后续快速演进的需求，该问题有待进一步解决。

进一步地，针对通算一体服务开放模式的差异性，需要设计简洁高效、可扩展的通算联合管理编排架构，以灵活调度时变的通信资源和泛在异构的计算资源，满足复杂多样的用户需求。此外，现有的面向通信、计算服务分离的资源度量体系和性能衡量指标难以适用于通算一体网络，如何确定适配无线算力特征的资源度量指标及符合服务模式多样化、差异化和持续演进特点的业务性能衡量指标，也是亟待解决的问题。

2. 服务收费模式及权益分配

服务开放涉及用户、运营商、设备提供商等多方参与者，服务收费模式的设计和权益分配也是不容忽视的问题。不同服务的定价和计费方式的选择需要综合考虑用户的需求、市场竞争、服务质量等因素，以确保价格合理公平，同时满足服务提供商的盈利需求。另外，为了保证通算一体服务的供给质量，需要多家运营商和设备提供商的通力合作，然而各参与方之间又存在竞争关系，各方在收入分配、服务价值链中的地位、合作模式等方面可能存在不同看法和利益诉求。如何建立公平的分配规则，以激励各方参与和提高服务质量，以及如何建立有效的管理机制来处理各方之间的合作问题、沟通问题和冲突，以保证服务的正常运行，这些问题都有待解决。

9.2.4 安全隐私保护

安全问题一直是通信网络关注的重点。随着数据与生活的紧密耦合，人们对移动服务的安全和隐私保护需求不断增加。通算一体技术在支撑新型服务的同时，也带来了新的安全和隐私问题。

1. 基础设施安全

通算一体网络包涵了多种设备，包括终端、基站、各种云服务器等。这些设备通常分布在不同的地理位置上，可能存在于不受严密物理保护的环境中，硬件设备本身及对应的连接光纤非常容易受到物理攻击，也可能会被盗或被破坏，造成连接中断或节点故障，从而可能导致任务执行中断或数据丢失。因此，保证基础设施的物理安全至关重要。

2. 网络安全

通算一体网络中的海量、异构的算力节点为网络安全方案的设计带来了巨大挑战。海量不同形态的算力节点动态连接网络，需要大量的安全信令开销；同时，设备在特定区域范围内接入网络，业务和系统存在跨区域形态，还需要考虑大量异构设备的分布式接入认证和授权，如何设计高效、轻量级的认证授权机制是网络安全面临的主要问题。

3. 数据安全和隐私

在通算一体网络中，业务数据、模型和指令等消息在不同网络节点和算力节点之间传输，导致信息泄露和数据滥用的风险增加。如何保障数据的安全性和隐私性也是需要考虑的问题。

通算一体网络系统框架和技术体系初探

上一章探讨了通算一体网络所面临的一系列技术挑战，如无线算力资源的使用、通信与计算能力的协同、通算一体服务的提供，以及安全隐私保护等。这些挑战揭示了无线接入网向通信、计算、智能等多元能力与服务深度融合的转型过程的复杂性，同时也指出了无线接入网在向通算一体网络演进时需要重点攻克的技术领域。本章将从异构融合的基础设施、超越通信能力的多元能力、智能统一管理和柔性编排，以及通算智新服务按需开放等多个角度出发，分析通算融合的新型无线接入网应具备的能力。从上述多维视角进行能力考量，深入分析通算一体网络的发展特征与设计原则。在明确的设计原则指导下，提出通算一体网络的系统框架，并详细阐述架构内各层功能的设计思路。最后，介绍支撑该参考架构的通算一体网络的技术体系要点，以期为未来无线接入网的研究和发展提供有力的理论支持和实践指导。

10.1　通算一体网络发展特征

如前文所述，移动通信网络经历了显著的业务发展历程，从早期仅提供语音和短信业务，到智能手机时代提供多样化的移动互联网应用（如短视频和云游戏等），再到 5G 时代提供虚拟现实等更低时延、更高速率的新业务。在这一过程中，新业务需求的涌现及 IT、DT 等技术的快速发展共同推动了无线接入网向 ICDT 融合（IT、CT 和 DT 融合）的方向演进。面向 5G-A 演进及 6G 移动通信网络的沉浸式通信、超大规模连接、极高可靠低时延通信、通信 AI 一体化、通信感知一体化、泛在连接等新需求，无线接入网需要逐步打破单一维度连接能力的局限，融合计算、智能、感知等新资源和新能力，向平台化和服务化网络发展。通算一体网络作为实现面向未来的平台化和服务化网络的核心能力底座，将有力地支撑未来丰富多彩的应用场景，满足无处不在的移动通信和计算需求。

本节将深入剖析通算一体网络所需的核心能力，为网络架构设计提供坚实的基础。

10.1.1 异构融合的基础设施

随着数字化与智能化进程的加速，异构融合的基础设施显得尤为关键，它是满足未来多样化需求的基石。这种基础设施通过整合不同的硬件资源和软件资源，不仅应对了多样化的业务需求，还顺应了终端算力快速发展的趋势，进而推动了通信、计算和智能等能力的深度融合。

在异构资源层面，无线接入网的角色已发生显著变化，它不再局限于仅提供简单的连接功能，而是逐步演进为具备计算、存储和智能处理能力的综合性平台。为了满足不同通信和计算业务的需求，无线接入网开始引入 CPU、GPU、FPGA、ASIC 等硬件，无线算力展现出了越来越明显的异构特性。通用硬件与专用加速器的结合，赋予了基础设施满足多种业务需求的灵活性。同时，通过引入通用化硬件和云化技术，使能无线基础设施的灵活扩展，软件功能敏捷按需加载。得益于异构硬件的引入和扩展，基站在无线通信处理能力的基础上进一步扩展了计算功能，提升了无线接入网对各类业务的适应性，使其成为一个智能、高效的通算融合平台。另外，随着三星、MTK、高通等公司在终端算力上的不断突破，智能手机、平板计算机等设备已具备强大的计算能力，成为无线算力的重要组成部分。

在融合层面，IT、CT 和 DT 的业务融合已成为趋势，推动了基础设施的深度融合，使得基站和终端之间的多种类型的算力得以高效共享和协同，为各类业务应用提供了强大支撑。这种融合打破了传统领域的界限，使得通信、计算和智能等能力能够全面协同工作，共同支撑一个灵活且高效的数字化平台。在这个平台上，数据流动畅通无阻，计算资源可以根据实际需求在云端、基站和终端之间灵活调度，从而实现了资源的优化配置和最大化利用。

1. 计算需求的多样性

随着通算一体网络的发展和演进，业务对网络的需求变得更多样化。在通算一体网络中，同时存在通信业务和计算业务两大类业务，AI 技术赋能网络和网络资源。赋能 AI 的技术融合发展越来越多地展现了 AI 的强大能力、网络资源的重要性，也体现了泛在 AI 的特点。值得关注的是，通信业务、计算业务，以及应当给予特别单独关注的 AI 业务，在计算需求上存在着显著的差异。这种差异性主要表现在对不同方面的计算性能的关注，如通信业务更关注计算的实时性和可靠性，以确保数据传输的快速准确；而计算业务则侧重于数据的处理和分析。无论是传统的数据处理业务，还是大数据、云计算等复杂应用场景下的业务，计算业务都需要强大的计算能力作为支撑；AI 业务则需要较强的并行计算能力作为支撑，这源于 AI 业务在模型训练、模型推理阶段的大规模张量计算。类似上述具有差异性的计算需求将在无线通算融合后共存于网络中，需要被通算一体网络同时满足。

2. 计算资源的异构性

通算一体的网络中广泛存在各类不同的硬件设备作为计算资源，这些计算资源可能来自通用服务器、基站甚至终端设备，其上的计算硬件可能包括各种通用处理器及专用的异构加速器，这些规模不同、特性不同、能力不同的分散算力共同构成通算一体技术体系中的基础设施层算力。在这种情形下，通算一体网络中的计算资源呈现出明显的异构性特征。这种计算资源的异构性一方面使得系统具备应对异构计算需求的能力，但另一方面也给计算资源的管理和调度带来了极大的困难。如何合理地将分散在网络中的异构计算资源统一纳管并充分利用，使其良好协作，充分发挥差异性能力，高效服务于上层计算需求，并保证在满足差异化个体业务需求的同时使系统总体达到最优性能和最高效率是值得研究的课题。

3. 云原生架构

在通算一体网络中，云原生助力基础设施异构融合是网络发展的特征之一。云原生的特征包括容器化、管理自动化及微服务化等。云原生是一种构建和运行应用程序的方式，它充分利用了云计算的优势，使应用程序能够更好地适应动态变化的网络环境。在通算一体网络中，云原生技术使应用程序能够更高效地利用计算资源，实现弹性伸缩和自动化管理。云原生技术还可以提供更好的安全性和可靠性保障，通过容器化、自动化运维、微服务化等手段，提高应用程序的可用性和可维护性。

其中，微服务化是将传统的单体应用程序拆分成一系列小的、独立的服务。每个服务都运行在自己的进程中，通过轻量级通信机制进行交互。这种架构模式使得应用程序更加灵活、可扩展和可维护。在通算一体网络中，微服务化使得各个服务可以独立部署、升级和扩展，提高了系统的容错性和可靠性。同时，微服务化也促进了开发团队之间的协作和沟通，提高了开发效率和质量。

在通算一体网络中，云原生技术提供强大的技术支撑使应用程序能够更好地适应云计算环境，这种架构同样也更加灵活、可扩展和可维护，可以实现更高效、更可靠的异构计算资源使用。

10.1.2 超越通信能力的多元能力

为了支撑智慧交通系统的高效运作、智慧工业园区的自动化生产和精细化管理、沉浸式娱乐体验的丰富多彩、移动网络智能化及生成式 AI 技术的广泛应用等多样化场景的蓬勃发展，无线接入网作为信息传输的媒介和深度边缘的计算平台需要进一步增强其核心能力。通算一体网络不仅具备信息传输能力，还具备原生计算和原生智能的能力，以通信、计算、智能融合的方式，实现无线通信和计算资源、网络功能和通算一体服务的一体化，为千行百业数智化转型提供更智能化、高效的网络服务。

通算一体网络的原生计算能力可以理解为基于无线通信网络信令控制能力及计算资源提供的计算能力。为支持原生计算，无线接入网可以引入计算功能并实现泛在算力的感知和计算任务的感知，为计算任务寻址最优计算资源并完成计算任务全生命周期管理。计算功能与控制面功能、用户面功能协同，完成业务质量保障。这种原生计算的架构使得无线接入网能够更好地满足时延敏感型业务和计算密集型业务的需求。将计算任务的执行从传统的中心化计算模式转移到无线侧进行处理，可以降低计算任务的传输时延和减少网络拥塞，提高计算任务的执行效率和响应速度。同时，泛在算力的感知和计算任务的感知，可以优化计算资源的分配和利用，提高网络整体的性能和资源利用率。

通算一体网络原生智能能力指将无线接入网与 AI 技术深度融合，为 AI 业务应用提供泛在连接、泛在计算等基础能力及网络数据。在通信网络功能层面，通过实时感知和管理 AI 要素资源，包括 AI 业务数据、算力和算法，并实现资源的联合调度与控制。同时，确保 AI 业务数据与算法模型传输能力，监测与保障 AI 服务质量，以及利用数字孪生能力实现智能网络管理和优化。这种原生智能的设计能够满足未来泛在 AI 业务应用的需求，提供高实时性、高可靠性的服务，推动泛在 AI 的发展。

在多元化服务能力的发展目标下，通算一体网络的 QoS 指标需要在通信维度上进行拓展。传统上，面向连接的 QoS 要求，如 QoS 保证和服务水平协议（SLA），是主要关注连接性能的评价指标。然而，为了满足日益复杂的应用场景需求，通算一体网络需要在现有连接性能评价指标的基础上，引入计算性能、智能化业务质量、数据处理业务质量及感知等多个维度的质量评价指标，从多个角度全面刻画 QoS 保障，为系统的端到端业务质量提供更加坚实的保障，满足复杂应用场景下对网络服务的综合性需求。

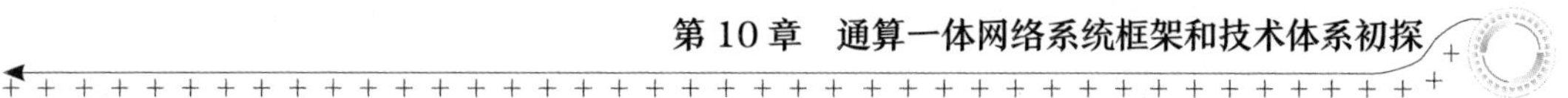

1. 原生计算

通算一体网络的原生计算能力可实现基站和终端的算力资源高效共享和协同。传统基站采用专用的物理硬件，升级和改造成本高，灵活性和复用性有限。为此，基站云化成为实现原生计算的重要技术方向之一。通过引入通用化硬件和云化技术，无线基础设施可以灵活扩展，简化了无线接入网提供不同类型算力的过程。基站除需要具备无线通信处理能力外，还需要扩展计算处理功能。计算处理功能可完成对算力信息的采集和维护，感知可用的计算资源及其状态，为任务分配和调度提供依据。另外，计算功能感知和处理计算任务，包括计算任务的调度、执行和结果反馈，确保任务按时完成并达到质量要求。同时，计算功能执行计算任务，并根据无线信道资源和计算状态进行通信资源与计算资源的联合优化，以保障计算任务的质量。通过通信资源和计算资源的联合优化，实现计算任务的实时性、可靠性和性能平衡，满足不同计算任务的需求。

在无线算力方面，基站算力和通过无线接入网连网的终端算力构成了泛在的无线算力。基站算力既包括通用 CPU 算力，还包括 GPU 算力、NPU 算力、DPU 算力等异构计算算力。同时，为了实现计算任务数据的路由和转发、在网计算，基站算力可以通过部署智能网卡来支持多种传输协议。在终端算力方面，随着智能业务、XR 及元宇宙沉浸式业务、车联网及物联网等新业务的不断发展，不仅终端产品形态更加多样化（如可穿戴设备、智能家居、IoT 设备及车载设备等），受益于半导体技术的不断成熟及 AI 芯片的引入，终端的计算能力也得到了快速提升，通过与无线接入网交互，终端算力可以被发现和利用。

在计算功能方面，无线接入网中的基站、云化基础设施、终端等既是计算服务的提供者，也是计算服务的消费者。基站作为计算服务的提供者，可以通过空口信令感知终端的计算能力、计算状态和计算任务，并根据终端的计算信息将计算任务卸载到本地执行，通过通算联合调度实时优化通算资源，实现在网计算。对于基站本地不能处理的计算任务，基站可以将计算任务继续递交给编排服务层或核心网，保证计算任务最终被执行。作为计算服务的消费者，基站也可以利用终端的计算资源，完成计算任务的反向卸载。例如，在联邦学习中，基站可以作为中心节点构建终端为分布式节点的联邦集群，实现分布式模型训练、模型分发。因此，在设计架构时，通算融合共生的无线网络功能需要具备计算控制能力和计算任务执行能力。计算控制能力需要完成计算任务的通算资源分配、联合优化和通算协同模式的决策，实现实时或近实时的通算联合调度。计算任务执行能力需要完成计算任务在基站的部署和运行。

原生计算的资源或能力需求可以从计算资源和计算服务等维度来描述。

在计算资源方面，资源类型包括 CPU 资源、GPU 资源、FPGA 资源等，以及对资源类型的描述，如针对 CPU 架构（x86 架构/ARM 架构）进行描述。针对详细资源分配，当计算资源为 CPU 资源时，可以通过 CPU 数量、CPU 核数量或 vCPU 数量表示；当计算资源为 GPU 资源、NPU 资源、张量处理单元（TPU）资源等资源时，可以通过 FLOPS/GFLOPS/TFLOPS 等表示所需的计算能力；当计算资源为 FPGA 资源时，可以通过逻辑资源数量表示。针对内存资源，可以通过内存大小表示，如 MB 等。针对存储资源，可以通过存储大小表示，如 GB 等。针对网络资源，可以通过端口数量、虚拟端口数量或针对特定端口需要的带宽表示，如 Mbit/s 等。

在计算服务方面，业务需求可通过业务计算类型（如 AI/ML、渲染、信道编解码、DU、CU、时频转换计算、加解密计算等）、业务计算数据量、计算处理时间、计算服务起始时间、计算服务终止时间、计算服务模式、计算处理次数、业务算力弹性伸缩功能、业务算力备份功能、业务优先级、服务端到端时延、服务可靠性等信息来描述。

2. 原生智能

通算一体网络需要考虑无线接入网对 AI 服务能力的支持，为此，通算一体网络需要提供数据采集、AI/ML 模型训练、AI/ML 模型推理、AI/ML 模型存储、AI/ML 模型管理等 AI/ML 工作流全生命周期管理能力，对 AI 服务所需的数据、AI 模型、算力与网络连接功能进行深度融合。

在通信网络功能层面，基于传统无线接入网，在网络设计上需要进一步增强的能力具体如下。

（1）AI 要素资源实时感知能力

在传统通信中，支撑 AI 服务的计算资源、AI 模型、数据资源通常是在云端的应用服务器上，无线通信网络仅仅起到了连接作用，将 AI 模型的推理结果、决策信息上传或下载到 AI 服务消费端。

通算一体网络为提供实时、可靠性更高的 AI 服务，需要由无线接入网提供与 AI 服务相关的数据、AI 模型资源、算力和网络连接资源。基于无线接入网分布式架构，要求其在基站和终端之间实时感知数据资源、AI 模型资源和计算资源。现有的面向连接的信令承载和信令机制不足以支持 AI 计算任务的信息交互。一个可能的解决方案是通过新引入的计算承载或专用的信令承载来传输所需的数据资源、AI 模型资源、计算资源。

（2）AI 要素资源管理与控制能力

在传统通信提供的连接服务中，无线资源管理功能可以保障无线资源的有效利用，这对提供可靠和高质量的通信而言至关重要。在通算一体网络中，为实现

AI 服务资源的联合管理与控制，无线资源管理需要从原来的接入控制、功率控制、切换控制、负载控制等拓展到 AI 数据管理、AI 模型管理、算力与网络连接资源联合调度等方面，以完成 AI 工作流全生命周期管理。网络根据实时感知的资源与对 AI 服务质量的监测反馈，实时调整 AI 工作流全生命周期的部署方案。

（3）AI 业务数据与 AI 模型数据传输能力

面向物理层 AI、终端与基站 AI/ML 计算协同等场景，无线接入网需要具备通过空口与终端交互 AI/ML 模型及相关业务数据的能力。AI 业务数据可包括与 AI 模型/算法相关的训练或推理样本；AI 模型数据可以包括模型参数、模型输出数据等。例如，在终端和基站协作进行 AI/ML 模型推理的场景中，模型被切分为两部分，终端执行一部分模型的推理，基站执行另一部分模型的推理。终端的模型输入数据为 AI 业务数据，终端向基站传输的数据是执行一部分 AI/ML 模型推理后输出的数据，基站基于接收到的数据执行另一部分模型的推理后再将模型推理的最终结果传输给终端。通过构建灵活、高效的数据传输机制，网络能够有效识别 AI 数据，并根据 AI 服务对实时性和可靠性的要求制定网络连接服务质量保障机制，保障 AI 服务质量。

（4）AI 服务质量监测与保障能力

为了评估与保障 AI 服务质量，需要综合考虑性能、开销、安全、隐私、成本、自治等要求，量化地表达用户对 AI 服务质量的要求，并将对 AI 服务质量的要求映射为对网络提供的算法、算力、数据、连接等各维度的要求。同时，网络也可以实时监控 AI 服务的运行状态和服务质量要求满足情况，基于对网络信道环境、计算资源及 AI 服务质量要求的满足情况的实时感知和监测，AI 要素资源管理与控制功能可以动态优化通信资源和计算资源调配机制，保障 AI 服务质量。

为了提升原生 AI 的灵活性和可靠性，可以进一步将数字孪生技术和 AI 算法相结合，构建数字孪生网络。数字孪生网络以面向网络的模拟、优化和决策支持为核心，实现对网络的虚拟仿真、预测分析和故障诊断。数字孪生网络一方面可以在网络实际应用 AI 算法之前提供 AI 算法预验证环境，另外一方面也可以预测网络拥塞程度、用户链路质量、用户体验、网络能耗等，为网络优化提供网络故障实时诊断能力和自动优化配置建议，提升网络性能和用户体验。

原生 AI 通过将 AI 服务所需的算力、数据、算法、连接与网络功能、协议和流程进行深度融合，可以为网络高水平自治、终端用户智能应用、网络内生安全等各场景提供实时与高可靠性的 AI 服务，最终基于通算一体网络使能泛在 AI。

10.1.3　智能统一管理和柔性编排

随着无线通信的快速发展和计算能力的迅速提升，通算一体网络的高效率运行、通信资源与计算资源的合理使用、定制化服务的快速上线等对无线接入网的管理、编排及服务能力提出了新的挑战，对通信、计算和智能等关键能力的统一管理和柔性编排需求不断增加。

1．通信资源与异构计算资源管理

通信资源与异构计算资源管理需要对整个无线网络的计算资源进行管理，包括计算节点、由计算节点组成的集群的CPU资源、内存资源、存储资源等。根据业务需求和计算资源状态，合理分配和调度资源，保证各个集群之间的资源利用均衡。

通信资源与异构计算资源管理可以感知和度量网络中的资源，包括计算资源、存储资源和网络资源，这是实现资源智能编排和调度的前提。资源管理功能可以构建网络、服务和算力的全局拓扑信息，为运营和管理提供统一的资源视图，并根据接收到的多维资源的感知和测量结果，更新通信、计算和服务的拓扑，进而实现通信+算力的可编程和业务的自动适配。

2．通算一体服务编排

在服务提供方面，通算一体网络作为服务提供者，在设计其系统时要考虑编排服务层中服务处理的能力、方式、流程、关键要素及服务接口，使编排服务层具备服务分解能力，将业务需求的通算综合表达转译为可部署的计算任务，进而根据计算任务需求映射成对通信资源和计算资源的要求，实现通算一体服务指标到连接通信资源和计算资源的映射。编排服务层还要具备根据计算任务性能评估整合到服务性能评估的能力，并依据服务性能要求开展相对大范围的、非近实时的通信与计算资源的联合编排，保障服务体验。

通算一体服务编排功能负责对通算一体网络中的各类资源（包括计算资源、存储资源、通信资源等资源）进行统一管理和编排，以实现对这些资源的集中控制和调度。通算一体服务编排功能可以对各类计算资源进行动态分配和调度，根据实际业务需求，自动调整资源的使用情况，以实现资源的最大化利用，提高整体资源利用率。通算一体服务编排功能还可以根据预设的服务质量要求，自动调整通信资源的分配和调度，以确保各类业务在处理过程中能够得到合理的资源分配，从而保障服务质量。通算一体服务编排功能还可以实现不同设备、不同应用之间的协同工作，形成一种高效、有序的工作模式，提升网络整体的协同能力。

由于无线算力具有分布式的特征，通算一体服务编排存在以下3种编排方式。

（1）集中式编排

集中式编排器可以作为网络中的全局管理者，负责整个网络的资源管理和调度，包括对计算资源和通信资源的感知、度量和管理编排等。集中式编排器通过构建算力、通信和服务的全局拓扑信息，帮助运营商感知网络的实时状态，如计算资源状态、通信资源状态和通算一体服务状态等，从而能够更好地进行网络运营和管理。集中式编排器基于接收到的算力、通信和服务信息，根据业务需求生成总体调度策略，实现自动化业务质量保障。

（2）分布式边缘编排

在通算一体网络中，由于无线设备具有分布式的特点，计算资源集群之间的协同调度需要借助分布式协同控制技术。该技术可以将全局策略转化为各个集群的本地策略，并由各个集群自主执行。同时，各个集群也可以根据自身的状态信息和接收到的反馈，调整本地策略，以实现全局最优。

分布式协同控制技术的优点包括：①提升网络的可靠性，通过分布式协同控制，各个节点可以协同工作，对网络中的异常情况进行实时监测和预警，及时发现并解决问题，避免单节点故障对整个网络性能的影响，从而提高网络可靠性；②提升网络的稳定性，通过分布式协同控制，各个节点可以被有效地管理和调度，根据实际需求动态分配网络资源，避免网络资源浪费和网络拥塞，从而提升网络的稳定性；③提升网络的效率，通过分布式协同控制，如前所述，各个节点可以协同工作，可对各节点执行的任务进行合理的分配和调度，避免任务间的冲突和重复计算，从而提升网络的效率。④提升网络的可扩展性，通过分布式协同控制，可以方便地为网络添加新节点或新功能，并对其进行管理和控制，从而扩展网络的功能和规模。

（3）多级别协同编排

“算网大脑”式的集中式编排器可以与多个通算一体网络编排器进行交互。根据通算一体网络自身部署特征，无线侧编排器中的多集群主要面向通算一体网络的多个站点集群。无线侧编排器收集集群的算力信息、网络状态信息及边缘服务信息，一方面可以传递给“算网大脑”，为“算网大脑”的更高层次资源编排和调度提供参考信息，另一方面在边缘侧进行自治管理和资源编排，调整和管理无线网络，调度边缘应用程序到相应的边缘集群或远端集群处，协助配置无线侧算力路由。这将会是通算一体网络编排管理的一种形式，无线侧编排器为“算网大脑”提供无线算网信息，并接收来自“算网大脑”的编排指示，无线侧编排器将执行更为具体的编排和管理任务。

AI 服务作为未来通算智深度融合最重要的服务之一，将提升通算一体网络赋能千行百业数智化转型的能力，AI 服务对网络的需求在传统连接能力的基础上，进一步扩展至算力、数据、网络的多维度需求。下面以 AI 服务作为计算服务的特例，说明通算一体服务编排的架构及功能是如何支持对 AI 服务

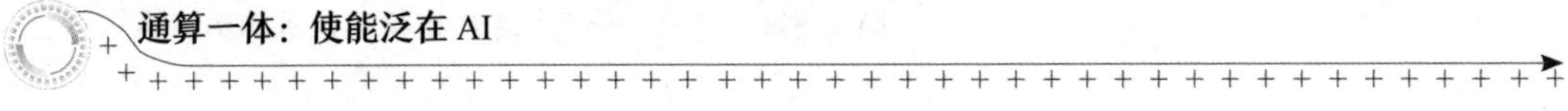

的编排的。

（1）AI服务的接收与转译

当用户向网络提出AI服务请求后，可在管理编排层理解并描述AI服务的智能应用场景、输入数据、数据来源、模型选择、分布式模型训练、分布式模型推理、模型输出数据、模型性能指标等方面的信息，将AI服务转译为可部署的AI数据采集任务、AI计算任务、AI服务质量需求。管理编排层可负责管理和调度所有AI服务，按需调度网络通信资源与计算资源。

（2）AI服务的分解与编排

AI服务可以分解为一个或多个AI计算任务，如数据采集与预处理任务、AI模型训练任务、AI模型推理任务、验证任务等。对于分布式的AI计算任务，每个任务都有多种部署方式，如一个AI模型训练任务可选择部署的网元有终端或者基站，一个AI模型训练任务也可选择不同的模型切分方式部署在多个网元上，多个任务可通过协作的方式共同完成AI服务，因此将AI服务分解为AI计算任务可能有多种解决方案，管理编排层根据AI计算任务对通算资源的需求、AI计算任务的质量（如时延、精度等）要求及对通算资源的实时感知，来选择合适的AI服务分解方案。将AI服务分解方案及其中每个AI全计算任务的相关信息作为AI生命周期部署方案，发给网络功能层。

（3）AI服务质量动态监测

编排管理层在将AI服务分解为AI计算任务的过程中，也需要对AI服务整体的性能指标进行分解，映射到每个AI计算任务对连接服务质量、计算资源的要求上。同时，在网络提供AI服务期间，编排管理层需要对AI计算任务性能指标进行实时评估，并整合为对AI服务的性能评估，根据检测/预测的情况及资源的实时变化来调整AI服务分解方案以对AI计算任务进行重新部署，保障AI服务质量与用户体验。

10.1.4 通算智新服务按需开放

随着无线接入网超越连接的能力日益增强，其服务范式也发生了深刻的变化。这种变化不仅仅是服务形式的转变，更是服务能力的提升。无线接入网不再仅仅是数据的传输通道，而是成为重要的数据处理和计算平台。这种转变使得无线接入网能够更好地满足用户对于低时延、高带宽的需求，为物联网、AI和大数据分析等应用提供了强有力的支持。然而，这种服务范式的变化也带来了新的挑战，针对如何保障用户的权益、如何确保服务的公平性和透明性、如何防止数据的滥用和泄露等问题，需要建立新的权益保障体系来解决。

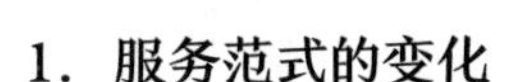

1. 服务范式的变化

通算一体网络从提供传统的连接服务转变为提供整合了通信与计算能力的一体化服务。通算一体网络新服务范式可以提供的服务包括连接服务、计算服务［如基础设施即服务（IaaS）/函数即服务（FaaS）/软件即服务（SaaS）］及通算一体服务。

在 IaaS 方面，无线接入网充当基础设施的提供者，通过服务接口向用户提供网络设备、存储空间等资源。用户可以按需访问和消费这些资源，管理编排系统的主要任务是确保资源的有效分配和优化，以及保障服务的稳定性。这要求管理编排系统不仅要进行资源调度，还要进行性能监控和故障恢复等操作。在 FaaS/SaaS 方面，无线接入网可以提供函数级计算服务，用户通过调用函数完成定制计算而不需要考虑底层算力。管理编排系统在此模式下的职责扩展到了任务的调度、资源的动态分配和计算能力的保障，以确保用户应用程序的高效运行。

在通算一体服务范式中，通算一体网络的管理编排层自动将业务综合需求转译为对通信资源和计算资源的要求。这种模式要求管理编排系统能够理解任务的综合服务质量要求，如 SLA 要求，并将这些要求转换为对连接、计算资源、数据和模型的需求。在任务的运行态下，编排器还要通过对多维资源的联合优化，如网络带宽提升、计算能力增强和存储资源增加，来确保整体任务的 SLA 要求得到满足。

通算一体网络通过高度自动化的管理编排系统，可以实现通信能力与计算能力的深度融合，通过资源的动态分配和多维资源的联合优化，保障达到用户的 SLA 要求。

2. 权益保障体系

面对通信与计算融合共生的无线接入网，构建一个健全的无线接入网权益保障体系尤为重要。这一体系不仅需要保障用户的权益，还需要促进通信与计算的共生共赢，为人们提供更加便捷、高效、安全的无线通信服务。通算一体网络的出现给移动通信网络的权益保障体系带来了一些变化，主要体现在以下几个方面。

① **服务质量评价体系**：通算一体网络需要一个综合性的服务质量评价体系，该体系应涵盖网络连接的稳定性、带宽、时延、抖动等传统通信指标，同时融入计算服务的性能指标，如计算能力、响应时间和资源调度效率，以及对 SLA 要求的满足情况、用户体验、安全性、成本效益、可扩展性和对环境的影响等多维度

指标，以全面评估和保障基于通信与计算功能融合的整体用户服务体验和用户满意度。

② **服务质量保障：**通算一体网络将传统的通信服务扩展到了更广泛的领域中，如物联网、智能家居、车联网等。这意味着权益保障体系需要涵盖更多新兴领域的用户权益保障和服务质量保障，以满足不同用户群体的需求。通算一体网络在编排服务层需要向消费者提供明确的服务能力，并且需要具备将服务需求的综合表达转译为可执行计算任务的服务质量要求表达。建立服务质量评估体系，对服务质量进行近实时/实时保障。

③ **用户权益保障：**在通算一体网络中，通算一体服务的提供者可以是终端和基站，通算一体服务的消费者也可以是终端和基站。保障通算一体服务提供者和使用者的权益，提供可靠、安全的信任机制是通算一体服务健康运营的关键因素，区块链技术为通算一体服务提供了潜在的解决方案。

- 在信任机制方面，区块链技术通过去中心化、分布式账本和共识算法等，建立一种去除中介的信任机制。在无线接入网中，区块链可以用于记录和验证网络中的各种交易和数据，确保数据的安全性和完整性，降低信息不对称和数据被篡改的风险。通过区块链的透明性和可追溯性，用户可以更加信任网络中的各参与者，提供更加公正、可信的通信服务。

- 在算力联盟方面，在无线接入网中，区块链可以用于构建算力联盟。算力联盟是由多个节点共同参与和贡献计算资源的组织，通过共享计算资源，提高网络的计算能力和效率。区块链可以作为算力联盟的底层技术支持，记录和管理参与者的计算资源贡献，并通过智能合约等实现公平的奖励机制和分配机制。通过形成算力联盟，无线接入网可以更好地利用分布式计算资源，提供更加强大和可靠的服务。

④ **数据隐私保护：**在通算一体网络中，大量的数据被生成、传输和处理。权益保障体系需要加强对用户数据的隐私保护，确保用户的个人信息不被滥用和泄露。通算一体网络可以在编排服务层开展路由编排、在网络功能层提供路由功能、在基础设施层提供计算数据转发能力，将计算数据的生成、传输和处理流程在无线接入网中形成闭环，降低公网传输数据的泄露风险。同时，权益保障体系还需要规定数据使用的透明度和用户对数据的控制权限。

⑤ **网络安全保障：**在通算一体网络中，网络安全的重要性更加凸显。无线内生安全机制需要具备防止网络攻击、恶意软件攻击和数据泄露等功能，确保用户在网络中的安全和隐私。

10.2　通算一体网络系统框架

10.2.1　设计原则

通算一体的网络架构设计，要考虑从“功能独立、资源隔离”到“通算一体共生”，从“烟囱式设计”到“网络平台化”，从“单一能力”到“服务多样化”的范式转变。本节总结和分析通算一体网络架构设计中的典型设计原则，即融合一体、弹性高效、智慧原生、泛在协同、绿色低碳、安全可信。

1．融合一体

融合一体设计原则中的融合不属于传统通信技术和生态的资源、方法和能力，该设计原则要考虑提升系统的性能，极大地拓展无线接入网的功能和服务范围，如融合更丰富的感知能力、融合更强大的计算能力、原生融合 AI、原生融合安全可信等。

融合一体设计采用一体化的设计思路，将不同的技术融合在一起形成一个综合性的解决方案，或将不同的技术和功能融合到一个设备或系统中，以实现综合性能、系统成本及系统复杂性等方面的竞争力优势，降低设备及其维护成本，为用户提供最优的无线网络和综合信息服务体验。

通算一体网络包括基础设施/资源要素、功能/能力和管理与编排多个维度的融合一体化。

在基础设施方面，无线系统需要考虑通信基础设施、感知基础设施及算力基础设施的融合设计，构建“连接+计算+智能”一体共生的无线系统基础设施，为各种应用提供通算一体的无线网络资源、感知资源和算力资源。为满足多样化的通信计算和业务计算需求，传统无线专用硬件可以考虑与通用基础设施融合，如基于专用通信硬件扩展通用计算能力和 GPU 计算能力等 AI 计算能力或基于通用硬件平台增加面向通信和 AI 的硬件加速功能，以兼顾灵活性和计算处理效率。

在网络功能方面，无线系统需要考虑通信、感知、智能、计算等能力、协议和流程的融合设计，使能通信资源、数据资源、计算资源和模型资源等多维资源要素的融合控制、一体调度和优化，实现对底层资源的灵活高效使用，提升对多维资源要素的管理效率，为满足业务的通信与计算需求提供基础保障。

在管理与编排方面，无线系统需要支持对多维资源、多样化网络功能的管理和编排。在传统通信连接资源和网络功能管理的基础上，拓展对计算资源、数据资源和模型资源的管理，以及计算功能、感知功能等的全生命周期管理能力，实现通信、感知、智能和计算等维度的网络服务/功能/资源的规划、部署、维护和优化及通算一体服务的提供。

融合一体设计有助于实现统一的资源管控、统一的业务服务管理和用户体验管理、统一的系统运维及通信、感知、计算、智能等服务一体按需提供，有利于无线网络实现系统级的优化和创新。同时面向连接和超越连接的服务能力，促进形成统一的产业链。在性能效率方面，融合一体设计将促进连接、感知、计算和智能等多能力互相赋能，提升性能和服务效率。在成本能耗方面，融合一体设计可以促进多种资源的共享和复用，通过高集成度和性能效率增益，实现成本和能耗的降低，有利于实现绿色节能。在产业生态方面，融合一体设计将促进通信网络与 IT/DT/OT 技术和市场的深度融合，分享利用各自的技术市场红利，汇聚各自产业优势能力。

2. 弹性高效

弹性高效设计原则要考虑基于算网资源的弹性按需供给、网络功能的弹性按需编排和服务的弹性按需提供以实现面向差异化和动态变化的业务需求的高效敏捷资源、功能和服务适配。

在无线算力资源方面，传统无线接入网硬件计算资源一般面向预先定义的通信连接的用户数、速率等峰值能力设计，通常采用低功耗和高效率的专用硬件实现，计算资源难以在多个载波或者小区之间共享，难以灵活适配动态变化的工作负载和业务需求。面对无线通信业务在时间维度上和空间维度上的潮汐效应，在部分基站空闲时，闲置的基站专用算力资源很难被充分利用。另外，专用计算资源只能用于通信信号处理任务，无法用于满足计算业务和 AI 业务等的日益增长的业务应用计算需求。通算一体网络需要向无线计算资源的弹性高效、共享方向发展。例如可考虑通过引入通用硬件配合专用硬件加速器，增强无线接入网基础设施的弹性。通用硬件具有更高的灵活性和可扩展性，也有利于实现资源池化效应，可以根据不同的工作负载和业务需求，实现计算资源的高效共享和动态弹性伸缩，更好地适应不断变化的通信和业务应用需求，按需提供通信服务、感知服务、计算服务和 AI 服务等新型综合信息服务。

在无线网络功能方面，传统无线网络功能的能力设计相对固定、资源占用固化，难以按照如用户数、业务量、小区数等粒度的需求编排无线网络功能，也难以支持新能力特性的快速上线和网络功能的按需敏捷定制。在计算资源弹性使用的基础上，为进一步提升资源利用率和网络新能力特性的快速上线能力及可编程能力等，无线网络功能需要更具弹性。可考虑借鉴目前 IT 领域的云化、服务化的技术理念，结合无线接入网功能特点，探索无线接入网的服务化设计，定义无线网络功能的基础能力单元，并通过“积木”式搭建快速构建空口连接能力，按需弹性拓展感知、计算、智能等功能和能力。服务化设计使无线网络功能以服务的方式调用、更利于先进 IT 的引入，使无线网络易于部署、易于版本迭代、易于无线网络功能与核心网的交互、易于通算一体服务的对外开放。

弹性高效原则将进一步使能通信资源与计算资源的动态灵活置换，促进无线系统的容量提升、资源效率及能量效率的提升和业务质量保障。同时，实现更丰富的感知、计算和智能服务的高效供给。

3. 智慧原生

智慧原生设计原则指通算一体网络在设计之初就系统地考虑了如何通过原生设计模式支持 AI 技术。一方面，网络深度融合 AI 技术，实现对无线网络运行的优化和运维的自动化，以提升网络性能和效率、降低运维成本和提升用户业务体验。另一方面，网络要考虑如何通过提供泛在连接、泛在算力及网络中的海量高价值数据等基础能力，支持未来泛在的 AI 业务应用。在智慧原生设计原则的指导下，通算一体网络将提供对算力、数据、算法、连接等要素的支持。

为实现 AI 原生的无线网络运行和运维优化，通算一体网络将提供数据采集、数据预处理、AI/ML 模型训练、AI/ML 模型推理、AI/ML 模型存储、AI/ML 模型管理等 AI/ML 工作流全生命周期的完整运行环境，并通过计算、数据和通信资源的协同调度、控制和编排，确保 AI/ML 模型性能得到充分保障，以最终实现极致的网络性能、用户体验和网络自治愿景。

为实现对泛在 AI 业务应用的原生支持，通算一体网络所提供的泛在连接和泛在算力可基于 AI 服务业务特征及网络连接、算力需求分布特征，超越传统的连接服务，原生提供 AI 模型训练、推理等服务能力，并进行服务质量保障。同时，通过考虑用户定位、用户轨迹和用户行为特征等基于海量无线网络数据的可开放的高价值信息，进一步辅助优化泛在 AI 服务体验。

智慧原生需要考虑对多种 AI 协作模式和 AI 模型的分解方式的支持能力。潜在的 AI 协作模式包括端-网协同、端-端协同、网-网协同及端-网-云协同等。AI 模型的分解方式包括并行切分、串行切分等。不同的 AI 协作方式、AI 模型分解方式，对网络数据、AI 模型、连接、算力资源的需求不同，通算一体网络支持根据动态变化的网络通信资源和计算资源状态，动态优化网络资源，并选择和优化 AI 协作模式及 AI 模型的分解方式，实现最优 AI 服务体验保障。

4. 泛在协同

泛在协同主要指终端和基站之间、终端与核心网之间、终端与终端之间、基站与基站之间、基站与核心网之间及基站/核心网与边缘计算之间等通过协同合作，实现信息的共享和资源的协同。泛在协同包括以下几方面的内容。

① 计算资源的协同。网络和终端间共享的、网络内部的、网络对外提供的可共享计算资源、存储资源和网络资源可以协同调用。计算资源的协同可以实现无线算力的共享和优化配置，提高系统性能和效率。

② 数据的协同。网络和终端间共享的、网络内部的、网络对外提供的可共享数据可以协同。数据的协同可以实现终端、网络数据的采集、传输、整合处理和对外开放，提高数据的价值、提升数据处理效率。

③ 任务的协同。网络和终端以协同的方式完成特定任务。任务的协同可以实现任务的分工和合作，提高任务的完成效率和质量。XR、V2X 等场景对网络性能提出了更高的要求，需要终端、基站、核心网、边缘云和中心云之间高效协同，以满足低时延、高吞吐量和可靠性等性能需求。

从资源高效利用的角度来看，终端、基站、核心网、边缘云和中心云都具备一定的计算能力和存储能力，协同利用计算资源、存储资源等可以实现资源的优化配置和利用效率的提高，从而降低网络成本和能耗。同时，从数据处理的角度来看，随着物联网和大数据应用的普及，数据产生在网络边缘，数据的传输效率限制、计算能力限制和数据安全隐私保护等约束，需要在终端、基站、核心网、边缘云和中心云之间进行高效的数据处理和分析，以实时提供决策支持和智能服务。从任务的角度来看，终端、基站、核心网、边缘云和中心云之间的高效协同可以更高效地利用算力资源，更好地满足低时延、高吞吐量和可靠性等性能需求，推动新兴应用场景的发展。

为支持泛在协同，在进行网络设计时需要考虑以下几方面因素。

① 在多维度的指标体系方面，无线接入网从面向连接的网络设计向面向任务的网络设计演进，面向连接的服务质量保障机制也需要转变/升级，实现计算、感知、智能等能力引入后对业务质量的多维度评估与服务质量保障。

② 在分布式计算方面，分布式计算机制将计算任务分配到不同的节点上进行并行处理，实现计算任务的协同执行。在无线接入网智能原生技术的支持下，任务可以被调配到合适的算力节点上计算，提高计算效率和资源利用率。

③ 在计算数据传输方面，高效的数据传输机制可以实现终端、基站、核心网、边缘计算之间的数据共享和路由。通过优化数据传输协议和网络架构，提高数据处理的效率和准确性，满足实时传输数据的需求。

④ 在网络架构和协议设计方面，需要设计满足终端、基站、核心网、边缘计算之间通信需求的网络架构和协议，包括通算一体网络架构/功能/接口的合理设计，以支持终端、基站、核心网、边缘计算之间的高效通信和协同工作。

⑤ 在管理和调度机制方面，建立有效的管理和调度机制，对终端、基站、核心网、边缘计算的算力资源进行统一管理和调度。通过智能算法和优化策略，

实现算力资源的协同利用和优化配置，提高网络的性能和效率。

5. 绿色低碳

绿色低碳设计原则致力于提升通算一体网络的端到端能效，如通过网络设备节能、优化网络设计和运营、提高绿色能源利用比例等来降低能源消耗和减少对环境的影响，实现更高效、环保和可持续发展的运行。

社会经济的发展推动了移动通信网络能力需求的快速增长。尽管单位比特能耗大幅降低，但仍无法抵消业务带宽提升所带来的能源消耗上升。运营商一直面临着高能耗成本问题。根据全球移动通信系统协会（GSMA）的调研与测算，能源消耗费用占运营商运营成本的 20%～40%，而无线接入网消耗的能源将占总能耗的 70%以上。随着业务快速发展及通算一体网络服务能力的拓展，其设备总量与计算量大幅增长、业务范围大幅扩大，其能耗问题也将更为凸显。绿色低碳既是自身高效运营的需要，也是运营商响应“双碳”目标的责任体现。在未来通算一体网络中，基站、终端及其他融合基础设施，将不仅仅通过独立演进提高各自能效水平，还将通过协作互助等内生节能手段，保障融合网络的多层次组合优化，形成通算一体的绿色低碳网络。高能效硬件、高能效的空口设计、智能化站点级/网络级协作节能、面向能效最优的通信与计算协同优化是实现绿色低碳的重要技术方向。例如，分布式计算等技术可以将计算任务卸载到离数据最近的终端或基站等边缘节点上处理，降低了数据在网络中的传输消耗，另外还可以综合考虑绿色新能源的供给状态、业务计算需求分布和网络传输状态等对计算任务进行动态灵活的卸载和迁移，最大限度地利用新能源，降低网络和终端能耗。

6. 安全可信

安全可信指无线网络内在具备的安全可信能力，包括安全性、隐私保护和可信性 3 个方面。在进行网络设计时，应遵循按需原则，实现多方交互的信任、持续的隐私保护和智能协同的网络韧性保证。此外，为提升用户体验和激活用户积极性，端到端网络将提供定制化服务和资源共享能力。同时，达到对网络韧性的要求可能需要将单主体韧性增强或多主体间协同合作，再结合 AI 和数字孪生等技术使网络整体安全可信。通算一体网络安全可信主要包括安全性、隐私保护、可信性 3 个方面，具体介绍如下。

① 在安全性方面，网络内部的数据传输和通信过程受到保护，防止未经授权的访问、遭受攻击和数据泄露。通过使用加密技术、进行身份认证和访问控制等手段，确保网络内部的通信和数据传输的安全性。

② 在隐私保护方面，保护用户的个人隐私信息，防止被未经授权的个体或

组织获取和滥用。通过采用隐私保护技术、数据匿名化和隐私协议等措施，保障用户的隐私权益。

③ 在可信性方面，网络内部的各个组件和节点的可信性，确保网络的正常运行和可靠性。通过使用可信计算、安全验证和监测技术，保证网络内部的设备、系统和服务的可信性。

通过在无线接入网内部实现安全可信，可以提供更安全、可靠和可信赖的无线通信服务，保护用户的隐私和数据安全。同时，安全可信也是支撑其他泛在协同服务和定制化服务的基础，为用户提供更好的使用体验，保障更高的服务质量。

10.2.2 系统框架

本节将基于上述无线接入网架构演进的多视角分析和设计原则，提出一种通算一体网络系统框架，包括基础设施层、网络功能层、管理编排层，如图 10-1 所示。

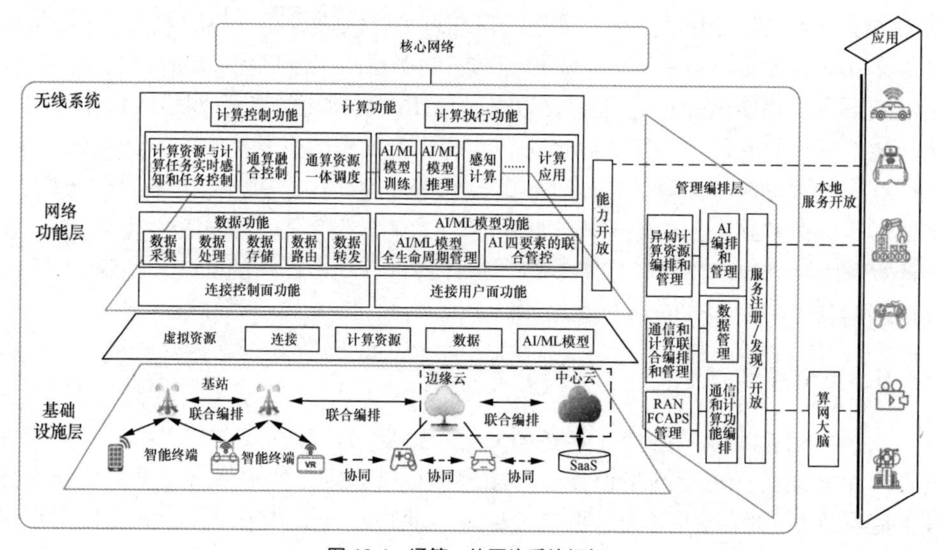

图 10-1　通算一体网络系统框架

1. 基础设施层

基础设施层基于分布广泛的海量基站和终端设备载体，提供包括连接、计算、数据和模型在内的虚拟资源。从设备节点上来说，主要包括连接无线接入网的终端和具有深度边缘计算能力的无线基站，也包括边缘云和中心云等基础设施。无线算力节点正在集成嵌入式计算功能，例如，传统宏基站可以集成扩展计算卡，计算卡可配置如 CPU、GPU、DPU 和 NPU 等计算资源卡，进一步提升计算能力。此外，

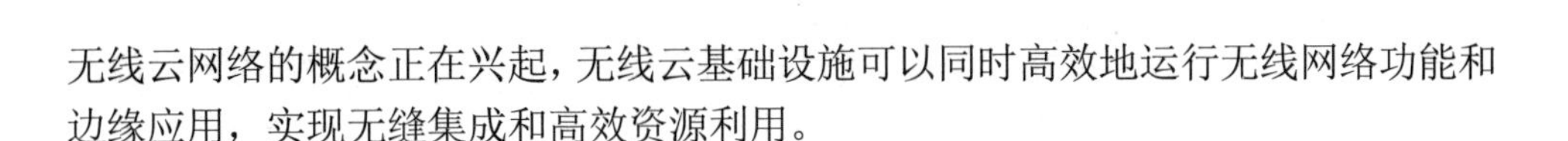

无线云网络的概念正在兴起，无线云基础设施可以同时高效地运行无线网络功能和边缘应用，实现无缝集成和高效资源利用。

2. 网络功能层

网络功能层基于基础设施层提供的计算、数据和 AI/ML 模型等资源要素，在传统的连接用户面功能和连接控制面功能的基础上进行增强，面向通算一体服务提供计算功能、数据功能和 AI/ML 模型功能。计算功能包括计算控制功能和计算执行功能。计算执行功能主要负责计算数据的处理；计算控制功能主要实现对无线计算资源的感知、对计算任务需求的感知、通信资源和计算资源的联合调度和一体控制及计算任务质量的监控闭环保障等。数据功能基于通算一体网络环境中的在各数据源、计算节点之间进行数据传输、同步的能力，可向通算一体网络及外部第三方用户提供统一数据服务。AI/ML 模型功能包括 AI/ML 模型全生命周期管理和 AI 四要素的联合管控。其中 AI/ML 模型全生命周期管理实现数据采集、AI/ML 模型训练、AI/ML 模型推理、AI/ML 模型存储、AI/ML 模型管理等功能。AI 四要素的联合管控通过对连接、计算、数据和 AI/ML 模型的管控实现 AI 服务的端到端服务质量保障。

（1）计算功能设计思考

在现代信息技术的发展过程中，连接和感知构成了信息获取的基础，而计算功能能够基于这些信息提供更加个性化和场景化的服务。通算一体共生的设计方式将重塑无线网络功能，使其不仅能够传输和接收数据，而且能够在网络边缘进行高效的计算处理。为此，可以考虑在传统无线接入网提供的面向连接的功能基础上引入计算功能来实现通信与计算的一体共生，实现传统连接外的计算、AI 等新服务能力扩展。通过引入计算功能，无线接入网能够就近处理数据，降低数据回传的时延，提高对业务应用的响应速度，同时通过实时的通信与计算资源联合动态调度，实现通信与计算维度的用户业务体验的一体化确定性保障。这种设计不仅有利于进一步提升网络的智能化水平，增强网络服务的质量，更有助于进一步实现无线接入网从提供单一的通信服务向提供集通信服务、计算服务和 AI 服务等于一体的综合信息服务跃迁。

计算功能负责处理无线接入网中的数据流量并控制计算资源，包括计算控制功能和计算执行功能，如图 10-1 所示。其中，计算控制功能根据计算任务的性能要求和实时收集的通信资源和计算资源状态，控制和调度计算资源和连接资源。具体来说，就是计算资源的实时感知和任务控制、通算融合一体控制、通算融合一体调度。计算执行功能负责计算任务的执行，基于计算控制功能/核心网/管理编排层为计算任务分配的无线算力资源，计算执行功能是具体计算任务的实例化承载，例如，AI 模型训练和 AI 模型推理处理在分配的算力上实例化。计算执行功能可以将计算任务的计算状态信息通知给计算控制功能，如计算的负载情况、告警等，计算控制功能基于收集的信息可持续优化计算资源和通信资源的调度策略，以实现无线接入网在复杂动态环境下的最优业务体验保障。

计算资源的实时感知可以实时发现终端、无线算力节点或其他计算节点的计算能力。计算任务请求感知使基站可以直接从终端接收计算任务请求，或从核心网/管理编排层接收计算任务。任务控制可以实现对计算任务的生命周期管理，例如计算任务资源准备、计算任务部署、计算任务质量监控、计算任务挂起和计算任务释放等。

通算融合一体控制功能专注于监测无线网络中的即时变化，包括无线信道环境和计算节点资源。该功能具备实时或近实时的控制能力，能够根据当前网络状况调整通信与计算资源的分配、用户接入及移动性管理策略。在变化快速且复杂的网络环境中，该功能确保计算密集型任务及时延敏感型任务获得必要的时延保障，优化网络资源利用，提升整体网络性能。

通信融合一体调度功能专注于生成通信与计算资源使用策略，确保计算任务的执行效率和质量。通信资源一体调度功能可以与控制面和用户面功能协同，采集如信道条件、网络负载、计算资源状态等信息。通过接收通信、计算及用户移动信息，实时生成通算资源调度策略。

考虑通算一体网络灵活的融合能力，计算控制功能可以延伸到核心网，采用整体设计无线接入网与核心网的方法来满足移动通信网络中的算力需求。无线接入网中的计算控制功能可以与核心网中的计算相关功能交互，使算力在无线接入网和核心网按需流转。对于仅涉及终端和基站的协同场景，计算任务数据的流程终止在无线接入网内部，以降低时延和提高业务处理效率。

（2）AI/ML 模型功能设计思考

随着 AI 技术的飞速发展，AI 业务应用已经深入各个领域，无线接入网作为提供泛在连接与泛在算力的基础设施，其支持 AI 能力变得尤为重要。通算一体网络结合了通信、计算和 AI 技术，为 AI 服务提供了更强大、高效的基础支持。例如，智能手机、智能家居设备等各类终端设备都可以通过无线接入网获取 AI 服务，而通算一体网络的强大覆盖能力可以让这些设备实现无缝连接和高效运行。

为了基于通算一体网络提供 AI 业务应用，实现原生智能，通算一体网络需要提供 AI/ML 模型全生命周期管理功能，以及对连接、计算、数据、模型这 4 个 AI 要素进行联合管控，实现高质量的 AI 服务能力。

AI/ML 模型全生命周期管理功能则负责数据采集、AI/ML 模型训练、AI/ML 模型推理、AI/ML 模型存储和 AI/ML 模型管理，以实现对 AI/ML 模型资源的全方面管理控制、监控和保护，在整个 AI/ML 模型开发周期中扮演着至关重要的角色。数据采集为模型训练、管理和推理功能提供输入数据。模型训练指 AI/ML 模型基于训练数据进行学习和优化，以提高预测的准确性。模型推理使用 AI/ML 模型基于推理数据输出结果。模型存储负责保存训练或更新后的模型，这些模型随后可用于执行模型推理功能。模型管理则监督 AI/ML 模型或 AI/ML 功能的运行：①模型更新，对现有模型进行调整和改进，以适应新的需求和环境；②模型选择和激活，根据具体应用场景选择最合适的模型，并将其部署到生产环境中；③模型去激活和回退，在必要时暂停或撤销模型的使用，以应对潜在的问题或风险；④模型评估与保障，确保模型在实际运行过程中的可靠性和稳定性。

通算一体网络在实现对 AI 四要素的联合管控中，首先需对 AI 服务需求建模以表征关键服务质量指标，如时延、准确度/精度、训练时间和稳健性/泛化性。基于这些需求，网络对连接、计算、数据和模型这 4 个维度的资源进行联合管理和优化，并制定相应的执行策略，例如决定计算协同模式和数据采集方法。

四要素的管控为：①连接管控的目标是优化和监管 AI 数据的传输资源与机制，确保数据传输的可靠性和高效率；②计算管控则聚焦于合理分配计算资源和选择计算节点，以满足任务执行的时延和精确度要求；③数据管控涉及确定数据采集的对象、范围、粒度和周期等，这对于保证模型训练和推理的质量至关重要；④模型管控包括对模型版本的选择和参数调整等，使模型能够适应不同计算任务在时延和精度上的特定需求。这 4 个管控维度相互关联，可以通过联合管控实现资源间的动态平衡和替换，例如通过增强计算能力来补偿网络连接的不足，或通过提升数据质量来提高推理准确性。在分布式 AI 应用，如终端与基站间的协同推理场景中，这种多维度的联合管控尤为关键，需要更加精细的资源管理和优化策略来保障端到端的服务质量。通过恰当的模型分割点、计算节点部署和数据传输处理策略的选择，可以有效满足终端侧 AI 推理的性能需求，使得通算一体网络在实现复杂 AI 服务中起到关键作用。

基于通算一体网络实现计算资源与连接资源的感知与控制，在计算功能的基础上增强 AI/ML 模型全生命周期管理功能，以及 AI 四要素联合管控功能，可为各行业提供高效 AI 服务，实现通算一体网络使能泛在 AI。

（3）数据功能设计思考

传统无线接入网的设计和优化主要是基于理论模型和仿真工具进行的。然而，随着通算融合技术的快速发展，越来越多的业务及数据在无线接入网中交融，人们逐渐意识到，在真实世界中收集的数据包含了更多的信息和洞察力。因此，无线接入网正在从模型驱动转向数据驱动，这一变革将为无线接入网产品架构设计，无线接入网规划、优化和运维等业务带来了许多技术优势，并产生了深远影响。

在通算一体网络场景中，数据的提取、处理和传输等流程在无线通信系统和 AI 系统中均扮演重要角色。无线通信系统负责数据的提取和传输，而 AI 系统通过数据处理和分析算法为决策提供支持。这两者的协同作用可以实现实时数据处理、数据共享、协同及智能决策支持等功能。无线通信系统将朝着以计算能力为基础、以数据处理能力为核心的通算智融合系统演进，并进一步催生全新的业务场景，如通过智能可穿戴装置、智能手机、物联网传感器和通信感知一体网络等采集的数据，经由无线通算智融合系统进行传输、交换和清洗，并与系统内部部署的 AI 算力结合，为个人用户提供沉浸式的私人 AI 助理服务。由于跨域协同的数据处理业务众多，数据空间分布复杂，传输交换需求密集，以及对隐私保护要求严格，这对无线系统的数据处理能力提出了全新的要求。

未来通算一体网络的数据处理设计也应具有面向包括基站、智能终端在内的边缘多智能体协同的数据资源管理功能与安全防护架构，以实现针对通算融合业务数据的采、存、转、算全流程的高效调度、资源统筹分配和实时安全防护。这需要在通算一体网络系统框架中，充分考虑数据相关功能设计，下面对主要的数据相关功能和技术进行梳理。

首先，可以通过基于跨域资源协同的通算数据端-边和站间路由、多域多源数据汇聚节点的选择和协作、分级冗余数据缓存部署和自适应迁移等，实现边缘多智能体协同环境下的数据和计算数据的采集、路由、转发、存储的数据功能。其次，针对通算一体网络系统内部所部署的 AI 计算任务及应用服务对数据预处理、数据融合、数据增强的广泛需求，未来通算一体网络还将提供统一的面向传统用户面外的新数据类型（如终端位置/形态感知数据、计算数据、AI 性能测量和预测数据等）、数据预处理和开放功能，以降低各种智能体中计算任务获取数据的复杂度和成本，提升计算数据质量，向网络内部计算任务或网络外部应用提供数据访问及交换服务。最后，新一代通算一体网络的数据相关功能将能够构建统一通用的通算数据服务框架及具有集数据采集/存储/处理/转发于一体的数据服务能力，支持分布式通算数据的全生命周期管理，有效满足未来的网算业务协同中的数据需求。后文将进一步探讨数据相关功能和技术。

3. 管理编排层

管理编排层负责管理和编排无线接入网计算资源、无线接入网、通信和计算功能、通信服务、计算服务和通信与计算一体服务。管理编排层在传统的无线接入网的运维和管理功能基础上，面向算力、AI 及服务框架等方面，新增异构计算资源管理功能、通算功能管理、通算联合编排功能、AI/ML 管理功能、多维数据统一管理功能、服务管理和开放功能。为了实现更好的灵活性和敏捷性，可以采用基于服务化的架构设计，如图 10-1 所示。异构计算资源管理功能负责管理异构计算资源基础设施的拓扑管理、生命周期管理等。通算功能管理完成无线接入网中通信和计算功能的整个生命周期管理，包括部署、终止、扩展和恢复等。通算联合编排功能将消费者提供的 SLA 要求转换为对无线通信资源和计算资源的要求，并通过采集和监控通信和计算信息，在管理平面优化通信和计算功能部署和资源。AI/ML 管理功能负责统一管理无线通算网络的模型、训练和监控，提供网络内生的 AI 服务，例如 AI/ML 技术成为实现意图驱动设计、管理和编排自动化的必要条件。多维数据统一管理功能通过数据注册、发现、分发等机制实现通算一体网络的通信、计算、智能多维数据统一管理、编排及调用，便于通算网络状态监控和闭环优化。管理编排层既可以为本地化的通算融合业务提供服务，也可以与算网大脑进行对接，将无线侧算力并入大网，提供通信与计算一体服务。服务管理和开放功能在管理编排层中发挥着关键作用，使无线接入网中的通信与计算服务能够被外部消费者访问。消费者可以通过意图模式提供通算融合的服务，意图解析和处理的复杂过程由管理编排层来完成。

10.3　通算一体网络关键技术

本节将基于通算一体网络系统框架，进一步探讨通算一体网络潜在关键技术。图 10-2 中重点列举了上述系统框架中基础设施层、网络功能层和编排管理层对应的核心技术。

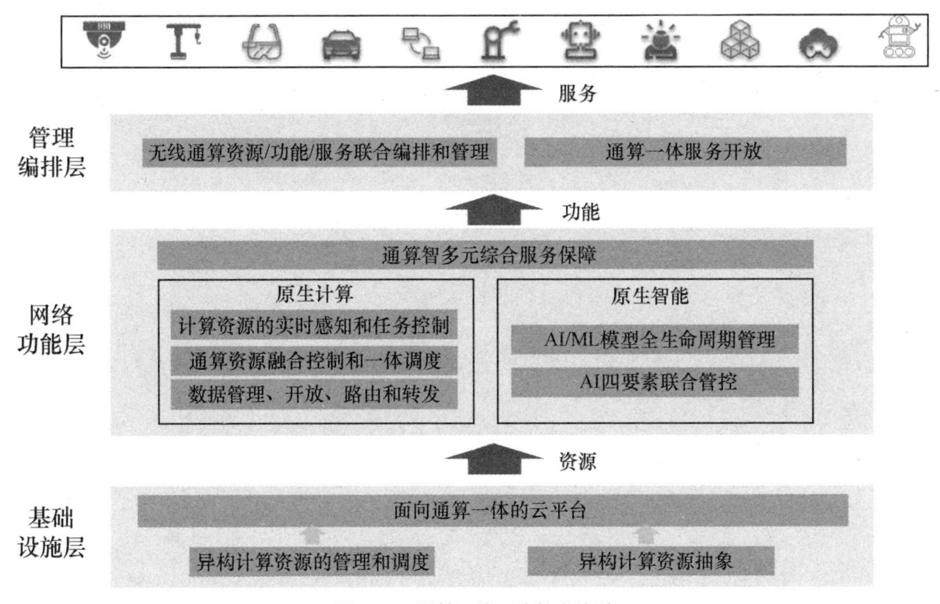

图 10-2　通算一体网络技术体系

在基础设施层，核心难点是如何发挥泛在无线接入网的基础设施价值，以有效满足业务和技术发展需求。无线接入网引入计算任务后，不同业务应用在面向不同计算硬件时，其要求的计算能力有较大差异。另外，统一硬件平台需要同时部署无线接入网和多样化业务，这对异构计算资源的实时共享、分配和管理等提出全新挑战。通算一体网络的基础设施层需要考虑如何支持分布式的异构计算资源管理和实时分配，其中涉及的关键技术包括 3 个，即异构计算资源抽象、异构计算资源的管理和调度、面向通算一体的云平台设计。

在网络功能层，核心难点是面向无线接入网高动态环境、计算能力的空时波动和碎片化等特性及通算资源受约束，如何实现通算一体服务质量保障。网络功能层可考虑以面向通信的无线通信功能协议为基础，融合计算和通信流程，支持精细化的通算一体实时控制，实现通算一体网络的原生计算和原生智能设计。其中原生计算涉及的关键技术包括计算资源的实时感知和任务控制，通算资源融合控制和一体调度，数据管理、开放、路由和转发等。原生智能涉及的关键技术包括 AI/ML 模型全生命周期管理和 AI 四要素（即连接、计算、数据和模型）。

在管理编排层，核心难点是如何实现无线通算资源/功能/服务协同动态敏捷编排和管理及通算一体服务按需开放。其中涉及的关键技术包括无线通算资源/功能/服务联合编排和管理、通算一体服务开放。

本章系统性地分析了通算一体网络的发展特征，分析了通算一体网络的系统框架，并概要性地介绍了基础设施层、网络功能层和管理编排层的多项关键技术。后文将针对基础设施层、网络功能层和管理编排层的核心技术进行深入探讨。

第11章 通算一体网络的基础设施层关键技术

第 10 章对通算一体网络架构和技术体系进行了系统分析，提出了通算一体网络的参考架构。在逻辑分层上，该参考架构包含基础设施层、网络功能层和管理编排层，基础设施层位于架构最底层，基础设施层是实现对无线接入网通信能力和多样化业务服务按需提供的基础底座。基础设施层基于分布广泛的海量基站和终端设备载体，为网络功能层和管理编排层提供包括连接、计算、数据和 AI 模型在内的虚拟资源。

本章从通算一体业务需求的角度出发，在硬件层面上，首先分析无线接入网和基于无线接入网的多样化深度边缘业务对异构硬件的需求，然后介绍传统和新型的异构计算资源的类型、特性及异构硬件的计算性能评估指标。基于这些异构计算资源，分析满足多样化调度需求的异构计算资源的抽象方法，基于异构计算资源的抽象，进一步探讨基础设施层中涉及的异构计算资源的管理和调度关键技术。在软件层面上，本章还将介绍现有的云平台基础设施技术，分析面向通算一体网络的增强技术。

11.1 通算一体网络对异构计算的需求

传统通信业务和传统计算业务对于基础设施有各种不同的需求，包括计算需求、存储需求、网络通信需求等。针对这些需求，各种软件、硬件都有相关规范，包括通信协议、API 等软件层面上的规范及 CPU、内存、网络硬件设备、外观尺寸等硬件规范。在通算一体网络体系中，通信、计算及泛在 AI 服务的多种任务共存于网络中，各种任务产生的对底层基础设施的多种需求都需要被满足，这就产生了对底层基础设施异构计算能力的需求。

异构计算资源是当下和未来通算一体网络的基础设施层的主要构成部分。异构计算资源是指由不同类型、不同架构、不同指令集的计算单元组成的计算资源。异构计算是指在系统中使用这些不同的计算资源进行的联合计算。这种灵活组合的计

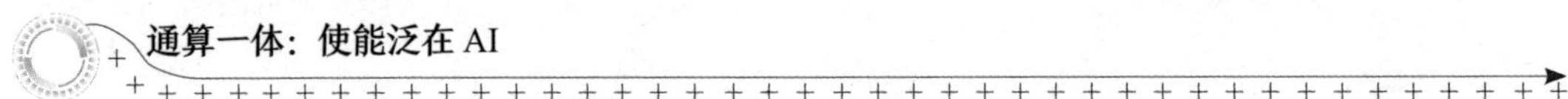

算方式性能好、能效高，在 AI 计算、高性能计算中得到了广泛应用。

11.1.1　AI 计算

在 AI 领域中，尤其是在深度学习和机器学习计算场景中，异构计算资源可以显著提高模型训练和推理的能力。AI 应用场景的典型任务包括计算机视觉技术应用、自然语言处理、语音识别等。在这些任务中，普遍采用 GPU、FPGA 或专用 AI 加速器（如 TPU）等异构计算资源进行深度神经网络训练和推理。

11.1.2　高性能计算

高性能计算的典型应用场景包括实时视频处理、视频转码、虚拟现实（VR）和增强现实（AR）等。在高性能计算的典型应用场景中，异构计算可以充分利用各种处理器的优势，提高整体系统的计算性能。例如，在视频处理领域中，利用异构计算资源可以加速视频编解码过程，提高处理速度，提升画面质量。在游戏和图形渲染中，利用异构计算资源可以提高图形处理能力，实现更丰富的视觉效果，如加速实时光线追踪、高级图形渲染、物理仿真等。

11.1.3　通信领域中的异构计算

使用传统的通用处理器执行通信计算任务十分耗时，而使用专门的硬件加速器（如 FPGA）可以显著提高处理性能。举例来说，一个通信程序可以将部分信号处理任务（如信号调制/解调、频谱分析等）通过编程的方式在 FPGA 上实现，这样就可以利用 FPGA 的并行计算和低时延的优势来加速完成这些任务。因此通过合理地利用异构计算资源，可以提高无线通信系统的性能、能效和灵活性。异构计算在无线通信领域中的典型应用有以下几个。

① **基带处理和信号处理**：在无线通信系统中，基带处理任务包括信号调制/解调、信道编解码、数据压缩/解压缩、信道估计和信道检测等。利用异构计算资源（如 CPU 资源、GPU 资源、SoC 资源、FPGA 资源和 ASIC 资源等）可以加速完成这些基带处理任务，提高整体系统的性能和效率。

② **网络智能化**：未来的无线通信网络体系中，AI 将广泛地与通信网络共生共存，AI 能力可以支撑智能决策，以更好地服务网络管理和运维。机器学习和 AI 技术可以用于实现自适应通信、智能优化等。利用异构计算资源，可以加速无线通信系统中全速机器学习算法的运行、训练和推理，提高通信性能和用户体验。例如在无线通信系统中，链路预测是重要的技术，用于预测无线链路的时变特性。目前广泛使用的链路预测算法通常应用了 AI 技术，可以利用异构计算资源的并行计算能力，实现快速、准确的链路预测，提高无线通信系统的性能和可靠性。

此外，无线通信系统中的资源分配问题涉及频谱资源分配、功率分配、码分配等，这些资源分配问题通常具有复杂的搜索空间，且需要通过迭代计算的方式进行优化求解，利用异构计算资源可以加快迭代计算的执行效率，可以实现对这些资源分配问题的高效求解，提高通信系统的整体性能。

从上述无线通信领域和 AI 领域的实际应用场景需求可以看出，异构计算资源在无线通信系统中的应用可以提高系统的性能、能效和灵活性，为无线通信技术的发展提供有力支持。

11.2　异构计算资源的形态

在各类无线应用和 AI 应用的需求驱动下，各种异构计算硬件应运而生，不同异构计算资源在性能、功耗、指令集和编程模型等方面存在较大差异。本节将首先介绍传统的异构硬件，包括 CPU、GPU 等，再介绍一些新型的异构加速硬件，包括 DPU、指令处理部件（IPU）、TPU 等，随后进一步从不同维度分析异构计算资源的性能评估方法，这些内容是后续异构计算资源的抽象、管理、调度的基础。

11.2.1　传统的异构硬件

传统异构硬件主要包括 CPU、GPU、FPGA 等，下面将分别进行介绍。

① CPU：CPU 是计算机的传统计算核心，拥有较强的顺序计算能力。在处理一些顺序执行的计算任务时，CPU 具有较高的性能。但在面对大量并行计算任务时，CPU 的性能相对较低。CPU 是计算机系统的核心组件，负责执行程序指令和处理数据。CPU 的基本架构主要包括以下几个部分，即控制单元（CU）、算术逻辑部件（ALU）、寄存器、内存、总线、时钟和指令集体系结构（ISA）。在实际应用中，CPU 的架构设计会更加复杂，以满足不同应用场景的需求。例如，面向服务器、高性能计算、嵌入式系统等不同领域，CPU 架构会有所差异。CPU 的基本架构为其功能实现提供了基础，而在实际应用中的 CPU 架构设计则注重性能、功耗、兼容性等多方面的平衡。

② GPU：GPU 拥有大量的并行计算单元，擅长处理大量并行计算任务。在 AI 计算、高性能计算等领域中，GPU 常常被用于执行加速计算任务，如深度学习模型训练和推理。与 CPU 相比，GPU 具有更强的并行计算能力，适用于处理大量图形和计算任务。GPU 的基本架构主要包括 CPU、渲染引擎、光线追踪引擎、内存、总线、显示输出、散热系统、电源管理等。

③ **FPGA**：FPGA 是一种可编程硬件，可以按需配置为特定的计算单元。FPGA 具有可编程性、低时延特性和高带宽特性，适用于实时信号处理、硬件加速等场景。FPGA 通常包含逻辑阵列、存储器、乘法器、锁相环（PLL）、输入/输出（I/O）接口、配置存储器、串行通信接口等。部分 FPGA 器件内部集成了硬核，如 ARM 处理器、数字信号处理器（DSP）等，这些硬核可以用于执行复杂的计算任务，或用于实现实时操作功能。

④ **专用集成电路（ASIC）**：ASIC 是专为特定计算任务设计的处理器，具有较高的计算性能和能效。例如，针对深度学习任务的专用 AI 加速器（如 TPU）和针对区块链计算的专用矿机芯片等。相较于 ASIC 的高性能和高能效优势，ASIC 的功能则较为单一，且开发成本高、研发周期长，在灵活性、兼容性和成本等方面存在一定劣势。

⑤ **单片系统（SoC）**：SoC 是一种系统级芯片，将多种功能模块（如 CPU、DSP、GPU、内存、接口等）集合在一个芯片中，从而完成整个系统的计算、存储和控制等。SoC 的特点是高度集成、低功耗、低成本和易于定制。例如，针对无线物理层处理优化的基带芯片、负责网络协议与数据包处理的 NPU、针对数字信号处理的 DSP 等。另外，研发周期长是 SoC 较明显的缺点之一。

基于上述异构硬件，在无线通信领域中有两类常用的异构硬件设备。

① **智能网卡（SmartNIC）**：智能网卡集成了专用的处理器和硬件加速器，用于网络数据包的高效处理和流量管理。智能网卡可以用于 RAN 中的数据包处理和流量加速。

② **硬件加速卡**：专门设计的硬件加速卡可以用于特定的信号处理、加密解密等任务，提供高性能和低时延特性。多家公司提供专门设计的硬件加速卡，用于 5G 中的无线基带处理。

在无线接入网中就可以通过 Inline 或 Lookaside 方式（见 11.3.4 节）使用基于 FPGA、ASIC 等处理器的智能网卡、通信协议加速卡实现对数据流的加速。关于异构计算资源的利用方法和相关技术，将在后文进行详细介绍。

11.2.2 新型异构加速硬件

除上述传统的异构硬件外，近年来，随着 AI 对并行计算的需求增加和硬件本身技术的进步，涌现出一批新型异构加速硬件，如 DPU、IPU 和 TPU。这些都是针对大规模数据集处理、大规模矩阵运算、张量计算等特定计算任务设计的处理器，在通算一体的场景中，AI 计算需求无处不在，而这些新型的异构加速硬件将担负起使能泛在 AI 的主要责任，它们各自具有以下特点。

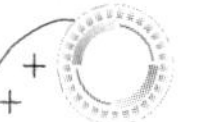

1. DPU

DPU 主要针对数据处理任务，具有高带宽、低时延、高吞吐量等特点。DPU 可以加速处理数据密集型任务，如数据压缩、数据加密、数据缓存等。在现代数据中心和云计算场景中，DPU 可以有效地提高数据处理性能、降低时延、减轻 CPU 和 GPU 的负担。DPU 具备可编程性，允许用户根据特定应用场景和需求配置和优化其功能，这使得 DPU 可以灵活应对各种数据处理任务，适应不同的应用场景。DPU 还具备可标准化的特点，DPU 遵循行业标准和规范，如 OpenVPX、OpenBMC 等，有利于与其他硬件和软件系统协同工作。此外，DPU 架构具备良好的可扩展性，可以随着技术发展和市场需求的变化进行升级和优化。

2. IPU

IPU 是一种通用的处理器，适用于各种计算任务，包括数据处理、逻辑处理和数学处理等。IPU 通常具有较高的计算性能、较低的功耗和较小的体积。在边缘计算、物联网、AI 等领域中，IPU 可以作为主要的计算核心，处理各种智能任务。除具备类似 DPU 的可编程性特点外，还具有专为 AI 优化和对深度学习加速的特点，使其具有更多的应用场景。

3. TPU

TPU 是专为深度学习和机器学习任务设计的处理器，具有高度并行计算能力、高张量运算性能和高的内存带宽等特点。TPU 可以显著加速深度神经网络训练和推理过程，降低计算时延，提高计算性能。在 AI 领域中，TPU 资源已经成为许多重要应用的主流计算资源。其架构围绕 128×128 位的矩阵乘法单元（MXU）进行设计，以加速矩阵乘法、池化等操作。TPU 被广泛应用于谷歌云平台中，为开发者提供高性能的机器学习计算能力。

对于以上提到的 DPU、IPU 和 TPU，根据需求的不同，可以选择合适的处理器来提高计算性能和能效。实际上在通算一体的场景中，这些新型异构加速硬件也可以在一些情况下服务于通信业务的加速。例如，可以使用 DPU 卸载通信框架，实现异步计算和通信，从而加速通信业务中的数据处理任务；在无线通信系统中，信号检测和识别、信道估计、波束赋形等任务通常需要大量的计算资源，通过使用 TPU 进行加速，可以降低处理时延，从而改善通信系统的性能。

在通算一体网络体系中，多种不同的计算需求同时存在。为了使上述提到的各类异构计算设备能更好地支撑通算一体网络体系中广泛存在的各类不同计算任务，需要能够客观、系统、全面地评估各类不同的异构计算资源性能，并根据其性能对其进行统一的抽象，最终在统一的异构计算资源抽象之上构建起面向通算一体的异构计算管理和调度体系。后文将对这些内容展开介绍和讨论。

11.2.3 异构计算性能的衡量

在通算一体网络体系中，由于不同硬件和软件组件之间的性能差异，如何客观、准确地评估系统性能成为通算一体网络面临的挑战之一。在此环境中，需要总结和梳理针对异构计算资源的全面度量方法。

一般而言，异构计算资源的评估指标主要包括以下几个方面。

① **计算性能**：计算性能是衡量异构计算资源能力的重要指标，通常使用每秒执行的浮点运算次数（FLOPS）或整数运算次数来表示。

② **吞吐量**：吞吐量是衡量异构计算资源处理任务能力的指标，通常用每秒处理的任务数量或数据量来表示。吞吐量可以反映处理器在单位时间内处理任务的能力，对于实时性要求较高的应用场景具有重要意义。吞吐量的大小受到多种因素的影响，如硬件性能、程序算法效率、网络带宽等。

③ **能效比**：能效比是衡量异构计算资源能耗效率的指标，通常用每瓦特（W）执行的浮点运算次数或整数运算次数来表示。能效比越高，表示处理器在执行任务时消耗的能量越少，对于节能和降低运行成本具有重要意义。异构加速硬件的能效比取决于处理器性能、任务分配、系统架构、内存和存储、能源管理等多方面指标。通过优化这些指标，可以实现更高能效比的异构加速硬件系统，从而降低运行成本、节约能源。在实际应用中，需要根据具体应用场景和需求来调整和优化异构加速硬件的能效比。

④ **时延**：时延是衡量异构计算资源响应速度的指标，通常用任务执行完成所需的时间来表示。时延越低，表示处理器处理任务的速度越快，对于实时性要求较高的应用场景具有重要意义。时延的确定性指时延的稳定性和可预测性。在理想的情况下，时延应该是确定的，即在相同的条件下，传输相同的信号，时延应该是相同的。然而，在实际应用中，由于各种因素的影响，如网络拥塞、设备处理能力、传输链路稳定性等，时延往往具有一定的不确定性。抖动是时延的变化范围，描述了时延的不确定性。抖动越大，时延的稳定性越差，可能会导致数据包丢失、传输速率降低和实时性受损等问题。抖动主要受到网络拥塞、设备处理能力、传输链路稳定性等因素的影响。

⑤ **可编程性**：可编程性是衡量异构计算资源灵活性的指标，通常用编程难度、开发环境、可重配置性等因素来衡量。可编程性越高，表示处理器越容易进行编程和配置，可以更好地满足多样化的应用需求。

⑥ **尺寸和成本**：对于硬件资源来说，尺寸和成本也是重要的评估指标。较

小的尺寸和较低的成本可以提高硬件资源的使用效率和经济效益。

综上所述，异构计算资源的评估指标主要包括计算性能、吞吐量、能效比、时延、可编程性、尺寸和成本。根据具体的应用需求，可以选择合适的评估指标来评估异构计算资源的性能和适用性。

对于不同类型的异构硬件，如 CPU、GPU、FPGA 等，在进行异构计算性能的评估时可以使用各自最关键的性能指标来进行度量，下面以 CPU、GPU、FPGA 为例进行说明。

1．CPU

① **主频**：CPU 的时钟频率，以 GHz 为单位，表示 CPU 每秒钟执行的时钟周期数。主频越高，CPU 的计算能力越强。

② **核心数**：CPU 内部的核心数量。更多核心意味着更高的并行处理能力，从而提高计算性能。

③ **缓存**：CPU 内部的缓存用于临时存储数据和指令，以降低内存访问时延。更多和更大的缓存可以提高数据访问速度，进而提高计算性能。

④ **总线速率**：CPU 与内存之间的数据传输速度。更高速率的总线可以提高数据传输效率。

⑤ **时延**：CPU 从接收到指令到完成指令执行的时间。时延越短，说明 CPU 的响应速度越快。

⑥ **功耗**：CPU 运行时的功耗，低功耗意味着更高的能效和可持续的运行。

2．GPU

① **CUDA 核心数**：GPU 内部的 CUDA 核心数量，用于执行图形计算任务。更多的计算单元意味着更高的计算性能。

② **内存带宽**：GPU 与内存之间的数据传输能力。带宽大的内存可以更快地读取和写入数据，提高计算性能。

③ **内存容量**：GPU 可用的内存容量。内存容量越大可以支持更大规模的数据计算任务，从而提高计算能力。

④ **架构**：GPU 的架构设计，包括计算单元、内存控制器、总线结构等。先进的架构可以提高 GPU 的性能和效率。

⑤ **功耗**：GPU 运行时的功耗，低功耗意味着更高的能效和可持续地运行。

3．FPGA

① **逻辑资源**：FPGA 内部的逻辑门数量，用于实现用户设计的数字逻辑电路。

更多的逻辑资源意味着更高的计算能力和更复杂的电路设计。

② **吞吐量**：FPGA 完成指定任务的速度。吞吐量越高，说明 FPGA 的计算能力越强。

③ **时延**：FPGA 从接收到指令到完成指令执行的时间。时延越短，说明 FPGA 的响应速度越快。

④ **功耗**：FPGA 运行时的功耗。低功耗意味着更高的能效和可持续地运行。

新型异构加速硬件的评估方法具体如下。

新型异构加速硬件与传统加速硬件在设计目标和应用场景上存在差异。传统加速硬件追求的是通用性和广泛适用性，而新型异构加速硬件则更加注重在特定领域中或任务上的优化和性能提升。这种差异性导致了在评估这些硬件性能时需要采用不同的标准和指标，以更好地反映其在实际应用中的表现和价值。DPU、IPU 和 TPU 等新型异构加速硬件在性能评估方面具有一些共性指标，如处理速度、能效比、可扩展性与灵活性等。同时，由于它们在设计目标和应用场景上的不同，这些设备的性能评估与传统加速硬件也存在显著差异。在评估这些硬件性能时，需要更加关注它们在特定任务上的表现和优化程度。对于传统加速硬件而言，计算结果的正确性通常是其基本要求。然而，对于 DPU、IPU 和 TPU 等用于处理复杂数据和执行高精度计算任务的加速硬件来说，精度和准确性成为更为重要的评估指标。因为这些加速硬件需要能够处理大规模数据集，并在保持高速处理的同时确保计算结果的准确性。

11.3 异构计算资源的抽象

除了上述提到的异构加速硬件本身的发展，随着虚拟化和云化技术的发展和海量应用需求的出现，软硬件解耦的理念得到广泛认同，软硬件解耦不仅提高了系统的灵活性、可移植性和可扩展性，使得应用程序能够更加灵活地适应不同的硬件环境和满足不同业务需求，还使得软件和硬件可以分别以更短的周期进行迭代更新。在这种趋势之下，除了硬件本身性能的提升，产业界对异构加速硬件提出了能够实现不同层级的计算资源统一抽象和服务架构构建的能力要求。从系统设计的角度来看，异构计算资源的抽象层次架构通常包括以下几个层次。

① **应用层**：应用层是异构计算资源抽象层次架构的最高层次，包含了各种应用程序、工具和库。开发者可以在这一层使用抽象接口和模型来调用底层计算资源，实现应用程序的开发和部署。

② **运行时层**：运行时层负责管理计算资源全生命周期，包括资源的分配、管理和释放。这一层通常包括虚拟机、容器、协程等技术，用于在运行时实现对计算资源的抽象和隔离。

③ **系统层**：系统层负责为上层提供硬件资源和软件资源的访问接口。这一层通常包括操作系统、设备驱动程序和硬件抽象层（HAL）等，用于实现对底层硬件资源的统一访问和管理。

④ **硬件层**：硬件层是异构计算资源抽象层次架构的最底层，包含了各种硬件设备和芯片，如 CPU、GPU、FPGA、DPU 等。硬件层为上层提供了计算、存储和通信等基本功能。

从层次化服务的角度来看，在异构计算资源的抽象层次架构中，各个层次之间通过抽象和封装实现相互隔离。开发者可以在应用层使用统一的编程接口和模型，无须关注底层硬件的具体实现，从而降低了编程复杂度。同时，异构计算资源的抽象层次架构也有利于提高计算资源的利用率和系统的性能。在本书的 2.1.3 中介绍了云计算服务的不同层次，包括 IaaS、PaaS 和 SaaS，而异构计算资源的抽象使得各类异构计算资源可以更好地支撑分层服务架构体系，因为这些云计算服务模型在很大程度上依赖于计算资源的抽象和层次化管理，如异构计算资源的硬件层抽象支撑了 IaaS，系统层抽象支撑了 PaaS，而运行时层抽象和应用层抽象则支撑了 SaaS。

从 IaaS 到 PaaS 再到 SaaS，计算资源的抽象层次逐渐提高，开发者可以根据产品和业务需求便捷地选择需要的服务层次实现云端部署和管理运维，开发者需要做的就是在对应的异构计算资源的抽象层下使用该层提供的计算资源接口开发自己的产品。

为了更好地服务于前文提到的分层服务架构体系，为上层应用提供统一的接口，避免上层应用在开发过程中将精力和资源过多地投入底层计算资源的适配环节，同时提高运维过程中对底层异构计算资源的利用率，降低运营成本，需要对异构计算资源进行统一的抽象。

异构计算资源的抽象是指将不同类型、不同架构的计算资源（如 CPU、GPU、TPU 等）抽象成统一的计算资源或能力模型，从而简化业务应用的开发和系统管理，并丰富底层加速硬件的多样性，形成更加稳健丰富的产业生态，促进技术竞争和进步，不断提升异构通算基础设施的效能。

异构计算资源的抽象有两种类型，即从硬件本质特性和接口开发角度出发的资源抽象和更贴近于上层管理编排和使用需求的能力抽象。而这些不同的抽象类型都应遵循异构计算资源的抽象准则，从而达成方便管理和使用的目标。

11.3.1 异构计算资源的抽象准则

为了使异构计算资源的抽象能够更好地服务于管理调度和上层功能应用，异构计算资源的抽象设计应当围绕以下准则，具体如下。

① **透明性**：异构计算资源的抽象应该使得应用程序在运行时无法感知到底层硬件资源的差异。这意味着程序员不需要关心底层硬件的具体实现，只需要关注应用程序的逻辑和功能。异构计算资源的抽象功能模块需要处理硬件资源的映射、转换和优化等问题，以确保应用程序能够在不同类型的计算资源上运行。

② **可扩展性**：异构计算资源的抽象应该支持不同类型的计算资源的抽象，以便于用户根据实际需求选择合适的硬件资源。这需要异构计算资源的抽象功能模块能够处理基于不同架构、具有不同性能的计算资源，并提供统一的接口。

③ **高效性**：异构计算资源的抽象应该能够充分利用底层硬件资源的性能优势，提高应用程序的运行效率。这需要异构计算资源的抽象功能模块能够根据硬件资源的特点进行优化，如针对 GPU 进行并行计算资源抽象。

④ **易用性**：异构计算资源的抽象应该提供简单、易用的编程接口和工具，以便于用户快速地进行应用程序的开发和部署。这包括提供统一的编程模型、封装底层硬件资源的细节、提供调试和优化工具等。

⑤ **可靠性**：异构计算资源的抽象准则应该考虑硬件故障、失效等问题，以确保应用程序的可靠性和稳定性。这需要异构计算资源的抽象功能模块检测硬件的状态、提供硬件故障恢复机制、进行硬件资源调度和优化等。

⑥ **完备性**：异构计算资源的抽象为面向特定复杂业务的能力模型时，应能完整地表达业务能力的关键约束，如无线通信任务的基础设施配置、业务容量、实时性、处理能效等。

通过满足上述准则，异构计算资源的抽象可以提高应用程序的开发效率、运行效率和可靠性，减少应用程序对硬件资源的依赖，从而更好地支持异构计算环境下的应用程序开发和部署。

11.3.2 异构计算资源的抽象方法

想要理解异构计算资源的抽象方法，需了解其技术基础，下面将介绍异构计算资源的抽象方法中涉及的几类技术，这几类技术从应用开发和应用部署的角度使异构计算资源可以更好地服务于上层应用。

① **统一编程模型**：统一编程模型是一种对不同类型计算资源的编程接口进行统一的技术。例如，OpenMP 是一种用于并行编程的统一编程模型，可以支持

多核 CPU、GPU 和其他并行计算资源。OpenMP 提供了一套通用的编程接口，开发者只需在源代码中添加相应的编译指示或宏，就可以实现并行计算了。

② **硬件抽象层**：硬件抽象层是一种将底层硬件资源与上层软件应用隔离的技术。通过硬件抽象层，开发者可以忽略底层硬件的具体实现，而使用统一的接口进行应用程序编程。硬件抽象层通常包括设备驱动程序、设备描述表、设备控制函数等。例如，DirectX 是一种用于图形硬件的硬件抽象层，它提供了一套通用的编程接口，可以支持多种图形硬件。

③ **虚拟化技术**：虚拟化技术是一种将物理计算资源划分为多个虚拟计算资源的技术。通过虚拟化技术，开发者可以忽略底层物理资源的具体实现，而使用虚拟计算资源进行编程。虚拟化技术通常包括虚拟化层、虚拟化设备、虚拟化存储等。例如，虚拟化计算资源可以通过虚拟化设备接口（VDI）进行编程，实现对虚拟化计算资源的统一访问。

④ **容器化技术**：容器化技术是一种将应用程序及其依赖项打包到一个轻量级、可移植的容器中的技术。通过容器化技术，开发者可以忽略底层计算资源的具体实现，而使用容器中的应用程序进行编程。容器化技术通常包括容器镜像、容器引擎、容器网络等。例如，Docker 是一种常用的容器化技术，它提供了一套通用的编程接口，可以支持对多种计算资源的利用。

这些异构计算资源的抽象技术既可以单独使用也可以结合使用，以下是针对 CPU 资源和 GPU 资源虚拟化抽象的简单示例。

CPU：例如一个四核八线程的 CPU，主频为 3.0GHz，可以抽象为参数如下的虚拟 CPU。虚拟 CPU 核心共 4 个（对应物理核心数）；虚拟线程共 8 个（对应物理线程数）；虚拟主频可以根据需要设置为不同的值，如 2.5GHz 或 3.5GHz。通过调整虚拟主频，虚拟 CPU 可以为不同的虚拟机或容器提供不同的性能级别。

GPU：以一个具有 2048 个 CUDA 核心和 8GB 的显卡内存的 GPU 为例，可以将其抽象为以下虚拟 GPU。如调整虚拟 CUDA 核心数时，可以将其划分为两个虚拟机，每个虚拟机分配 1024 个虚拟 CUDA 核心。虚拟显存也可以被划分为不同的部分，如可以为每个虚拟机分配 4GB 的虚拟显存。

综上所述，异构计算资源的抽象方法是从资源本身的硬件特征出发，通过对异构计算资源的精确描述和度量，实现异构计算资源的抽象，使异构硬件可通过统一的接口服务于上层应用。

与上述异构计算资源的抽象方法不同，异构计算资源的能力抽象是在底层硬件资源以上的更高层级进行抽象，通过设置合理的能力关键指标来呈现，其抽象的对象是软硬件间存在一定耦合关系的任务能力。通过抽象，通算一体技术体系可以对不同类型计算能力的共性进行统一表示，使得开发者可以用通用的编程接口和模型来使用各种计算能力。异构计算资源的能力抽象还应关注异构计算资源的属性信息、软件信息、拓扑结构、扩展能力及安全性等重要能力因素，这些因素共同决定了异构计算资源为多种异构计算需求提供服务的能力。

① **能力关键指标**：能力关键指标指保障业务所需功能能够顺利实现的所有能力指标。由于业务类型的多样性，能力关键指标也各不相同。以通信基站为例，可能包含但不限于业务带宽、小区数、最大激活/驻留用户数、上下行吞吐量峰值、某特定功能或特定编码的支持情况等。在通算一体技术体系中，面向无线通信信号处理和 AI 模型推理计算，应当对硬件资源进行能力抽象，如其能力指标可以为：LDPC 解码速率为 20Gbit/s，AI 模型推理速率为 1000 样本/秒等。

② **异构计算资源的属性信息**：异构计算资源的属性信息可能与需要运行的特定功能关联，并直接决定服务于特定需求的能力，因此一些用于功能软件部署的异构硬件的属性信息应纳入考虑，如厂商、设备类型、设备型号、设备配置等。

③ **异构计算资源的软件信息**：异构计算资源的软件信息包括 FPGA 固件、驱动、操作系统、业务逻辑等。异构计算资源的能力抽象应包括支撑业务需求的软件信息，如软件名称、软件开发者、软件版本等。

④ **异构计算资源的拓扑结构**：异构计算资源所在机房编号、地理位置、传输网络条件，以及跨设施容灾、备份等能力会造成同种异构计算资源的不同服务能力，因此也是异构计算资源的能力抽象需要考虑的。

⑤ **异构计算资源的扩展能力**：在通算一体的场景下，系统中的异构计算需求具有时间上的和空间上的变化性，这就要求为之服务的异构计算资源具有良好的扩展能力，因此异构计算资源的发现、注册、调度等全生命周期管理机制，以及自动扩缩容、负载均衡等能力是异构计算资源的能力抽象的重要考虑因素。

⑥ **异构计算资源的安全性**：异构计算资源的隐私安全保障也是必要的能力因素。

上述不同的异构计算资源的能力因素共同构成了对异构计算资源的能力描述，其中能力关键指标是异构计算资源的能力抽象的核心要素，围绕异构计算资源的能力关键指标，其他关键因素形成了对异构计算资源的能力抽象的必要补充。

11.3.3 异构计算资源抽象的通信实例

如今，云化/虚拟化无线接入网已在产业界达成了共识，在通算一体技术体系中，异构计算资源的抽象具有重要意义。为保证基础设施软硬件的灵活性和可扩展性，在考虑可能使用的各种硬件选项时，可以设计加速器抽象层（AAL）来解决不同芯片或加速器和不同软件的可操作性和可编程性问题，从而允许不同的软件供应商提供的软件运行在不同硬件供应商提供的硬件设备上。

AAL 是一种软件层，它旨在提供统一的接口来管理和控制各种不同类型的加速器硬件。AAL 的主要目标是简化硬件加速器的使用，使应用程序开发者能够更容易地利用这些硬件资源来提高性能，而无须深入了解每种加速器的具体细节。通过将不同硬件平台上的功能模块化，使它们在软件中可编程和可扩展。在引入多种异构硬件选项时及对异构硬件资源进行抽象时，通常从以下几个方面考量。

① **兼容性**：AAL 需要确保在多种硬件平台上实现的网络功能具有兼容性，以便在不同的硬件环境中部署实现。

② **标准化**：为了促进生态系统的发展，AAL 应当遵循开放标准和规范，以便各供应商和开发者可以轻松地实现和集成相关功能。

③ **性能优化**：针对不同硬件平台的特性，AAL 需要提供性能优化方案，以实现最佳的网络功能性能。

④ **硬件独立性**：AAL 应助力硬件实现硬件独立性，使得网络功能不受特定硬件平台的限制，从而降低供应商锁定风险。

⑤ **软件可编程性**：AAL 应提供可编程接口，以便开发者可以根据硬件特性软件进行调整和优化，同时简化新硬件平台的集成。

AAL 的主要功能包括以下内容。

① **设备发现与管理**：AAL 能够检测和识别系统中的加速器，并管理它们的全生命周期，如加速器初始化、配置和释放资源。

② **统一接口**：AAL 提供了一组标准的 API 或函数调用接口，使得应用程序可以以一种一致的方式与不同的加速器进行交互。

③ **任务调度与优化**：AAL 可以根据当前的系统状态和需求，智能地调度任务到合适的加速器上去执行，以实现最佳的性能和效率。

④ **错误处理与诊断**：AAL 负责处理与加速器相关的错误和异常情况，并提供诊断信息以帮助开发者定位和解决问题。

基于 AAL，异构加速器的常用使用方式有 Lookaside 方式和 Inline 方式。在 Lookaside 方式下，加速器位于数据流的旁路，不直接干预数据的传输路径。数据可以绕过这些加速器而不受影响，但是加速设备可以被配置为监视数据流，并在需要时介入处理。可以更灵活地配置加速策略，而不影响数据的传输路径。Lookaside 方式易于扩展，即可以根据需要添加更多的加速器，以提升整体的处理能力。且加速设备的故障不会直接影响数据的传输，数据流可以继续正常运行。但由于数据需要绕过加速器，所以可能会有轻微的处理时延。因此对于实时处理要求极高的应用，Lookaside 方式可能无法提供即时响应。

而在 Inline 方式下，加速器被直接插入数据流路径，数据必须通过这些加速器才能继续传递到下一个位置上。这种部署方式通常用于对实时处理、低时延要求高的场景。因为数据不需要额外的转发步骤，这种方式还可以对数据流进行实时检查和过滤，提高网络的安全性。但劣势在于如果 Inline 加速器发生故障，整个数据流可能会中断。此外随着数据流量的增加，单一 Inline 加速器的处理能力可能产生瓶颈。Inline 加速器的配置、部署、管理和维护工作也相对复杂。

5G 无线协议栈包括物理层（PHY 层）、MAC 层、无线链路控制层（RLC 层）、分层数据汇聚协议层（PDCP 层）和无线电资源控制层（RRC 层）。这些层次按顺序处理无线传输、资源访问、数据分段、加密压缩及连接管理等功能。在实际应用时可以基于 AAL 以 Lookaside 方式或 Inline 方式将通常在 CPU 中运行的高层物理层功能卸载到异构加速器中去加速。以前传分割选项 7-2x 方式下的高层物理层功能为例，基于 AAL 进行卸载加速的方式，如图 11-1 所示。

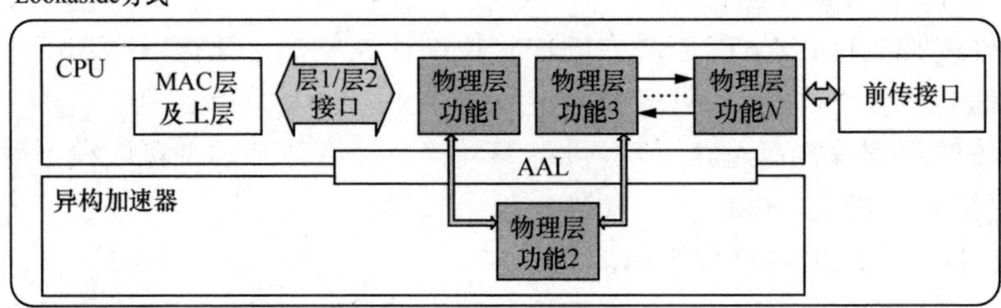

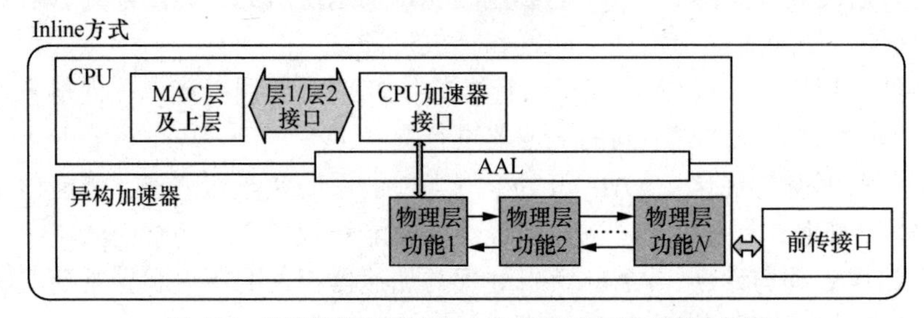

图 11-1　高层物理层功能使用 AAL 卸载到异构加速器中加速

AAL 是异构计算资源的抽象在目前产业界中的一种体现形式，也是通算一体技术体系下基础设施层的关键技术。AAL 主要实现了异构计算资源的抽象，为上层应用提供了统一的编程接口和硬件抽象层，并支持容器化或虚拟化的功能部署。

通过本章介绍的异构计算资源的抽象准则和抽象方法，多种异构计算资源可以在一种较为统一的描述下被管理和调度，更好地服务于上层需求。

11.4　异构计算资源的调度

异构计算资源的调度的作用在于接收并处理上层多样化的异构计算需求，通过合理调配下层异构计算资源满足通算一体技术体系中的各类复杂需求，进而实现基础设施层中的各类异构计算资源的利用率与效能的最优化。异构计算基础设施由于涉及多种硬件和软件组件，其管理和调度面临多项挑战，具体如下。

① 系统管理和维护工作较为复杂：异构计算基础设施通常包含多种类型的硬件和软件组件，如不同架构的 CPU、GPU、FPGA 等。每种硬件有不同的特性、指令集和工作方式，这意味着在进行系统管理和维护时需要了解和熟悉这些不同的硬件。同时，不同的硬件可能需要使用不同的驱动程序、库和工具来支持其功能。这就提升了配置、安装和更新的复杂性。

② 不同处理器和加速器的性能和功耗特点各异，合理分配通算任务和优化任务调度以实现高性能和低功耗的目标是需要考虑的关键问题。

③ 在异构计算环境中，不同硬件平台和操作系统可能存在兼容性问题，需要开发统一的软件框架和接口，以实现各种计算资源的整合和协同工作。

针对通算一体的场景，特别是其中的无线信号处理等计算任务，底层异构计算资源调度分配面临着一些新的挑战。这些挑战主要来自无线网络的动态性、异构性、无线信号处理计算任务对强实时性和高可靠性的要求。在通算一体网络环境中，网络状态、用户分布、业务需求等因素都处在动态变化中，这要求底层异构计算资源调度分配算法能够实时地、动态地调整异构计算资源分配，以适应这些变化。例如，当用户密度高或业务需求大时，需要增加资源的分配；而当用户业务需求降低时，则需要减少资源的分配。此外，无线信号处理等计算任务对强实时性和高可靠性的要求也提升了底层异构计算资源调度分配的复杂性。在通算一体场景中，无线业务通常需要快速、准确地传输数据，并且要求在数据传输过程中数据具有高度的可靠性。这要求底层异构计算资源调度分配算法能够考虑到这些特点，并优化异构计算资源的分配，以确保业务的实时性和可靠性。

为解决上述问题，在通算一体场景中，异构计算资源的调度的核心技术方案的设计需要考虑以下几个方面。

首先，需要建立统一的资源管理框架，资源管理框架可以同时管理多种不同类型的计算资源。资源管理框架需要能够进行资源的发现、分配、调度和回收等操作，同时还需要提供统一的编程接口和数据模型，以便于进行应用程序的开发和部署。

其次，需要引入资源虚拟化技术。通过资源虚拟化技术，将不同的计算资源抽象成统一的虚拟资源池，应用程序可以在这个资源池中请求和释放资源。这种方法可以提高资源的利用率，同时也可以简化应用程序的开发和部署流程。

在此基础上，还应通过负载均衡技术，将应用程序的计算任务分配到不同的计算资源上，以充分利用所有可用的计算资源，提高应用程序的运行效率。负载均衡技术可以基于不同的策略，如基于任务类型、计算资源状态等。

最后，核心在于设计和选择合适的异构计算任务调度与异构计算资源分配算法。需要评估不同算法在处理复杂计算任务时的性能、效率、公平性等的表现，以及是否能适应业务需求的动态变化。此外，还可以通过 AI 技术，对计算资源的使用进行预测和优化，以提高资源的利用率和应用程序的运行效率。例如，可以使用机器学习算法来预测应用程序的计算需求，并据此进行资源的调度和优化。

上述技术方案可以单独或组合使用来实现异构计算资源的有效调度和管理。在实际应用中，需要根据具体的需求和环境来选择合适的技术方案。这就需要在选择技术方案时首先明确业务需求，包括计算任务的类型、规模、复杂度，以及对计算性能、响应时间等的要求。同时还要了解环境情况，包括硬件资源情况，了解环境中可用的异构计算资源，如 CPU 资源、GPU 资源、FPGA 资源、ASIC 资源等，包括 CPU、GPU、FPGA、ASIC 的型号、性能、数量等。此外，可能还需要了解现有的计算资源管理系统，包括其架构、功能、性能等，以及是否存在与异构计算资源的集成问题。在选择过程中需要兼顾性能与效率，考虑易用性、可维护性、可扩展性、灵活性及应用成本等多方面因素。

根据上面对异构资源调度的设计需求的分析，给出了在通算一体架构中作为基础设施层的异构计算资源的调度框架，如图 11-2 所示。

从图 11-2 中可以看到，异构计算资源的需求调度建立在异构计算资源抽象层的基础上，屏蔽了云平台硬件层的服务器差异，以云平台软件层的形式通过异构资源抽象 API 支撑网络功能层的应用运行，并接收管理编排层的管理编排指令，异构计算资源的调度接收来自网络功能层管理编排角色下发的资源需求，通过提供资源服务对其提供支撑。异构计算资源的调度通过一系列子功能实现，包括资源发现和感知、资源回收和碎片整理、FCAPS（故障、配置、计费、性能和安全）管理、资源分配和需求调度等。其中资源分配和需求调度是其中的重点和难点。下面就先来回顾一下传统 IT 领域中的异构计算资源的调度技术。

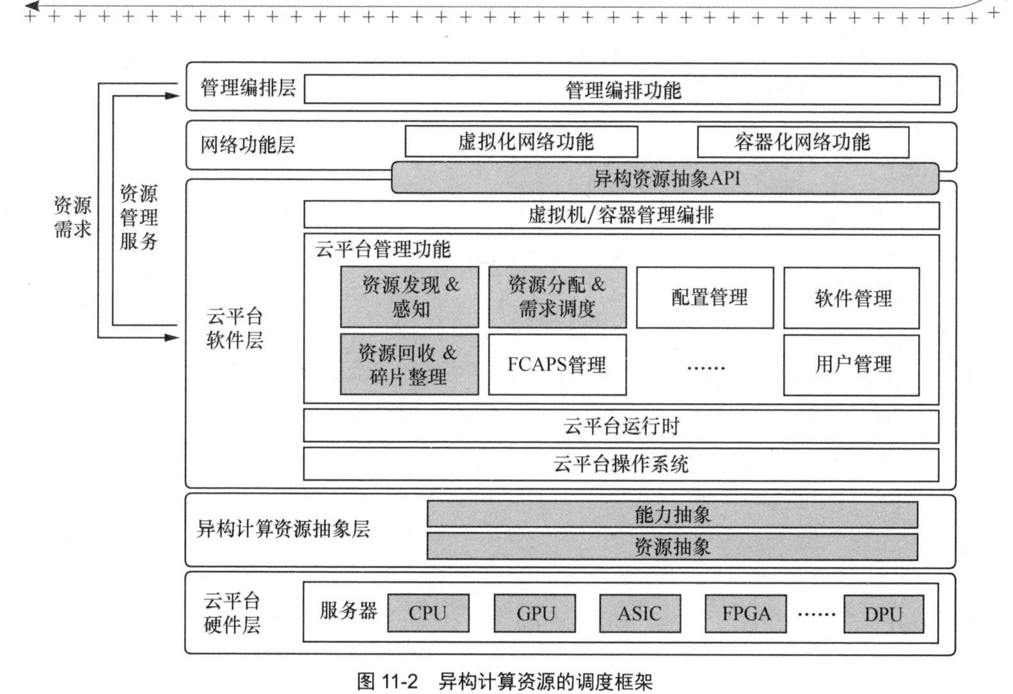

图 11-2　异构计算资源的调度框架

11.4.1　传统 IT 领域中的异构计算资源的调度

异构计算任务调度与资源分配是异构计算资源管理的核心环节，在异构计算系统中，计算任务是进行计算的最小单元，因此异构计算资源的调度粒度也应当与计算的最小单元相契合。调度器会根据系统的负载情况、资源可用性及任务的优先级等因素来决定如何调度这些计算任务。而计算任务需要使用计算资源，包括 CPU 核/GPU、内存、存储及网络带宽等，不同的任务需要使用的资源类型和数量有所不同，因此异构计算系统在进行任务的调度和资源的分配时需要基于计算任务的需求和异构计算资源的能力抽象进行全局统筹，根据不同的优化目标选择最合理的计算任务调度和资源分配方式。

具体来说，计算任务的调度过程包括以下几个步骤。

① **计算任务的接收**：开发者将创建好的计算任务提交给调度器。调度器会接收到计算任务的描述信息，如计算需求、资源需求、优先级等。

② **计算任务的调度**：调度器根据系统当前的负载情况、资源可用性及计算任务的优先级等因素，对计算任务进行调度。调度方式包括静态调度和动态调度。静态调度是在计算任务提交时，立即为其分配资源。动态调度是根据系统运行时的负载情况，动态地为计算任务分配资源。常见的任务计算调度与资源分配算法包括先来先服务算法、短作业优先算法、时间片轮转调度算法、优先级调度算法、

高响应比优先调度算法等。

- **先来先服务算法**：这是一种最简单的调度算法，按照计算任务到达的顺序进行服务。它有利于长作业，但不利于短作业。
- **短作业优先算法**：该算法优先处理预计执行时间最短的计算任务。它有利于短作业，但可能导致长作业等待时间过长，甚至发生“饥饿现象”。
- **时间片轮转调度算法**：这种算法主要适用于分时系统，每个计算任务均被分配一个固定大小的时间片，时间片用完后，计算任务被挂起，等待下一次调度。
- **优先级调度算法**：该算法根据计算任务的优先级进行调度，优先级高的计算任务优先执行。优先级可以静态指定，也可以动态调整。
- **高响应比优先调度算法**：这种算法综合考虑了计算任务的等待时间和估计的运行时间，等待时间越长或估计运行时间越短的计算任务具有更高的响应比，从而优先得到服务。

③ **计算任务的执行**：调度器将计算任务分配给合适的计算资源，如 CPU 资源、GPU 资源、FPGA 资源、DPU 资源等。计算资源接收到计算任务后，开始执行相应的计算操作。

④ **计算任务的完成与返回**：当计算任务完成后，会将结果返回给调度器。调度器会将结果返回给开发者，或者将结果存储在合适的地方。

11.4.2 通算一体异构计算资源的调度

在通算一体的场景下，多种异构计算需求共存于网络中，在传统计算任务的基础上，新增了通信任务，由于增加了实时性的通信任务，在相应的异构计算资源的调度上也有一定的差异。在通算一体场景中，针对通信中的高实时任务通常需要利用 ASIC 或 FPGA 等异构硬件设备进行加速。通过算法优化和硬件加速，进一步提高通信业务的实时性。为更好应对通算一体场景中的相较于传统 IT 计算新增的特殊通信任务的调度和资源分配，需要结合实时系统的特性和通信业务的需求，提供更高效、更可靠的任务调度机制和资源分配机制。具体如下。

（1）最早截止时间优先（EDF）算法

适用于具有严格截止时间的实时任务。EDF 算法根据任务的截止时间进行任务调度，优先执行截止时间最早的任务。这种算法的优点在于能有效保证实时任务的高完成率，降低任务超时完成的风险。但需要准确估计任务的执行时间和截止时间，否则可能导致任务调度不准确。

（2）速率单调调度（RMS）算法

适用于周期性实时任务，这些任务具有固定的执行周期。RMS 算法根据任务的执行周期进行任务调度，执行周期越短的任务优先级越高。这种算法的优点是简单且易于实现，对于周期性任务具有较好的调度效果。但对于非周期性任务或具有动态特性的任务，RMS 算法可能无法提供最优的任务调度效果。

（3）死锁避免调度算法

在通信系统中，多个任务可能会竞争相同的资源，导致出现死锁现象。死锁避免调度算法通过预先分析和规划，确保在任务调度过程中不会发生死锁现象。实现方法包括资源分级、资源请求预分配等策略，以预防死锁现象的发生。

（4）基于反馈的动态调度算法

这种算法根据系统的实时运行状态和任务执行情况，动态调整任务调度策略和资源分配方式。通过收集和分析系统的运行数据，如任务完成率、资源利用率等，这种算法可以自动优化任务调度决策，以适应通信系统中高实时任务的需求变化。

（5）基于负载均衡的调度算法

在分布式通信系统中，负载均衡是一个重要的问题。基于负载均衡的调度算法通过跨越多个处理单元或节点分配任务，以平衡系统的负载并提高系统整体性能。这种算法可以根据节点的处理能力、任务的优先级和依赖关系等因素进行决策，确保任务在系统中的高效执行。

在通算一体场景中，异构计算资源的调度最小单位与传统方式相同，其调度需求则有所差异，相应调度算法需要更多地关注通信业务的需求和保障任务的实时性。

11.5　面向通算一体的云平台

根据前文的分析我们已经了解异构计算涉及多种不同类型的计算设备和资源，如 CPU、GPU、FPGA 等，每种设备都有其独特的优势和适用场景。在通算一体技术体系中，这些异构计算资源需要被有效地整合和管理，以完成各种复杂的通信和数据处理任务。本节将首先分析通算一体异构计算对基础设施层，特别是云平台的需求，然后针对这些需求介绍现有产业中云计算领域主流技术及异构计算资源的云化管理框架，包括 OpenStack、Kubernetes、Cyborg、Device plugin 技术，最后介绍云平台支撑实时性和实现轻量化的关键技术。

11.5.1　通算一体异构计算对云平台的需求

通算一体网络环境复杂多变，通信、计算需求往往处于动态变化中，需要基础设施层能够具备动态弹性伸缩的能力。而这些能力需求在一定程度上可以被云平台所满足。云平台是一种基于云计算技术构建的软件和服务平台。它将服务器

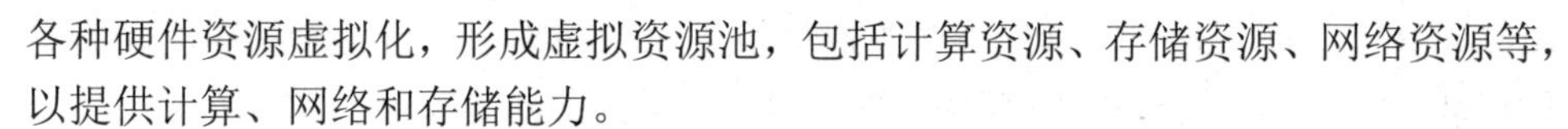

各种硬件资源虚拟化，形成虚拟资源池，包括计算资源、存储资源、网络资源等，以提供计算、网络和存储能力。

云平台通过其强大的资源池化和虚拟化技术，能够实现对异构计算资源的统一管理和调度，确保这些资源能够被高效、灵活地利用。云平台应具备动态伸缩的能力，可以根据无线网络的实际需求，动态地调整计算资源的分配和调度。这使得异构计算资源能够更好地适应通算一体网络中的需求和环境的变化，提供稳定、高效的计算服务。此外，云平台还应该能够提供丰富的服务接口和功能模块，使得异构计算资源能够更好地与无线网络中的各种应用和服务进行集成和协同工作。通过云平台，各种计算服务可以方便地接入无线网络，实现数据的快速处理和分析，提升网络的整体性能和用户体验。云平台还应具备高可靠性和高安全性，能够保障异构计算资源的安全稳定利用。在通算一体网络环境中，数据的安全性和隐私保护至关重要。云平台通过多层次的安全防护措施，如访问控制、数据加密、数据备份、安全审计与日志记录等，可以有效地保护用户数据的安全和隐私，防止数据被泄露、被非法访问和丢失。

传统 IT 领域云平台技术的系统任务响应时间在秒级或毫秒级，不能满足无线基站的苛刻的时延要求及性能要求。当前的无线通信网络具有高实时性、高速报文转发等特点，以 5G NR 的物理传输为例，子载波间隔为 120kHz 时的子帧时长为 0.125ms，每个子帧可以传输上行数据、下行数据或者特殊子帧数据，基站需要保证每个子帧数据的传输在确定时间周期内完成，以避免数据传输的乱序或者误码，这对云平台实时性提出了很大挑战。

此外，传统云平台通过操作系统内核态收发数据吞吐量低、时延高、可扩展性差，无法满足无线协议栈空口数据高密集计算、高吞吐量需求。同样以 5G NR 下基带和射频单元之间的传输为例，考虑四发四收（4T4R）单小区，100MHz 的频宽，压缩比为 1∶2，经计算，该配置下的传输速率要求接近 10Gbit/s。如果需要支持更大规模的天线集群和更多的用户，对于带宽的要求会更高，这对云平台的传输能力带来更大的挑战。

目前，无线协议栈逐渐向分布式发展，每个基站站点的资源有限，用来处理云平台本身的管理功能的资源消耗不可忽视，为了达到较高的资源利用率，需要最大限度地减少管理开销。这也就产生了对云平台轻量化的需求。

因此，在通算一体的场景下，传统 IT 领域云平台要支撑无线侧业务，特别需要实现高实时性、高吞吐量及轻量化。

事实上，在通算一体的场景下，除了通信业务本身对于传统 IT 云平台产生的需求，“融合”也带来了新的挑战，其中最主要的就是计算任务和计算资源的异构性问题。网络中广泛存在的服务于不同业务（通信、计算、泛在 AI）的各类异构硬件之间存在着较大的差异性。在云平台中如何对其进行统一管理和调度是重要的研究课题，异构计算资源的管理和调度在云平台中承担了联系上层应用与下层硬件的重要责任，是云平台的关键技术。而这部分内容正是本章前文详细讨论的异构计算资源的抽象、管理和调度问题。现有产业界的云平台管理软件中存在一些针对异构硬件的扩展，如 Cyborg 和 Device plugin，可以作为异构计算资源管理的支撑工具，这部分内容将在下文展开介绍。

另外，随着云计算技术的发展，云原生技术也逐渐融入通信网络。一方面，服务化架构已经成为移动通信网络的重点，是 5G 系统的重要特征。它将网络功能划分为若干个可重用的“服务”，在这些服务之间使用轻量化接口通信。服务化架构的目标是实现 5G 系统的高效化、软件化、开放化，使运营商能够根据业务需求进行灵活定制组网。另一方面，云原生技术中的微服务架构是实现通信网络服务化的潜在技术手段，微服务架构将单一应用程序划分成一组服务，每个服务都围绕着具体业务进行构建，并且能够被独立地部署。这些服务之间采用轻量级的通信机制互相沟通。通算一体服务需要采用微服务架构才能真正达到动态、灵活、可扩展等特点。进一步地，考虑到通信业务对实时性的要求，如何提供一个实时、高速的微服务架构至关重要。而在微服务架构中，由于存在大量的服务和服务实例，也为管理和控制这些服务的通信、发现和路由带来了新的挑战。云平台作为微服务的主要运行环境需要支撑微服务的需求，针对通算一体场景下高吞吐量、高实时的微服务架构，云平台可以利用异构计算资源对微服务间的通信进行增强。这部分内容将在下文中展开介绍。

11.5.2　传统云平台和云化异构资源管理技术

通算一体场景下诞生的一个重要需求是对异构计算资源的管理和调度的需求，这部分细节内容在前文已进行了较多讨论。实际上异构计算资源的管理和调度作为通算一体网络基础设施层的核心，一般是作为基础设施层云平台的一部分，以云平台功能的形式存在的，而面向前文讨论的各种云形态，目前 IT 产业已有较成熟的开源平台和工具来实现对于异构计算资源的管理和调度，如 OpenStack、Kubernetes、Cyborg、Device plugin 等，下面将分别进行详细介绍。

OpenStack 是一个开源的云计算平台，旨在为公有云和私有云提供可扩展的弹性计算服务、存储服务和网络服务。它通过各种组件协同工作，提供了一个完整的云计算解决方案。OpenStack 解决方案与异构计算资源的抽象密切相关，通过 IaaS，为上层应用提供稳定、可扩展的计算资源。同时，OpenStack 也提供了任务调度和资源分配算法，以优化资源的利用和管理。然而，OpenStack 并不直接提供 PaaS 和 SaaS，但可以作为这些服务的基础设施提供者。在任务调度和资源分配方面，OpenStack 提供了虚拟机调度策略，主要由过滤器调度和机会调度这两个调度引擎实现。过滤器调度作为默认的调度引擎，实现了基于主机过滤和权值计算的调度算法。而机会调度则是基于随机算法来选择可用主机的简单调度引擎。这些调度算法有助于 OpenStack 更有效地管理和分配计算资源，以满足用户的不同需求。如图 11-3 所示，OpenStack 包含的一些主要功能如下。

① 计算服务。

② 存储服务。

③ 网络服务。

④ 身份认证与授权。

⑤ 消息队列。

⑥ 图像服务。

⑦ 配置服务。

⑧ 监控服务。

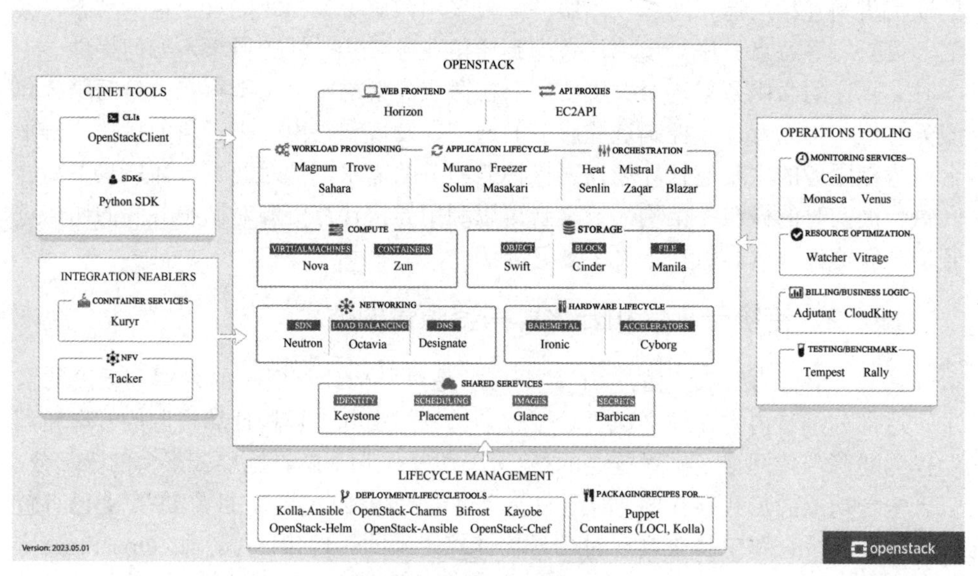

图 11-3 OpenStack 主要功能

OpenStack 是一个功能丰富、可扩展的云计算平台，通过各种组件协同工作，为用户提供弹性计算服务、存储服务和网络服务。

Cyborg 是 OpenStack 生态系统中的一个补充项目或扩展项目，其管理架构如图 11-4 所示。它可以与 OpenStack 集成，为 OpenStack 平台提供硬件加速能力。通过 Cyborg，OpenStack 的用户可以更好地管理和利用硬件加速器，从而提高云平台的性能和效率。这种集成和协同工作使得 OpenStack 在支持复杂和高性能的云计算场景时更具优势。

Cyborg 的主要目标是管理诸如 GPU、FPGA 等加速硬件的资源，包括资源的发现、上报、挂载、卸载等。用户可以通过 Cyborg 列出计算节点上已经被发现和上报的加速器，并创建带加速器的实例。对于特殊硬件的特殊功能或配置，Cyborg 也提供相应的支持。这个项目在通算一体环境中扮演着重要的角色，特别是在需要高效利用异构硬件资源的场景中。

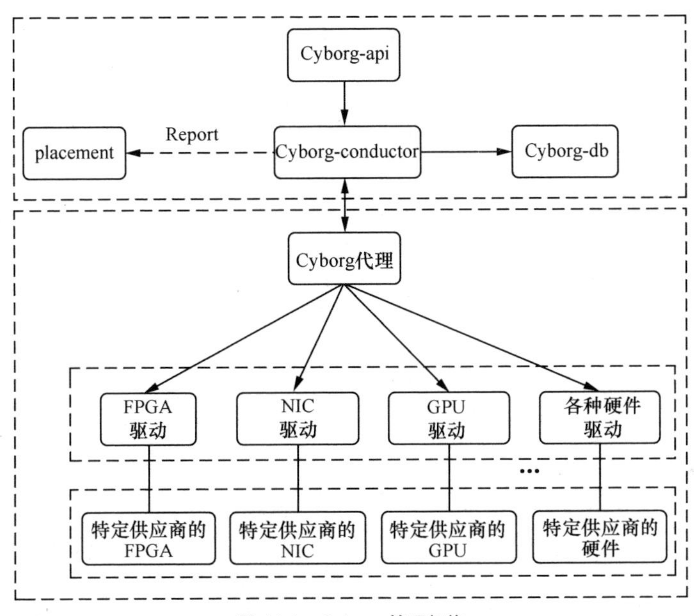

图 11-4　Cyborg 管理架构

Kubernetes（简称 K8s）是一个开源的容器编排平台，用于实现应用程序容器的自动化部署、扩展和管理。Kubernetes 为各类异构计算资源提供了高度的抽象，为 PaaS 层提供了强大的支撑。它使得用户可以更加高效地管理和利用这些资源，此外，Kubernetes 本身也提供了任务调度和资源分配算法。Kubernetes 中的调度器作为核心组件之一，负责根据特定的调度算法和策略将容器组（Pod）调度到最优的工作节点上。调度器会根据节点的资源情况、Pod 的需求及调度策略等因素来进行决策，以确保资源的合理利用和应用的性能。图 11-5 展示的是 Kubernetes 的主要组件。以下是 Kubernetes 的一些主要技术介绍。

① **容器编排**：Kubernetes 提供了一种声明式的方式来定义和部署容器化的应用程序。用户可以使用 YAML 文件描述应用程序的组件和结构，然后 Kubernetes

会自动将这些描述转换为实际的容器镜像、部署和服务。

② **集群管理：**Kubernetes 集群是由一组节点组成的，每个节点均负责运行容器。Kubernetes 负责在集群内分配容器，确保应用程序能够在集群中高效地运行。此外，Kubernetes 还支持节点的自动发现和故障转移，以确保集群的高可用性。

③ **服务管理：**Kubernetes 通过 Service 资源来管理集群内的服务。Service 资源定义了应用程序的网络访问策略，包括端口号、协议和负载均衡等。Kubernetes 会为 Service 资源分配一个 IP 地址，并确保集群内的服务在网络层面上可用。

④ **负载均衡：**Kubernetes 提供了内置的负载均衡功能，可以根据实际的流量需求来调整容器的数量。此外，Kubernetes 还支持基于端口、名称等条件的负载均衡策略，以满足不同的应用场景需求。

⑤ **自我修复：**Kubernetes 具有自我修复功能，当集群内的容器或节点发生故障时，Kubernetes 会自动重新部署出现故障的容器，以确保应用程序的正常运行。这大大降低了运维的复杂性并减少了工作量。

⑥ **资源管理：**Kubernetes 提供了资源管理功能，允许管理员对集群内的资源进行分配和限制。这有助于确保集群内的资源得到合理利用，避免出现资源浪费或不足的情况。

⑦ **日志和监控：**Kubernetes 提供了日志记录和监控功能，允许用户实时查看集群内各个组件的运行状态和性能数据。这有助于用户快速发现和解决问题，确保应用程序的高可用性。

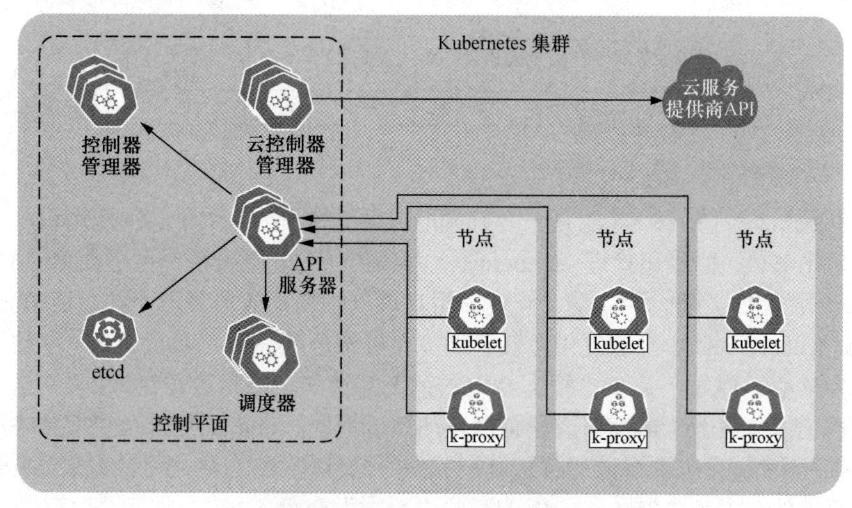

图 11-5 Kubernetes 的主要组件

Kubernetes 是一个功能丰富、灵活的容器编排平台，可以帮助用户高效地管理和运行容器化的应用程序。通过自动化部署、扩展和管理，Kubernetes 使得应用程序在云端的运行更加稳定、可靠和高效。

Device plugin 是 Kubernetes 中的一个重要组件，它主要用于扩展 Kubernetes 集群以支持和管理各种设备资源。Device plugin 的设计基于几个关键概念，包括设备标识符、设备状态、设备操作和设备拓扑。这些概念共同协作，使得 Device plugin 能够实现对设备资源的有效监控、管理和调度，其管理架构如图 11-6 所示。

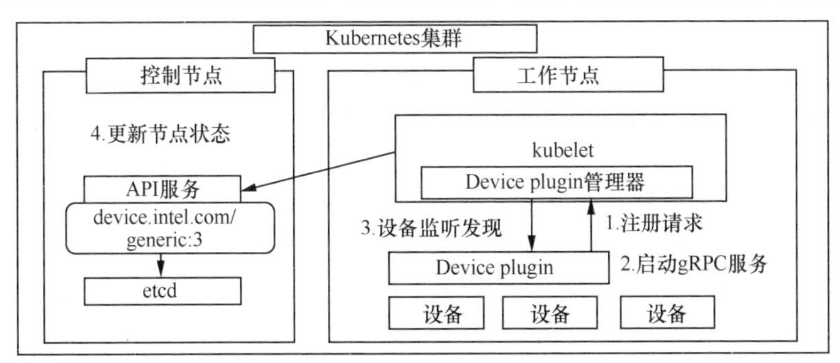

图 11-6　Device plugin 管理架构

具体来说，Device plugin 的主要功能包括设备资源的注册与发现、设备状态的监控与报告、设备操作的执行、设备拓扑信息的提供。Device plugin 能够提供设备的拓扑信息，包括设备的连接关系、位置等。这些信息对于 Kubernetes 来说非常重要，因为它们能够帮助 Kubernetes 正确地将设备资源分配给相应的容器或 Pod。

Device plugin 与 Kubernetes 之间的关系可以视为一种扩展与集成的关系。Kubernetes 作为一个通用的容器编排平台，提供了强大的资源调度和管理能力。然而，对于某些特定的设备资源，Kubernetes 本身无法直接对它们进行管理和调度。这时，就需要借助 Device plugin 这样的扩展组件来实现对这些设备资源的管理和调度。通过集成 Device plugin，Kubernetes 可以更加灵活地应对各种复杂的设备资源需求，从而为用户提供更加高效和可靠的云服务体验。

以上这些云平台异构硬件管理技术可以作为应对通算一体架构引入的异构计算资源管理的挑战的工具。而针对实时性，轻量化及云原生微服务的相关提升将在下文中介绍。

11.5.3　面向通算一体的云平台增强技术

从前文中的分析可以看出，在通算一体场景中，数据的传输和处理需要极高的实时性。云平台需要能够快速响应并处理来自无线网络的实时数据，满足业务对时延的严格要求。此外，通算一体场景涉及大量的分布式设备和节点，这要求云平台以较低的资源消耗（包括计算资源、存储资源和网络资源等）来实现对分布式节点的高效管理，并确保系统的稳定性和可扩展性。因此现有产业界的云平台技术需要针对通算一体需求进行有针对性的提升，形成轻量化、高实时的云平台，并且考虑到通算一体网络的云原生演进，需要针对微服务化的无线接入网服务之间的通信进行增强。

1. 实时性提升

传统 Linux 操作系统内核对任务调度的时延在毫秒级，不能满足无线侧微秒级时隙处理需求，在通算一体场景下，要使传统 IT 领域中的计算平台承载无线侧业务，满足其实时性需求，需要使用基于内核优先级的可抢占式算法（preempt_rt 内核调度算法），集成针对 CPU 的实时性优化技术，保证基站任务得到更有效的调度，提升系统实时性。针对 CPU 的实时性优化技术包括如下内容。

① **CPU 核绑定**：该技术可使虚拟机独占物理 CPU，虚拟机的 vCPU 能够固定绑定到宿主机的指定物理 CPU 上，在整个运行期间，不会发生 CPU 核的迁移切换，减少 CPU 切换开销，提高虚拟机的计算性能

② **CPU 核隔离**：该技术可将 CPU 从内核对称多处理（SMP）平衡和调度算法中剔除。该技术的目的主要是用于实现特定 CPU 只运行特定进程的目的。

③ **高性能数据访问机制**：使用该技术可以阻止特定 CPU 上的 RCU（读取复制更新）回调函数。这样在这些 CPU 上就不会支持 RCU 回调函数了，以实现更大程度的 CPU 隔离。

④ **中断亲和性**：使用这个技术可以绑定中断到指定的 CPU 上面。结合 CPU 核隔离使用可以更大程度地隔离 CPU 的内核。

2. 轻量化提升

轻量化云平台的实现需要依托很多技术，下面列举一些其中的关键技术。

容器化技术：通过使用容器（如 Docker），可以在隔离的环境中运行应用程序，提高应用程序的可移植性和可扩展性。容器比虚拟机更加轻量化，启动速度快，资源消耗更少。

自动化和编排工具：使用独立的、可扩/缩容、可裁剪的管理功能模块，管理容器全生命周期，并且支持单节点和多节点的统一架构，以此提供自动化部署、扩展和管理容器化应用程序的功能，如 Kubernetes。在此基础上，管理功能模块需采用微服务架构，结合资源的灵活配置，可以达到根据管理负荷动态调整管理资源消耗的目标。依托微服务架构可以将庞大的管理面功能拆解成资源占用较少的微服务。在这种形态下，所有组件均可以根据整体资源情况进行灵活配置，如

可以配置主机操作系统和 Kubernetes 的管理组件使用一个 CPU 核、2GB 大小的内存。这种方式可以进一步有效地划分每个管理服务的规模和占用的资源，避免资源抢占导致的故障，同时保证云平台上的其他业务资源不被侵占。

3. 服务网格增强

在网络云原生的演进趋势下，针对微服务架构中大量的服务和服务实例引入的服务的通信、发现和路由挑战，服务网格是一种常见的解决方案。服务网格是一种新型的用于处理服务与服务之间通信的技术，服务网格通常通过一组轻量级的网络代理实现，这些代理与应用程序代码一起部署，而不需要感知应用程序本身。这使得开发人员能够更专注于业务逻辑的实现，而无须过多关注服务之间的通信和治理。服务网格提供了对微服务之间通信的可见性和控制，支持流量管理、故障恢复、安全性保障等功能。而通算一体场景下的微服务化无线接入网在采用服务网格技术时，需要对传统服务网格进行性能增强，以满足无线接入网的高可靠性、低时延、大规模连接等要求。低时延与高性能通信的增强可以通过使用异构计算资源加速实现，如使用前文介绍的 DPU 进行加速，DPU 通常包含一个或多个 CPU 核心，用于运行控制面和代理；可以将 DPU 中的硬件加速器用于网络数据包处理、安全加密和其他数据平面任务。例如当服务 A 需要与服务 B 通信时，服务 A 的代理（在 DPU 中的 CPU 上运行）会根据控制面的配置，将请求发送到 DPU 中的硬件加速器上。硬件加速器根据预配置的路由规则，快速地将请求转发到服务 B 的代理所在的 DPU 设备上。服务 B 的代理处理完成请求后，将响应通过相同的方式返回给服务 A。最终达到利用 DPU 中的硬件加速器实现加速的目的，从而减少数据包处理的开销，提高网络吞吐量和降低时延。此外，通过 DPU 中的 CPU 进行智能负载均衡，可以根据实际的网络状况和服务健康状态动态调整流量。类似这种使用 DPU 加速服务网格的方案可以充分利用异构加速硬件相关技术支撑通算一体网络的微服务架构，从而提高系统的可扩展性和灵活性，使得系统能够更快速地适应业务需求的变化。因此，这类基于异构加速硬件的微服务架构是未来的重要研究方向之一。

本章面向通算一体技术体系分析了通算一体网络架构中基础设施层的关键技术，主要包括异构计算技术和云平台技术，其中异构计算技术围绕异构计算资源的抽象、管理和调度分析了异构计算的现有应用、技术、发展和挑战，云平台技术主要从通算一体异构计算对云平台的需求出发，介绍了在通算一体新场景下云平台技术的增强，主要介绍了云平台异构计算资源管理技术、实时性技术和轻量化技术。接下来的内容，将面向通算一体网络架构中的网络功能层展开介绍。

通算一体网络的网络功能层关键技术

基于前文介绍的通算一体网络技术体系，本章将介绍通算一体网络功能层的关键技术。面向未来网络多元化的新型业务，通算智融合服务的提供和保障至关重要。这种融合服务需要网络原生计算、原生智能的支持，也需要全新的融合 SLA 保障体系。

本章首先提出原生计算的概念，重点分析计算资源感知、计算任务控制和数据管理开放功能；然后介绍原生智能的概念，详细讲解 AI/ML 模型全生命周期管理和多要素联合管控功能；最后探讨通算智融合服务提供和保障的潜在方案。

12.1 原生计算

本节将重点分析网络功能层中的计算资源的实时感知和计算任务控制、通信与计算资源的融合控制和一体调度、数据管理和开放、数据转发和路由等关键技术，以支持通算一体网络的原生计算能力。

12.1.1 计算资源的实时感知和计算任务控制

面向计算资源的实时感知和计算任务控制，通算一体网络功能层可以考虑引入计算控制功能和计算执行功能。

① 计算控制功能负责根据计算任务的质量要求及实时采集的通信资源与计算资源状态，进行计算资源与通信资源的控制与调度。具体而言，计算控制功能的职责包括计算资源的采集、计算任务的感知、将计算任务质量要求向计算资源需求转译、通信资源与计算资源的联合调度、计算任务全生命周期管理及计算任务质量监控等。计算控制功能可以采集无线基站/终端等计算节点的资源和计算任务状态相关信息，如计算负载情况、性能信息、告警信息等。基于收集到的信息，依据计算任务的质量要求，计算控制功能可以持续优化计算资源和通信资源的分配策略，保障无线网络的高动态复杂环境下的最佳用户业务体验，持续提升网络性能。计算控

制功能可以是相对集中的功能，如计算控制功能可以控制多个基站及覆盖范围内的终端，相较于单个基站而言，能够实现更大范围的通信资源和计算资源管控。

② 计算执行功能实现计算任务的具体执行，它依据计算控制功能、核心网或管理编排层分配的无线计算资源，执行计算任务。计算执行功能可以是计算任务的实例化，如 AI 模型训练任务和 AI 模型推理任务基于计算执行功能实例化并执行。计算执行可以集成到各计算节点内，如集成到具备计算能力的终端和基站中。

下面将进一步分析如何基于计算控制功能和计算执行功能来实现计算资源的实时感知和计算任务控制。

1. 计算资源的实时感知

面向通算一体设计，传统无线接入网需要扩展现有面向连接服务的信息交互功能，增强面向计算服务的交互能力，实现计算资源、计算任务的实时感知。计算资源的感知需要考虑基站感知终端的计算资源、终端感知基站的计算资源及无线计算资源被核心网感知。

基站感知终端的计算资源使基站可以实时获得终端的计算资源的状态，为终端制定最优计算任务卸载策略。以基站和终端间的联邦学习协同训练场景为例，基站作为中心训练节点、终端作为分布式训练节点，基站可以实时根据终端的计算资源状态、移动性状态、电池电量等信息，结合终端无线信道环境、AI/ML 模型计算复杂度等信息选择合适的终端作为分布式训练节点，优化无线通信资源分配，以满足联邦学习的精度和收敛速度要求。再如 XR 场景中，终端在渲染能力不足且电池电量受限的情况下，基站可考虑根据终端计算能力、XR 终端的无线信道环境动态联合优化终端、基站的渲染计算切分策略和无线资源调度，以保障用户端到端服务体验。

随着以终端为中心的高实时性计算场景的拓展，终端需要获得更灵活、实时的智能决策能力，可在基站的辅助下自主选择合适的基站计算节点接入和卸载计算任务，如针对终端侧的 AI/ML 模型的推理计算，终端根据基站提供的计算能力、无线信道质量等辅助信息，选择合适的基站进行终端和基站间的 AI/ML 模型协作推理计算。

为扩大无线基础设施的应用范围和利用效率，无线计算资源也可以被核心网感知。基站向核心网注册和上报无线计算资源相关信息，使核心网在除感知核心网内、边缘计算等计算资源外，还可以进一步感知无线基站和终端的计算资源状态。核心网可以根据应用发起的计算任务的需求，全局匹配合适的计算资源和计算节点，优化数据路由转发策略和满足无线空口的 QoS 需求。

对于计算资源感知，需要在传统面向连接的终端和基站空口交互机制上扩展面向计算的交互，可以考虑增强无线承载和面向计算的会话设计。

（1）计算资源信息承载

在考虑终端和基站间的空口交互计算信息之前，先来回顾一下目前5G NR面向连接服务的信令承载设计。5G空口承载包括信令承载（SRB）和数据承载（DRB）。SRB用于无线资源控制（RRC）消息和非接入层信令（NAS）消息的传输，包含SRB0、SRB1、SRB2和SRB3。SRB0用于承载公共控制信道（CCCH）的RRC消息。SRB1用于传输RRC消息（其中RRC消息包括NAS消息容器）及用于传输建立SRB2之前的NAS消息，全部使用专用控制信道（DCCH）。SRB2用于传输NAS消息，全部使用DCCH。SRB3用于传输当UE处于EUTRA-NR双连接（EN-DC）或NR-NR双连接（NR-DC）时的特定RRC消息，全部使用DCCH。DRB的主要作用是在无线链路中承载用户数据流。具体来说，DRB在终端和基站之间传输用户面数据，如音频、视频、文本等各种形式的数据。不同的业务QoS等级可以映射到不同的DRB上，以满足不同类型的数据流的特定需求。例如，视频流需要高带宽和低时延，而文本信息则需要较低的带宽和可以接受的时延，视频流一般映射到优先级较高的DRB上。DRB的设计使得网络能够根据不同的数据类型和服务要求提供适当的资源分配和优化。

面向计算资源感知，5G空口需要承载的与计算相关的内容可分为两类，一类是无线计算资源信息，如算力类型、计算能力、算力负载等。另一类是计算任务数据，如基站和终端联邦学习场景下的模型训练过程中传递的模型参数、基站和终端协作AI推理场景下的终端推理计算后传递到基站继续进行推理计算的中间计算结果、XR业务终端和基站协同渲染的图像等。

上述终端和基站计算资源信息交互呈现出新的特征，并潜在地为无线承载的确定性、时延等方面带来新需求。一种方式是设计面向计算的信令承载。计算信令承载可通过设计新的信令承载SRB*x*来实现，或者可以考虑通过增强已有的SRB来承载计算的相关信息。以SRB*x*设计为例，基站通过SRB*x*接收到终端计算资源信息后，计算控制功能可获取并维护终端的计算资源信息。对于计算资源信息的维护，计算控制功能可以在终端上下文中记录终端计算资源信息，并依据SRB*x*动态更新，使基站能够及时感知终端的最新计算资源状态。SRB*x*还用来承载计算任务全生命周期的相关信息，例如，计算任务请求、计算任务激活、计算任务终止等信息。计算任务请求中需要包含计算任务需求模型，计算任务需求模型用于描述计算任务的类型、算力类型、算力大小、计算时延要求、通信要求等。

基站也可以通过SRB*x*向终端传输基站计算资源信息。终端基于SRB*x*获得基站计算资源信息。同时，也可以结合基站广播的方式在小区内广播基站计算资源信息。例如计算控制功能将计算执行功能的能力信息广播给小区中的终端，终端接收并维护广播信息中的基站计算资源信息，当终端由于计算任务触发空口连接时，可以由SRB*x*携带希望使用的计算执行功能，传递给计算控制功能，减少计算控制功能寻找计算执行功能的步骤，进一步降低时延。终端与基站计算资源信息交互示意如图 12-1 所示。

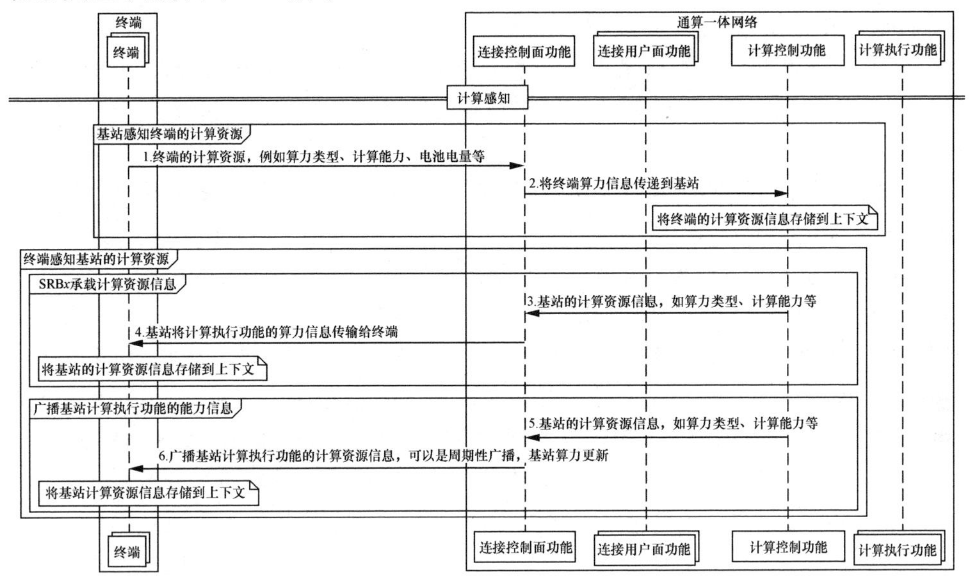

图 12-1　终端与基站计算资源信息交互示意

此外，计算控制功能可以通过核心网总线、接入和移动性管理功能（AMF）或未来核心网可能引入的与计算相关的网元向核心网上报无线计算资源信息，核心网接收并维护无线计算资源信息。基站向核心网注册和上报无线计算资源信息示意如图 12-2 所示。

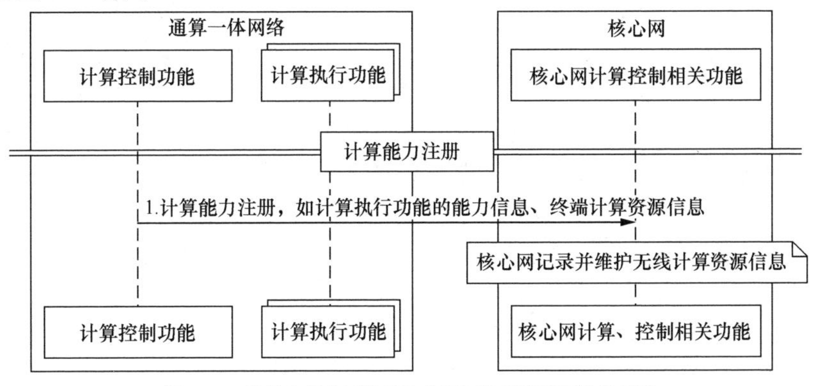

图 12-2　基站向核心网注册和上报无线计算资源信息示意

（2）终端和基站间的计算任务数据会话的管理

针对终端卸载到基站上的计算任务，终端计算任务的数据被传输到基站本地处理。计算控制功能需要根据计算任务的业务质量要求为计算任务数据建立数据传输通道，实现计算任务数据在终端和基站之间的传输。一种可行的方式是通过终端和基站之间的计算任务数据会话来实现。

终端和基站间的计算任务的数据会话可以理解为一种允许终端设备通过无线空口在无线接入网侧直接连接至计算执行功能的数据传输方式。相较于传统面向连接的数据会话，终端和基站间的计算任务数据会话支持直接在基站本地处理计算任务，降低了数据传输的时延，确保数据传输的高效性。传统协议数据单元（PDU）会话与终端和基站间的计算任务数据会话相比，会话的管理方式和会话配置参数不同。在会话的管理方式方面，PDU 会话由核心网建立和维护，终端和基站间的计算任务数据会话支持计算控制功能的自主建立和维护。另外，在会话配置方面，传统的 PDU 会话请求/修改消息主要包括会话标识、QoS 信息、用户面配置等信息。在通算一体网络中，终端和基站间的计算任务的数据会话请求/修改消息除了包含传统 PDU 会话请求内容，还应包含扩展计算任务类型（如 AI/ML 计算、图像渲染、编解码、加解密等）、计算任务质量要求（如端到端时延、吞吐量、精度等）、计算执行功能的地址信息、计算任务的开始时间、持续时长等相关信息。计算控制功能可以根据终端和基站间的计算任务数据会话相关信息保持计算任务质量要求。

终端和基站间的计算任务数据会话设计非常适合上述 AI/ML 计算、XR 等终端基站协同计算场景。基站可直接管理计算任务的数据会话，更快速地响应计算任务。传统的计算任务的执行基于基站计算执行功能，数据从基站计算执行功能处转发到核心网再从核心网路由转发到基站计算执行功能处、从基站计算执行功能处经核心网再流转到基站计算执行功能处的数据路由转发方式明显增加了基站计算执行功能的数据传输时延和成本、降低了计算任务数据传输效率。因此，为了充分发挥计算任务基站执行本地计算任务的时延优势、降低计算任务数据传输成本，考虑基站本地管理计算任务数据会话。

当计算任务需要更广泛的网络资源或跨越多个接入点时，也可由核心网管理计算任务数据会话，在核心网实现更有效的资源管理和调度。计算控制功能将无线算力信息（如计算执行功能的能力信息）和计算任务信息向核心网注册和上报，使能核心网的统一管理和控制。无线算力除了以资源的形式向核心网上报、注册，也可支持以服务的形式为核心网提供计算服务，如 AI/ML 模型训练服务，计算控制功能可以通知核心网已经部署在计算执行功能上的 AI/ML 模型，核心网向该模型输入训练数据，计算执行功能完成模型训练，并向核心网反馈训练完成的模型或模型参数。计算控制功能与核心网交互，使通算一体网络能够为核心网补充具有低时延优势的算力、计算服务，提升移动通信网络的整体服务能力。

下面将详细阐述基站和核心网如何进行终端和基站间的计算任务数据会话

的管理。

（1）基站管理计算任务数据会话

基站对计算任务数据会话的管理主要包括计算任务数据会话的建立、更新和释放。

① **计算任务数据会话的建立**：计算控制功能综合考虑终端、基站的计算资源状态和计算任务质量需求，分配符合计算任务质量要求的通信与计算资源，并记录计算任务的通信与计算资源信息，如建立计算任务数据会话上下文，将计算任务的通信与计算资源信息记录到该计算任务数据会话上下文中以便持续维护。计算任务数据会话上下文建立后，计算控制功能协同基站控制面功能，建立计算任务数据无线承载（CRB）。计算任务数据会话上下文包括计算任务质量要求、计算控制功能根据计算任务质量要求转译后的通信与计算资源的 QoS 要求，计算控制功能分配的计算执行功能信息（如计算执行功能的标识、计算执行功能所在的计算节点的标识等）、计算执行功能的访问地址信息、计算任务数据的 CRB 信息、计算任务开始时间及计算任务持续时长等信息。

② **计算任务数据会话的更新**：在计算任务运行过程中，计算控制功能根据终端和基站的计算资源状态和终端无线信道环境的实时状态，动态调整通信与计算资源的分配。计算任务数据的 CRB 相关信息、计算执行功能的相关信息等在计算任务数据会话上下文中同步更新。当计算任务迁移到其他计算控制功能控制的计算执行功能执行时，源计算控制功能可以将计算任务数据会话上下文中的计算任务质量要求、通信与计算资源等信息传递给目标计算控制功能，降低计算任务数据会话的建立时延。

③ **计算任务数据会话的释放**：计算任务数据会话的释放既可以是由计算控制功能通过 SRB*x* 信令通知终端计算任务的释放，也可以是终端主动要求释放计算任务。计算控制功能释放该计算任务分配的通信与计算资源，并释放计算任务数据会话和上下文。

（2）核心网管理计算任务数据会话

核心网对计算任务数据会话的管理主要包括计算任务数据会话的建立、更新和释放。

① **计算任务数据会话的建立**：当计算控制功能所控制的计算执行功能无法提供满足计算任务要求的计算资源，且评估计算任务可以被编排到该计算控制功能控制范围外的其他计算执行功能中执行时，该计算控制功能可以将计算任务请求转发到核心网，由核心网处理该计算任务请求，核心网可以在更大范围内寻找已在核心网中注册的计算执行功能资源。核心网分配符合计算任务质量要求的计算资源，如需要确保终端接入基站到目标计算执行功能的传输时延与空口时延的总和满足计算任务时延要求，并将终端计算任务接入基站信息、计算执行功能信息记录到该计算任务数据会话上下文中。计算任务数据会话上下文建立后，核心网为终端访问计

算执行功能中的计算任务建立数据会话，并将计算任务数据会话中的数据通道信息记录到计算任务数据会话上下文中。核心网将计算任务数据会话信息发送给管控计算执行功能（已部署计算任务）的计算控制功能，使计算控制功能可以对计算任务开展生命周期管理。核心网还需将计算任务数据会话信息发送给终端接入基站所在的计算控制功能根据计算任务数据会话上下文信息为计算任务数据传输建立 CRB。

② **计算任务数据会话的更新：**在计算任务运行过程中，计算任务数据会话可根据计算执行功能运行状态（如负载状态、故障状态、业务调整情况等）触发配置更新。这种更新以根据计算执行功能测量并上报给计算控制功能作为触发方式，并由计算控制功能进行更新决策生成。生成更新决策要考虑的因素包括但不限于区域内各计算执行功能的实时负载情况、业务的可靠性要求等。如果计算控制功能无法生成可行更新决策，则将此更新触发上报给核心网，进行更大范围的更新决策生成。计算控制功能一方面根据终端和基站的无线信道环境变化，实时调整通信与计算资源的分配，更新计算任务数据会话上下文。另一方面更新核心网最新计算执行功能信息。当由于终端移动产生跨计算控制功能切换时，源计算控制功能向核心网上报当前终端计算任务接入的基站信息、计算任务质量要求、通信与计算资源等信息，核心网与终端切换的目标计算控制功能交互上述信息，目标计算控制功能为计算任务准备资源，并在计算任务切换后维护计算任务数据会话上下文。

③ **计算任务数据会话的释放：**核心网释放该计算任务分配的计算执行资源，释放计算任务数据会话和上下文并通知计算控制功能。计算控制功能释放该计算任务数据会话和上下文。

2. 计算任务控制

计算任务控制主要指计算任务全生命周期管理。计算任务全生命周期管理是一个复杂且多环节的过程，总体上可以分为计算任务资源准备、计算任务部署、计算任务质量监控、计算任务挂起及释放等关键阶段。

① **计算任务资源准备：**开始于计算控制功能接收到计算任务请求。在该阶段，计算控制功能根据计算任务的质量要求，如对计算时延、端到端时延、上下行吞吐量等的要求，为计算任务分配满足其质量要求的计算执行资源。

② **计算任务部署：**计算任务在分配的计算执行功能上实例化。计算任务部署完成后，计算控制功能向终端通知计算任务的访问地址等信息，终端能够通过 CRB 交互计算任务数据。

③ **计算任务质量监控：**主要涉及计算控制功能收集计算执行功能的计算状态信息、计算任务的承载质量信息、终端的算力状态信息等，以实时反馈计算任务的运行状态和性能。

④ **计算任务挂起**：计算执行资源不会被立即释放。例如在切换过程中，为了避免在终端与基站空口间的连接稳定之前，频繁切换导致计算任务的频繁迁移。待终端与基站间的连接稳定后，计算控制功能将按需释放计算任务的计算执行资源。

⑤ **计算任务释放**：计算控制功能释放计算任务占用的计算执行资源，以便这些资源能够被其他计算任务所利用。

在通算一体网络中，计算任务全生命周期管理从计算任务资源准备到计算任务释放的每个阶段都要进行精细调度和监控，确保计算任务的可靠运行，同时优化资源使用，降低时延和提升吞吐量。实时监控和质量控制机制允许及时识别并应对潜在风险，保障计算任务平稳运行。

12.1.2　通信与计算资源的融合控制和一体调度

1．通信与计算资源的融合控制

通算一体网络不仅将支持基于 AI 和计算的新型服务，而且将扩展其资源范围，从传统的单一通信资源延伸至包括计算资源、数据资源及 AI/ML 模型资源在内的多种资源。通算一体网络旨在满足多样化业务的个性化需求，并确保 AI 任务和计算任务的端到端体验。为此，通算一体网络需具备在通信资源和计算资源等多维资源上的融合控制与联合优化能力。现有的基于网络管理和业务应用层面的通信与计算协同优化通常是非实时的、半静态的，难以及时响应用户的无线信道变化、计算状态变化及网络的变化。在无线网络功能层支持通信与计算资源的融合控制，将可以更实时地感知无线信道环境和计算节点资源的动态变化，实时或近实时地优化通信与计算资源分配、用户接入控制、移动性管理等，在动态复杂的无线网络环境下，为计算密集型、时延敏感型计算任务提供端到端时延保障，提升网络通信与计算资源的综合效能。

下面以通算一体网络中的移动性管理为例，介绍通信与计算资源的融合控制的潜在技术方案。

相较于传统基于负载和无线覆盖的移动性管理，通算一体网络中的移动性管理需要同时考虑网络高速动态变化和计算节点类型的多样性，如计算节点对 GPU 资源、CPU 资源等计算资源的支持。通信与计算资源联合移动性管理优化决策，需要考虑的因素包括：①通信连接状态，如服务小区和邻区的用户数、信道环境、业务负载等；②计算资源状态，如计算任务所需计算资源、基站/终端可用计算资源等。连接与计算资源可按需切换、迁移，保障业务端到端体验。

在移动性管理优化决策的锚点上，面向同一个计算控制功能范围内的切换，可由计算控制功能统一决策，面向跨计算控制功能的切换，可由核心网决策。下面将针对这两类切换展开分析。

（1）同一个计算控制功能范围内的切换

一个计算控制功能范围内的计算节点可以视为一个逻辑上的无线算力池。一个计算节点可以承载一个或若干个计算执行功能。考虑移动或无线网络业务负载均衡等因素触发小区间的终端连接切换。计算控制功能可以依据以下几点因素对计算任务是否需要迁移进行决策，首先，若终端连接切换后计算任务的端到端体验仍能满足需求，则无须迁移计算任务；其次，如果计算任务的端到端体验无法得到保证，那么计算控制功能应考虑将计算任务迁移到更适合的计算节点上，或者通过通算资源一体调度为该计算任务提供必要的计算资源（如提供更多的计算资源或计算能力更强的计算资源），以确保计算任务的质量得到持续保障。如图 12-3 所示，终端计算任务从源基站（计算任务部署在源基站的计算执行功能 2 上，计算执行功能 2 具备执行计算任务所需的算力，如 GPU 计算资源）移动到目标基站上，计算控制功能可以决策计算任务是否需要迁移。若计算任务不迁移，依然满足计算任务端到端体验需求，计算控制功能决策计算任务依然在源基站的计算执行功能 2 上执行，计算任务不迁移。此时，计算任务的数据需要从终端切换到的目标基站再转发到计算执行功能 2 所在的源基站上，经过源基站的计算再把结果传递到目标基站上，最后目标基站将结果通过无线链路发送给终端。图 12-3 中的另一示例考虑 V2X 场景下的车辆自动驾驶业务，车辆从计算执行功能 3 所在的源基站覆盖范围移动到计算执行功能 4 所在的目标基站的覆盖范围内，车辆无线传输连接从源基站切换到目标基站上。若计算任务依然在源基站计算执行功能 3 上执行，计算任务数据将跨站传输，增加了业务端到端时延。为保障自动驾驶端到端业务体验，计算控制功能决策将计算任务从源基站的计算执行功能 3 上迁移到目标基站的计算执行功能 4 上继续执行，计算任务数据通过目标基站发送给车辆。

（2）计算控制功能间的切换

在移动通信网络中，终端的移动还会涉及跨越不同计算控制功能的连接切换。具体来说，当终端从源计算控制功能控制的基站覆盖区域中移动到另一个新的目标计算控制功能控制的基站覆盖区域中时，终端无线连接从源基站切换到目标基站。为了保证终端访问计算任务的连续性，源计算控制功能需要向核心网发出通知，指示核心网在目标计算控制功能控制的无线算力池内部署计算任务。例如源计算控制功能将计算任务数据会话上下文中的计算任务需求信息、终端信息等发送给核心网。核心网将计算任务的需求信息和终端信息等转发给目标计算控制功能。目标计算控制功能在其控制的无线算力池中部署计算任务，并将计算任务所在的计算执行功能的访问信息回传给核心网。核心网将新的计算任务访问信息通知源计算控制功能。源计算控制功能将此信息转发给源基站，由源基站通过无线连接发给终端，以确保终端可以在目标基站上继续访问计算任务。跨计算控制功能的切换，即计算控制功能间的切换，其示意如图 12-4 所示。

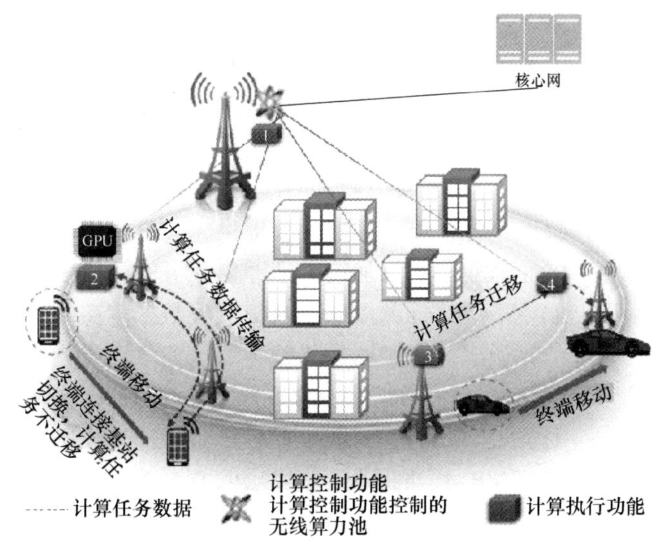

图 12-3　同一个计算控制功能范围内的切换示意

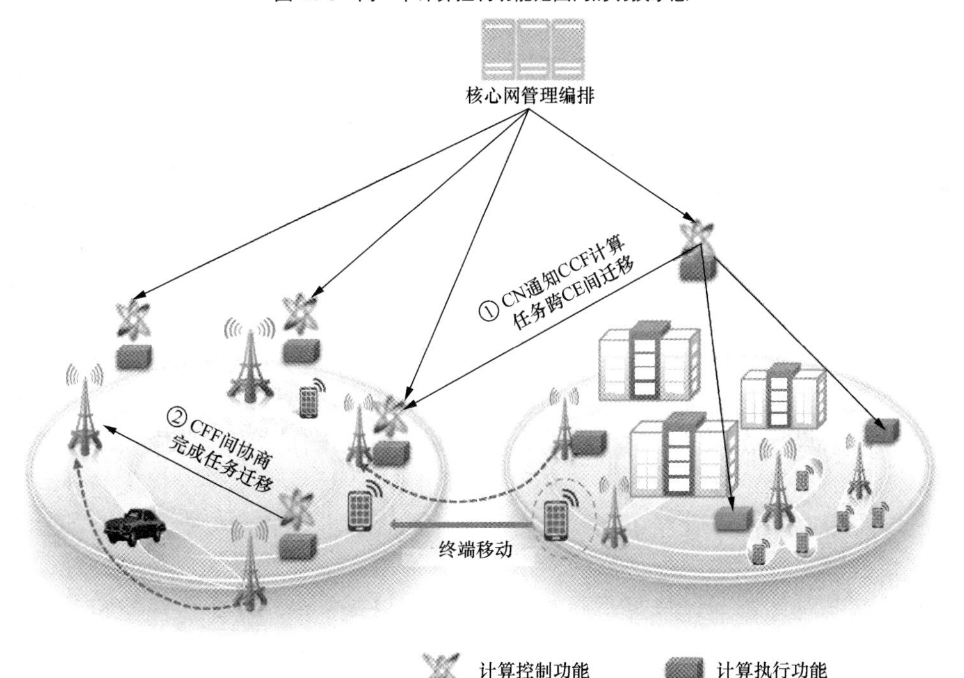

图 12-4　计算控制功能间的切换示意

2. 通算资源一体调度

在通算一体网络中，基于基站的广覆盖优势，可进一步利用基站计算资源为业务应用提供通算一体服务。这种服务能力的升级也意味着基站既要保持具有传统单一通信资源调度能力以实现面向无线通信业务的质量保障，还要扩展通信资源、计算资源和通算资源一体调度能力，实现面向计算任务的质量保障。以终端和基站联合 VR 渲染为例，由于 VR 终端的计算能力和电池电量受限，将 VR 渲染计算任务卸载到基站上进行计算，基站不仅提供无线连接服务，还提供 VR 渲染计算服务。随着小区通信业务的增加，处理通信业务的计算资源负载增加，需要为通信业务计算分配更多计算资源以保证通信业务数据的实时处理，此时通信业务与 VR 渲染竞争计算资源，渲染图像传输与通信业务竞争通信资源。计算控制功能保障高优先级的通信业务，将基站的更多计算资源分配给通信业务，导致渲染计算资源受限。为满足端到端 VR 渲染业务体验，计算控制功能可将 VR 渲染计算任务迁移到可达到 VR 渲染业务质量要求的邻站计算执行功能上继续进行计算，持续为终端提供 VR 渲染计算服务。

在上述场景中，相较于传统的从单一通信维度进行优化以保证业务质量，多模态业务质量保障更为复杂。图 12-5 给出了通算资源一体调度中潜在的多维度目标、多维度约束、多维度变量优化示意，要求网络从通信、计算及业务质量需求等多个维度进行综合考量。在通算一体网络中，通算联合优化的目标包括降低通信时延、提升通信速率和可靠性，降低 AI/ML 模型训练/推理时延、提升模型精度，降低计算时延、提升帧率和码率，降低系统能耗、提升用户满意度和降低综合成本等。同时，通算联合优化面临通信、计算、能耗等多维度约束。通信维度的约束包括带宽和功率等的限制；计算维度的约束包括算力和内存等的限制；能耗维度的约束包括能源成本与能源效率等的限制。多维度约束条件对优化产生了重要影响，需要在优化过程中进行合理的权衡和调整。面向上述多维度目标、多维度约束的通算联合优化，可以提炼通信、计算等多维度变量，用来设计通算联合优化算法。通信维度变量优化如带宽分配策略和接入控制策略的调整，以提高通信效率和资源利用率；计算维度变量优化如合理的算力分配策略和内存管理策略，以提高系统的计算效率和并行处理能力。业务模式维度变量优化如根据不同的应用场景和需求，选择在终端、基站上进行计算或终端与基站协同计算等不同的计算模式，以提供最佳的服务体验和资源利用效果。

传统面向连接的无线接入网具备连接维度的管控和优化能力，但不能支持通信资源、计算资源和智能资源等多维度资源要素的综合管控和优化，因此难以满足多模态业务在通算联合优化方面的复杂需求。通算一体网络具有计算节点分布不均匀、无线通算资源波动、业务多样化且时空分布不均匀的特征，在有限的无线通信与计算资源空间内实施通算融合一体调度，实现多维度目标优化的复杂任务，需要引入基于 AI 的智能分析和决策能力，以满足复杂场景中的业务保障和网络性能提升需求。以提供确定性无线算力网络服务为例，基站可基于 AI 动态预测网络负载、空口链路质量，以及用户行为包括用户移动轨迹、用户移动性特征、用户时空分布等，实现主动式算网联合控制和编排优化。基站还可利用 AI 决策动态优化计算模式，如云计算、无线边缘计算或终端计算、计算节点及计算/网络资源匹配，降低无线算网能耗，保障用户通信与计算任务性能体验。

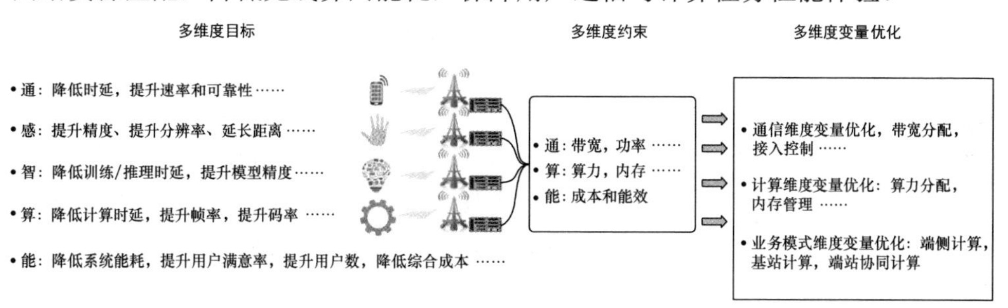

图 12-5　多维度目标、多维度约束、多维度变量优化示意

在面对通信、计算业务需要的多维度资源要素时，智能化的计算控制功能设计提供了一种解决复杂场景中的业务保障和网络性能提升的有效策略。例如，在通算一体化网络中，计算控制功能可以根据需求灵活扩展 AI/ML 功能。通过将计算控制功能设计为服务化，实现 AI/ML 模型的按需动态加载和卸载，适应不同业务特性的质量保障和网络优化需求。计算控制功能的智能化通过持续的数据采集和模型训练，生成能够适应当前基站和终端业务特性的智能模型。在网络运行期间，AI/ML 应用能够根据实时数据分析结果，制定计算任务调度策略和计算资源优化策略。这些策略用于指导网络动态调整资源分配，确保计算任务的执行质量。例如，AI/ML 模型可以预测网络负载变化，自动调整资源分配策略以预防潜在的网络拥堵，或者根据用户行为模式动态调整计算任务的优先级和资源需求，从而实现更高效的网络管理和优化。

下面以 VR 业务中的终端与基站协同进行 VR 渲染为例说明基站进行通信与计算联合优化一体调度的方法和系统性能增益。

在本案例中，假设每个基站均作为计算节点配备 GPU，支撑 VR 渲染及网络性能智能优化应用，网络性能智能优化应用包括利用 AI/ML 模型进行无线资源管理和自适应调制编码（AMC）的模型训练或推理。在多用户和多小区环境中，背景用户与 VR 用户间发生无线资源及 GPU 计算资源的竞争。其中，背景用户不参与 VR 渲染计算任务，但其最低业务速率需要得到保障。基站提供给 VR 用户的可用算力取决于未被网络性能智能优化应用使用的计算资源，通常随背景用户数的增加而降低。考虑终端随机分布、就近接入基站，每个基站提供的算力和通信带宽都是不同的。基站提供的算力和通信带宽不同，所以终端就近接入的基站对于 VR 系统容量、业务体验而言并不总是最佳选项，换言之，VR 用户的体验质量（QoE），如 fps，依赖于所连接的基站提供的算力和通信带宽。为满足 VR 用户的 QoE 及背景用户的最低数据速率要求，可优化用户和基站接入关系以最大化通算一体网络的服务能力，增加满足 QoE 要求的 VR 用户数。这里满足 QoE 要求指满足 VR 用户所要求的帧率，如 60fps，即终端接入的基站有足够的计算资源渲染并传输帧率超过 60fps 的图像。

（1）系统模型

系统中有 M 个可提供算力服务的基站，对应集合 $\mathcal{M}=\{1,2,\cdots,M\}$，$N$ 个 VR 用户对应集合 $\mathcal{N}=\{1,2,\cdots,N\}$。各基站均有一些背景用户，对应集合 $U=\{U_1,U_2,\cdots,U_M\}$，其中 U_m 为接入基站 m 的背景用户。VR 用户的渲染任务可卸载至基站以进行远程渲染，也可在用户终端完成本地渲染。

在通信环节的建模中，考虑到无线 VR 应用的下行数据量远大于上行数据量，故暂时忽略上行请求环节。在信道建模上，参考 3GPP　TR 38.901 中生成信道参数的方法。即基站 m 分配给 VR 用户 n 与背景用户 i_m 的带宽分别为 R_{mn} 与 R_{mi_m}，VR 用户 $n\in\mathcal{N}$ 与背景用户 i_m 对应的速率分别为 R_{mn} 与 $R_{i_m m}$，其中 i_m 表示接入基站 m 的第 i 个背景用户。

在计算环节的建模上，需要考虑任务建模及基站算力分配。VR 用户 n 的渲染任务可建模为 $\{f_n,d_n\}$，其中 f_n 为渲染一帧画面所需的计算量，其单位为 TFLOPS，d_n 为下行传输过程中的每一帧画面对应的数据量。基站 m 的计算能力为 F_m，其单位为 TFLOPS。对于每个用户，每个时隙均需一次 AMC 算法调度。假设子载波间隔为 30kHz，TTI 为 0.5ms。AMC 算法运行一次所需算力为 f_{AMC}，每个用户进行 AMC 所需算力 $f_B=2000f_{\text{AMC}}$，其单位为 TFLOPS。在保障用户通信性能的前提下，接入基站 m 的 VR 用户可使用的渲染算力为

$$F_m^v=F_m-|U_m|f_B-\sum_{n=1}^{N}a_{nm}f_B \tag{12-1}$$

其中 $A=\{a_{mn}\}$，$a_{mn}\in\{0,1\}$，表示用户 n 与基站 m 间的连接关系，$a_{mn}=1$ 表示用户 n 接入基站 m，反之则表示用户 n 未接入基站 m。设基站 m 分配给 VR 用

户 n 的渲染算力为 F_{mn}，为了保证 VR 用户得到的帧率，若 $a_{mn}=1$，需要满足

$$\frac{F_{mn}}{f_n} \geqslant \text{fps}_n \tag{12-2}$$

其中，fps_n 为用户 n 的最低帧率要求。

用户体验的建模主要考虑其帧率，若用户 n 的帧率满足要求，则称其为满意 VR 用户，即

$$Q_n = I\left\{\frac{\sum_{m=1}^{m=M} a_{nm} R_{mn}}{D_m} \geqslant \text{fps}_n \ \&\ \sum_{m=1}^{m=M} \frac{a_{mn} F_{mn}}{f_r} \geqslant \text{fps}_n\right\} = 1 \tag{12-3}$$

反之，则 $Q_n = 0$。

考虑多时隙且用户具有移动性的场景，其中背景用户接入最近的基站，将引起通信资源、计算资源的动态变化，对于 VR 用户则需要针对其位置和网络资源进行切换和服务迁移。

根据最长时间内满意用户数的思想，优化问题的建模为

$$P0: \max_{\text{A}} \frac{1}{T} \sum_{t=0}^{T} \sum_{n=1}^{N} Q_n(t) \tag{12-4}$$

$$\begin{aligned}
s.t. \quad & C1: R_{mi_m}(t) \geqslant I_{i_m},\ \forall i_m \in \boldsymbol{U}_m, \forall t \in \boldsymbol{T} \\
& C2: \sum_{m=1}^{M} a_{mn}(t) \leqslant 1,\ \forall n \in \boldsymbol{N}, \forall t \in \boldsymbol{T} \\
& C3: \sum_{n=1}^{N} a_{mn}(t)(f_B + F_{mn}) + |\boldsymbol{U}_m| f_B \leqslant F_m,\ \forall m \in \boldsymbol{M}, \forall t \in \boldsymbol{T} \\
& C4: \sum_{n=1}^{N} a_{mn}(t) B_{mn} + \sum_{i_m \in u_m} B_{mi_m}(t) \leqslant B,\ \forall m \in \boldsymbol{M}, \forall t \in \boldsymbol{T}
\end{aligned}$$

其中，$C1$ 表示背景用户的最低速率要求；$C2$ 表示用户接入基站的数量限制；$C3$ 表示基站算力资源限制；$C4$ 表示基站带宽资源限制。

（2）仿真结果

基于上述建模，设计了通算协同优化算法，并对终端和基站协同进行的 VR 渲染进行了仿真。仿真结果将通算协同优化方案与终端就近接入基站的基础方案进行比较（在终端就近接入基站方案中，一旦某基站的通算服务能力饱和，VR 用户将被随机淘汰）。仿真环境配置见表 12-1。

表 12-1　仿真环境配置

参数	描述	配置
M^v	VR 用户数	25 个
M^b	背景用户数	10 个

续表

参数	描述	配置
N	基站数量	5 台
B	带宽	100MHz
α	路径损耗指数	–3
P_d	下行发射功率	40dBm
N_0	噪声功率	–100dBm
F_n	基站用于智能化无线资源管理、AMC 和 VR 渲染的算力	82.6 TFLOPS
F_r	VR 渲染每一帧的计算量	0.25 TFLOPS
F_{AMC}	每位用户的智能 AMC 计算量	1.44 TFLOPS
D	VR 用户每帧数据（压缩后）下行传输量	2MB

图 12-6 和图 12-7 显示了不同的 fps 需求（60fps、90fps 和 120fps）下，系统支持的 VR 业务质量要求被满足的 VR 用户数和 VR 用户总数与背景用户总数之间的关系。仿真结果表明，与基础方案相比，通算协同优化方案展现了更佳的性能，凸显了通算协同的重要性。随着所需 fps 的提高，被满足的 VR 用户数因资源消耗的增加而减少。在图 12-6 中，随着 VR 用户数增加，两种方案性能均趋于稳定并达到同一稳态点，展示了资源限制下的最大服务能力。在图 12-7 中，背景用户数的增加导致被满足的 VR 用户数减少，原因是背景用户占用了更多的算力和无线资源，减少了 VR 用户可用的资源。仿真结果显示，被满足的 VR 用户数量得到提升，体现了通算一体网络的优越性。

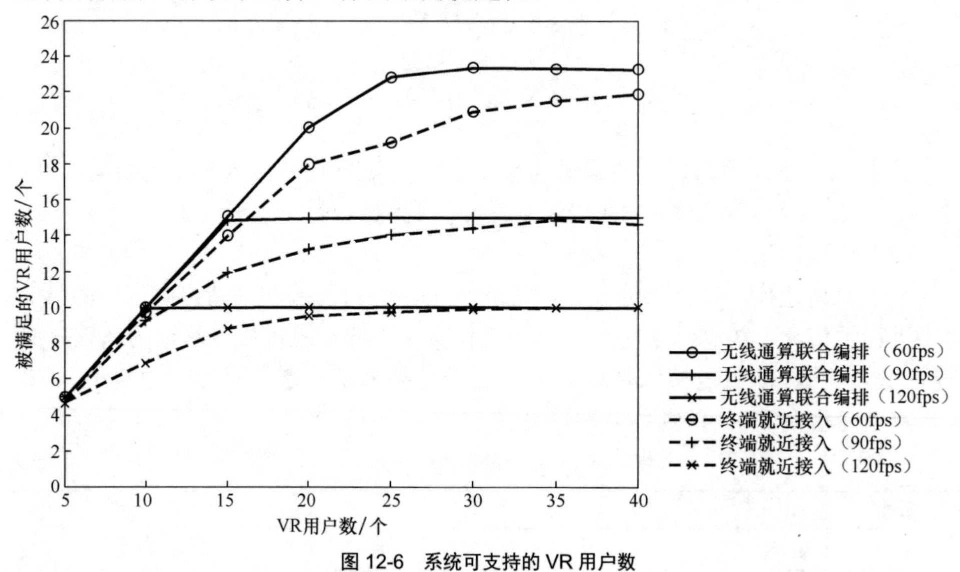

图 12-6　系统可支持的 VR 用户数

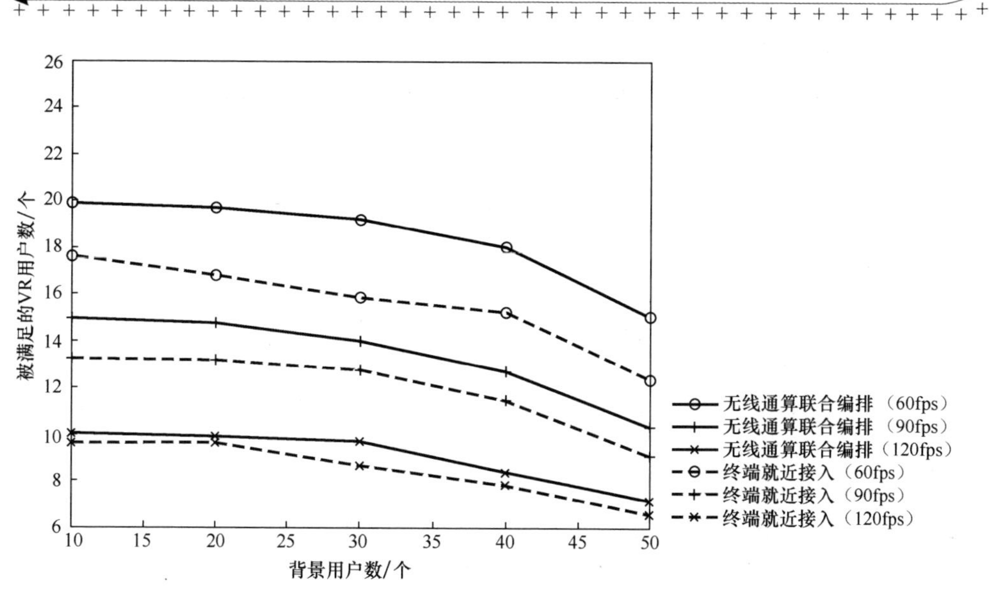

图 12-7　系统可支持的 VR 用户数与背景用户总数之间的关系

12.1.3　数据管理、开放、路由和转发

数据作为原生计算的核心资源，其价值在通算一体网络的应用场景中愈发凸显。当前，用户在边缘侧的业务需求已从单一的数据传输服务转向泛在 AI 等多元化的通算一体服务，这导致边缘侧计算任务所依赖的算力和数据资源的供给方式正在发生深远的变革。下面将从通算一体网络的基站和终端中所涉及的计算任务特点和数据需求入手，分析通算一体网络在数据管理、开放、路由和转发方面应具备的主要功能，并探讨其核心技术方案。

正如第 5 章所述，通算一体网络已在交通、娱乐、网络智能化、AI 众多领域中展现出丰富的应用场景。透过这些应用场景，观察其背后各种计算任务的行为。可以将通算一体网络中的计算任务分为网络 AI 计算任务和业务扩展计算任务两类。

网络 AI 计算任务指基于无线网络内部数据开展的数据分析、AI 模型训练及推理等计算任务，主要用于提升网络自身性能，或者向网络外部应用提供无线网络功能开放及定制服务。此类计算任务具有数据采集于网络、计算于网络、应用于网络的特点。以物理层 AI 增强场景为例，物理层 AI 增强功能需要从基站或终端物理层采集信道特征数据，并利用 AI 算法进行模型训练、推理计算，最终可实现精准波束赋形及大规模多输入多输出（Massive MIMO）场景的下行信道状态信息（CSI）压缩功能，有效提升无线接入网物理层性能。

业务扩展计算任务指利用通算一体网络的计算和连接能力，运行无线通信功能以外的应用服务，可以理解为传统边缘云计算应用的新承载方式，如基于无线网络连接的智慧交通路况感知、工业 PLC 控制、物联网数据采集、文娱视频渲染、生成式 AI 助理等应用均属于业务扩展计算任务。此类计算任务依赖云、边、端多种系统数据的支撑，其需要的数据应具有广域、开放、可灵活访问的特点。以智能汽车中的个人 AI 助理为例，基于生成式 AI 技术的个人 AI 助理计算任务需要汇聚整合互联网服务数据、政府政务公开数据、医疗健康信息、金融信息、交通信息、无线网络感知数据、车载传感器与视频数据，以及个人智能终端产生的数据，提供基于多维度用户行为感知的场景化、个性化决策推荐服务。系统还需要根据区域中可用的计算资源和汽车的实际行驶状态，实时规划数据在中心云、基站及终端之间的路由转发策略，确保这些多源计算数据能在云、边、端的多层异构移动计算节点之间实现可靠、按需、灵活且高效的流转。

面对上述差异化计算任务的数据需求，以“数据中心+数据管道”为代表的传统集中式数据资源供给方式在实时性、同步性、易用性、安全性和隐私性等方面已无法满足要求。为此通算一体网络需要在动态变化的时空和系统环境中实现数据的实时采集、路由转发与融合处理、管理和开放功能，可以考虑引入如下数据相关功能，具体如下。

数据采集功能： 数据采集功能具有定制化的数据采集能力，可根据原生 AI 计算任务的需求采集来自各终端和无线网络（如 PHY 层、MAC 层、PDCP 层等）各层的协议栈的数据。同时，也可基于多种采集模式提供数据分发服务，支撑分布式 AI 计算任务。

数据预处理功能： 数据预处理功能对采集到的数据进行预处理，如数据清洗、数据去噪、数据特征提取等，以便后续的计算任务能够更高效地执行。同时，可对于不同来源的数据进行数据融合加工，如数据预处理、数据融合、数据增强等，可根据计算任务所提出的数据集定制请求。此外，数据去隐私化处理也是数据预处理过程中的重要步骤，数据服务必须遵守相应的隐私保护法规，应用数据去标识化、数据匿名化，以保护用户隐私。

数据路由和转发功能： 数据路由和转发功能应保证在包括移动场景的全场景中所采集数据的及时性和完整性。数据路由和转发功能可智能地选择最合适的路径和数据传输方案，在云、边、端设备之间将数据从数据源传输到计算节点上。

数据存储功能： 在通算一体网络环境中，异构的计算节点性能差异大，部分智能终端数据缓存能力弱，难以对所接收的多源数据进行同步，而数据同步是保持数据一致性的关键。数据缓存及数据同步功能可通过数据缓存机制解决来自不同时间和空间的数据间的同步问题，确保计算节点可以低成本获取多源同步数据。

数据开放功能：通算一体网络可以通过数据开放功能，向网络内部的计算执行功能或网络外部应用提供数据访问及交换服务。

从以上分析可以看出，在通算一体网络中，计算节点与数据源分布于云、边、端各层，数据的生产和消费泛在于系统各流程，数据的流转已经没有明显的纵向流转或横向流转形态，呈现出多向、网状、弱中心的流转趋势，对原生计算能力的构建在数据管理、开放、路由和转发功能等方面提出全新挑战。数据服务相关功能可有效提升通算一体网络的原生计算能力，相关技术尚处于研究阶段，下面将围绕数据采集、数据预处理、数据路由和转发、数据存储及数据开放等方面给出的一些技术方案进行探讨。

1．数据采集

当越来越多的计算任务被部署在通算一体网络后，多样化的数据需求产生了。以智能化无线网络功能为例，AI 算法需要无线接入网中各层协议栈运行过程数据的支撑，AI 算法需要从 PHY 层协议栈采集 PHY 层信道数据，基于信道预测的 MAC 层智能调度算法需要采集 MAC 层调度参数，如调度优先级等信息。按需、高效采集多网元、多协议层数据，成为生成数据采集方案要解决的首要技术问题。

为了实现多源数据按需采集，可在通算一体网络相关的各协议实体或网络功能中增加数据采集逻辑功能，下文将结合图 12-8，侧重无线接入网内部，围绕数据采集模式、数据采集内容、数据采集规则表征等方面，介绍数据采集逻辑功能。

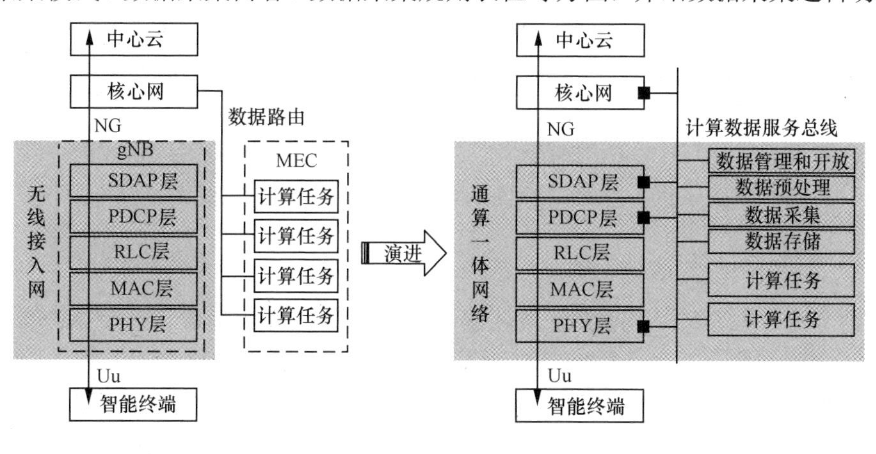

图 12-8　通算一体网络数据采集方案

在数据采集模式方面，利用集成数据采集逻辑功能的方式，可根据数据采集规则对服务数据适配协议层（SDAP 层）、PDCP 层、RLC 层、MAC 层、PHY 层各层进行定制化数据采集。数据采集粒度可分为小区级、用户级、QoS 流级、无线承载级、物理信道级等不同级别。数据采集模式包括周期性采集、事件性采集、连续性数据流采集等。而数据采集粒度与数据采集模式则可根据业务数据需求及设备负载情况灵活组合。

在数据采集内容方面，数据采集逻辑功能可根据计算任务的数据需求，并参考各协议层数据特性，提供差异化数据采集能力，可采集数据包括协议栈自身状态，以下对在各层中所采集数据的应用场景进行分析。

① 采集的 PHY 层数据主要支撑 AI 业务的训练和仿真，可根据数据采集规则定制化采集天线采样数据，以及信道估计、信道编码、调制/解调等处理过程中的原始数据。

② 采集的MAC层数据可支撑网业协同及网络运行智能化场景中的AI算法，可根据数据采集规则定制化采集如下数据，如无线时域、频域资源的使用数据，小区级、用户级和无线承载级的 QoS 评估及调度数据，小区级、用户级的干扰及功率控制数据，AMC 过程数据。

③ 采集的 RLC 层数据可对透明模式（TM）、非确认模式（UM）、确认模式（AM）下的报文的分段、重传情况及原始报文进行开放，以供 AI 算法进行数据报文分段串接情况分析及预测。

④ 采集的 PDCP 层数据可对数据完整性、加解密、报文复制等情况进行采集和统计，并可对 IP 报文进行无线承载级高效转发，实现高效的数据内部卸载。

在数据采集规则表征方面，通算一体网络将数据采集能力进一步扩展到无线承载级别甚至物理信道级别，并增加数据过滤器，避免大量无效数据采集导致的处理拥塞，实现数据按需提取。

在通算一体网络中，利用数据采集功能，可根据统一规则对跨协议层、跨系统域的数据进行数据采集，为通算一体网络的原生计算提供数据支撑。

2. 数据预处理

通算一体网络的数据功能主要服务于计算任务的数据需求，随着 AI 技术的发展，具有 AI 业务的计算任务对所需数据的清洗、去噪、标准化、隐私保护等方面均提出更高要求，所以通算一体网络的数据功能应在如下几方面提供数据预处理功能。

① 数据清洗功能主要用于去除采集数据中的错误、重复或无关数据，以及处理缺失值，可以使用规则引擎识别无效数据，并通过机器学习模型预测缺失值。

② 数据去噪是向计算任务提供高质量数据的重要技术手段。针对网络中数

字信号类、图片类、文本类等不同类型的数据可以采用差异化的数据去噪技术方案。数字信号类数据去噪涉及滤波器技术，如低通滤波器、高通滤波器、带通滤波器及更为复杂的自适应滤波和傅里叶变换。对于图片类数据，可以使用平均滤波器、中值滤波器、高斯模糊等方法。在文本类数据中，数据去噪可通过删除停用词、纠正拼写错误等方式提升数据质量。

③ 在数据标准化方面，由于计算任务，尤其是网络 AI 计算任务需要处理大量天线采样数据、物理层信道数据等不同数据，这些不同数据变量往往量纲不同，数据归一化可以消除量纲对 AI 算法最终结果的影响，使不同变量具有可比性。所以需要通过数据转换使数据平均值为 0、标准差为 1（标准化处理）或将数据缩放到[0,1]区间内（进行归一化处理）来处理不同规模和分布的无线 AI 数据。在通算一体网络中，完成数据标准化处理，可以有效降低网络 AI 计算任务的实现复杂度，提高计算精度。

④ 在数据的隐私保护方面，由于无线网络中所采集数据包含用户身份、用户位置、用户业务行为等隐私敏感数据，需要对数据进行去标识化和匿名化处理。其中去标识化涉及从数据中移除所有可表征身份信息，如国际移动用户标志（IMSI）、国际移动用户号码（MSISDN）、隧道端点标识符（TEID）等。移除或加扰位置信息，如小区 ID（Cell ID）、跟踪区域码（TAC）、位置区域代码（LAC）、GPS 数据和其他定位系统信息等。某些情况下可能需要识别并过滤数据中可能包含的用户行为数据，如上网记录、通话记录、短信日志、数据用量、应用使用情况、终端设备信息等。

通算一体网络所提供的数据预处理功能是为了降低计算任务的开发复杂度，提升原生 AI 性能，可按业务需求由计算控制功能在数据源或计算节点附近的计算执行功能中动态部署数据预处理相关逻辑功能。

3. 数据路由和转发

目前 5G 网络以 UPF 作为数据统一卸载锚点的 5G 用户面机制，是面向连接核心网和终端而设计的，随着基站内部的数据传输需求的爆炸式增长，单一数据卸载锚点的架构方案在数据转发路径规划方面已无法满足需求。越来越多的计算任务部署于通算一体网络，引发了多样化的数据传输需求，如通感业务 AI 模型，需要利用用户面在终端 PHY 层协议栈中提取天线原始数据以进行模型训练；MAC 层调度器与 AI 预测软件交换，实现基于信道预测的调度策略；本地 VR 服务功能从 PDCP 层提取 VR 业务的 IP 报文，进行本地渲染服务并推流至终端。海量数据在基站内部产生、处理、应用，如果统一发给外部 UPF 等数据卸载锚点并再流转回基站会产生极大的数据传输成本，且边缘云业务一般对时延、可靠性有较高要求，这种基站外部的数据流转方式，会削弱基站本地处理的实时性优势。

针对以上多样化的数据传输需求，通算一体网络中的基站数据路由和转发功能，需要连接无线网络内部各个计算节点和数据源，实现移动环境中的数据无线传输的实时性和数据完整性，并智能地选择最合适的数据传输路径和传输方法，在云、边、端设备间将数据从源头传输到计算节点上，下面将从计算数据路由和数据转发两个方面介绍主要技术方案。

（1）数据路由

数据路由在通算一体网络的数据相关功能中扮演着至关重要的角色，它决定了发送者如何将消息准确、高效、灵活地传递到接收者。设计一个高效的用于通算一体网络内部计算任务所需数据的路由控制机制需要考虑多个方面，包括路由信元设计、路由策略制定、路由权值计算等。

路由信元是一种在所传输数据报文中携带的扩展信息，可以理解为来自终端、基站、边缘云、中心云的数据附加在通算一体网络中用于路由转发的元数据，如消息 ID、时间戳、卸载目的实体 ID、传输优先级、计算优先级、服务类型、消息类型等。这些信息对于数据的路由和处理至关重要，是通算一体网络规划数据路由方案、组织数据转发、编排计算任务的重要依据。另外还需要考虑定义统一、合理的消息格式，确保数据在不同协议栈、子系统间传递时的兼容性和可解析性，如在某一时刻或在某一事件中，无线空口中的信道测量数据与 PDCP 层采集的视频流 IP 数据应该具有相同的可相互比较的时间戳格式。另外，由于数据需要经过有线、无线异构网络的传输，传输过程中要经过不同的传输质量控制，为实现数据路由转发过程的端到端 QoS 保障能力，需要使用差异化的数据流或承载方式来区分不同类型或优先级的计算任务数据，如在数据无线传输环节中，可以设计专门的计算任务数据承载（如 CRB）来保障计算数据的路由转发性能。

在路由策略制定方面，可依靠计算控制功能制定所控制范围内的计算节点的数据路由策略。路由策略的制定需要考虑无线信道传输情况、算力负载情况、业务的数据需求等因素，以保障计算任务服务质量。计算控制功能应具有报文级粒度的路由转发控制能力，将制定的路由策略发送至基站。基站需要根据所接收的路由策略，在数据的头信息或负载中动态增加特定路由字段，描述源地址、目的地址及数据类型等必要的路由信息。同时为了能适配原生 AI 任务等的需求，数据功能还应提供数据主题订阅功能，能够灵活地通过广播或多播方式进行数据集或模型的发布/订阅，以便让计算任务能快速感知及收集自身需要的数据。

在路由权值计算方面，由于通算一体网络计算节点主要分布于无线接入网及智能终端中，它们之间的传输受到无线空口干扰情况和无线网络负载情况的影响，所以通算一体网络中的路由权值计算方法的选择应考虑无线链路自身波动性和网络运行负载情况。

（2）数据转发

通算一体网络原生计算的基础功能之一便是保证数据从数据源到计算节点的传输转发的及时性、可靠性和完整性。而这种传输需要综合考虑数据来源的多样性、传输链路的复杂性及传输模式的灵活性，为此计算数据转发功能可基于数据接入层、数据集成层、传输承载映射层、数据路由转发层的多层模式设计，将多维度功能需求分解，并将复杂数据转发功能解耦，以下是数据转发相关特性分析及数据服务总线各功能层介绍。

统一数据接入：由于数据来源的多样性，数据服务总线需要处理来自 IT、CT、OT 等不同领域的不同数据，这些数据的结构、传输指标各不相同，如何使用数据服务总线统一传输这些数据成为难题。一种可行的技术方案是设计一个数据集成层，它可基于适配器模式来处理不同来源数据的接入，确保数据格式和协议的统一性。

统一服务质量控制：面对通算一体网络内部传输链路的复杂性，数据相关功能需要面对有线、无线等多种传输方式并存的情况，以及不同 QoS 描述共用的情况，导致数据源与计算节点之间的传输链路性能难以被统一表征及控制。针对此问题，可以考虑部署传输承载映射层的技术方案，实现对外提供统一的数据传输接口，屏蔽内部传输方式的差异。

灵活路由策略制定：针对计算任务对传输模式的灵活性需求，基于上文“数据路由功能”的技术方案，可以规划部署数据路由转发层，并设计灵活的路由策略，支持基于切片、用户、承载、业务类型、IP 地址，考虑无线传输质量和网络负载等因素的动态路由决策。

4. 数据存储

部署在通算一体网络内部的计算任务需要多种类型数据的支撑，这些数据包括网络转发的实时数据，也包括模型数据及历史数据，这就对通算一体网络提出了数据存储需求。为此，数据存储功能需要考虑如何实现采集于云、边、端的通算数据的同步性，支持灵活的数据存储方式，并确保所存储数据的可靠性和可用性，数据存储功能的部分典型能力如下。

首先，数据存储功能可通过数据持久化与时间同步技术实现多维度数据的集成，确保能够处理并存储来自各个计算节点和数据源的异步异构数据。并基于统一的时间戳或时钟同步机制，实现对来自多源多域的全部数据项进行统一时间标记，确保数据在时间上的一致性，方便后续的数据分析和处理。

其次，数据存储功能还应可灵活选择集中式存储或分布式存储。在需要统一视图和易于管理的场景下使用集中式存储，在需要提高系统的故障隔离水平和有效利用地理分散资源（如分布式 AI 计算任务）的场景下使用分布式存储。并支持对数据存储策略进行动态切换，以便于满足不同的业务需求。

最后，考虑到电信级服务对高可靠性的要求，数据存储功能还应对高价值数据提供冗余存储功能，确保即使部分系统组件失败，仍能够保证数据的完整性和可用性，以便能够缩短通算一体网络系统的停机时间，快速恢复服务。

5．数据开放

数据开放可以向网络内部或网络外部应用提供数据访问服务，让各类计算任务或应用可以低成本、高质量、标准化地获取所需数据资源。例如网络 AI 计算任务可以利用数据开放服务按需、实时获取网络内部各协议实体或网络功能的服务性能、过程数据、配置参数等，以实现网络智能化能力。再例如业务扩展计算任务可以向数据开放服务订阅网络运行状态及配置数据，以实现 IT、OT 系统对无线网络状态的精确感知，为云网融合、网业协同奠定了数据同步基础。这对数据开放功能在 AI 数据流转、跨业务域的计算数据交互、多通信模式融合传输数据、开放位置灵活选择及数据安全性保障等多方面提出更高需求。数据开放功能所应具备的功能描述具体如下。

首先，数据开放功能应提供统一的数据访问接口，可使得不同域的系统（如 IT 系统、CT 系统、OT 系统、DT 系统）都可以通过标准的 API 访问通算一体网络数据。并且此数据访问接口应支持不同的数据访问模式。如生产者-消费者模式（请求/响应模式），使得客户端可以直接向服务端请求所需要的数据。或者发布-订阅模式，使得客户端可以订阅感兴趣的主题，并在数据更新时接收通知。

其次，考虑到通算一体网络涉及众多分布式异构计算节点，所提供的数据开放功能应可以更接近数据源，部署在基站、终端、智能设备等各类计算节点设备中，实现数据的即时处理和快速响应，提供具有低时延、高可靠特性的数据访问服务。

最后，通算一体网络所服务的计算任务种类丰富，可能涉及不同的安全域，所以数据开放服务还应该考虑安全鉴权及数据治理机制。通过内置访问控制和身份认证机制，确保只有授权的计算任务或用户服务才能访问对应的数据资源。同时，针对所存储数据可能涉及不同业务域、不同消费者，进一步提供数据治理机制，对存储数据进行基于业务类型及安全域的分类及质量控制等操作，以提高所存储数据的可用性和可信赖度。

12.2 原生智能

原生智能是指无线网络通过与 AI 技术深度融合，通过提供泛在连接、泛在计算等功能及数据、模型等资源，构建分布式的高效能、安全的 AI 服务能力（包括 AI 模型训练、AI 模型推理等），使能泛在 AI。

网络将提供高效的端到端支持，为 AI 相关业务和应用连接分布式智能体，以便在各行各业中大规模部署 AI。AI 相关业务和应用既包括为网络自身性能优化提供的 AI 能力，即 AI4NET，如利用端到端 AI 实现空口和网络的定制优化和自动化运维，提供满足多样化需求的最佳解决方案；也包括向第三方应用提供的 AI 能力，即 NET4AI，如通过无线网元具有的原生通信、计算和感知能力，加速云上集中智能向深度边缘泛在智能演进，为泛在 AI 提供分布式基础设施。

为了实现 AI 服务能力，网络需要支持 AI/ML 模型全生命周期管理，包括数据采集、数据预处理、模型训练、模型推理、模型管理等功能。这些功能可按需动态分布在通算一体网络中的各个网元上，执行 AI 计算相关任务（如数据采集与预处理任务、模型训练任务、模型推理任务、模型监控、模型更新任务等）。

进一步地，为实现高质量的 AI 服务能力，需要对 AI 服务的需求进行建模来表征 AI 服务质量。用于表征 AI 服务质量的参数可包括 AI 服务的端到端时延、AI 模型训练的准确度/精度、AI 模型推理的准确度/精度、AI 训练的耗时、AI 模型的稳健性/泛化性等。通算一体网络在获取对 AI 服务质量的需求后，根据对 AI 服务质量的需求对 AI 计算相关任务及工作流进行编排。这个过程进一步确定了执行 AI 计算相关任务的策略，如终端、基站等多节点间的计算协同模式、参与 AI 模型训练的计算节点或节点集合、参与 AI 模型推理的计算节点或节点集合等方面的策略，以及 AI 数据采集节点或节点集合、AI 数据的采集策略等。每个 AI 计算任务的需求均可包含 AI 四要素，即连接、算力、数据、模型的需求。管控节点，如计算执行功能和计算控制功能，根据计算任务的需求和策略，对 AI 计算相关任务需要的四要素资源进行联合管控。在服务运行的过程中，网络可根据 AI 四要素等资源的动态变化和 AI 服务质量的实时监测结果，动态优化编排和管控决策，实现 AI 服务质量保障闭环。

本节将在通算一体网络原生计算能力的基础上，围绕原生智能，重点分析网络中的 AI/ML 模型全生命周期，和 AI 四要素（连接、计算、数据、模型）资源联合管控。

12.2.1 AI/ML 模型全生命周期管理

AI/ML 模型全生命周期框架如图 12-9 所示，包括以下环节。

① **数据采集**：此环节负责收集用于 AI/ML 模型训练、AI/ML 模型管理和 AI/ML 模型推理的数据，确保数据的准确性和完整性，为后续模型训练提供坚实基础。采集的数据类型包括：训练数据，作为 AI/ML 模型训练功能的输入数据；监控数据，AI/ML 模型或 AI/ML 功能管理所需的输入数据；推理数据，作为 AI/ML 模型推理功能的输入数据。数据采集也可以对采集的数据进行清洗、格式化及转换等操作，提升数据质量和一致性，以满足 AI 模型训练、AI/ML 模型管理或 AI/ML 模型推理等环节对数据的特定要求。

② **AI/ML 模型训练**：利用预处理后的数据，进行 AI/ML 模型的训练、验证和测试。在 AI/ML 模型训练过程中会生成模型性能指标，这些指标可以作为模型测试过程的一部分使用。通过调整模型参数，优化其性能，使其更好地适应数据分布和特征。

③ **AI/ML 模型推理**：使用训练好的模型对输入数据进行处理，并输出推理结果。该环节保证了 AI/ML 模型在通信系统中的快速、准确应用。

④ **AI/ML 模型存储**：负责存储可用于执行 AI/ML 模型推理功能的 AI/ML 模型，训练/更新后的 AI/ML 模型可以存储于此。

⑤ **AI/ML 模型管理**：模型管理负责 AI/ML 模型的部署与操作，一方面为模型推理选择合适的激活/去激活模型、切换模型、回退到非 AI 模型的状态等的决策，另一方面为模型训练提供是否需要重训练的决策。AI 模型管理收集 AI 模型推理功能的输出数据、数据采集功能的监控数据来评估模型性能，对模型操作进行正确决策。

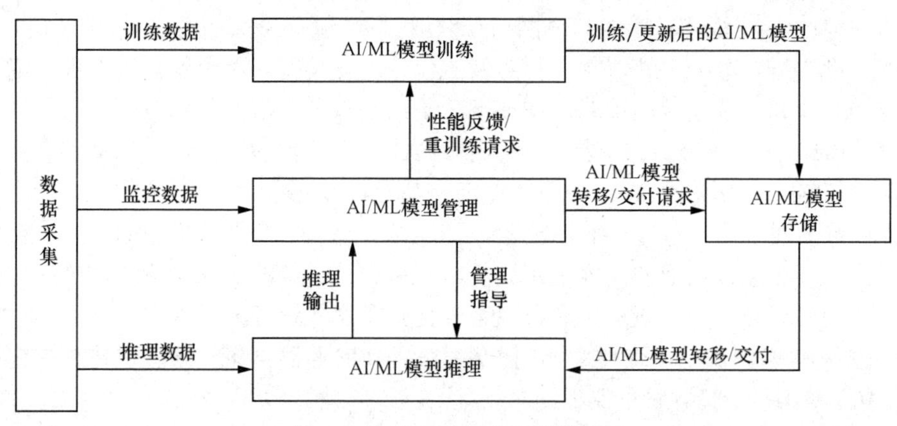

图 12-9 AI/ML 模型全生命周期框架

AI/ML 模型全生命周期框架是支撑 AI4NET 和 NET4AI 等多种应用场景的基

础。根据应用场景的不同，数据采集、AI/ML 模型训练、AI/ML 模型推理、AI/ML 模型存储、AI/ML 模型管理等功能可以分布于网络中的不同位置上。例如，AI/ML 模型训练既可以在计算控制功能执行，也可以在基站上执行；AI/ML 模型推理可以在网络管理功能、基站或终端上执行。

上述 AI/ML 模型相关功能的运行位置可以根据用例的特点预先定义。例如，基于 AI 的节能用例中，模型训练所在位置可位于 OAM 或基站节点，模型训练需要采集基站的资源状态、用户轨迹，来自 UE 的信道信息测量、用户位置测量等，来自邻区基站的资源使用状态、节能状态等。由基站节点执行 AI/ML 模型推理，实时输出节能策略，基站和终端执行。在基于 AI 的网络负载均衡用例中，可以考虑在通算一体网络内的区域控制节点上进行多基站、多小区的负载状态和性能等数据的采集、执行 AI/ML 模型训练和 AI/ML 模型推理，确定区域内的负载均衡优化策略。区域控制节点可以服务多个基站，实现区域内多基站的联合负载均衡优化。

此外，面向 AI 服务质量保障需求，网络也可对 AI/ML 模型相关功能进行动态编排，对连接、计算、数据及模型资源进行实时联合管控。AI 服务和功能的编排和资源的管控需要综合考虑 AI 服务质量需求和通算一体网络中的分布式的网元、终端节点的连接、计算、数据和模型的能力和动态变化情况。

12.2.2　连接、计算、数据、模型联合管控

在讨论 AI 四要素的联合管控之前，首先将分析连接、计算、数据和模型 4 个维度各自可被管控的内容、对 AI 服务质量的影响及多个要素间的潜在置换关系。

① **连接管控**：AI4NET 和 NET4AI 应用场景中的 AI 应用所涉及的数据采集、AI/ML 模型训练、AI/ML 模型推理等操作一般在多个网元和终端间协作完成。AI 数据、AI/ML 模型或 AI/ML 模型输出数据需要在多个网元和终端间可靠传输。为保障 AI 应用和服务的端到端体验，可根据将 AI 服务质量的需求分解后得到的无线连接传输任务需求及 AI/ML 数据和模型的传输特征，对关键业务 AI 数据的空口传输资源和机制进行优化和管控。潜在的连接管控的内容可包括用户调度优先级、用户无线空口的时频资源分配、用户的接入控制等。

② **计算管控**：AI/ML 模型训练、AI/ML 模型推理等 AI 计算任务依赖于通算一体网络中泛在分布的基站和终端算力资源。为满足对 AI/ML 模型训练和 AI/ML 模型推理的时延、准确度/精度等要求，需要考虑对计算资源和计算节点的选择进行动态优化。潜在的计算管控的内容可包括每个 AI/ML 计算任务的计算资源分配、AI/ML 模型训练节点的选择、AI/ML 模型推理节点的选择、AI/ML 模型推理中的协作节点的选择、联邦学习中的中心训练节点的选择和分布式训练节点的选择等。

③ **数据管控**：数据的质量和多样性将影响 AI/ML 模型训练和 AI/ML 模型推

理的准度、精度、稳健性和泛化性，影响无线空口链路质量和网络中的计算节点的计算资源的实时性和准确性，也可能影响计算管控和连接管控的决策的准确度。为保障 AI/ML 模型训练、AI/ML 模型推理等 AI 计算服务的端到端服务质量，也需要考虑对数据采集相关操作进行动态优化。数据管控的内容可包括数据采集的对象、数据采集的粒度、数据采集的周期、数据采集的时间范围和地理空间范围、采集数据量、数据预处理的方式、数据量化的位数等。

④ **模型管控**：AI/ML 模型是 AI 服务中的关键要素。面向不同的 AI 应用，一般可基于应用场景的输入需求和输出需求训练不同的 AI/ML 模型，而即使面向同一个 AI 应用，由于训练的数据集不同，可能会存在多个版本的模型，其模型的性能及模型的泛化性、可应用的场景也可能不同。AI/ML 模型还可以根据对实际应用场景的算力和精度要求进行动态压缩。通常在进行 AI/ML 模型管理时会存在多个不同的 AI/ML 模型版本并可以有不同的模型参数大小。此外，在分布式的计算节点上和数据环境中，AI/ML 模型还可以进行分布式的协作训练和推理，可根据计算节点的分布拓扑、计算能力和传输链路的质量对 AI/ML 模型进行动态分割。为满足 AI/ML 模型训练、AI/ML 模型推理等不同 AI 计算任务的时延、精度等要求，也可以按需对模型维度进行动态管控，模型管控的内容可包括模型的版本、模型参数大小、模型泛化性、模型压缩比、模型协作推理的切分点、模型精度等。

为实现 AI 服务的端到端服务质量保障，需要从连接、计算、数据和模型这 4 个维度进行联合管控。对于整体服务质量而言，每个资源要素间相互影响，可以考虑 4 个资源要素之间的相互置换和联合管控。以 AI 模型推理为例，当无线连接资源受限导致 AI 模型推理结果传输时延无法满足服务质量要求时，可以通过为 AI 模型推理任务分配更多的计算资源，以降低 AI 计算时延的方式满足总体时延要求。当 AI 模型推理准确度/精度无法达到服务质量要求时，一方面可以通过切换更大规模的模型和分配更多的计算资源来提升推理精度，另一方面也可以通过提高数据资源的质量来实现更高的推理精度。当计算资源受限时，可以通过切换到算力需求更小的模型同时使用质量更好的数据，在推理质量不变的情况下对算力不足进行弥补。当数据质量发生变化时，可以通过切换到泛化性更强的模型来弥补数据质量变化带来的变化，或者提高数据源到推理运行节点的连接资源质量，提高数据的完整性。

此外，分布式的 AI 协作场景提出了对 4 个资源要素的联合管控优化的更高要求。以 AI/ML 模型分割协作推理场景为例，AI/ML 模型的多个部分可以分别运行在不同计算节点上，中间数据依靠网络提供连接保障，协作达成推理目标。例如在终端算力和电量受限的场景中，可考虑基站和终端的协作推理以满足终端的 AI/ML 模型推理服务需求。在这种场景下，AI/ML 模型的部分推理可以在终端侧完成，AI/ML 模型推理的中间结果通过无线空口传输到基站，基站进行剩余部分的推理。AI/ML 模型分割点的选择、分割后的 AI/ML 模型的推理计算节点的选择、中间数据的处理和传输等多种管控因素都成为 AI/ML 模型协作推理的端到端服务质量保障的关键要素。

下面，将以终端和基站的分布式 AI/ML 模型协作推理场景下的一个优化问题为例，展开介绍通算一体网络如何通过连接、计算和模型的多维联合管控来满足终端的 AI/ML 模型协作推理需求。

在移动设备与基站 AI/ML 模型协作推理场景中，移动设备执行 AI/ML 模型推理计算。由于移动设备的算力、电量电池等的约束，不能支撑 AI/ML 模型推理任务的全部计算。基站为移动设备提供计算服务，移动设备可以将全部或者部分 AI/ML 模型推理计算任务卸载到基站上执行。基站根据移动设备无线信道条件、基站算力状态，选择模型的切分点和退出点，AI/ML 模型推理分割点之前的模型层计算在移动设备上执行，分割点后的模型层计算在基站执行，移动设备与基站间的协同计算，满足移动设备的计算需求，移动设备与基站 AI/ML 模型协作推理如图 12-10 所示。由 H 个基站、K 个 5G 通信背景用户（仅消费无线通信服务）和 U 个使用通信与计算一体服务的移动设备组成移动设备与基站 AI/ML 模型协作推理系统，其中 $\mathcal{H}=\{1,2,\cdots,H\}$，$\mathcal{U}=\{1,2,\cdots,U\}$。

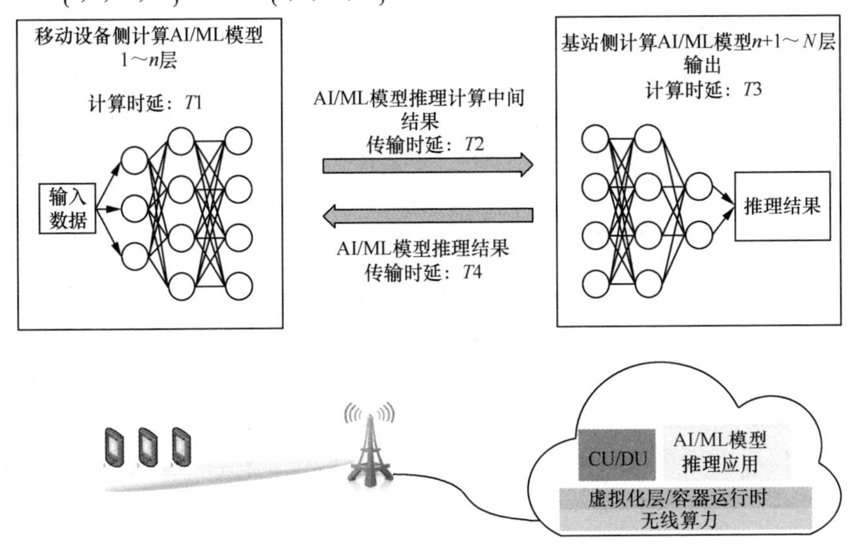

图 12-10　移动设备与基站 AI/ML 模型协作推理

AI/ML 推理模型由 N 层组成，表示为 $\mathcal{N}=\{1,2,\cdots,N\}$，具有 N+1 个分割点和 M 个 AI/ML 模型推理退出点 $\mathcal{M}=\{E_1,E_2,\cdots,E_m,\cdots,E_M\}$，其中 $\mathcal{M}$ 是 $\mathcal{N}$ 的子集。可以将特定 AI/ML 推理模型层在分割点 n 的参数量表示为 $D_n=g_{\text{datasize}}(n)$。类似

地，将退出点 E_m 处的 AI 推理精度表示为 $A_m = g_{\text{accuracy}}\left(E_m\right)$，当然，推理精度还受到模型的训练数据集和推理输入数据准确性的影响。为了简化分析，假设推理精度仅取决于退出点的选择。

移动设备上的计算负载可以被描述为 $F_{\text{Device}} = g_{\text{InDevice}}\left(n, E_m\right)$，基站算力可以表示为 $F_{BS} = g_{\text{InBS}}\left(n, E_m\right)$。其中，$n$ 表示 AI/ML 推理模型的分割点，$n \in N$，E_m 表示 AI/ML 模型推理的退出点。

（1）AI/ML 推理任务模型

假设移动设备 u 执行相同的 AI/ML 推理任务并通过空口将推理任务发送到基站。AI/ML 模型已经在基站预先部署。基站接收到任务后，根据基站的计算能力、移动设备的计算能力和移动设备的信道状态等因素，为移动设备 u 生成 AI/ML 推理模型切分策略和提前退出策略。

在接收到任务后，基站通过空口将 $\left(n, E_m\right)$ 决策传输给移动设备 u。随后，移动设备 u 根据所提供的指令执行 AI/ML 模型推理。如果 AI/ML 模型的部分推理计算任务卸载到基站上执行，基站负责完成卸载的推理计算任务，既 AI/ML 模型 n+1～N 层在基站上计算。

AI/ML 推理任务的端到端时延要求表示为 $t_{\text{threshold}}$。图 12-11 给出了 ResNet 18 的 AI/ML 模型结构示例。

此外，设 $a_u \in \{0,1\}$ 表示移动设备 u 与基站间的协作关系，$a_u \cup \mathcal{H}$ 表示移动设备 u 和基站 $h \in \mathcal{H}$ 的协作推理，其中，0 表示推理计算全部在终端完成。如果 $a_u \neq 0$ 且 n=0，则表示整个 AI/ML 模型推理计算在基站上执行。

（2）通信模型

将基站上行链路带宽表示为 $B_{h,u}^{\text{ul}}$。$B_{h,u}^{\text{ul}} = \rho_u\left(B_h^{\text{ul}} - K \times B_{BG}^{\text{ul}}\right)$ 表示移动设备占用的上行链路带宽，其中 ρ_u 表示分配给移动设备 u 用于发送模型参数的上行链路带宽的通信资源因子。将移动设备 u 的上行链路通信速率表示为 $R_{u,h}^{\text{ul}}$。$\text{SNR}_u = \dfrac{p_u L\left|d_u\right|}{N_0}$ 表示移动设备 u 的信噪比，其中 N_0 为白高斯信道噪声功率，p_u 为移动设备 u 的传输功率，$L\left|d_u\right|$ 表示路径损耗。移动设备 u 的上行链路通信速率可以表示为

$$R_{u,h}^{\text{ul}} = R_{h,u}^{\text{ul}} \log_2\left(1 + \text{SNR}_u\right) \tag{12-5}$$

上行链路通信时延表示为

$$t_{u,tr}^{\text{ul}} = \frac{D_{b_u}}{R_{u,h}^{\text{ul}}} \tag{12-6}$$

D_{b_u} 指上传到基站上的模型参量，取决于 AI/ML 模型的分割点。对于推理结果，由于其数据量远小于模型参数，因此推理结果的下行链路通信时延被认为是

恒定的并被忽略。

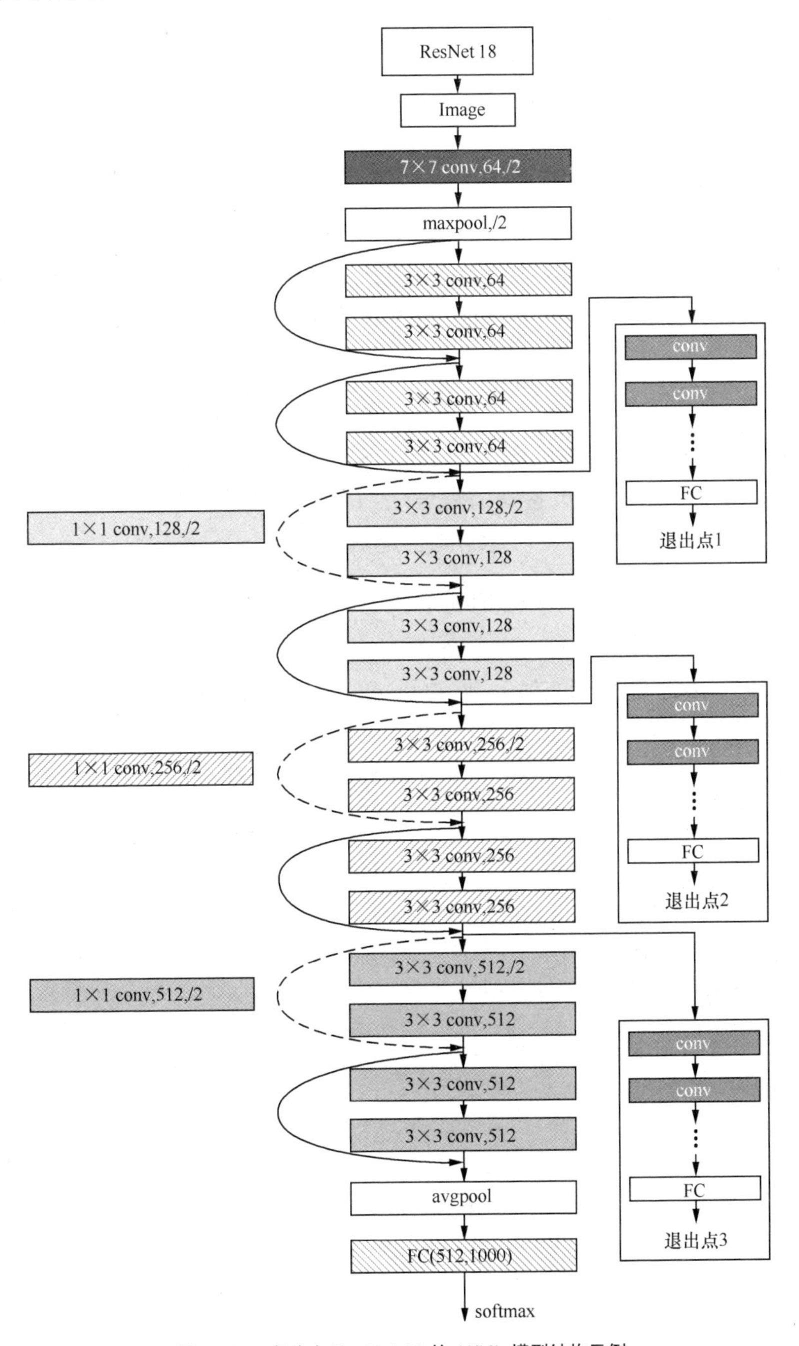

图 12-11　多分支 ResNet 18 的 AI/ML 模型结构示例

（3）计算模型

基站的总体计算能力由 f_h FLOPS 表示，而移动设备 u 的计算能力表示为 f_{Device}。基站和移动设备的计算开销都取决于 AI/ML 模型的分割点和退出点。可以使用式（12-7）来计算移动设备处的推理时延。

$$t_{u,In}^{\text{Device}} = \frac{F_{\text{Device}}}{f_u} \tag{12-7}$$

F_{Device} 表示在移动设备 u 上执行的推理计算 FLOPS 的负载。考虑到背景用户 K 和推理计算移动设备 u 都有 5G 通信的基本算力消耗，可用于协作的剩余算力可以表示为 $f_h - (K+U) \times F_{BG}$。基站的计算时延表示为 $t_{u,In}^{\text{BS}}$ 并且可以使用式（12-8）来计算。

$$t_{u,In}^{\text{BS}} = \frac{F_{\text{BS}}}{\beta_u \left(f_g - (K+U) \times F_{BG} \right)} \tag{12-8}$$

F_{BS} 指在基站处执行的推理计算 FLOPS 的负载，β_u 表示为移动设备 u 分配的算力分配比率因子。移动设备 u 的推理端到端时延表示为 t_u，其中

$$t_u = I_{\{a_u \neq 0\}} \left(t_{u,In}^{\text{Device}} + t_{u,tr}^{\text{ul}} + t_{u,In}^{\text{BS}} \right) + I_{\{a_u = 0\}} t_{u,In}^{\text{Device}} \tag{12-9}$$

为了保证达到推理的端到端时延要求，需要满足

$$t_u \leqslant t_{\text{threshold}} \tag{12-10}$$

移动设备 u 的推理精度为 u，取决于 AI/ML 模型推理的退出点。将时延满意度 $Q_u(n, E_m)$ 定义为

$$Q_u(n, E_m) = \begin{cases} 1 & if\ t_u \leqslant t_{\text{threshold}} \\ 0 & if\ t_u > t_{\text{threshold}} \end{cases} \tag{12-11}$$

如果满足式（12-10），那么 $Q_u = 1$，否则 $Q_u = 0$。

（4）优化问题建模

基于对移动设备和基站之间的协作推理计算的分析和建模，可以制定优化问题，通过调整每个移动设备的模型分割点 n 和退出点 E_m 来提高系统推理服务的准确性。将优化问题表示为

$$\begin{aligned} & \left(a_u, n, \overset{\max}{E_m}, \rho_u, \beta_u \right) \sum_{u=1}^{U} g_{\text{accuracy}}(E_m) \cdot Q_u(n, E_m) \\ & s.t. \\ & C1: \sum_{u=1}^{U} I_{\{a_u = h\}} \rho_u \leqslant 1, 0 \leqslant \rho_u \leqslant 1, h \in \mathcal{H} \\ & C2: \sum_{u=1}^{U} I_{\{a_u = h\}} \beta_u \leqslant 1, 0 \leqslant \beta_u \leqslant 1, h \in \mathcal{H} \end{aligned} \tag{12-12}$$

$C1$：确保协作推理使用的总带宽不超过系统的总带宽。

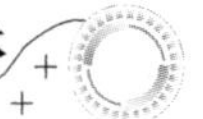

$C2$：确保协作推理使用的总算力不超过系统的总算力。

（5）算法设计

在差分进化算法的基础上设计无线信道自适应通信与计算资源联合优化（RCACCJO）算法，具体如下。

① **个体编码**：每个移动设备的模型分割点 n、退出点 E_m，以及 β_u 是作为编码元素被选择到特征子集中的特征，这些特征形成了代表候选解决方案的个体。

② **突变操作**：在 RCACCJO 算法中，“DE/rand/1”被用作突变策略，其中“rand”表示随机选择个体来计算突变值，“1”是所选择的个体对的数量。

（6）仿真验证

ResNet 18 用于移动设备和基站之间的 AI/ML 模型协作推理计算，其中包含退出点，仿真结果如图 12-12 所示。

基站配备了用于 AI/ML 模型推理和 AMC 智能应用的 GPU。背景用户和协作推理的移动设备竞争无线通信与计算资源。在通信系统中，移动设备随机分配不同的信噪比（SNR）。为了观察不同信道环境对系统性能的影响，在 4 种不同的 SNR 范围中进行了 4 组模拟实验。对于用户信道条件固定的不同初始化场景，分别采用独立的蒙特卡罗算法。假设基站配备了 NVIDIA L4 GPU，其计算能力为 120TFLOPS。将移动设备的计算能力设置为 15GFLOPS。智能 AMC 应用程序的计算能力要求为 1.44TFLOPS。对于 ResNet 18，推理任务的计算负载不会造成瓶颈，可以为每个推理任务平均分配计算能力，即每个任务的计算能力是相同的。在仿真中，将提出的解决方案与非协作推理的解决方案和均分带宽资源的基线算法进行比较，其中基站将带宽均匀分配给移动设备的推理任务。

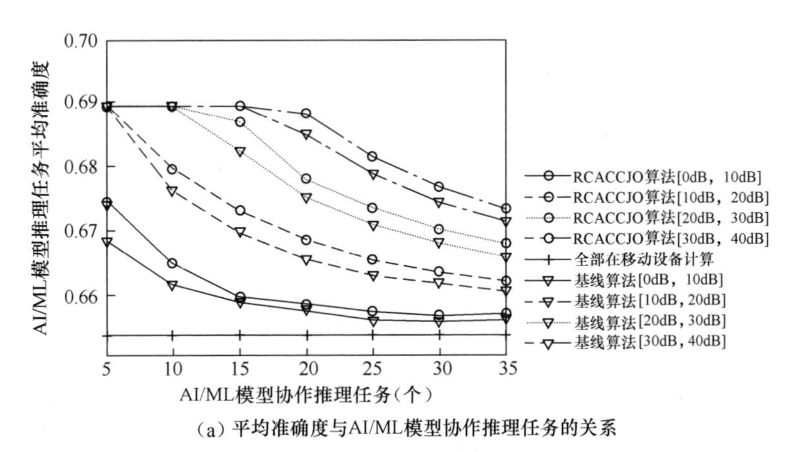

(a) 平均准确度与AI/ML模型协作推理任务的关系

图 12-12　仿真结果

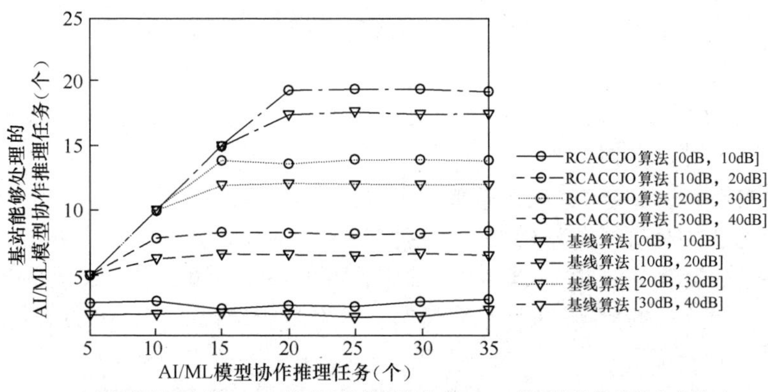

（b）基站能够处理的AI/ML模型协作推理任务与AI/ML模型协作推理任务的关系

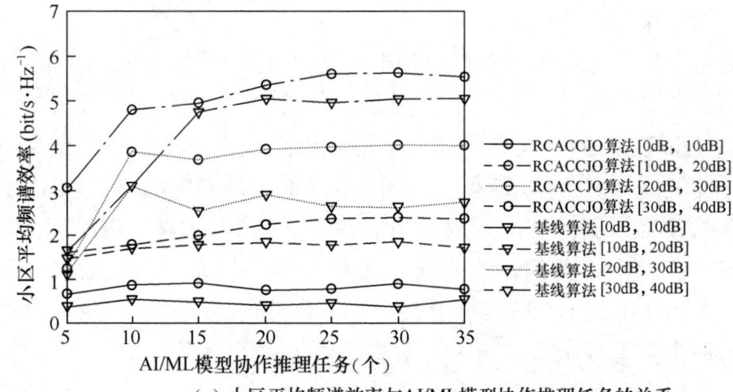

（c）小区平均频谱效率与AI/ML模型协作推理任务的关系

图 12-12 仿真结果（续）

图 12-12（a）显示，移动设备和基站 AI/ML 模型协作推理任务的计算准确度超过了仅在移动设备上推理的准确度，并且当 AI/ML 模型协作推理任务较少、SNR 更大时，平均准确度可以显著提高。这是因为移动设备的数量较少，推理性能主要取决于信道条件。然而，当基站侧 AI/ML 模型协作推理任务较多时，系统容量有限，无法为更多的移动设备提供服务，因此更多的 AI/ML 模型协作推理任务只能在准确度较低的移动设备上完成，任务平均准确度随之降低。当 SNR 较大且推理任务相对较少时，系统的带宽不是瓶颈，因此两种算法的准确度相似。然而，随着推理任务的增加，RCACCJO 算法有效地分配了带宽，从而提高了推理任务推理准确度。以 20 个 AI/ML 模型推理任务为例，除信道条件较差（即 SNR 在 0～10dB）外，相较于均分带宽资源的基线算法，RCACCJO 算法的平均准确度至少提高了 0.40%。

图 12-12（b）显示了基站能够处理的 AI/ML 模型协作推理任务的数量变化趋势。由于基站的能力有限，可以执行的 AI/ML 模型协作推理任务的数量最终收敛。使用 RCACCJO 算法基站能够处理的 AI/ML 模型协作推理任务的数量比使用基线

算法基站能够处理的 AI/ML 模型协作推理任务的数量至少增加 10%。

图 12-12（c）表明，在小区平均频谱效率方面，不同信道条件下的 RCACCJO 算法优于均分带宽资源的基线算法。小区平均频谱效率在 AI/ML 模型协作推理任务较少和 SNR 高于 30dB 的环境下显著提高。由于系统容量有限，小区平均频谱效率不是随着任务的数量增加继续提高，而是逐渐收敛。在 20～30dB 的 SNR 范围内，15 个 AI/ML 模型协作推理任务的频谱效率降低，但平均准确度仍有所提高。这是因为随着 AI/ML 模型协作推理任务的增加，有限的无线带宽无法满足所有用户和协作推理移动设备的数据传输要求。为了提高整个系统的平均准确度，只选择部分任务在基站上完成。

12.3　通算智融合服务提供和保障

5G 向垂直行业深度进军时出现了从通信向 AI、计算能力扩展的新需求，如智慧交通、智慧医疗、智能矿山、智能港口等场景都需要在通信的基础上叠加感知、AI、计算能力。未来网络的沉浸式云 XR、智能体交互、全息通信等新型业务更是从一开始就提出通感智算等多元融合的需求。为了迎接业务需求的巨大变化，网络需要具备融合通信、计算、智能且安全可信、可交易的综合服务的能力。这种融合服务能力已远远超出了传统通信的 QoS 体系范畴，未来更需要广义的通算智融合服务的提供和保障新体系。

通算智融合服务的提供和保障新体系以融合 SLA 要求为整体目标，涵盖了从需求到交付结算的完整闭环和全流程控制。通算智融合服务的提供和保障新体系运作过程示意如图 12-13 所示。

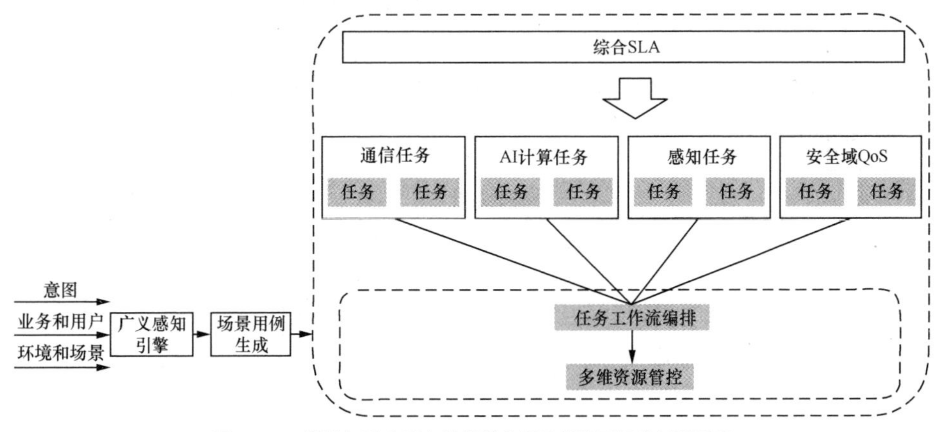

图 12-13　通算智融合服务的提供和保障新体系运作过程示意

在这一体系中，使用业务和用户、意图、环境和场景等作为融合服务感知引擎的输入，广义感知引擎生成融合 SLA 要求。基于融合 SLA 要求，网络可进一步将 SLA 要求分解为通信、计算、安全等维度的任务，并进行任务工作流编排，形成工作链。工作链的编排具体包括：将融合 SLA 要求分解为连接、计算、安全等维度的任务，根据上述各维度确定具体任务及任务执行的规则（如任务执行顺序规则、任务冲突解决规则、任务协作规则等）；对工作任务进行全生命周期管理及对整个工作链进行全生命周期管理。工作链编排示例如图 12-14 所示。通算智融合服务的提供和保障新体系使用的工作链机制可面向场景和业务灵活敏捷定制，在任务执行过程中还可根据网络和计算状态、用户移动性和业务需求的变化进行面向任务的多维度资源联合管控和一体调度。以用户生成个性化虚拟形象（如具有音视频效果的卡通人物）的业务为例，通算智融合服务的提供和保障新体系工作链工作过程如下。基于业务需求，先建立通信连接，再采集个人语音、动作和手势，然后对采集到的数据加工处理后进行模型训练和推理生成个人数字形象，最后还可对生成的个人数字形象进行基于区块链的交易。可以看到，在这个工作链中涉及通信任务、感知任务、AI 计算任务及安全域 QoS 等多维度的任务流程。

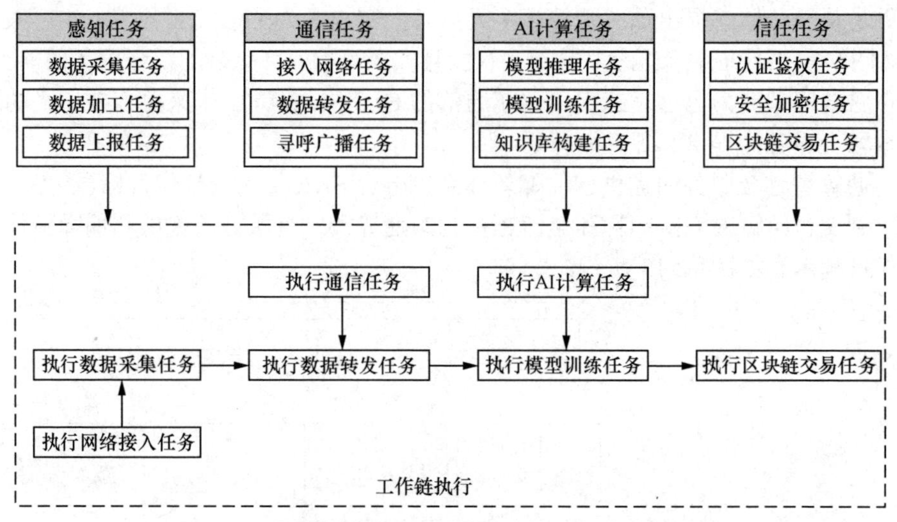

图 12-14　通算智融合服务的提供和保障新体系工作链编排示例

通算智融合服务的提供和保障新体系也将为传统的 QoS 设计带来新的思考。这主要体现在多维度 QoS 和多主体 QoS 两个方面。

（1）多维度 QoS

传统通信网络只面向通信连接服务，主要考虑面向通信会话的设计并基于

QoS 机制来实现对通信连接会话的性能保障。现有 QoS 机制讨论的范畴限制在通信连接领域中，传统通信会话相关的 QoS 参数主要包括速率、时延、吞吐量、可靠性、优先级等。面向通算智融合服务需提供涉及计算、连接等多个维度的任务的协同，现有的 QoS 机制难以直接适应从“通信会话”到“任务”的转变，可以考虑在连接 QoS 的基础上拓展计算等多维度的 QoS 参数用以表征不同任务的需求指标。例如计算 QoS 可考虑计算的时延、每秒运算次数、优先级等参数；感知 QoS 可考虑感知精度、感知分辨率和感知时延等参数。通过定义和获取感知、计算等新的 QoS 维度，网络可进一步基于原生计算和原生智能内容中讨论的通信资源、计算资源等多维度资源的融合管控来保障多个任务的协同执行，满足多元融合的 SLA 要求。

（2）多主体 QoS

传统 QoS 管控的主体位于核心网，基站、终端只是被动地接收核心网的 QoS 参数，业务需求和网络能力难以实时动态匹配。为应对上述挑战，可考虑将 QoS 管控主体扩展到基站、终端等网络主体，使这些网络主体可自主制定 QoS 参数、策略并可主动发起 QoS 协商过程。例如，在业务开始前，基站可主动上报异常告警、空闲资源、无线环境等信息，能够使核心网、基站和终端提早进行 QoS 协商及合理分配任务，能够避免突发故障和资源拥塞等造成 QoS 管控失效。另外一个例子是基站可以直接修改 QoS 参数配置与 UE 进行短流程的交互，使得业务需求和空口变化实时适配。终端也可以主动上报特殊业务的 QoS 需求，能够使基站及时为特殊业务提供专门保障。多主体化的 QoS 管控设计支持从各主体角度产生 QoS 信息并形成差异化的交互流程，有望进一步提升 QoS 的保障能力。

本章从超越连接的多元能力探究了通算融合共生架构中的网络功能层关键技术，包括原生计算和原生智能，并进一步探讨了通算智融合服务的提供和保障新体系。

通算一体网络的管理编排层关键技术

基于通算一体网络技术体系，本章将介绍通算一体管理编排层的关键技术。面向多样化的业务需求和无线网络增值服务，需要提供通算一体的管理与编排能力。在进行管理编排层设计时需要考虑无线通算资源和通算服务协同按需编排，以及通算服务开放等关键技术，实现无线接入网的敏捷管理编排能力，适应未来业务的飞速发展。

本章首先简要介绍现有管理与编排标准，分析通算一体管理与编排面临的技术挑战。随后，提出无线通算资源联合管理与编排框架，并进一步重点分析无线通算服务建模与联合编排及无线通算服务开放。最后，本章还结合案例说明通算联合编排的方法和系统性能。

13.1　管理与编排标准概述

13.1.1　3GPP 管理与编排标准

3GPP 提出服务化管理架构（SBMA）和接口实现网络功能管理，包括网络配置管理、网络性能管理和网络故障监测等。基于 SBMA，3GPP 标准通过定义管理服务（MnS）实现网络和服务的管理与编排，如图 13-1 所示，管理实体包括 MnS 生产者和 MnS 消费者。

MnS 由不同的组件构成，3GPP 标准通过定义 3 种 MnS 组件类型实现对 MnS 的定义和声明。其中，MnS 组件类型 A 用于描述运营商执行管理操作或获取的通用管理通知，如创建、读取、更新、删除等；MnS 组件类型 B 用于描述网络资源模型即被管理实体，如基站、切片等；MnS 组件类型 C 用于描述管理数据，如网络性能管理信息和网络故障管理信息。

MnS 生产者

MnS 消费者

图 13-1　管理服务

3GPP 管理与编排模型侧重对网络服务和网络功能的管理，其中，网络服务管理主要包括网络服务全生命周期管理，网络功能管理包括网络功能全生命周期管理、配置管理、性能管理、故障管理等，主要聚焦通信资源。

13.1.2 ETSI NFV 管理与编排标准

ETSI 提出针对虚拟化、容器化的管理与编排架构，用于对基于虚拟机或容器部署的网络服务或网络功能进行全生命周期管理、故障管理、配置管理、计费管理、性能管理、安全管理等。

面向虚拟化网络功能管理与编排，ETSI 针对虚拟机定义了网络功能虚拟化（NFV）管理与编排架构，包括网络功能虚拟化编排器（NFVO）负责虚拟化网络的整体编排，虚拟化网络功能管理器（VNFM）负责虚拟化网元全生命周期管理，虚拟化基础设施管理器（VIM）负责虚拟化基础设施全生命周期管理，相关标准给出了更多管理与编排名词及相关概念。管理与编排三层组件为运营支撑系统/业务支撑系统（OSS/BSS）及网元管理（EM）提供接口服务，通过标准接口实现对移动通信网络全生命周期的统一管理和编排。ETSI GR NFV-MAN 001 定义了面向 NFV 的管理与编排体系，经典 NFV 管理与编排体系架构及参考点如图 13-2 所示。

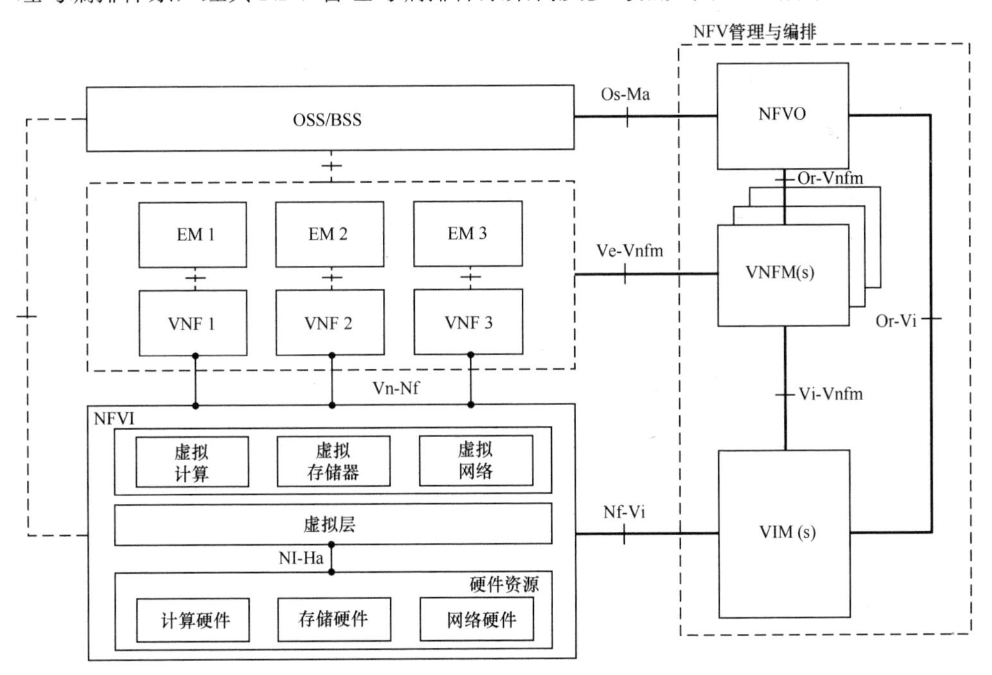

图 13-2 经典 NFV 管理与编排体系架构及参考点

上述ETSI NFV管理与编排体系/架构主要聚焦由虚拟机组成的虚拟化网络的编排及基于虚拟机的虚拟网元全生命周期管理，包括实例化、扩缩容、终止等。虚拟网元全生命周期管理主要依据虚拟网元描述符（VNFD）进行，VNFD 提供了虚拟网元全生命周期管理所需要的资源、亲和性要求及支持的生命周期管理参数。进行 VNF 生命周期管理时，如 VNF 实例化过程，NFVO 通过 VNFM 从 VNFD 中获取 VNF 实例化所需要的资源参数等信息，并通过 VIM 在网络功能虚拟化基础设施（NFVI）中分配基础设施资源，如 CPU 资源、内存资源、存储资源及网络资源等。

基于支持虚拟机的 NFV 管理与编排架构，ETSI GS NFV 006 提出支持容器管理的 NFV 管理与编排架构，如图 13-3 所示，在原有 NFV 管理与编排架构的基础上，引入 Release 4 容器相关特性，包括容器基础设施服务管理（CISM）、容器镜像注册表（CIR）、容器基础设施服务集群管理（CCM）。其中，CISM 负责将容器化的工作负载作为托管容器基础设施对象（MCIO）进行维护，CIR 负责存储和维护操作系统容器软件镜像的信息，CCM 负责容器集群的全生命周期管理、配置管理、故障管理和性能管理。

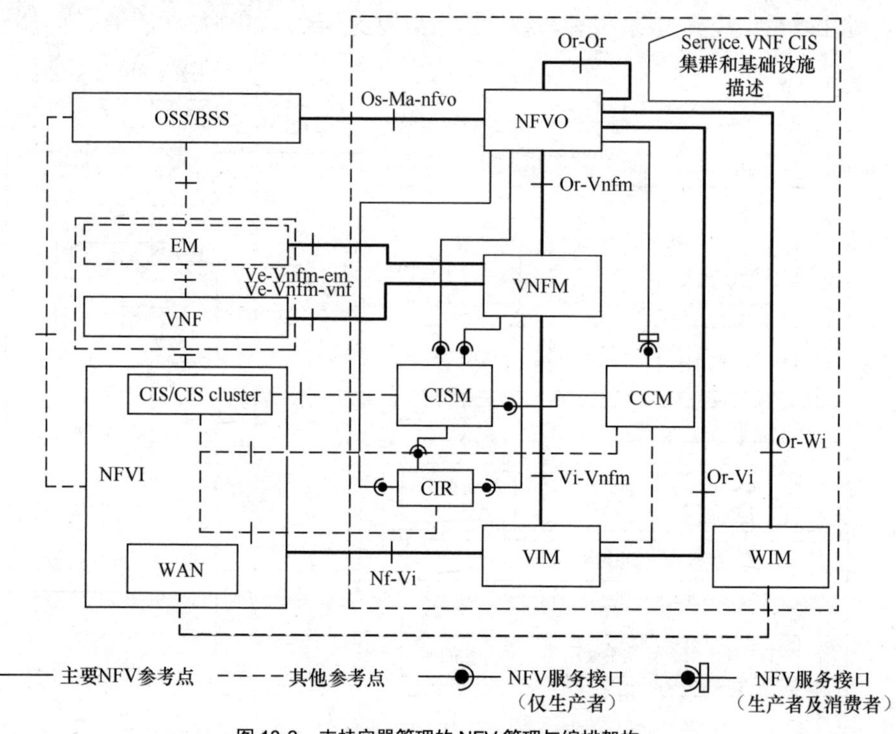

图 13-3　支持容器管理的 NFV 管理与编排架构

综上所述，ETSI 侧重基于虚拟化技术的管理与编排，主要包括基础设施资源生命周期管理及 FCAPS；基于虚拟机或容器部署的网络功能生命周期管理（如虚拟机/容器实例化、扩缩容、终止等）及虚拟化网络功能的 FCAPS，侧重对计算资源的管理与编排。

面向未来网络演进，全球启动众多项目重点研究通算一体网络关键技术。欧洲启动 Hexa-X 项目，提出面向 6G 的架构，在电信管理与编排方向引入云原生技术，并研究跨极端边缘设备、边缘设备、核心设备及异构资源的统一编排、自动化编排、基于意图和 AI/ML 驱动的编排等新特性。另外，北美启动 Next G Alliance，提出 6G 广域云（WAC）架构，并进一步提出通信感知的计算资源编排。编排器需要支持将用户或运营商意图作为输入，通过管理面选择适合的资源启动并调度计算任务。多云编排器集中化部署，并具备全局信息，如无线网、传输网、核心网及计算域资源可用性、位置及能力等信息。

13.1.3　通算一体管理与编排面临的挑战

现有管理与编排标准和技术研究从传统无线网络全生命周期管理和 FCAPS，逐渐演进到面向虚拟化网络功能的全生命周期管理和 FCAPS。面向未来通信、计算、智能一体化的无线网络，通算一体的管理与编排面临以下挑战。

① **资源管理与编排方面面临的挑战：**在无线资源管理与编排的基础上，需要进一步研究计算资源与通信资源的联合管理与编排，无线侧终端、基站、边缘设备提供的算力不限于 CPU 通用算力，还有 GPU、ASIC、FPGA 等异构算力，因此需要研究面向异构算力与通信资源的一体管理与编排。

② **功能管理与编排方面面临的挑战：**在传统网络功能的管理与编排的基础上，需要进一步引入面向网络功能计算资源的生命周期管理和 FCAPS，并进一步面向计算功能和通算功能需求实现一体化管理与编排。

③ **服务管理与编排方面面临的挑战：**在通算一体场景中，基于共享无线算力资源部署的服务包括增强网络能力的内生服务或面向用户并具有特定业务需求的服务。增强网络能力的内生服务需要在特定场景（如用户移动性场景）下分析通信服务和算力服务的协作方式。面向用户并具有特定业务需求的服务则需要考虑如何高效编排通算资源以满足服务端到端需求，并研究如何将通算服务需求映射为计算资源和通信资源的联合管理与编排方式。因此，上述服务能力的联合管理与编排，是未来通算一体网络要面对的重要挑战。

④ **引入新特性面临的挑战：**面向未来业务多样化及基于新型人机交互的高阶智能化需求，需要进一步引入 AI/ML、数据等能力实现高效的无线网络通算一体管理与编排。

13.2 通算一体的管理与编排

随着 ICT 融合业务需求的迅猛增长，无线网络建设与维护正面临着前所未有的挑战。传统网络的功能单一、升级周期长、业务上线慢，运营商的投资和设备能力变得僵化。而未来网络需要使能千行百业，业务需求在空间、时间、容量和类型等多个维度上持续变化，传统网络单一的管理与编排方式无法满足多样化的业务需求。因此迫切需要寻求一种更为灵活、高效的管理与编排方案，提升移动通信网络的灵活性、敏捷性，以适应不断变化的市场需求，确保无线网络的持续、健康发展。

为了提供无线网络连接以外的增值能力，使各种服务能够在共享的无线计算资源上灵活部署以满足业务需求，需要引入通算一体的管理与编排能力。通算一体的管理与编排能力可以针对资源进行管理与编排，如站点之间的容量共享，也可以针对业务特性进行管理与编排，如满足 TSN 和 XR 等对时延和带宽有特定需求的服务。此外，通算一体的管理与编排还能灵活应对不同时间段（如白天和夜晚等）的各种行业需求。探索通算一体管理与编排架构及关键技术，通过技术升级使网络管理与编排更加灵活，实现对资源、功能和服务等的灵活管理与编排，以更好地适应业务需求的快速发展，进一步提升通算一体网络的效率和灵活性。

13.2.1 通算联合管理与编排框架

面向未来通信与计算的深度融合需求，灵活业务保障、应用部署自动化、通信资源与异构计算资源高效使用等能力的增强对通算一体网络的管理与编排提出了新的挑战。本节将探索无线通算资源、功能、服务联合管理与编排及通算服务开放内容，重点研究无线通算联合管理与编排架构，如图 13-4 所示，该架构在传统无线接入网的运维和管理功能基础上，面向算力、AI、服务框架等方面引入新的功能，包括异构计算资源管理、通算功能管理、通算联合管理与编排、AI/ML 模型管理、多维数据统一管理及服务管理和开放，下面分别对其进行介绍。

① **异构计算资源管理**：在通信资源管理的基础上，面向终端算力资源、基站算力资源，通过采集异构计算资源信息（可以基于前文完成异构计算资源的抽象或统一度量），进行异构计算资源的拓扑管理、计算资源性能管理、计算资源故障管理等。

② **通算功能管理**：在异构计算资源管理的基础上，根据网络功能、计算功能或通算功能的计算资源需求，通算功能管理完成通信或计算功能全生命周期管

理，包括通信或计算功能部署（如实例化）、扩缩容、终止等操作。

③ **通算联合管理与编排**：通算联合管理与编排功能获取通算业务需求/意图，将通算业务需求转译为对无线资源和计算资源的要求，并根据业务需求进行通算资源联合部署及动态优化保障，确保服务性能。

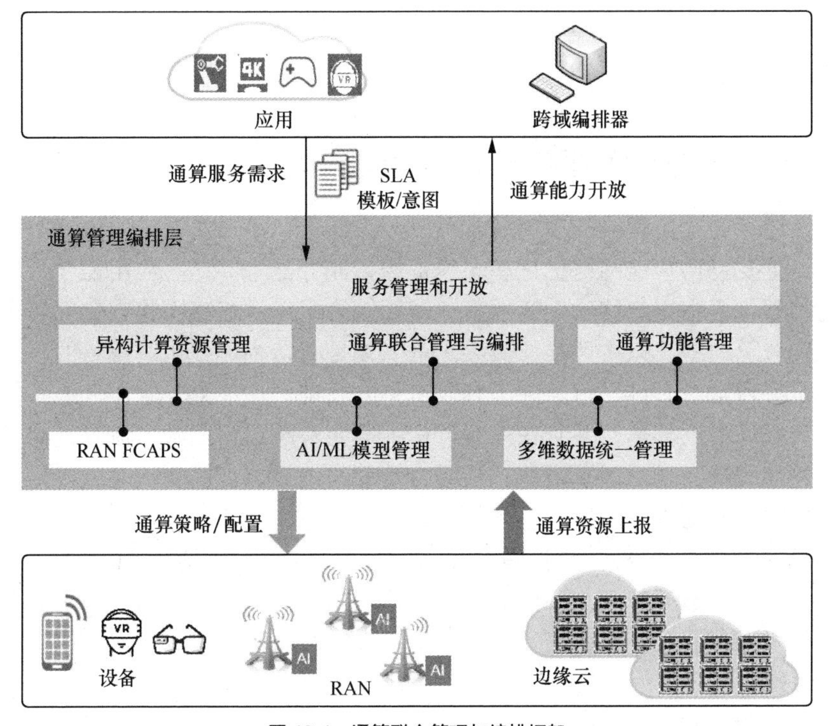

图 13-4　通算联合管理与编排框架

④ **AI/ML 模型管理**：在通算管理编排层中引入 AI/ML 模型管理功能，一方面有助于通过 AI/ML 算法实现高效通信与计算资源分配、意图转译、服务保障等；另一方面有助于向应用提供无线网络增强的 AI/ML 模型管理、AI/ML 模型训练、AI/ML 模型推理等能力，从而创造无线网络的通信价值之外的增值价值。其中，模型管理包括模型注册、发现、订阅/请求、分发等功能；模型训练根据业务特定需求（如对数据、模型、训练准确性等的需求）选择合适的模型并调用算力资源完成业务训练任务。

⑤ **多维数据统一管理**：在通算管理编排层引入多维数据统一管理功能，通过收集通信、计算、AI 相关数据，并增强数据注册、发现、存储、订阅/请求、分发等功能，实现数据的统一管理和调用。同时，多维数据统一管理功能也是通算管理编排层中的其他增强功能的多维数据来源。

⑥ **服务管理和开放**：其中服务管理主要功能包括服务注册、发现、鉴权等；服务开放主要面向其他编排器（如算网大脑）或应用（如 XR、车联网等需要与网络共部署的应用）通过服务的方式开放通算资源或无线网络的增值服务（如 AI 服务、网络切片服务、感知服务等），从而便于应用快速集成计算与通信服务，或基于通算资源状态联合优化业务逻辑，保障用户体验。

基于通算联合管理与编排框架，下面将重点探索通算服务建模及联合管理与编排与通算服务开放关键技术。

13.2.2 通算服务建模及联合管理与编排

无线通算管理与编排的应用通常可以分为两类。第一类是针对无线网络本身的应用，主要包括智能网络优化和无线资源智能分配等。这些应用需要考虑无线网元的物理位置和用户移动性等因素，需要结合无线网络状态将它们部署在无线网络的融合算力中，以实现最佳效果。第二类是直接为无线用户服务的应用，这种应用服务通常对时延、可靠性等有较苛刻的要求，如 V2X、XR 等服务，需要在用户数据源附近部署，并且在部署过程中需要考虑用户面数据流时延问题，并根据业务端到端需求对通算资源进行联合管理与编排，从而实现对无线网络服务功能的拓展，提供更好的用户服务体验。

针对无线网络本身的应用，为了保证端到端的 QoE 和达到 SLA 要求，无线通算服务全生命周期管理与编排需要对通信资源和计算资源进行联合优化分配和管理。无线通算服务全生命周期管理包括 5 个阶段，即无线通算服务需求导入、无线通算需求转译、服务实例化、服务监控与优化、服务应用终止，如图 13-5 所示。每个阶段的细节具体如下。

1. 无线通算服务需求导入

经过授权的消费者通过通算服务开放接口导入服务需求，此类服务需求一般为业务面向通算一体的端到端 SLA 要求或业务意图，如端到端时延、业务类型、优先级及服务可靠性要求等。

2. 无线通算需求转译

通算联合管理与编排功能将服务需求转换为更具体的计算资源和无线通信资源需求。通算联合管理与编排功能需要支持向数据统一管理功能查询计算能力信息和通信能力信息。根据服务的计算资源和无线通信资源需求，通算联合管理与编排功能最终确定计算节点、无线通信资源和计算数据路由机制，并生成通算综合服务应用资源配置。

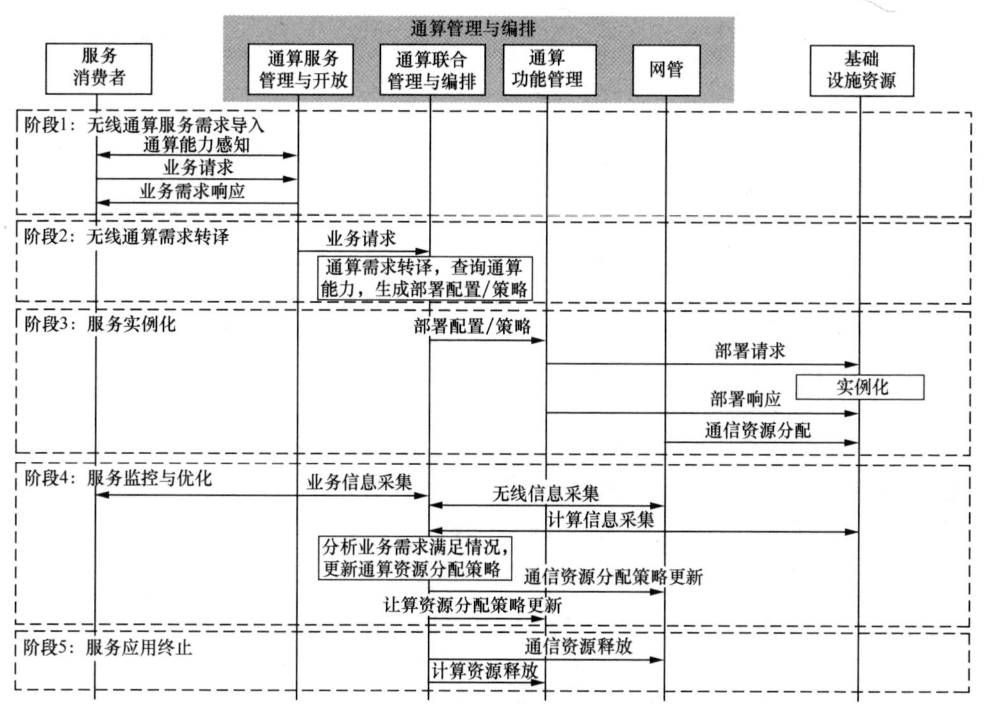

图 13-5　无线通算服务全生命周期管理

3. 服务实例化

通算联合管理与编排功能将计算部署任务和无线网络配置分别传递给通算功能管理和无线网管。随后，通算功能管理完成服务应用部署。无线网管配置无线通信资源。同时，AI/ML 模型管理功能作为管理编排层的智能引擎，可以为通算联合优化提供 AI/ML 模型训练和 AI/ML 模型推理，优化通算资源分配和保障。

4. 服务监控与优化

通算联合管理与编排功能将从业务应用侧收集所需的 QoE 信息，并从异构计算资源管理功能或应用部署功能收集计算相关 QoS 信息，以及从无线网管处收集无线网络相关 QoS 信息，相关信息可以存储在数据管理功能中，最后通算联合管理与编排功能综合分析是否满足用户的 QoE 要求。当通算联合管理与编排功能检测到用户 QoE 要求未得到满足时，它将分析 QoE 下降的根本原因，例如可以对 AI/ML 功能分析，并相应地调整计算和/或无线通信资源，以确保服务性能，如为服务应用扩展计算资源或提升调度优先级以减少抖动或降低时延。如果检测到

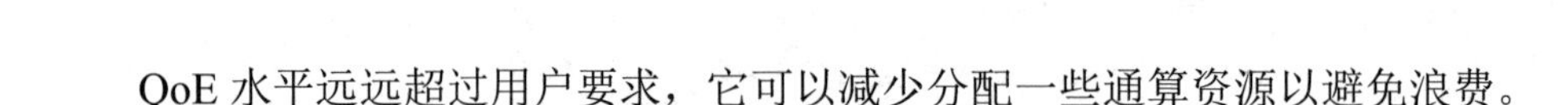

QoE 水平远远超过用户要求，它可以减少分配一些通算资源以避免浪费。

5. 服务应用终止

当服务应用已完成，授权用户可以终止服务应用，此时通算功能管理将释放服务占用的计算资源并由网管释放服务占用的无线通信资源以供其他用途。

13.2.3 无线通算服务开放

通算服务开放的目的是使全局编排器、核心网络、边缘应用和用户设备等能够发现和消费管理编排层提供的多样化通算服务，包括连接服务、计算服务、数据服务等。其中，连接服务包括传统切片服务；计算服务包括 AI/ML 模型训练服务、感知服务等，用于为应用提供低时延、可灵活定制的无线网络增值能力；数据服务包括无线链路质量信息、计算资源状态信息等无线通算资源开放服务。针对数据服务中的信息，无线链路质量信息包括基于 AI 预测的空口速率、时延、丢包率等及预测准确度，使能业务根据网络状态进行灵活适配；计算资源状态信息包括计算资源类型、总计算资源、可用计算资源等，用于拓展有限无线网络资源下的服务能力，最终目标是通过与业务交互提升用户 QoE 水平，提高资源利用效率。

通算服务开放功能一般位于管理编排层。通过通算联合管理与编排能力及对异构基础设施资源使用状态的全局管理功能，通算服务管理和开放功能可以计算出可用于开放的通算服务。同时，通算服务管理和开放功能可以通过核心网或某些受信任的安全域与第三方应用进行交互，获取服务需求，并提供合适的通算服务开放功能。另外，对于需要超低时延通算服务的场景，网络功能层也可以提供时延极低的开放服务，并与管理编排层协同实现通算服务开放。

在通算服务开放的接口设计方面，需要定义标准化接口，可以参考通用的 API 开放框架（CAPIF）等网络能力开放框架，考虑通算服务发现、订阅、注册等。通过对接口提供的服务、信息模型和数据模型进行设计和标准化，实现通算服务开放，从而屏蔽不同应用供应商、无线设备供应商间的差异，并提高通算服务开放的灵活性和可扩展性。在设计通算服务开放接口时也需要考虑特定的机制来确保数据安全和用户数据隐私。无线网络可以作为服务提供方将通算能力纳入 GSMA 开放网关服务框架，通过通用可编程接口实现网络功能、管理编排、业务应用的跨域服务提供。目前，GSMA 开放网关 API 支持的面向连接服务包括设备位置相关信息和网络性能相关信息，例如根据用户位置推送体育、娱乐、零售等特定服务，根据业务服务质量要求请求网络配置更新或网络状态信息订阅等。

另外，上述通算服务开放接口获取的多样化业务需求，通过网络功能的模块化、服务化的方式将传统封闭的无线网络重构为平台+开放 API+应用开放模式，支持开发者根据运营商和业务需求灵活定制和按需部署无线智能应用。此外，无线通算网络通过建立支持多智能体协作的可重用、易组合、独立管理的无线智能服务模式，实现应用间按需组合复用，极大降低了无线智能应用的开发周期和难度。在这种“智慧众筹”的网络新发展范式下，通算一体网络可以通过服务开放接口进一步将众多第三方开发者的智慧服务对外开放，成为网络创新发展、客户需求快速响应的重要驱动力。

13.2.4　无线通算联合管理与编排案例

在本节中，以编排移动设备计算任务的处理节点为例，展示了联合管理与编排的效果。具体而言，通过选择计算节点处理来自移动设备的计算任务实例，以说明无线通算联合管理与编排的效果。

在一个通算一体网络中，终端产生的计算任务既可以被联合编排管理器调度到基站上执行，也可以被调度到云计算节点上执行。当然，基站侧的时延更低，但总计算资源相对较少。云端的时延虽然较高，但其总计算资源更多。

通算一体网络的联合编排器在接收到来自终端的计算任务请求后，需要考虑每个计算任务所需的计算量及数据传输带宽（用于返回计算结果），结合当前各计算节点的计算资源占用情况，决定计算任务执行的节点。一般来说，不同计算节点的计算成本不尽相同，因此，最小化全局计算成本通常是联合编排器的一个主要目标。

在这个案例中，假设系统里存在 I 个用户，J 个节点。用户 $i(i=1, 2, \cdots, I)$的计算任务被分配到第 x_i 个计算节点上执行，显然，$x_i \in \left(i=1,2,\cdots,J\right)$。所需计算量为 C_i，为简便，假设每个用户的计算任务已经是可被编排的最小颗粒度，即不可再分解为更小的计算任务。此外，计算任务完成后，网络需要回传计算结果至用户处，假设其所需数据传输带宽为 R_i，不同计算节点的计算单位成本和单位传输成本分别用 w_{x_i} 和 p_{x_i} 表示，则对用户 i 而言，每卸载一次计算任务到计算节点 x_i 上，其产生的成本均为 $w_{x_i}R_i + p_{x_i}C_i$。

联合编排器的主要目标是使系统总成本最小，即

$$\arg\min_{X} \sum_{i=1}^{I} \sum_{x_i}^{J} \left(w_{x_i}R_i + p_{x_i}C_i\right) \tag{13-1}$$

其中，$X=\left(x_1, x_2, \cdots, x_I\right)$表示计算节点的分配结果，即联合编排策略。

为了验证智能化算法为通信系统（这里为联合编排器）带来的潜在性能增益，利用深度强化学习（DRL）算法来实现计算任务的联合管理与编排。DRL 作为机器学习的一个分支，模拟人类的基本学习过程。其基本原理为一个强化学习（RL）代理通过观察环境、采取行动和接收即时奖励反馈的方式实现与环境的互动，进而不断演进。RL 代理的目标是选择能够使未来累积加权奖励最大化的行动。DRL

是 RL 的一种高级形式，它利用深度神经网络（DNN）来估计每种可能行动所带来的未来累积加权奖励，从而优化整体性能。

在此案例研究中，定义强化学习的系统状态空间表示各种可能的联合管理与编排方案，为

$$s=\{X\} \tag{13-2}$$

定义强化学习的动作空间表示调整用户 i 的计算任务在计算节点 x_i 上执行，为

$$a=\{i\in I, j\in J\} \tag{13-3}$$

定义奖励为调整计算节点后引起的成本变化，即

$$r=\sum_{i=1}^{I}\sum_{x_i}^{J}\left(w_{x_i}R_i+p_{x_i}C_i\right)-\sum_{i'=1}^{I}\sum_{x_i'}^{J}\left(w_{x_i'}R_{i'}+p_{x_i'}C_{i'}\right) \tag{13-4}$$

为了评估该基于深度学习的联合编排系统的性能，基于 NS-3（一个离散事件模拟器）进行系统仿真。仿真考虑了 5G 网络。图 13-6 为仿真拓扑示意，仿真区域内共有 2 个计算节点，一个计算节点是基站，其到终端的端到端时延为 2ms。另一个计算节点（计算节点 2）为云服务器，其到终端的端到端时延为 22ms。仿真区域内的 UE 数量为 3～12 个。为了简化系统，假设终端需要卸载到算力节点上进行处理的计算任务是一个有限的集合，不同的计算任务所需的算力、传输带宽及端到端时延见表 13-1。仿真中，用户的计算任务被发给联合编排器，并进行调度请求。

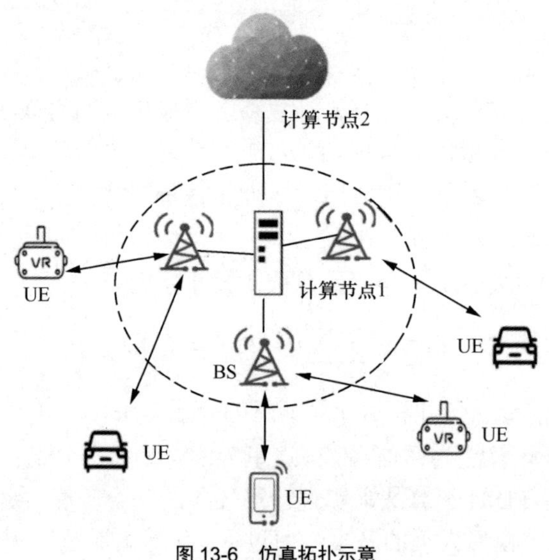

图 13-6　仿真拓扑示意

表 13-1　不同的计算任务所需的算力、传输带宽及端到端时延

端到端时延/ms	<6	6～10	10～14	14～18	18～22	>22
计算任务所需的算力/FLOPS						
计算任务 1	3156	41337	67011	116263	196772	316219
计算任务 2	23646	33688	50130	72973	102215	137857
计算任务 3	100000	100000	100000	100000	100000	100000
传输带宽/Mbit • s^{-1}						
计算任务 1	10	13	19	31	51	81
计算任务 2	60	60	60	60	60	60
计算任务 3	80	80	80	80	80	80

图 13-7 显示了编排算法与基准算法之间的比较。在第 1 个基准算法中，所有计算任务都被卸载到云端节点上进行处理。在第 2 个基准算法中，所有任务都被调度到基站上进行处理。在第 3 个基准算法中，计算任务被均匀地分配到基站上和云端上进行处理。如图 13-7 所示，使用基于 DRL 的联合编排算法可以实现比基准算法更低的加权总成本，成本降为原来的 1/3。这是因为 DRL 代理基于每个用户设备的各自的计算任务要求（对计算量、传输带宽等的要求）及所有计算节点的整体资源状态，经过收敛学习可快速找到最佳的编排策略。

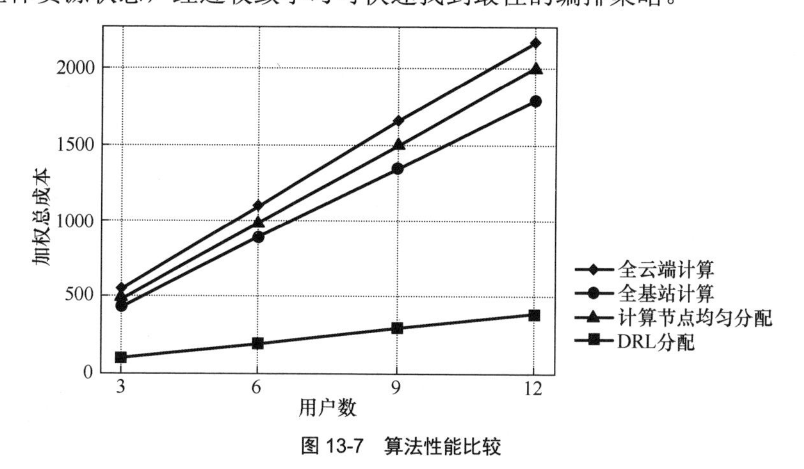

图 13-7　算法性能比较

本章聚焦通算一体网络的内生增值服务及多样化的业务需求，研究通算一体管理与编排技术。通过挖掘通算融合为资源、功能和服务管理与编排带来的挑战，基于现有云原生技术实现方案，探索无线网络通算联合管理与编排框架，并聚焦通算服务建模与联合编排和无线通算服务开放关键技术研究。最终，通过通算服务部署时的计算节点选择案例，验证基于 DRL 的通算联合管理与编排可以实现通信与计算资源的高效利用，并满足用户服务需求。

第四篇　蓝图：通算一体，使能泛在 AI 世界

通算一体作为使能泛在 AI 的基础底座，正在重塑无线通信的未来。本篇将进一步深入探讨通算一体在 5G、5G-A、6G 中的技术发展路径和潜在的产品化演进方向。本篇还将分享当前通算一体在网络智能运维、智慧工业园区专网、智能工业制造、智慧车联网、沉浸式元宇宙等多个场景的实践案例。通算一体技术将催生网络平台化升级，使能通算智多样化服务，推动国家信息基础设施能力聚变，助力新质生产力升级。我们期待与产业合作伙伴共同构建一个开放、协同、共生的产业创新生态，实现产业价值共赢，携手迈向泛在 AI 智能时代。

第14章 技术融合，构建泛在 AI 底座

第三篇分析了通算一体的系统框架及基础设施层、网络功能层和管理编排层的关键技术。从分析和探讨中可以看到，实现通算一体网络是一个系统性的工程，难以一蹴而就，基于技术成熟度、产业成熟度及通信系统的代际演进发展的产业共识，通算一体的发展具有一定的阶段性。

虚拟化、云化技术是通算一体网络的重要基石，将虚拟化、云化技术引入无线网络后，可逐步释放由专用硬件构成的传统基站的算力潜力，当通信基站处理运算空闲时，可释放一部分可用的计算资源来进行数据分析处理和 AI 计算等相关任务。云化技术从 5G 开始逐步引入无线接入网，被认为是 6G 的重要组成元素。在克服了实时性、高精度时间同步等无线接入网云化相关的核心难点后，无线云化技术逐步成熟，5G/5G-A 阶段已经可以支持通信基础设施基站计算资源在多基站间的共享，甚至支持基站通信处理与业务应用之间的共享。通过计算资源的共享，可以更加有效地释放基站基础设施的资源潜能，提升基础设施的资源利用效率。对于已有的以专用硬件为主的传统宏站设备，通用的 CPU 一般用于基站主控板，处理基站协议栈层三的相关协议。业务负载较低的基站空闲的通用 CPU 的资源可用于帮助其他业务负载较高的基站进行网络协议相关的计算，实现多基站间的“借闲补忙”，帮助提升网络性能。基站空闲的计算资源也可以进一步用于拓展 AI 计算等，帮助实现网络运行和运维智能。对于云化基站，主要基于通用的硬件和辅助的加速器等硬件来实现。基于通用硬件平台和容器化/云化等技术，云化基站可以通过软件部署方式快速提供 5G 通信服务能力，并实现业务应用与基站硬件的共平台本地部署。

总体来说，通算一体的发展可以分为 3 个阶段，如图 14-1 所示，从无线通算资源共生一体编排到无线通算服务共生一体提供，再到无线通算功能共生一体设计。通算一体的第一阶段可考虑基于无线系统基础设施资源，统一提供无线通信处理和业务应用的计算资源，并对通算资源进行一体编排。无线通算资源共生一体编排构成了通算一体的起步阶段。随着边缘智能、云游戏、XR、车联网等对深度边缘算力、数据本地卸载和确定性移动连接保障的需求越来越强烈，通算一体网络将提供本地化的高效通算融合服务承载方案。基于无线通算资源共生一体编排逐步演进到无线通算服务共生一体提供，可通过资源编排、功能编排和服务编排实现通信/计算/AI 等服务按需提供，使能丰富的业务应用。面向 6G 智慧泛在、数字孪生愿景，将涌现更多的对网络与计算都有较高要求的业务。通信与计算需要进一步深度融合，从功能层面考虑通信与计算功能融合控制和一体设计，以有效应对无线计算资源空时波动和碎片化特性、无线网络高动态环境等挑战，实现通算一体网络的极致性能。

本章从无线接入网中的通信与计算资源、通信与计算功能、通信与计算管理编排等多个维度分析通算一体每个阶段的发展特征。通算一体发展的 3 个阶段与中国移动提出的算力网络的 3 个发展阶段相对应，即泛在协同、融合统一和一体内生，同时，也适配从 5G 到 5G-A，再到 6G 的技术发展阶段、业务发展和演进的需求。

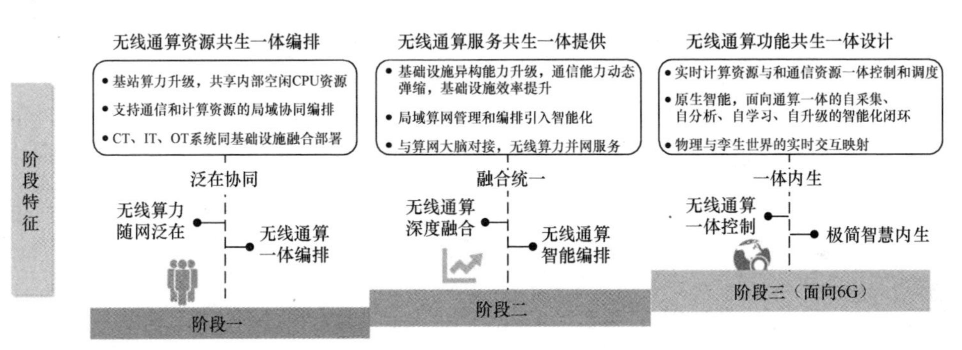

图 14-1 通算一体发展的 3 个阶段

14.1 通算一体技术演进

14.1.1 阶段一：无线通算资源共生一体编排

本阶段是通算一体的起步阶段，其核心理念是“泛在协同，资源共生一体编排”，即无线通信系统同时提供通信资源与计算资源，用于通信处理的计算资源与网络 AI 计算资源、业务计算资源等共享复用。通过无线通算资源共生一体编排，无线通信系统可以在无线连接的基础上进一步提供深度下沉的边缘计算资源。这一阶段的核心特征是无线算力随网泛在与通算局域协同编排。无线算力随网泛在主要是指基站向算力化方向演进，无线算力将依托已部署的广泛存在的基站，复用现有的移动通信基础网络，提供低时延的边缘计算服务能力。通算局域协同编排是指基于宏基站现有的主控板空闲的 CPU 资源和小基站的开放硬件平台空闲的 CPU 算力资源提供无线算力服务，并支持通信资源与计算资源的局域协同编排。例如，在无线接入网层面构建基站算力池，实时监测基站算力池中基站的通信业务和计算负载情况，将部分计算负载较高的基站的计算任务（如网元智能应用动态）编排到基站算力池中负载较低的基站，在网络负荷不均衡的场景下实现基站资源池内算力的“借闲补忙”。

1. 无线算力随网泛在

无线算力依托现有已广泛部署的宏基站的主控板空闲的 CPU 资源和小基站的开放硬件平台空闲的 CPU 算力资源提供无线算力服务。宏基站提供无线通信全程全域覆盖基本服务，具有站点数量多、单站计算能力强等特点。由于无线通信业务的时间和空间潮汐效应，夜间或业务闲时的大量主控板的 CPU 算力资源未被充分利用。通过 CPU 算力池化，可实现单站多小区、跨站容量/算力共享，也可进一步承载无线网络智能化 AI 模型训练等计算任务，保障用户体验和网络性能的同时，提升无线基站资源利用效率。小基站基于开放硬件平台，可依托云原生架构及软件定义技术，向算力化方向平滑演进。小基站一般分布在运营商合作的行业客户厂房内，可提供本地化的算力服务，将 5G 通信与行业客户云服务/信息化系统进行统一部署，可减少基础设施重复投资，进一步通过通信能力开放，结合行业客户业务打造定制化的智能应用，发挥连接外的增值价值，提升行业信息和通信基础设施的利用率。

2. 局域通算一体编排

无线网络通过无线网管进行管理，无线算力通过云管理器进行管理和编排，可由局域的无线算网管理和编排功能实现协同和算网编排。无线网管主要负责无线基站的故障、配置、计费、性能、安全（FCAPS）和软件管理等。无线算力资源（如宏站主控板的算力资源）的管理可通过增强无线网管功能来实现对算力资源状态的感知、性能、告警等监控，以及对算力资源的编排和调度管理。对于云化基站，可基于统一的无线云管理对其进行算力资源的管理和编排。目前的云化基站平台一般基于容器和 Kubernetes 构建。Kubernetes 作为容器化管理平台，可实现对容器的管理和编排。ETSI 等标准组织定义了基于 NFV 的管理编排架构标准和基于容器的无线接入网编排管理架构标准，支持对云基础设施资源的管理和编排，以及虚拟化网元的管理和编排。在阶段一中，通信与计算的协同编排可以通过 RAN、OAM 与无线云管理功能之间的协同交互来实现。随着服务化技术在无线网络中的引入，网络管理和编排系统也逐步采用服务化架构进行设计，即 RAN、OAM 和无线云管理功能均可以提供相关的服务能力，以便各自灵活调用，实现通信资源与计算资源在 RAN 侧的联合优化和编排。

阶段一的无线通算资源共生一体编排，可以有效地使能网络智能化、智慧园区工业专网等。一方面，高效利用基于基站的算力资源，可升级基站优化算法为 AI 算法，提升网络性能，促进网络自动化，降低人员运维成本。另一方面，基站虚拟化的算力提供了边缘算力平台，可以使能本地园区的应用和 5G 网络一体服务，如边缘工业质检的 AI 应用可与基站共同部署于园区本地，降低业务处理的端到端时延、减少数据回传开销，并达到数据不出园区的安全要求。通算资源融合共生赋予无线云网络敏捷开通、按需定制的基础能力，在这个阶段，网业协同技术的发展也将进一步提升无线云网络面向垂直行业和高价值业务场景下的智能化、自服务、高可靠等定制化能力，助力实现无线网络即服务，加速无线网络增值价值的挖掘和转化。以通算共生资源为底座，通过网业协同可实现业务状态、用户状态和网络状态的多维智能感知能力，分析和挖掘不同业务、用户和网络的规律特征和三者之间的关联性，以业务需求和特性为基础，感知并预测用户行为和无线网络状态趋势，构建无线网络优化模型，实时调整和优化无线资源，保证业务体验。

14.1.2　阶段二：无线通算服务共生一体提供

本阶段是通算一体网络的发展阶段，其核心理念是“融合统一，服务一体提供”。无线网络与计算逐步深度融合发展，其核心技术特征为无线通算深度融合，通信与计算两个维度的资源、功能和服务智能编排。其中无线通算深度融合的表现是无线网络的算力能力持续增强，且可按需灵活弹性伸缩。宏基站计算能力可通过增加具备通用计算能力的 CPU 和/或 GPU 计算板卡持续增强，小基站算力资源可基于开放硬件平台按需灵活扩展。除基站计算能力的增强外，基站的通信能力和性能也将伴随着 5G-A 标准和技术的成熟不断增强和丰富。在通信与计算两个维度的资源、功能和服务智能编排方面，一方面可通过智能化技术引入局域通算管理和编排，根据用户的通信与计算服务要求，智能编排通算资源，提供一体算网服务；另一方面无线接入网侧的通算管理编排系统开始与算力网络体系中的算网大脑对接，实现对无线算力和网络资源、功能和服务的统一视图和全局的编排管理。

1．无线通算深度融合

宏基站算力可通过增加具备通用计算能力的计算板卡持续增强，按需满足日益增长的网络智能化需求。通用计算板卡可支持池化组网，例如可根据用户业务需求，在一个基站设备增加计算板卡，为多个相邻的传统基站设备提供算力增强的服务。通过基站算力的池化组网，通算一体基础设施可进一步提升资源的共享和复用效率。基站计算板卡的部署位置、密度和池化组网方式可根据网络业务发展的时空分布需求模型、计算业务的时延需求及池化组网的传输能力等综合确定，以在满足业务需求情况下最大化网络的投资收益比。小基站算力可根据业务场景按需配置，对于计算需求较强的场景，可通过增强通用服务器的计算和存储配置实现按需灵活扩展。针对需要 GPU 的网络智能化升级和边缘智能计算场景，可考虑进一步增加 GPU 计算能力。同时，无线通信功能对占用的计算资源可灵活弹性伸缩，实现按需使用计算资源，进一步提升计算资源利用效率。例如，目前基站的 CU 和 DU 可通过独立容器来实现，网络的扩缩容一般也以 CU 或 DU 为最小单元，因此可能导致一些计算资源的浪费。在阶段二，随着基站软件设计演进，可基于 IT 的微服务化设计思想，进一步考虑无线接入网协议栈功能的微服务化设计。例如可以按照服务用户数、网络业务负载甚至是网络服务的业务类型的分布等特征进行网络能力的灵活弹性伸缩，以实现更精细化和高效的计算资源调度和分配。为实现高效能的通算基础设施底座，多样化硬件加速也需逐步成熟。在部分无线网络和业务计算需求中，强实时性任务和计算密集任务可灵活卸载至加速硬件。通过通用硬件和加速硬件的配合，通算一体基础设施可以在满足多样计算灵活性需求下获得更好的性能和成本优势。例如更丰富的 GPU、DPU、ASIC 等硬件加速能力可以被按需引入通算基础设施底座，实现异构的计算平台，为日益丰富的网络 AI 应用、业务 AI 应用及更大规模的通信物理层和调度层等提供加速处理，以实现更低时延和更低功耗。

无线通信网络的空口能力和性能将基于 5G-A 标准持续演进。2022 年 6 月，中国移动发布了《5G-Advanced 新能力与产业发展白皮书》，系统地描述了 5G-A“卓越网络”“智生智简”“低碳高效”三大方向及十大关键技术。在“卓越网络”方向，包括面向 XR 的网络业务跨层融通、通信感知融合、时频统一全双工（UDD）、空天地一体、极致确定技术，共同构筑一张性能卓越的 5G 网络。在“智生智简”方向，包括无源蜂窝物联网、AI 自智网络等关键技术。在“低碳高效”方向，包括新能源、新硬件、特殊场景匹配节能、时/频/空/功率域精细化节能、绿色大上行节能、超大规模天线节能等新功能，一方面提升 5G 网络能效，另一方面通过 5G 赋能各行业，带动全产业低碳节能，助力实现“双碳”目标。

2. 通信与计算两个维度的资源、功能和服务智能编排

结合 AI、大数据等技术，实现无线通算资源的统一灵活编排和性能确定性质量保证。面对复杂的网络环境变化、网络规模、用户的成倍增长，以及差异化的应

用需求，需要支持灵活的网络功能编排、更加精细化的无线网络资源分配及高效的网络资源编排。通过引入无线大数据和 AI 技术，可以实现可靠的预测模型和更先进的算网优化决策方法，以实现无线算网资源的统一灵活编排和性能确定性质量保证。例如，AI 可被用于实现如故障预测、业务类型/模式预测、用户轨迹/位置预测、业务感知预测、干扰预测、网络 KPI 预测等功能。基于这些预测功能，可实现主动式的网络管理和控制，有效提升网络运维效率及网络资源与计算资源利用效率，并提供个性化、差异化的网络服务能力。此外，AI 算法以数据为驱动，可有效解决通算一体网络中存在的大量传统方法难以建模、求解和高效实现的高维度、多目标优化问题和联合跨层优化问题。例如通过强化学习等实现方案，可得到最优的计算任务卸载、空口资源优化方案，以保障用户端到端业务体验。

算力网络中的算网大脑开始感知无线算力的类型和位置，实现对无线算力的统一编排。相较于阶段一的通信资源与计算资源在无线接入网侧的局域编排能力，阶段二的无线接入网侧的算力进一步被算力网络的全局大脑感知，并可按需实现全局大脑对无线算力和通信资源、功能和服务的联合编排。可定义无线接入网侧的通算联合编排功能的对外服务开放接口，全局的算网大脑可在通过服务鉴权和认证后，调用开放的无线算力服务、无线通信计算融合服务，实现中心算力与接入网侧的边缘基站算力甚至终端算力的协同。

14.1.3　阶段三：无线通算功能共生一体设计

本阶段是通算一体网络发展的跨越阶段，核心理念是“一体内生，功能共生一体设计”。其核心技术特征为通信、计算和智能一体内生，通信与计算融合控制。这一阶段计算服务不再是以基础设施服务对外提供，而成为通信网络内生的网络功能和服务，形成通信与计算的一体化功能，为用户提供融合通信、计算和智能等多技术要素的一体化综合服务。如果说阶段一通过资源共生提供的计算服务可以类比于在 5G 网络提供的数据服务基础上，通过应用层的微信等应用提供视频通话功能，那么阶段三提供的计算服务可以类比于通过 5G 网络提供原生视频通话服务。计算服务是网络内生服务能力，并将支持在网络内部实现计算资源和通信资源的实时一体控制。在网络连接能力层面，阶段三也将伴随着 6G 空口技术标准而发展，逐步演进和升级为 6G 空口和协议。下面聚焦通信与计算相关的网络功能一体设计和管理编排角度，介绍阶段三的几个重点特征。

1．通算一体控制

通信与计算在网络功能层面将实现一体共生，部分计算任务分解下沉到基站网元和终端中，无线计算功能与无线接入网控制面、用户面一体设计，通过无线接入网控制面分发无线算力服务节点的算力、存储、算法等信息，并结合无线网络信息和用户需求，实现实时计算资源和通信资源的一体控制和调度。计算资源感知、计算任务感知、计算任务的生命周期管理等将被融入移动通信网络流程，实现与传统的通信资源管理的深度耦合和一体控制。为更好地支持网络的原生计算和 AI 设计，数据也成为重要的资源和设计要素。与传统的通信管道不同，所有的业务数据都由 UPF 作为数据锚点与业务应用转发业务数据流。通算一体网络在这个阶段还将进一步考虑更丰富的业务数据，通信网络内部数据的采集、存储、处理和转发等全生命周期流程的管理，以及面向计算任务的灵活多锚点数据转发特性。通信资源与计算资源感知、优化和控制流程将深度协同，以有效应对无线动态的环境变化，从通信与计算多个维度来保障业务 QoS，并提升综合的资源利用效率。新引入的计算功能、数据分析功能和 AI 功能等超越传统连接的功能，可考虑以微服务化设计理念进行设计，以进一步提升网络的敏捷性和可扩展性。

2. 极简智慧内生

基站网元、终端和无线网络通算管理编排功能的智慧能力持续提升，将 AI 和大数据融入其中，实现数据自采集、自分析、自学习、自升级的智能化闭环。第三篇中提到的原生智能是这个阶段的重要特征。此外，无线通算管理和编排功能可基于意图引擎智能感知分析业务需求，提供“智能极简”的通信、计算和 AI 等服务。通过物理与孪生世界的实时交互映射，提供可预测、可视化的数字建模和验证，推动“自智通算一体网络”的实现。

14.2 通算一体产品化演进

通算一体网络是以无线通信连接为基础、内生计算为核心、通信与计算一体调度的新网络架构，在无线网络服务基础上拓展多元化业务服务能力，构建无线连接+无线算力+多元化能力的新服务形态。通过对算力资源、网络资源及业务资源的统一编排，实现网络可感知业务需求并提供定制化传输服务，业务可觉察网络状态并实时调整业务传输策略，无线网络及多样化业务应用可对全局资源进行规划管理并按需动态部署端到端服务能力，满足未来云网算业融合场景下的多样化业务需求。

通算一体网络可有效发挥移动通信网络连接快、站点多、覆盖广泛深入的特点，通过无线功能流转释放空闲算力及传输资源，利用异构基础设施统一管理、网络功能灵活拆分、网络服务按需部署等能力，有效解决灵活的网络服务需求与固化的网络基础设施之间的矛盾，其优势总结如下。

① **成本优势**：相较于传统集中式算力，通算一体网络无须独立算力资源、传输资源、机房配套资源的支撑，避免了高昂的建设和维护成本，可以更快速规模化应用。

② **性能优势**：无线接入网侧具备大量分布式、轻量化、多样化的异构算力资源，可以有效发挥移动通信网络连接速度快、站点分布多、覆盖范围广的特点，通过无线功能的流转释放空闲算力及传输资源，满足多样化业务的不同算力需求。

③ **安全优势**：在无线网络内提供算力，相较于外挂式算力，一方面避免了网络中大量原始数据交互带来的传输带宽和性能压力，另一方面避免了无线数据的隐私安全问题。

④ **融合优势**：无线接入网侧天然感知业务信息，如用户移动性、无线信道特征信息等，在业务部署和开发过程中，能够实现业务和网络的深度融合，优化业务流程，改善服务质量。

⑤ **产业优势**：算网在无线接入网侧的深入融合，更能推动 CT 进一步充分利用 IT 产业的技术红利，优化未来数字产业供应链关系，促进无线接入网不断地进行自我革新突破。

从传统无线产品到未来通算一体发展是一个系统性的工程，依赖技术发展、产业共识和通信系统代际发展等多方面因素。本节结合通算一体的 3 个发展阶段，对业界典型的产品化形态和应用实践成果进行了调研分析和归纳总结，希望进一步促进各方合作和创新，共同推动通信与计算的一体发展。

14.2.1 基站扩展算力，资源共生实现泛在协同

传统基站在系统设计上通常会针对基站标称最大容量来确定每个处理单元的硬件规格，并保留一定的算力资源冗余来应对后续的功能升级和扩展。当一个设备在实际开通运行过程中，业务配置并没有达到最大时，就会出现一定的算力冗余。而这部分算力冗余若能被组织起来，就可以作为无线基站部署扩展功能的算力资源基础。由于传统基站的架构设计所限，这部分冗余算力资源在使用时通常与基站业务软件混合，开放管理和部署第三方软件会造成安全性等问题，因此我们把这部分传统基站的冗余算力称为专用算力，只能由该设备供应商提供专用算力服务来调度使用。由于安全性所限，专用算力服务需要与相应的基站业务软件进行集成测试和验证。

为了适应网络智能化、园区工业专网等应用场景的算力需求，基于存量传统基站新增算力单板形成“算力型基站”，实现边缘算力与传统通信设备的资源共生和一体编排，构建局部的通算一体新型基础设施，从传统“通信”和“计算”资源隔离、功能独立的模式，向“通”“算”资源共生和协同调度转变，从单一的通信服务能力拓展到多元化服务能力。例如增加一块用于通用计算服务的计算板卡

就可以对基站算力进行扩容，算力型基站既有传统基站的冗余算力，也有增强的通用算力。在算力的使用上，通用算力灵活性更高，有更丰富的应用可以选择部署，可以纳入已有的云计算管理体系，并部署和管理通用的云原生服务；而专用算力由于更加贴近基站业务软件体系，用于无线网络功能交互和实施时延更短，可以更好地支撑对基站实时管理增强的服务。在算力的管理编排上，由于两种算力对上层应用的要求不同，需要不同的管理系统协作，经过特定的编排服务进行抽象，以便能够对接统一的算网管理中心进行管理。

算力型基站是通算一体发展阶段一的主要算力资源部署方式。以中兴通讯 NodeEngine 算力型基站为例，其架构如图 14-2 所示，通过在传统 BBU 机框上新增算力单板，提供虚拟化资源服务、本地数据服务、智能计算、协同控制等网络增强功能，把传统基站变成具备 5G 泛工业能力的算力基站。除传统网络连接功能外，算力型基站还具备极简、智能、开放三大特点，实现了网络工程开通、业务签约、组网“极简”化，可助力中小企业又快又省地构建专网；网络连接保障“智能”化为 5G 深入工业现场提供确定性保障能力；无线网络能力“开放”化，灵活匹配扩展性业务需求，为 5G 深入行业应用、IT/CT/OT 等多领域技术融合奠定基础。

还有一种基站实现算力扩展的方案是基于通用服务器平台的云化基站，此类基站是将 5G 协议、无线智控、行业应用等功能软件定义化后，云化部署于通用服务器白盒硬件中，再配合 5G 协议加速卡提供低成本、可定制、低容量的 5G 云网一体服务。其核心特点是基于云平台可整合服务器算力资源，统一部署 CT、IT、OT 应用，最大效率地实现“通”“算”资源共生和协同调度转变。

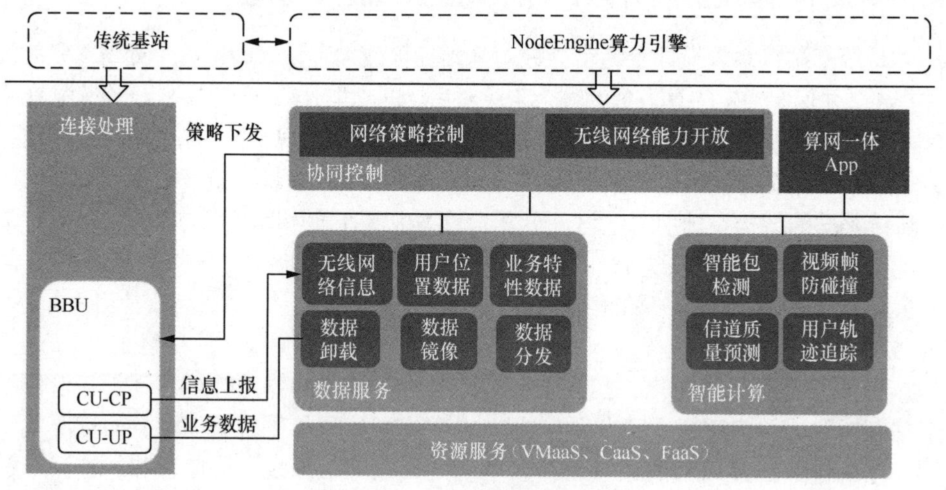

注：VMaaS 为虚拟机即服务，CaaS 为容器即服务，FaaS 为函数即服务。

图 14-2　算力型基站架构

云化基站的另一特点是以其云化动态部署能力实现与无线智能控制器（RIC）的紧密集成。这个特点赋予了基站四大核心特性，即敏捷部署、按需定制、网络可编程及服务能力开放。RIC 借鉴了 IT 领域前沿的云原生微服务架构，成功将持续集成/持续测试（CI/CT）的先进设计理念融入 CT 环境，从而显著加速了无线技术的迭代升级。RIC 能够根据业务需求，灵活地部署和扩展微服务，确保资源的高效利用。通过 RIC 与基站间采用的标准开放 E2 接口，可以实现对无线性能指标更细粒度（如小区级、UE 级、切片级）和更实时（百毫秒级）的数据采集与参数控制。这种精确的控制能力为无线网络提供了前所未有的灵活性和响应速度。RIC 提供的标准 RIC API 为运营商、设备提供商及软件开发商提供了广阔的创新空间。他们可以按需开发无线智能应用，定制网络功能，以满足日益多样化的业务保障需求，进而实现网络的可编程性。此外，RIC 还通过开放的无线能力接口实现了与业务平台的深度互动。业务平台能够从 RIC 获取实时的无线状态信息，从而及时优化配置。同时，RIC 也能直接洞察业务的传输需求和特征，通过 QoS 保障算法确保业务的 SLA 保障。这种网业协同的模式不仅大幅提升了业务体验，也为无线网络的智能化和自适应发展奠定了坚实基础。

另外，由于基于通用服务器平台的云化基站具有良好的云平台兼容性，可利用云基站通信业务潮汐现象所产生的空闲算力，按需部署目前大多数的 SaaS 应用，如物联网业务平台、工业视觉识别、安防安监保障、高精度 5G 定位等，可向行业用户直接提供 5G 连接+行业应用一体服务。

可见，云化基站依托云化技术实现服务器计算资源的整合，CT、IT、OT 应用的统一部署，业务的快速集成，实现了极高的基站计算资源使用效率。面向垂直行业专网市场，云化基站在成本及服务能力上有明显竞争优势。图 14-3 展示了云化基站架构示意。

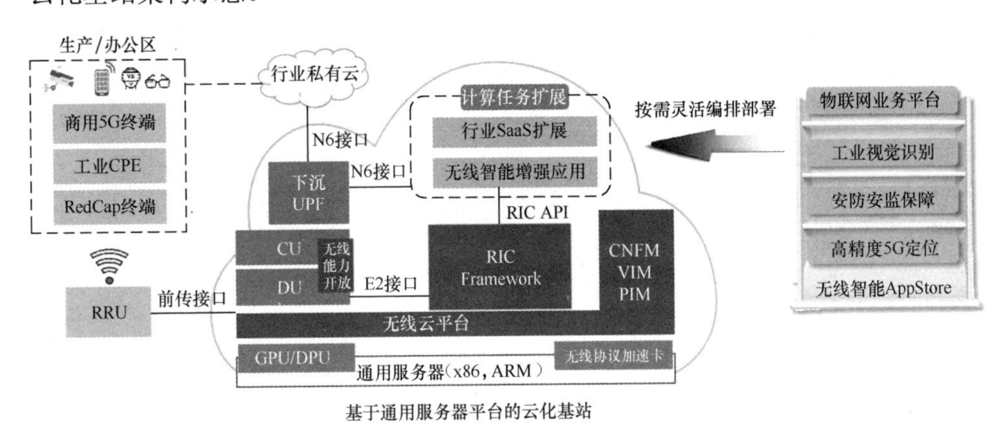

基于通用服务器平台的云化基站

图 14-3　云化基站架构示意

14.2.2 通算一体基站，多维融合提供一站式服务

当通算一体技术体系逐步成熟，资源共生的新型基础设施可作为网络建设和行业拓展的核心要素，通过局域网和广域网、无线通信资源和计算资源的深度融合共享，实现基础设施使用效率的进一步提升，从而演进到通算一体发展阶段二"融合统一，服务一体提供"。同时，随着通算资源和服务的深度融合，无线接入网作为算力网络的神经末梢，可基于算网大脑全局调度，实现更大规模的云边端协同。根据算网服务类型、质量、成本等指标，选择最优的计算节点和路径，灵活部署业务应用和计算任务，实现最佳的无线算网一体服务，进一步合理优化算力网络资源布局，提升计算效率，提高投资回报。

随着行业应用向纵深发展，5G 从最初主要服务于工厂级的生产外围应用，逐渐渗透到车间级和产线级的核心生产环节，典型的应用包括机械臂远程控制、云化 PLC 集中控制、大规模自动导引车（AGV）协同调度、机器视觉集中化、柔性生产等。在这些应用中，连接不再是唯一考虑的因素，需要考虑的关键因素还包括以下几点。

① **算网一体的产品和服务：**不仅需要解决网络连接问题，还需要解决应用部署的算力资源问题。行业客户需要的是一站式方案，切实解决生产上的各种问题，例如基于机器视觉的质量检测，客户需要的是一个包含网络、算力平台及机器视觉算法的完整方案，因此需要整合网络+算力+应用，云网业一体化是大方向。

② **集成度高，深度融入工业现场：**很多工业现场的设备安装空间有限，需要尽可能地精简网元数量，减小设备的体积，减轻设备的重量，避免给生产现场带来干扰。

③ **极简的网络管理：**由于生产现场与客户核心生产流程密切相关，客户往往希望能自己运维整个网络，因此需要降低专网运维门槛，提供极简的网络管理方案，包括现场设备开机即用、自动化故障诊断、提供面向业务的运维等。

④ **确定性保障能力：**生产专网需要提供确定性的服务保障，包括尽量短的时延和抖动、长时间运行不断链等。

通算一体基站正是基于以上因素提出的，它采用算网一体的架构，结合 5G 边缘网关，提供一个统一调度的分布式算力环境，灵活匹配柔性生产需求，支撑第三方应用部署，为客户提供一站式的解决方案。

通算一体基站的一种产品形态为中兴通讯 UniEngine 算网一体机，其架构示意如图 14-4 所示。该产品为行业客户提供一站式 5G 智简专网解决方案，采用极简设计理念，是当前业界集成度最高的超融合设备，在 1U 的单个设备内，实现了 5G 核心网、无线网、NodeEngine 算力引擎、业务运维的合一部署。同时

UniEngine 提供开放的算力平台，灵活支撑生产现场的第三方应用，如生产线质检的机器视觉应用、生产线数据采集的工业大数据平台等。随着应用的增加，UniEngine 的算力平台可以方便地进行扩展，如可以在预留的插槽上增加新的算力单板或堆叠新的 UniEngine。配合自带轻量算力平台的 5G 工业网关，中兴通讯为客户提供了一个分布式的可灵活扩展的算力环境：时延极度敏感型应用可以部署在 5G 网关，其他资源需求高的应用可以部署在 UniEngine 上。UniEngine 践行免规划、免调测、免运维的三免设计理念，极大地降低了客户部署、运维 5G 行业专网的门槛；同时支持 URLLC、TSN 等标准协议，支持业务流的动态识别和差异化调度，可为关键业务提供确定性的精准保障。UniEngine 可广泛应用于流程制造、物流自动分拣、大型工件制造、离散制造等行业现场网的部署。

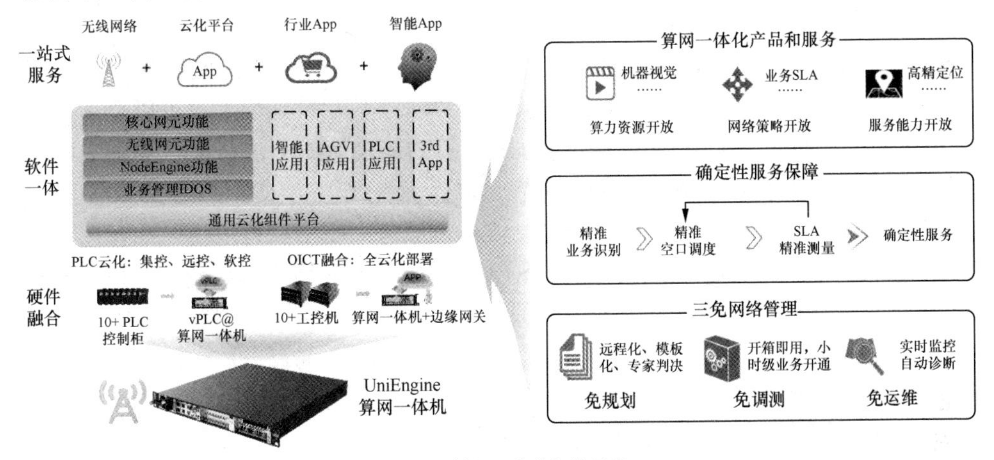

图 14-4　算网一体化架构示意

通算一体基站的另一种产品形态是算力型云化基站，它是在算力服务化的背景下产生的基于通用平台架构的产品，其核心能力为基于云化基站的能力，显著增强了用户本地业务需求的感知评估、计算任务的编排部署、增值业务本地服务化调用等方面的能力。其形成的集通信+计算功能于一体的无线算力节点，可在算网大脑或无线算力编排器的控制下，实现无线接入网络基础设施的服务能力根据客户需求快速重构，单台设备资源可通过时分复用、空间复用、业务复用，有效应对区域内无线业务潮汐效应、多样化业务切换等现网挑战，进一步提升了接入网络基础设施的使用效率，降低了 DOICT 系统的建设成本。算力型云化基站作为切入垂直行业专网市场的重要产品，已成为各运营商、设备提供商关注的焦点，并得到广泛的产品部署。

下面我们以图 14-5 所示的中国移动自研“灵云”算力型基站产品（以下简称

灵云算力基站）为例，简要介绍其主要产品特性。

① **通算智统一编排功能**。灵云算力基站具有标准化的集无线网络资源控制、云计算资源控制、行业应用控制于一体的编排控制接口，可将基站内部的通算资源统一开放至算网大脑或本地无线算力编排器，实现典型场景下的算力感知、算力编排等能力。例如，针对交易市场、展会等商业场景中，日间、夜间生产活动不同、业务类型差异大的特点，灵云算力基站可根据用户业务类型分布的变化情况自动调整站内服务能力，在白天提供 4 小区高容量 5G 网络连接服务，夜间提供 2 小区低容量 5G 网络连接服务及基于视觉识别的安防安监服务。这种统一编排能力可以让有限的无线接入网络基础设施在时间、空间、业务之间快速重构复用，实现无线接入设备投资的价值最大化。

② **异构算力组件灵活扩展**。灵云算力基站基于无线云能力组件与 RIC，可在基础设施层、平台层、应用层间实现异构算力组件灵活按需扩展，保证软/硬组件规模与项目需求完全匹配，保护每一分投资。在基础设施层上，可以基于低成本集采站型，根据项目需要灵活扩展 CPU 算力扩展卡、无线协议扩展卡、GPU 推理/渲染卡等硬件。平台层可融合部署物联网业务平台、云化 PLC 控制平台，单站构建 5G 物联网、5G 工业控制等一体增值服务。应用层可依托无线智控平台扩展各类无线智能应用，实现关键业务 SLA 保障、智能切片资源调整、基于干扰预测的智能 AMC 等无线链路增强功能。

③ **算力池化及插花组网**。灵云算力基站的算力加速卡、无线智控平台、无线智能应用等算力扩展组件支持区域内站间协同，可根据业务量需求，实现加速卡 1:N 插花组网，区域内硬件复用，极大降低现网算力化升级成本。

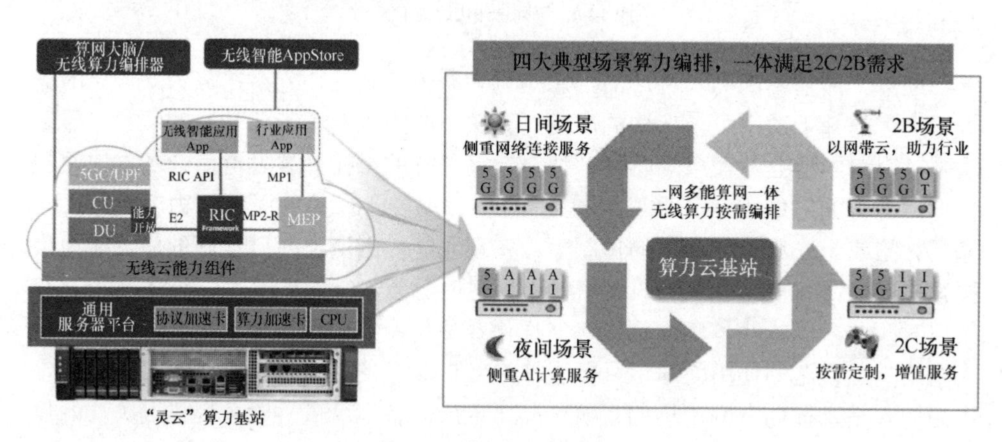

图 14-5　灵云算力基站示意

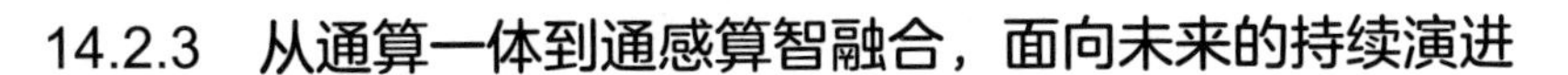

14.2.3　从通算一体到通感算智融合，面向未来的持续演进

通算一体的第三阶段将伴随着 6G发展和演进。面向 6G“数字孪生、智慧泛在”愿景，6G系统将进一步扩展 5G网络能力边界，传统网络通信能力指标将实现量级提升，同时，通感算智等多要素深度融合将成为6G的关键特征。面向未来，通算一体第三阶段的产品化发展将融入通感算智融合的产品能力。

目前 6G 处于预研阶段，主要聚焦于核心技术的验证。业界已经开始积极探索和验证面向 6G 的通算一体关键技术和系统。中国移动积极布局面向 6G 通感算智融合技术的攻关和研发，提出 6G 通感智算融合的原生基座技术。该基座技术是一种平台能力，包括三大部分。一是底座，由通用计算的 CPU、智能计算的 GPU 及专用处理芯片构成异构硬件云平台。二是内核，以模块化方式承载通信、感知、计算、AI 等多维能力。三是中枢，通过端到端的服务化设计，智能地按需编排和管理底层硬件资源及多维模块化能力，对外提供个性化和定制化服务。其中通算一体是 6G 通感智算融合的原生基座技术重要内核。

2024 年 4 月，中关村泛联院联合中国移动、联想、中信科移动、vivo 发布了 6G 云化无线网络超大规模 MIMO 原型验证系统。该系统由三大核心组件构成，分别是 6G 无线网络异构硬件基带云平台、超大规模 MIMO AAU 及终端原型平台，形成完整的 6G 技术验证环境。其中，6G 无线网络异构硬件基带云平台是 6G 通感智算融合的原生基座技术的底座。该平台通过先进的云化技术，为无线通信系统提供了强大的云资源底座，可满足超高实时性和高带宽通信处理需求，实现了多种异构资源的统一管理和高效调度。它为开展前沿性和基础性研究、孵化原创技术提供重要的试验验证平台，可有效支撑 6G 通感算智融合机理、6G 通算一体等新技术能力、新服务模式、新发展范式的验证，服务未来网络产业重点技术攻关和应用场景实施的创新全过程，加速原创技术突破，为面向 6G 的通算一体无线网络产品的发展提供了重要参考。

场景实践，激发泛在 AI 潜力

随着无线基站数量激增，为支持组网的可持续发展，中国移动于 2009 年首次提出 C-RAN 理念，推动无线接入网向集中化、协作化、绿色化和云化演进。经过 10 年的发展，2019 年，中国移动 5G 现网已经有超 70%的站点采用 C-RAN 集中化组网。同时，5G 也促进了 DT、OT、IT、CT 的进一步融合，以实现更高效的通信和数据处理。

业务需求的变化驱动无线接入网持续演进。一方面，随着移动互联网、物联网的发展，ToC 业务从单纯的语音和数据业务发展为对带宽和时延有更高要求的超高清视频、虚拟现实/增强现实等应用，业务应用计算需要下沉到网络边缘，例如无线云化接入网络通过缩短端到端通信链路和网业协同优化来减少回传，达到降低网络时延和提升用户体验的效果。同时，为支持极致的用户体验和网络可持续发展，无线接入网也在逐步引入 AI 技术，增加对算力的需求，以拓展对业务特征和用户行为的感知新维度。采用新的 AI 算法框架，挖掘网络的频谱效率潜力，通过个性化的业务、用户和网络策略，精细化的网络资源管控，实现定制化的网络能力提供、用户体验保障、网络性能增强和资源效率提升。另一方面，随着 5G 在垂直行业，如工业互联网、车联网、企业网的深入应用，多样化的行业应用对 5G 的灵活定制、敏捷部署、简便使用、成本可控等需求进一步推动无线接入网与 IT、DT 等深度融合，向云网融合、智能管控和网业协同等方向发展，为行业应用提供“连接+算力”一体综合信息服务。随着 5G 的持续发展，无线接入网正在逐步向高效、灵活、低成本、易维护、便于创新、支持“通信+算力”融合一体服务的开放平台方向演进，成为算力网络边缘末梢的重要载体。

本章将通过在不同业务场景的应用和技术实践案例，进一步详细分析通算一体网络的产业进展，展示通算一体的新型基础设施和多样化服务能力，为无线接入网架构和新技术应用创新提供参考。

15.1　网络运维大模型

1. 问题和挑战

随着科技的不断发展，通信行业正迎来自智网络的时代。自智网络以其智能化、自适应性和自主性的特点，正在改变着通信网络的运营方式和管理模式。然而，传统的网络运维方式正成为自智网络进一步发展的瓶颈，目前网络运维所面临的挑战如下。

① **网络运维门槛高，知识复杂：**无线网络领域的知识范围广、复杂度高，并且新的技术和工具不断涌现，这导致运维工程师、网络架构师、技术支持人员等在获取、沉淀、管理、应用网络专业知识时遇到困难。

② **网络配置复杂：**随着网络规模的不断扩大，接入终端设备数量不断增加，业务越发复杂，传统人工配置和管理网络设备的方式已经无法快速响应不同业务需求，网络运维成本居高不下。

③ **网络故障难以排查：**在复杂的网络环境中，故障发生的原因可能非常多样，传统的运维日志分析需要人工查看来分析可能引起故障发生的原因，定位和诊断故障的根本原因往往需要消耗大量的时间和资源。

针对上述问题，业界积极尝试使用大模型技术来解决。尽管 ChatGPT 类大模型采用多头注意力机制、Transformer 架构，通过海量训练数据和模型参数表现出强大的文字理解和生成能力。但是，通用的大模型直接应用在通信领域中存在领域知识欠缺、输入数据格式不理解、输出内容不可信、配置能力不足等问题，无法满足网络运维的需求。

通过对通信网络特征数据的融合、模型量化的创新性设计和检索增强生成（RAG）技术的引入，通用大模型将增强通信网络专业的基础知识，提升其理解网络运行状态、推荐网络配置等能力，成为网络运维大模型。网络运维大模型可以在网络的运维、执行及验证流程提供支持，为网络运维需求提供解决场景化故障的技术支持，并为网络运维人员提供交互式运维策略应答服务。随着大模型技术的进一步提升，网络运维大模型的应用也变得更加广泛，它们能够有效地编排和调度各类任务流程，执行性能优化、环境预测、资源合理分配等多项任务，面向客户、运维人员、网络设备等全要素、全场景，提供全新的用户交互、信息组织和系统集成模式，促使运维模式从“网络+AI”向“AI+网络”转变。

然而，大模型庞大的参数规模和对计算资源的巨大需求，也为它们在网络环境中的实际部署和应用带来了前所未有的挑战。这意味着，为了充分发挥这些模型的潜力，我们不仅需要关注大模型应用的创新，更要在大模型分层设计、大小模型协同、多智能体协同、基础设施支持、算力资源分配及算法优化等方面进行深入的研究和开发。在通算一体网络中，需要考虑运行网络大模型的算力需求、数据需求等，以便进行更好适配。下面，我们以三层运维体系为例，简要介绍通信网络大模型在通算一体网络中应用的方案。

2. 解决方案

随着网络规模的不断扩大和业务需求的不断增加，传统的网络运维方式已经难以满足日益复杂的网络管理需求，同时出现了上述多个挑战。为了应对这些挑战，通信行业正在积极探索并推动通信网络大模型解决方案的发展，以构建全新的智能运维时代。基于通信网络大模型解决方案的三层运维体系应运而生，其示意如图 15-1 所示，为实现智能化运维提供有效的支持和指导。

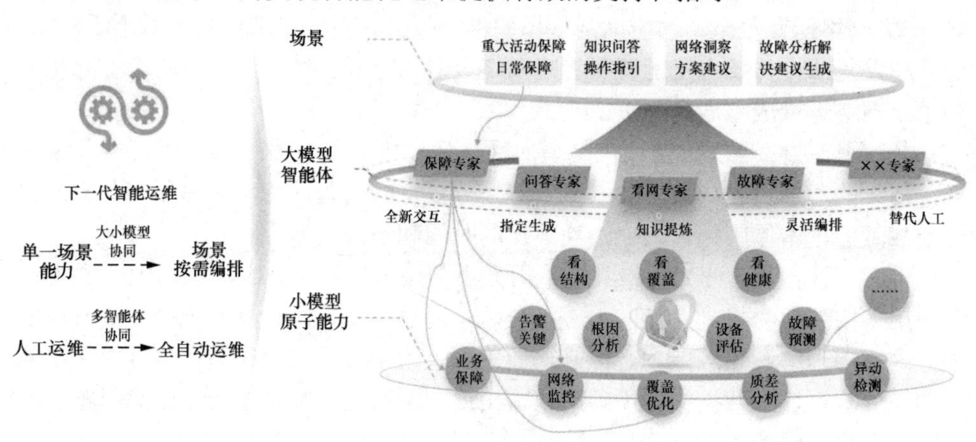

图 15-1　三层运维体系示意

（1）运维场景的多样化需求

在通信网络运维过程中，运维场景的多样化需求是一项重要挑战。这些运维场景包括但不限于重大活动保障、日常保障、知识问答、操作指引、网络洞察、方案建议、故障处理、解决建议生成等。传统的人工运维方式往往无法快速有效地应对这些场景的需求，需要更加智能化的解决方案来提升运维效率和质量。

（2）通信网络大模型的智能化支持

通信网络大模型作为一种基于大数据、AI 和自动化技术的综合性网络管理和运维方案，旨在通过对网络数据的实时监测、分析和挖掘，实现网络资源的智能化调度和运营优化，提升网络的性能和稳定性。在通信网络大模型解决方案中，第二层的通信网络大模型通过创建多个领域的智能体，实现了多智能体的协同工作，以应对各种简单或者复杂场景。这些智能体具备智能感知、数据分析和决策能力，能够快速准确地识别和解决各类运维问题，提升网络的运行效率和稳定性。

（3）小模型原子能力的灵活应用

自智网络经过多年发展所积累的宝贵经验和能力，被称为小模型原子能力。这些小模型原子能力可以应对单一场景的高效运维，例如故障诊断、性能优化等。通信网络大模型通过将复杂场景拆解后，灵活编排这些原子能力，实现意图-感知-分析-决策-执行-评估的全流程自动化运维。第三层的小模型原子能力是通信网络大模型解决方案的落地实施层，主要负责将智能化决策转化为实际行动，并实现对网络运维过程的自动化执行和反馈优化。

通过三层运维体系的建立，通信网络大模型解决方案能够实现对网络运维过程的全面智能化管理和优化。智能化运维的实现和推广不仅提升了网络运维效率和质量，也推动了通信行业向智能化运维时代的迈进。未来，随着技术的不断发展和应用场景的不断拓展，通信网络大模型解决方案将继续发挥重要作用，推动通信行业向着更加智能化、高效化的方向发展。

3. 应用案例

2023 年世界互联网大会乌镇峰会于 11 月 8 日至 11 月 10 日举行。作为全球互联网界的盛会，乌镇峰会迎来了第十个年头。浙江移动联合中兴通讯，首次将融合了最前沿大模型技术的保障助手应用于峰会保障活动，确保峰会的顺利进行。

传统网络保障方法存在如下问题：工作复杂低效，难以满足网络资源快速匹配和业务体验高的要求；网络配置关注网络运行状态和故障，难以与商业目标直接匹配；保障专业技术门槛高，严重依赖专家经验；重要场合、用户保障需要对网络进行临时策略变更和深度监控，需要网络具备快速响应能力。

大模型保障助手是基于大模型技术，面向无线网络保障场景的端到端闭环应用，满足重大活动预先计划、突发事件应急保障、业务潮汐日常保障的场景化需要，适用于演唱会、体育赛事等重大活动。

峰会上采用生成式 AI 运维模式的保障助手，能够精准理解用户意图，智能生成保障方案，将传统的工作量减少 80%，保障人力投入降低超过 30%。这是业界首个基于大模型的无线网络业务场景端到端创新实践。通过生成式 AI 对话交互，革新传统运维方式，并主动感知内外部事件，保障助手能够自动编排、调用多个智能化应用，对网络设备状态和网络指标进行实时监控，快速闭环处理各种突发事件，确保盛会的顺利举办。大模型保障助手在 2023 年世界互联网大会乌镇峰会应用落地，如图 15-2 所示，展现了高阶自智能力与传统运维场景的美好融合，预示了运营商对 AI 大模型变革机遇的深刻把握，以及未来网络保障工作方式的革命性转变。

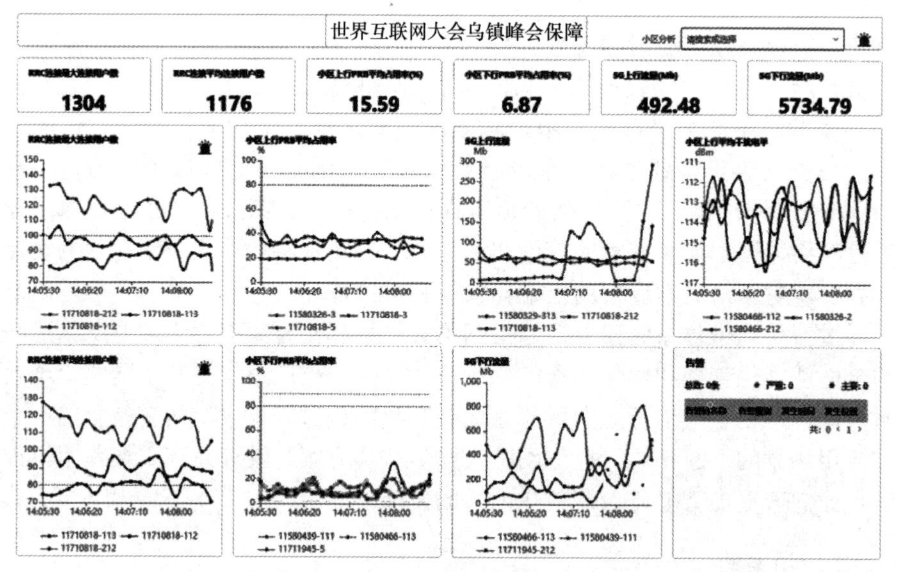

图 15-2　大模型保障助手在 2023 年世界互联网大会乌镇峰会应用效果

15.2　智慧工业园区专网

1．问题和挑战

安监消防（简称安消）业务对工业园区的生产安全非常重要，不仅关乎每一个员工的生命安全，还关系到企业的经济利益、园区的稳定发展及整体形象，是保障园区安全、稳定、高效运行的重要支撑。它主要体现在以下方面。

首先，安消一体化解决方案可以提供智慧消防和安防系统的融合应用，提升工业园区的消防安全管理水平。这一方面可以避免园区内的火灾事故，保护员工和财产的安全；另一方面可以提高园区整体的应急响应速度和处理效率，确保事故发生时能够快速、有效地进行应急救援。

其次，安消一体化解决方案可以打破信息孤岛，实现多应用融合。这意味着消防、安防、监控、巡更等多应用能够融合在一起，形成智能化、自动化、可视化的安消一体化闭环监管。这样的整合系统可以帮助园区实现跨部门、跨层级的联动联控，提高整体的安全管控能力。

再次，安消一体化解决方案可以提供智能化管控。通过智能巡检、风险预警、故障报警、网格化安全管理等应用实现安全生产的可预测、可管控，使得园区可以在事故发生前及时发现并处理潜在的安全隐患，从而减少事故发生的可能性。

最后，安消一体化解决方案还可以提升新能力保障。它具备安全感知、监测、预警、处置、评估等功能，可以提升工业园区的整体安全管控能力，尤其能够快速处置突发安全事件，有效降低事故带来的损失。

综上所述，安消业务对于工业园区来说至关重要，它不仅关乎园区的消防安全，还涉及整个园区的稳定运行和员工的生命财产安全。因此，工业园区需要重视安消业务，并采取有效的安消一体化解决方案来提升园区的安全性。

工业园区安消一体系统架构示意如图 15-3 所示，主要由以下几个部分构成。

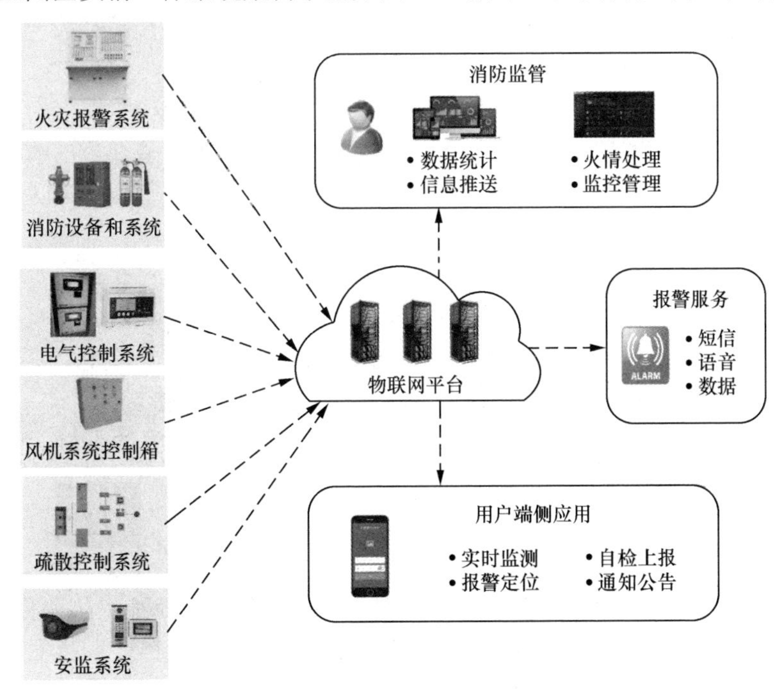

图 15-3　工业园区安消一体系统架构示意

① **火灾报警系统：**该系统通过在园区内部署的火灾探测器和报警器，能够及时检测到火灾的发生，并发出警报信号。这些火灾探测器根据不同的探测原理（如光电式、离子式和热敏式等），可以检测烟雾、火焰或温度的变化。一旦

火灾被探测到，报警器会立即发出声光信号，提醒人们及时撤离和采取适当的灭火措施。

② **消防设备和系统**：包括消防水池、消防泵房、自动喷淋系统湿式报警阀、消火栓系统（消火栓箱、水枪、水带）、室外消火栓和水泵接合器等设备。

③ **电气控制系统**：包括烟感器、温感器、可燃气体探测器、手动报警器、区域报警显示盘、层显及联动控制模块、消防中心控制室等设备。

④ **风机系统控制箱**：控制排烟风机、正压送风机及风管系统、防火门和防火卷帘等设备。

⑤ **疏散控制系统**：包括应急照明灯具、疏散指示灯等设备，可以在火灾发生时帮助园区内的人员迅速撤离。

⑥ **安监系统**：包括监控摄像头、红外安防设备、智能门禁系统等，可以对园区实现无死角的安全监控。

⑦ **物理网平台**：提供消防监管服务，包括数据统计、信息推送、火情处理等功能；提供用户应用，包括实时监测、报警定位、自检上报、通知公告等，以及短信、语音、数据等报警服务。

如上所述，工业园区的安消设备包含烟雾探测器、摄像头等众多的传感器设备，以及消火栓、喷淋系统、报警系统等消防设备或系统，通过数据中心的物联网平台进行状态监控，在异常事件发生时及时发出报警，自动启动消防或应急措施，并通知相关人员。下面介绍工业园区安消业务对无线网络数据传输和时延的需求。

（1）工业园区安消业务对无线网络数据传输的需求

① **稳定性**：工业园区通常较大，需要覆盖较大的区域，因此需要无线网络能够提供稳定的网络信号，以确保监控、通信等业务的正常运行。

② **大带宽**：工业园区的安防监控系统通常需要传输大量的数据，因此需要大带宽的无线网络支持，以实现高清视频的传输和实时监控。

③ **安全性**：工业园区的无线网络必须具备高度的安全性，以保护园区内设备和数据的安全，包括对无线网络的加密、MAC 地址绑定、访问控制等措施。

④ **可靠性**：无线网络必须可靠，以保证在任何情况下都能提供服务。例如，无线网状网络（WMN）具有自组织和自修复的能力，可以在一定程度上确保网络的可靠性。

⑤ **实时性**：工业园区的安防监控系统需要实时传输数据，因此需要无线网络能够提供实时传输服务，以满足监控系统的要求。

⑥ **可扩展性**：随着工业园区的发展，对无线网络的需求也在不断增长，因此需要无线网络具备可扩展性，以支持未来的发展。

⑦ **经济性：**虽然工业园区的安消业务需要大带宽和稳定的网络等，但也需要考虑成本问题。如果能在满足需求的同时选择经济性的方案，那将是最好的结果。所以，选择合适的无线设备和服务提供商也是很重要的。

总体来说，工业园区安消业务对无线网络的需求较高，需要综合考虑稳定性、大带宽、安全性、可靠性、实时性、可扩展性和经济性多个方面。

（2）工业园区安消业务对时延的要求

① **实时监控：**工业园区的安防监控系统需要实时传输和处理视频数据和传感器数据，以确保对园区内各个角落的实时监控。时延过长会导致监控画面卡顿和传感器数据传输和处理延迟，影响对安全事件的及时响应。

② **预警系统：**工业园区的安防监控系统需要及时发现异常情况并发出预警，以避免发生危险。时延过长会导致预警不及时或误判，影响对安全事件的应对和处理。

③ **控制系统：**对于工业园区的消防系统和其他安全控制系统，需要快速的响应速度和及时的控制能力，以确保在发生安全事件时能够迅速采取措施，保护人员和财产的安全。

总体而言，工业园区安消业务需要严格控制时延，确保实时监控、预警和控制系统的高效和准确性。

然而，工业园区的安消业务现有方案采用5G公网实现现场传感器数据到云中心物联网平台的传输，这存在以下潜在问题。

① **网络传输方面：**现在5G网络用户数越来越多且分布不均；从应用上来看，短视频、直播等新应用的爆发式增长，使得5G网络的负载逐渐增加，难以保证安消业务数据传输的实时性。

② **数据处理方面：**现有的采用中心云部署物联网平台的方式，传感器数据需要经过核心网、传输网等多个环节才能到达数据中心，相较于本地部署的方式时延较大。但如果在本地部署则需要增加额外的边缘计算设备，导致成本增加。

2. 解决方案

面向工业园区的安消等业务，需要建立5G行业专网，以避免消费者用户影响安消数据的传输。5G无线网络服务的提供离不开基站，基站一般位于工业园区内或离园区最近的机房。具备共享算力的基站可以提供通算一体的基础设施，从而同时满足园区安消业务对5G专有无线网络与边缘云的需求。

为满足行业客户将数据限制在园区内的需求，本解决方案将计算能力下沉至5G基站，通过在基站中部署边缘物联网平台，提供5G无线网络与安消业务一站式服务平台，从而极大降低数据传输时延，同时也能确保数据不离开园区，使得物联数据的采集、存储及分析等都在园区内完成。

基于 5G 云化小站实现 5G 安消业务的组网架构，如图 15-4 所示。

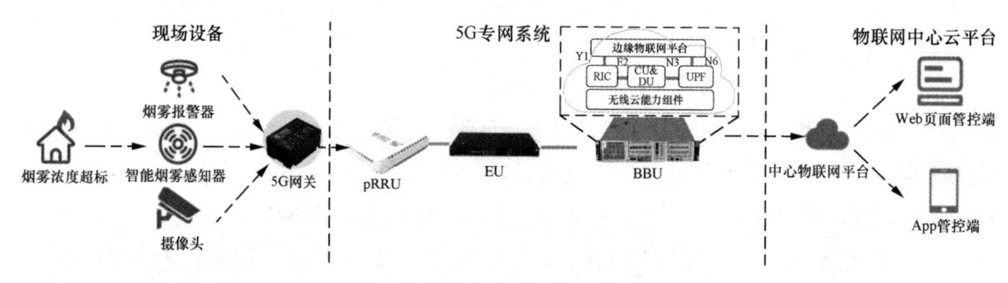

图 15-4　5G 安消业务的组网架构

具体实施包括以下几个步骤。

① 在 5G 基站的共享算力中安装和配置边缘物联网平台。该平台将担负起在园区内处理物联数据的重要任务。通过将物联网平台置于基站中，可以实现物联数据的快速处理和即时响应，同时降低信息传输时延。

② 确保 5G 网络的覆盖范围能够满足园区的需求。5G 网络的高速和稳定特性将为物联网平台的正常运行提供保障，并支持大规模数据传输。

③ 在园区内安装和部署相关的设备和传感器，用于采集各类物联节点的数据。这些设备将会通过 5G 网络与边缘物联网平台进行连接，将采集到的数据传输至平台进行处理和存储。

④ 基于边缘物联网平台所提供的数据和基站提供的无线状态信息，RIC 可进行智能化分析，根据业务需求提供可靠的无线传输保障。这将有助于优化物联设备的管理和运营，提高整体效率和安全性。

通过将算力下沉到 5G 基站，并在基站中部署边缘物联网平台，我们能够实现数据在园区内的完整流转，避免数据离开厂区，从而满足行业物联网客户对数据保密性和安全性的要求。这种解决方案不仅提高了数据传输的效率和稳定性，同时也为行业应用的智能化提供了可靠的基础，进一步推动了物联网技术的发展与应用。

与 5G 基站共硬件基础设施部署，一方面可以形成自闭环降低信息处理时延，另一方面可以直接复用基站的硬件资源，避免客户的重复投资。

3. 应用案例

在南京的省科创中心展厅，中国移动研究院联合江苏紫金研究院和中移物联网公司开展了基于无线算力云小站的安消场景验证。

无线算力云小站安装在腾飞大厦机房，在虚拟化基础设施上部署了虚拟基带处理单元（vBBU）功能、RIC和边缘物联网平台3部分；扩展单元（EU）安装在科创中心弱电间，通过光纤与BBU连接；RRU安装在展厅走廊，通过光电混合缆与EU连接，提供5G信号覆盖；现场的烟雾传感器和报警器通过RS485连线到5G工业网关，进而通过5G系统连接到边缘物联网平台。

从无线网络性能指标和安消业务传输时延两个维度对系统的无线网络能力和物联网业务承载能力进行验证测试。测试结果表明在不影响正常无线业务指标的情况下，无线算力云小站可共享硬件资源部署物联网平台，不仅节省了物联网平台专用服务器的硬件成本，而且由于物联网平台与现场传感器部署距离更近，有效降低了信号传输时延、缩短了安消设备联动响应时间。

基站共享算力提供了云网一体的深度边缘云服务，通过以上安消业务的验证，有力证明了利用基站算力进行数据本地处理可带来的明显的低时延优势。未来，该方案可应用于XR渲染、云游戏、车路协同、工业控制等低时延业务场景，为泛在AI提供丰富的分布式算力基础设施。

15.3 智能工业制造

1. 问题和挑战

随着国家战略的不断推进，制造业逐渐向信息化、数字化、智能化转型升级。行业数字化转型对连接、算力及应用的快速集成提出新的要求，迫切需要一种全集成、按需加载、整体交付的一站式解决方案，解决工业园区专网建设在网络连接、算力下沉、业务集成及开通运维等方面的难题。智能工业数字化改造期望借助5G实现机械臂、PLC的联网及云化，结合区域内多个产线的数据采集、AGV协同控制、机器视觉应用，进一步向数字化、智能化演进，这不仅仅需要5G网络能力，还需要边缘计算的能力。

工业制造的典型应用场景如整机自动化装配测试产线，通过机械臂取放被测件到多套测试夹具进行并行装配/测试，其中涉及PLC控制机柜、本地运行制造自动化测试（MAT）系统、制造设计系统（MDS）和位于数据中心的制造执行系统（MES）。在改造过程中，需要实现算力本地化部署和网络确定性支撑。

自动化装配测试产线的智能工业数字化对网络存在以下需求。

① **联网/云化/无线化**：当前产线集成度高，线缆繁杂，不利于柔性化生产，迫

切需要无线化；AGV、PLC、机械臂等需要联网和数据采集，实现生产过程可视和产线预测性维护；PLC、机器视觉需要云化集中处理提升效率，需要本地算力。

② **网络确定性**：承载工业 PLC 协议、AGV 上下料业务，需支持 99.99%的时延低于 20ms；机器视觉应用需要每路大于 80Mbit/s 的大带宽。

③ **网络可用性**：云化对网络可用性提出高要求，要求 7×24 小时运行，月故障时间小于 10 小时，单次小于 8 小时，设备更换时间小于 60 分钟，人工干预间隔大于 30 分钟。

④ **网络部署/改造周期**：期望网络可快速部署/改造及快速稳定运行，减少对实际生产的影响。

⑤ **自运维及安全**：工厂有自己的工业互联网平台，提出了自运维及对接融合的要求；工厂有专业的信息安全团队，将 5G 技术应用引入新的安全场景，期望可全面分析及具有判断能力。

2. 解决方案

在工业和信息化部“全连接工厂”的指引下，5G 逐渐从服务于园区级的管理域网络渗透到服务于车间级和产线级的生产现场网络，从 IT 域逐步走向 OT 域，面向工业园区构建一个园区和多个车间 1+N 算网底座的算网融合 5G 专网方案，满足工业园区数字化转型，如图 15-5 所示。

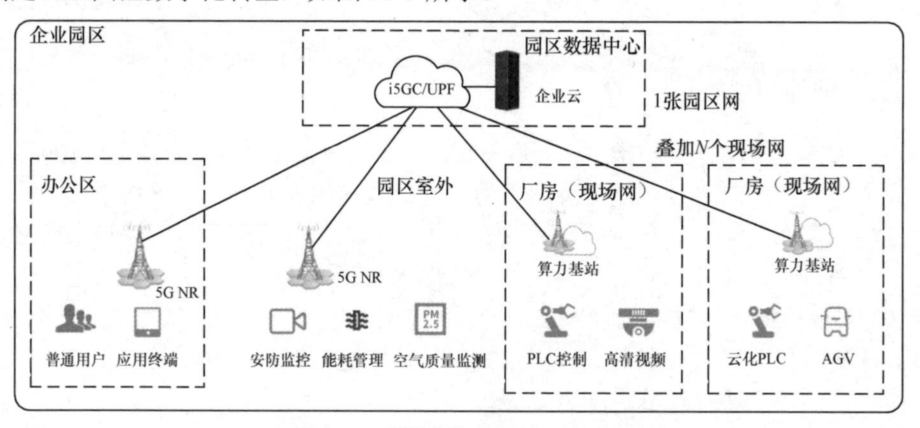

图 15-5 1+N 算网底座的算网融合 5G 专网方案

（1）数据不出园区，保障企业数据的安全性

本地分流功能可实现园区企业业务数据流卸载到本地网络，确保数据不出园区，同时可有效缩短终端访问服务器的时延，为企业用户专网业务提供网络保障。5G 园区组网有 3 种方案，如图 15-6 所示。

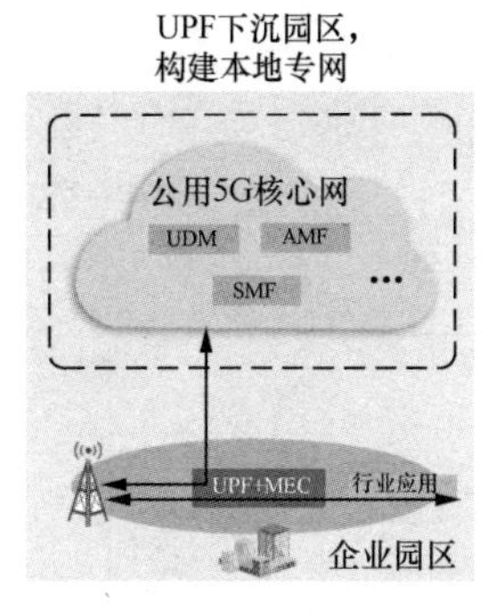

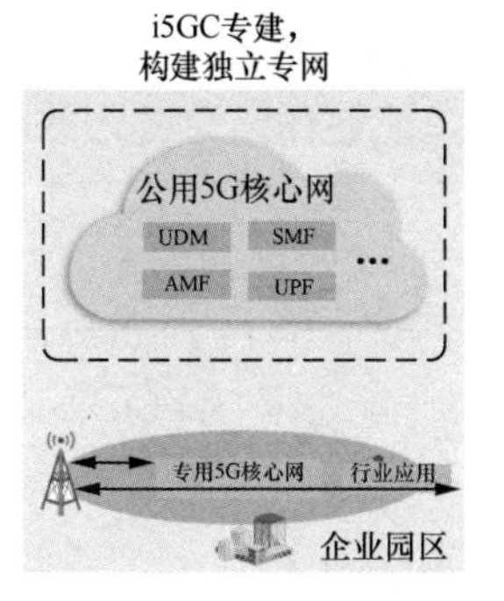

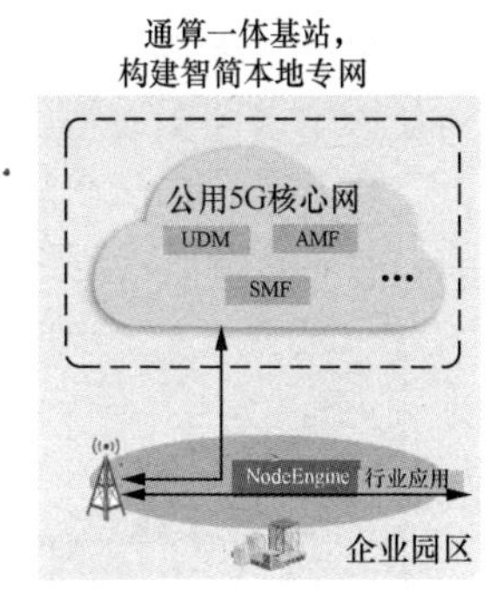

图 15-6 5G 园区组网的 3 种方案

① **UPF 下沉园区，构建本地专网**：控制面公用、UPF/MEC 下沉企业园区。本方案优势体现在 UPF 部署在园区，可保证低时延，同时控制面复用大网，企业建网成本低。3 种方案中首推园区建专用 UPF。

② **i5GC 专建，构建独立专网**：园区建专用 5GC 网络，专用 5GC 整体下沉企业园区，与公网隔离。本方案优势主要体现在 5GC 物理隔离，保证企业数据高安全性，同时网络自主可控、定制灵活。当企业有自主放号、信令数据不出园区等更高安全需求时，建议采用专建 i5GC 方案。

③ **通算一体基站，构建智简本地专网**：控制面公用、基站级分流引擎，即插即用。本方案优势为即插即用，部署简单，同时复用基站供电资源，比 UPF 下沉园区方式的建网成本更低。对中小园区的专网建设，推荐提供低成本、快速部署、多样化的专网服务的 5G 专网方案。

通过对行业特性、用户规模和建网成本等方面进行综合评估，通算一体基站构建智简本地专网方案是最优部署方式，其优势有以下 4 个方面。

① **专网大带宽保障**。传统方案采用超级小区（SuperCell）合并技术降低干扰，但容量无法同时兼顾。通算一体基站实现的 SuperMIMO 方案利用分布式天线优势，实现灵活融合干扰、容量提升、用户感知提升。对于小区容量提升，根据 UE 分布位置自适应进行多 UE 的空分配对，容量提升可达 2～3 倍，最高可达 4 倍。

通算一体基站高效利用运营商频谱资源，使用多载波灵活/深度聚合，充分利用时频资源，提升上行/下行网络容量性能，满足企业对大带宽的诉求。

② **时延可靠性保障，具体如下。**

第一，无线侧切片支持优先级差异化配置，解决不同切片下相同 5G QoS 标识符（5QI）差异化保障：同一业务使用相同的 5QI，当多个用户使用同一业务时，一旦资源受限，则无法保障用户优先调度。通过在 5QI 的基础上叠加切片的方式，将高优先级用户放到高优先级切片中，从而确保该用户优先调度。

第二，端到端链路可靠性，利用帧复制和消除技术（FRER）提供冗余保护和从连接故障中快速恢复功能，能够保障单链路故障下的“0”时延倒换、“0”丢包。FRER 高可靠方案如图 15-7 所示，针对工业生产核心业务，为满足车间整体的 OT 专网高安全可用，一般可采用 5G 双网双链路的方式。

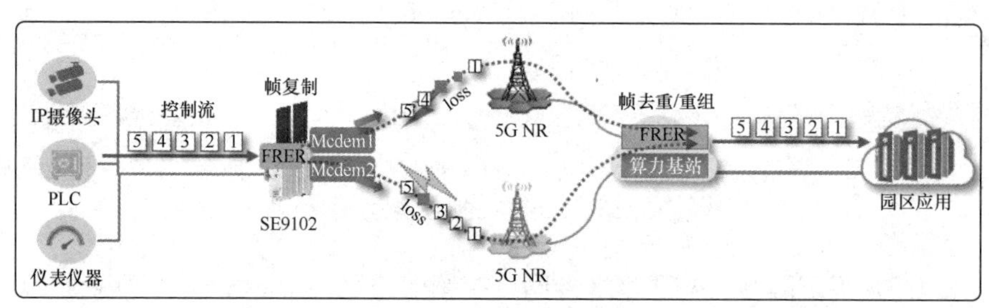

图 15-7　FRER 高可靠方案

第三，系统可靠性上，从降低故障发生概率和缩短故障恢复时间这两个角度出发，从网络级、链路级、节点级、单板级、基础级综合考虑，实现网络可用性保障。其方案如图 15-8 所示，结合提升网络可靠性的相关功能，给予行业客户多层级、多维度的行业综合解决方案，保障企业生产和业务的正常运行。

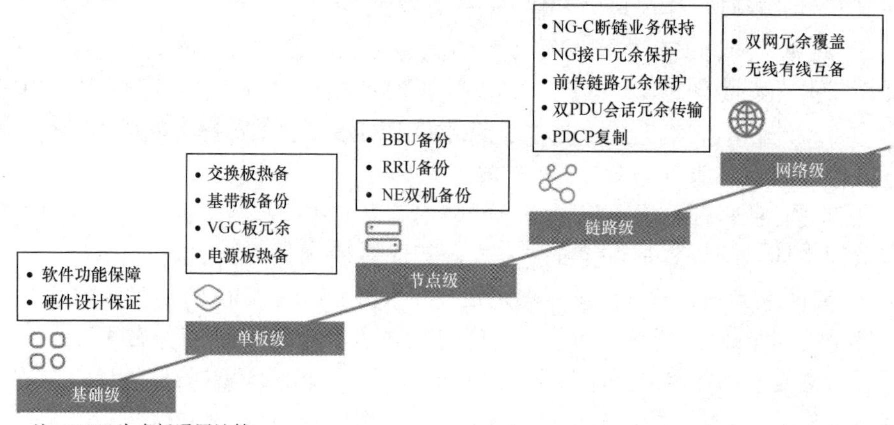

注：VGC 为虚拟通用计算。

图 15-8　网络可用性保障方案

③ **业务 SLA 闭环保障**。相较于 ToC 的无差异化参数设置及尽力而为的服务，初期的 ToB 专网通过“切片+5QI”实现业务的差异化调度，从而保障不同应用的 SLA。但“切片+5QI”基于静态配置的方式，无反馈机制，无法感知业务保障效果，同时为了保障业务体验，往往配置较多的资源进行保障，存在极大的资源浪费。

基于通算一体基站本地算力提供的 SLA 保障平台，自动识别业务数据流特征，根据业务特征进行无线资源的闭环精准网业协同调度，保障时延可靠性及业务带宽。业务确定性闭环保障架构如图 15-9 所示。

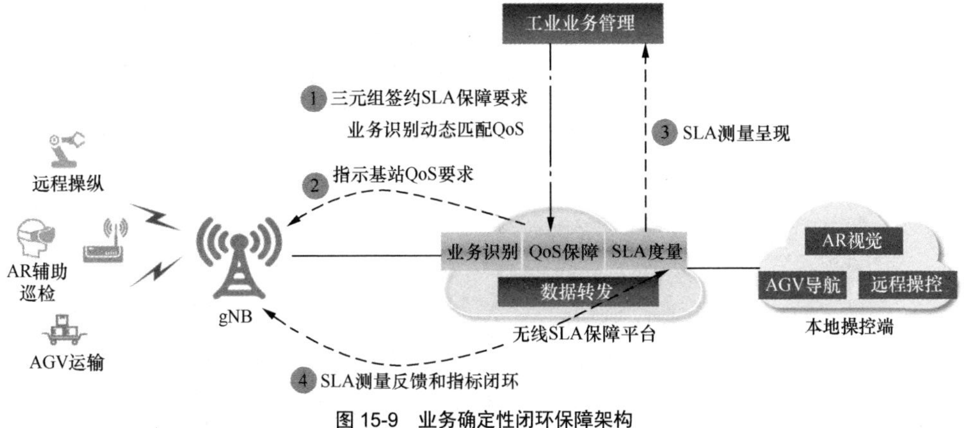

图 15-9　业务确定性闭环保障架构

SLA 闭环保障功能基于边缘算力资源叠加对数据转发面的 AI 业务特征识别技术，深度洞察感知业务特征与基站调度协同，进行精准调度，最终可达成业务网络需求保障目标。

④ **算力资源开放**。为了更好服务生产业务，现场网不仅需要提供网络能力，还需要提供算力资源来达成网业协同能力，以工业网关（端）、算力基站/算网一体机（边）、MEC（云）3 级形态为载体，以容器形式开放算力，灵活部署企业业务。基站本地算力开放架构如图 15-10 所示。

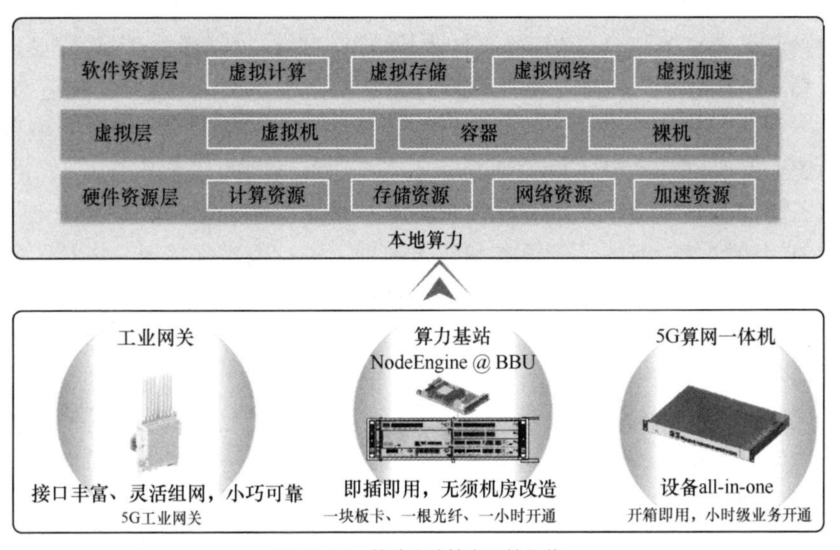

图 15-10　基站本地算力开放架构

基于开放的算力，可按需内置云化 PLC、视频优化、定位平台、前置机数据采集、云化 AGV 调度台等业务应用，也可开放给第三方应用，方便应用的集成，从而基于 5G 算网能力为行业提供一站式的场景化方案。例如，针对云化 PLC 场景，传统 PLC 有多种协议形态，彼此不互通。在工业数字化转型过程中，可以通过云化 PLC 优化现场网络，使得组网更加简单。基于 5G 网络的云化 PLC 架构如图 15-11 所示。

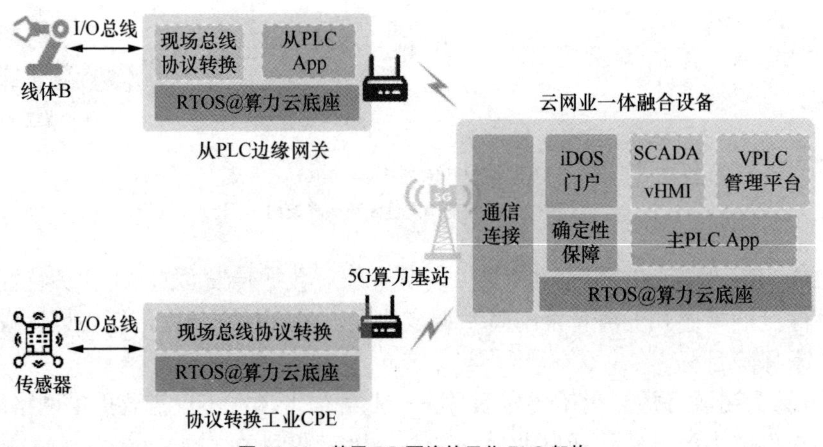

图 15-11 基于 5G 网络的云化 PLC 架构

3. 应用案例

中兴通讯南京滨江全球5G智能制造基地以中兴自身既懂生产又懂5G网络技术为优势，将自身工厂投入工业互联网建设的实践中，秉持“用 5G 制造 5G”理念，生产制造全方位数字化、智能化转型升级并与 5G 技术深度绑定、融合，探索 5G+工业互联网切实降本增效场景、攻克工业现场网的技术难题。

该工厂的基站制造车间数智化改造方案基于虚拟化云平台，整合渲染引擎的处理能力，通过 5G 专网汇聚信息和传感数据，进行数字化呈现。滨江工厂的具体场景包括自动化 5G 装配线、AGV 调度系统及视频巡检系统等。

① **运营智能化中的自动化 5G 装配线**：实时呈现生产线运行状况。对设备、AGV 报警信息进行跟踪展示。

② **装备智联化中的 AGV 调度系统**：通过集成并打通 5G 示范生产线所有信息系统，实现“工位—机器—约束—目标”调度要素的协同匹配与持续优化。

③ **制造数字化中的视频巡检系统**：数字孪生叠加视频采集及 AI 算法，完成自动巡检、自动告警，从而提高巡检质量，实现灵活分级管理，节约人工成本。

为了匹配当前工艺流程及改造需求，在南京滨江工厂基站制造车间内，运营商 5G 专网选用数字化室分小基站机型结合超级小区技术实现 5G 覆盖，承载 AGV、数据采集、机器视觉、中兴云化 PLC 等业务，实现企业主要设备“剪辫子”（即无线）和车间数据全部无线上云，提升了产线柔性，推动数智化应用。测试产线的 PLC 及工控机 MAT/MDS 业务进行联网和云化，实现 PLC 集中云化部署及维护，带来 50%的成本降低。滨江工厂车间网络部署方案如图 15-12 所示。

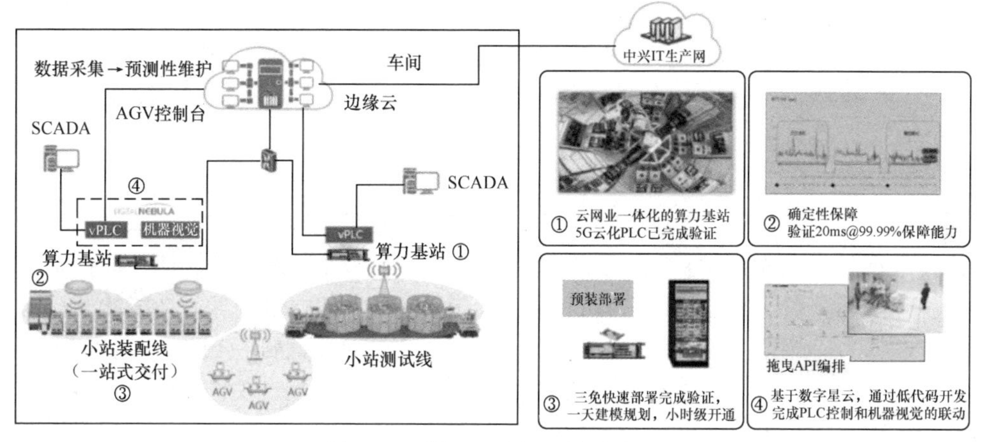

图 15-12　滨江工厂车间网络部署方案

15.4　智慧车联网

1．问题和挑战

随着智能网联汽车的日益普及，人们对智能交通基础设施的需求及服务能力的要求也越发强烈。一方面，智能网联汽车需要智慧城市基础设施来增强感知，提供交通信号、路况数据等信息服务，通过网联赋能，实现高等级自动驾驶；另一方面，通过智能网联汽车和智能交通基础设施的协同，可以解决传统交通系统带来的交通拥堵、安全事故、停车难等问题。为此，住房和城乡建设部、工业和信息化部正积极推动智慧城市基础设施与智能网联汽车（简称“双智”）协同发展试点，带动智慧交通行业的整体产业升级。“双智”协同发展关系如图 15-13 所示。2021 年 4 月和 12 月，住房和城乡建设部、工业和信息化部分批印发通知，确定北京、上海、广州、武汉、长沙、无锡 6 个城市为第一批试点城市；重庆、深圳、厦门、南京、济南、成都、合肥、沧州、芜湖、淄博 10 个城市为第二批试点城市。

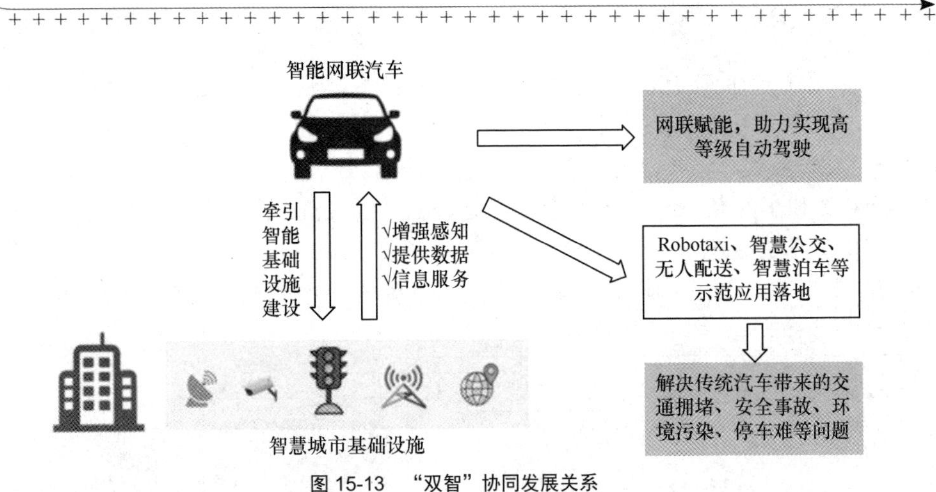

图 15-13 “双智”协同发展关系

随着“双智”试点工作的不断深入，我国智能网联汽车与智慧城市基础设施建设取得阶段性成果。我国汽车智能化、网联化渗透率不断提升，信息通信基础设施也加速覆盖。截至 2022 年 11 月，我国具备 L2 智能辅助驾驶功能的乘用车销量超 800 万辆，渗透率升至 33.6%。在智能交通基础设施建设上，到 2022 年 12 月，我国已有 5000 多千米道路实现智能化升级。尽管“双智”协同发展稍见起色，但目前也面临一些关键问题：创新区、示范区付出了很多努力，最终消费者没有参与感、感受不到服务存在，始终无法形成商业闭环。

现状 1：智能网联汽车完全依赖单车智能。

单车智能的技术方案是指以车载传感器和算法为主要手段，实现车辆的自动驾驶功能。单车智能的感知能力受限于传感器的性能、安装位置、视场角、数据吞吐量、标定精度、时间同步等因素，难以应对复杂多变的道路场景，如繁忙路口、恶劣天气、小物体识别、信号灯识别、逆光等。这些不足导致了单车智能的长尾问题，即使现有技术已经实现了 95%以上场景的自动驾驶，但剩下 5%的长尾场景如果得不到解决，L4 以上高等级自动驾驶就始终无法规模落地。这些长尾场景具体如下。

① 道路上出现突发事件，如交通事故、紧急救援、警察指挥等，需要车辆做出快速反应或与人沟通协调。

② 道路上出现非标准化或不规范的信号，如临时标志、手势示意、口头指令等，需要车辆做出正确理解或询问确认。

③ 道路上出现复杂交互或协作的情况，如变道超车、并线合流、人车混行等，需要车辆与周围环境进行有效协调。

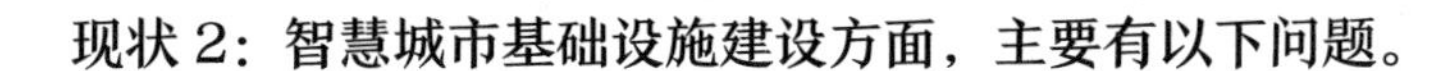

现状 2：智慧城市基础设施建设方面，主要有以下问题。

① **覆盖率不足：**智能路侧基础设施（如 RSU）的部署尚未形成规模，导致 V2X 信息服务感知范围受限，无法实现全域打通。

② **成本高昂：**智能路侧基础设施涉及多种类型的设备，如摄像头、雷达、激光、路边计算设备等，这些设备的采购、安装和维护都需要投入大量的资金和人力，而且随着技术的更新换代，还需要不断地进行升级和更换。前期已安装部署的设备回收难度大，缺乏合理的收费机制和商业模式。

③ **运营不充分：**当前的车联网示范区和先导区都存在重建设、轻运营的问题，缺乏有效的应用开发和用户体验。

④ **管理协调困难：**智能路侧基础设施涉及多个部门和单位的职责和权益，如交通管理部门、公安部门、电力部门、通信运营商等，这些部门和单位之间需要进行有效的沟通和协调，以保证智能路侧基础设施的正常运行和优化管理。

2. 解决方案

（1）车路云一体化方案，破解“单车智能”发展困扰

车路云一体化方案示意如图 15-14 所示，它是由清华大学李克强教授和他的团队提出的一种智能网联汽车的技术路线，具体描述如下。

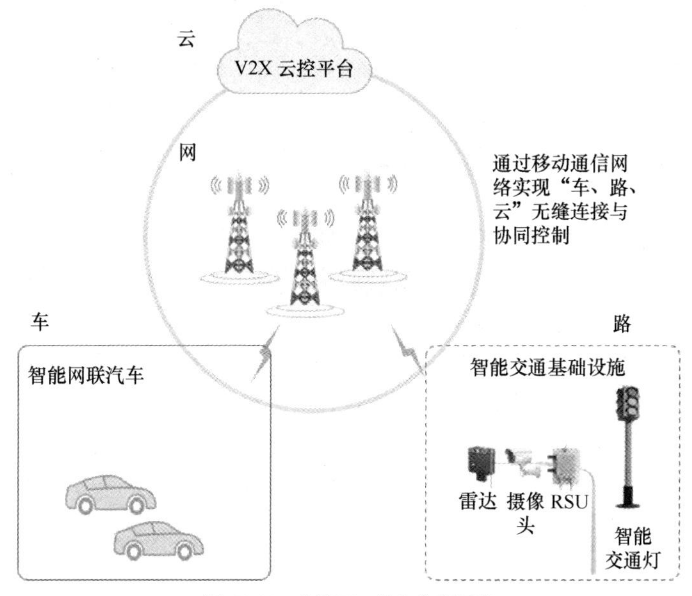

图 15-14　车路云一体化方案示意

① “车”指智能网联汽车，它具有自主感知、决策、控制、学习等功能，可以实现不同级别的自动驾驶。

② “路”指智能交通基础设施，它具有感知、通信、控制等功能，可以实现对道路环境、交通状态、交通信号等信息的采集、传输、处理和反馈。

③ “云”指 V2X 云控平台，它具有计算、存储、分析等功能，可以实现对大数据、高精地图、人工智能等资源的集中管理和服务。

④ “一体化”指通过高速可靠的移动通信网络，实现“车、路、云”的无缝连接和协同控制，形成一个整体化的智能网联汽车系统。

车路云一体化方案的优势是可以利用外部信息来辅助提升汽车本身的能力，提高自动驾驶的安全性和效率。该方案同时还融合了新能源、计算机、通信、互联网等领域的优势，将助力我国智能网联汽车产业抢占技术制高点，在交通效率提升、减少交通事故、提升城市治理能力等方面发挥重要作用。

（2）通算一体网络，为车路云一体化方案落地奠定基础

我国是全球第一个建设 5G 网络的国家。从 2019 年 6 月 6 日正式发放 5G 商用牌照至今，我国已开通建设 5G 基站超过 318 万个，覆盖全国所有地级市、95%以上的县区和 35%的乡镇，基本完成了所有城市道路的 5G 全覆盖。

如何把 5G 网络与车路云一体化方案融合，充分发挥 5G 网络站点多、覆盖广、管理运维/运营方式成熟的优势，同时结合 5G-A/6G 的通信感知一体化技术，将 5G 通信网络及智能路侧基础设施建设方案深度融合，为车路云一体化方案落地提供支撑是当前业界正在思考和推进的问题。

基于通算一体网络可以为车路云一体化协同带来以下优势。

① 5G 网络可以提供大带宽、低时延、高可靠性、海量互联等特性，支持车辆、路侧设备、云端平台之间的高效通信和数据交换，实现人-车-路-环境的全域感知和协同。

② 5G 网络可以利用边缘计算、人工智能、大数据等技术，实现对车路云一体化系统的实时分析和决策，提前预警和规划车辆的行驶路径和路权等级，实现道路交通的安全、节能、舒适和高效。

③ 5G 网络可以促进车路云一体化系统的标准制定和技术合作，为智能网联汽车的产业化和商业化提供基础支撑和保障。

（3）5G-A 通感算一体技术用于车联网实践

5G-A 通感算一体架构方案是由中国移动联合中兴通讯、华为等厂家在上海 MWC2023 大会上正式推出的一种无线通感算一体的车联网技术方案，涉及 5G-A 技术、车端 OBU、无线边缘计算、V2X 云控平台等多方面技术协同，旨在利用 5G 技术和车联网技术实现车辆、路面设施、云端平台和其他交通参与者之间的高

效协同，提高交通安全、效率和服务。

该方案具备以下三大特征。

① **空口统一**：将原有分散的 PC5 网络迁移至 5G 网络，统一承载 V2X 车路信息，以更低成本实现广域全连接，基于 5G 的 QoS、切片实现超稳态网络连接保障，并以丰富的 5G 终端支持 V2X 业务上车的快速普及。

② **通信感知一体化**：通过 5G 基站通信感知一体化技术，在 5G 通信的基础上叠加感知能力，实现对车辆、行人的感知，感知距离达 1km，感知精度为亚米级，可以替代路侧雷达，进一步降低 5G V2X 的建设成本。

③ **通算一体**：利用基站内生算力，下沉式部署 V2X 业务，实现 RSU 和远程控制单元（RCU）虚拟部署在 5G 算力基站上，降低建设成本；以更低时延实现业务实时精准推送，数据智能卸载；并且通过跨站算力协同，实现全路段业务服务。

5G-A 通感算一体车联网解决方案如图 15-15 所示，具体包括以下几个部分。

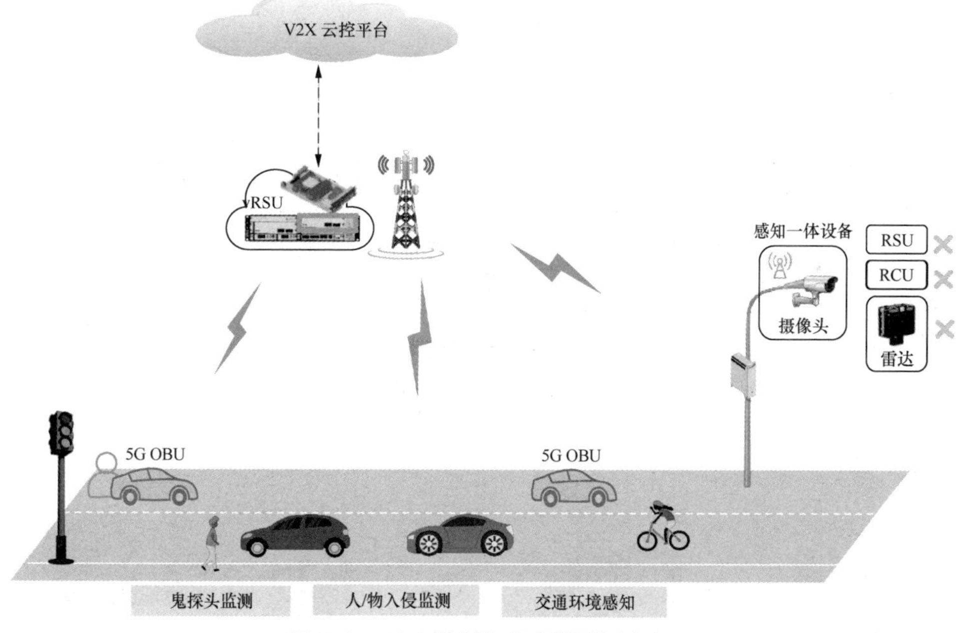

图 15-15　5G-A 通感算一体车联网解决方案

① **车端**：指安装在汽车上的设备和软件，包括摄像头、麦克风、传感器、显示屏、控制器等，以及基于 5G 网络和车载通信的通信模块，能够实现车辆的数据采集、处理、发送和接收。

② **路端**：指安装在道路设施上的设备和软件，包括信号灯、路牌、监控摄像头等，以及 5G 无线业务侧网关（RSG）模块，能够实现道路设施的数据采集、

处理、发送和接收。

③ **云端**：指部署在 V2X 云控平台上的软件和服务，包括大数据分析、人工智能、地图服务等，能够实现车路协同业务的数据汇聚、处理、分发和决策。

④ **边缘端**：指通过虚拟化等技术把传统路边的相关功能部署在 5G 基站上，包括算力板卡及相关软件，能够实现车路协同业务的数据缓存、转发、过滤和优化。

3. 应用案例

2023 年 4 月到 6 月，中国移动组织在全国多个城市进行 5G-A 车路协同方案试验，取得了良好的效果。

① 在广东省珠海市，中国移动、中兴通讯完成了基于通算一体的“视野阻碍业务场景”测试方案验证，基于通感算一体化架构在珠海完成了业界首个基于 5G 全 Uu 口通信的“鬼探头”业务测试验证，如图 15-16 所示。通过 5G 基站边缘算力敏捷实现路边感知数据采集、车路协同计算和 V2X 预警信息精准推送，成功实现全 Uu 口通信的“鬼探头”实时业务预警，实测端到端全流程时延小于 70ms，其中空口环回时延 15ms，实时性成倍提升，充分体现了该架构的先进性和有效性，为低成本、高效能解决交通安全痛点提供了全新路径。

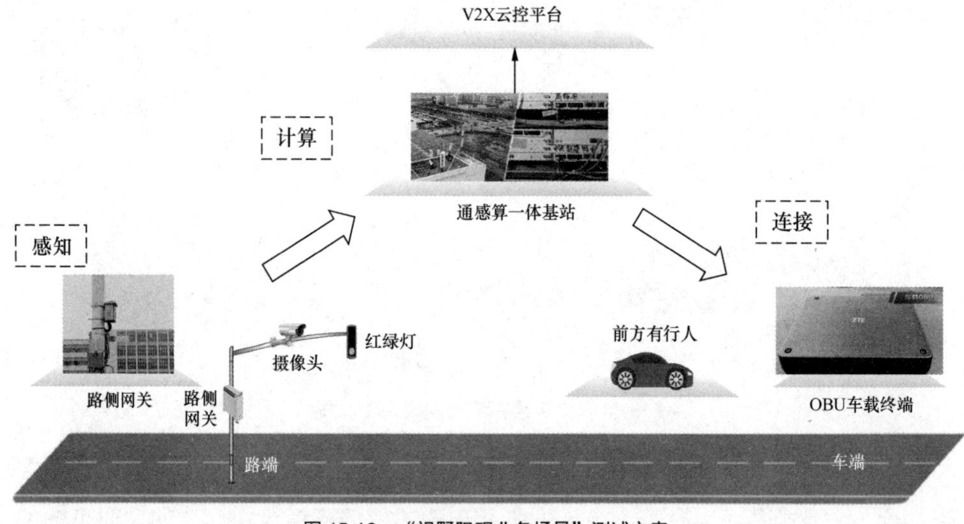

图 15-16 “视野阻碍业务场景”测试方案

② 在重庆，中国移动、中兴通讯完成了基于通算一体架构下的承载 V2X 业务的 5G 网络性能全方位测试，其结果如图 15-17 所示，实现了 5G 广域覆盖场景

下，24 类 V2X 辅助信息服务的 RTT 平均时延小于 20ms。其中，V2X 消息 RTT 时延均值为 13ms，大包视频业务 RTT 时延均值为 23ms。测试结果表明，通算一体架构的 5G 车联网新方案承载广域普适的车联网业务，技术方案完全可行。

传统车路协同已发展多年，但目前主要是停留在一些先导区、示范区测试运行状态，难以实现大范围的全面推广。

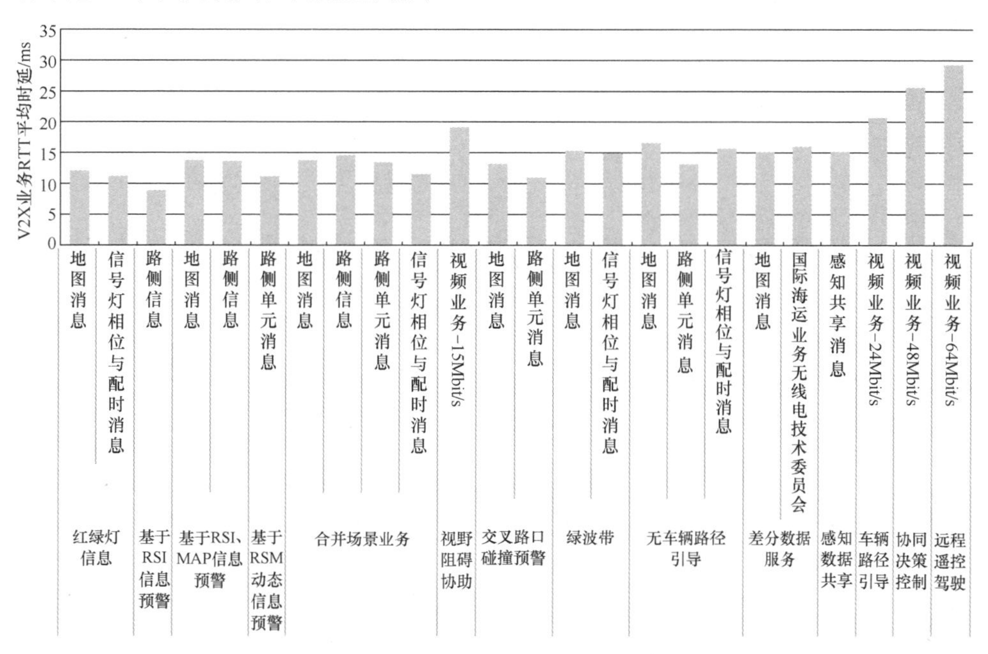

图 15-17　通算一体架构下的承载 V2X 业务的 5G 网络性能测试结果

利用 5G-A 的通感算一体化能力，可以把 5G 这张广覆盖、大带宽、低时延的网络与车联网业务需求紧密结合，把车联网作为 5G 领域最具潜力的业务场景。在国家 5G 政策的引领和支持下，助力我国在智慧交通和智能网联汽车技术方面取得竞争优势，带动 V2X 业务大规模普及，把车路协同产业真正做起来。

在技术价值方面，2023 年 6 月，广东珠海外场完成的 5G 通感算一体车联网架构阶段性技术验证，一方面为低成本、高效能地解决交通安全痛点提供了全新路径，另一方面通过充分发挥 5G 网络优势，在通信感知一体化、通算一体网络、超稳态网络连接等技术方面持续创新，为车联网建设和商用落地提供更经济高效的解决方案。在经济价值方面，5G-A 通感算一体车联网方案可以充分利用现有 5G 网络的存量资源，包括空调、供电、机房、机柜等设施，相较于传统的其他方案，初步评估测算，可以降低 24%道路改造成本，以一个包含 500 个路口的示范区改造为例，可节省约 3500 万元。在社会价值方面，基于5G-A通感算一体的新型车路协同方案，可以实现对车辆、行人等交通要素的实时感知和预警，有效避免“鬼探头”等交通事故的发生，保障人们的生命和财产安全，提高交通的安全性；同时，该方案无须路侧部署计算设备，只需要利用5G基站的通信能力和计算能力就可以实现车路协同的功能，节省了大量的硬件投入和维护费用，大幅降低车路协同广域覆盖的建设成本。另外，该方案将原有分散的PC5网络业务迁移至5G网络，统一承载V2X车路信息，以更低时延和更高可靠性实现广域全网连接，有利于推动5G车联网的商用落地和普及，激发汽车、通信、互联网等相关产业的创新活力和协同效应，促进产业创新。

15.5 沉浸式元宇宙

1. 问题和挑战

作为新兴交互类业务的代表和元宇宙关键技术之一，沉浸式通信（如XR、云游戏等）已得到业界广泛的关注和研究。该技术可以为用户提供更加身临其境的多媒体体验，同时也为工业、医疗、教育等行业提供更加智慧、便捷、操作友好的交互式服务。与传统通信、多媒体等业务相比，沉浸式通信业务同时具备EMBB和URLLC业务特性，具有数据传输量大、时延敏感等特征。例如，对于云游戏和VR等业务，数据传输量巨大，需要网络具备高效的数据传输能力。为了满足沉浸式通信业务的需求，特别是典型XR通信业务的需求，网络需要具备更高的性能和更灵活的保障机制。

面向深度沉浸式的用户体验对网络提出更高的性能要求，3GPP标准化组织从业务需求出发，研究沉浸式通信业务对网络KPI的需求。针对VR、AR、云游戏、元宇宙等不同应用场景，速率要求在100Mbit/s～10Gbit/s，例如，移动元宇宙沉浸式游戏和视觉表演数据速率最高可达1000Mbit/s。沉浸式业务端到端时延要求为5～100ms，为保证用户沉浸式体验，MTP时延要求为小于20ms，进一步需要接近人体感知极限10ms，对空口时延要求几毫秒到几十毫秒，特定场景下空口时延可能需要1ms。传包正确率为99.9%或99.99%以上；不同感官QoS数据流同步时延为15～50ms。

然而，在传统封闭性网络架构下，业务与网络独立部署面向沉浸式业务的问题和挑战包括以下几个方面。

① 由于业务部署位置离数据源较远，传统云端渲染的方式需要利用网络传

输海量数据，不仅增加网络传输负载与数据传输时延，而网络的拥塞可能加剧数据传输时延，传统网络很难满足多用户访问沉浸式通信业务的传输带宽要求，同时无法满足沉浸式业务的低时延需求。

② 在传统云渲染的场景下，降低时延对网络带宽与设备处理能力提出更高的要求，需要更加高效的传输协议、更快速的网络设备及更高处理能力的基础设施，进而需要设备研发更强大的处理能力和更高效的算法，然而现有网络及基础设施资源不具备上述能力，设备的替换对运营商将造成高额的资本支出。

③ 传统业务保障方式主要基于 5QI 配置的 QoS 机制，虽然 3GPP R17 新增时延敏感保证比特速率（GBR）资源类型的 5QI 用于 XR 等交互类业务，但基于 QoS 的业务保障机制主要面向静态或半静态网络配置，对业务动态波动无法实现实时、灵活的用户体验保障。

2. 解决方案

由于沉浸式通信业务对网络带宽、时延、可靠性要求较高，现有网络无法满足业务动态 QoE 保障。本解决方案基于通算一体基站的异构算力资源部署渲染任务，并进行业务动态 QoE 保障，如图 15-18 所示。一方面，基于无线共享算力资源实现业务极致下沉部署，将任务从云端迁移至距离用户更近的无线网络中执行，是满足沉浸式业务时延要求的有效技术手段，有效减轻对核心网络的负载，并提高网络整体性能和用户体验。另一方面，基于无线共享算力内置无线智能增强的应用感知功能与无线智能控制功能将是业务端到端时延保障的重要技术手段，通过应用感知引擎获取业务需求、业务 QoE，结合网络状态多个维度联合分析，实现网络与业务协同优化，确保在波动的网络条件下，最大限度地保障沉浸式业务的用户体验。同时，基于算网融合感知、控制调度和业务编排管理能力，实现算网资源和 XR 业务需求的实时感知的融合调度，将 XR 业务自动化、动态部署在分布式的算力节点，完成业务动态 QoE 保障应用闭环。

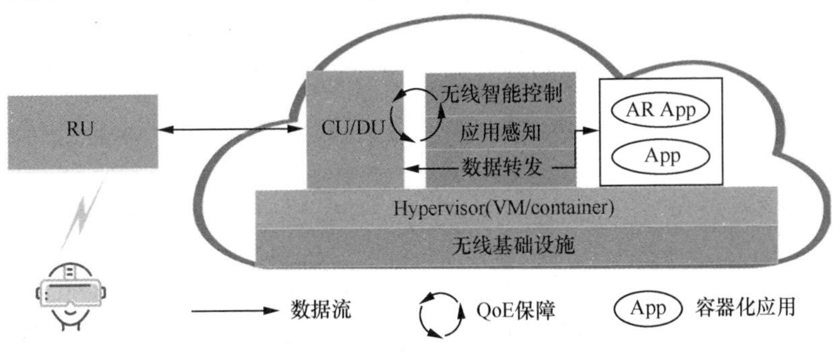

图 15-18　沉浸式通信业务 QoE 保障方案

沉浸式通信业务动态 QoE 保障方案主要包括以下几方面。

① 业务面数据转发方面，基站根据预设或动态配置的规则将报文转发到距离用户更近的应用服务器（AR App），其中应用服务器基于无线共享算力部署实现。

② 无线 QoE 保障方面，基站将新建业务流报文数据发送至应用感知功能，应用感知功能基于业务流报文分析业务特征并感知业务 QoE 状态。通过分析业务流的特征，例如数据包大小、传输速率等，应用感知功能可以实时监测业务的质量和性能，并将业务 QoE 感知结果信息反馈给无线智能控制功能。无线智能控制功能根据业务 QoE 及网络状态进行 QoS 参数调整，例如，无线智能增强功能根据内部计数器、性能测量（PM）、测量报告（MR）等指标判断当前空口环境变化，应用实际时延、数据吞吐量进行 QoS 参数调整，并将调整后的参数下发至基站。基站根据无线智能增强功能下发的参数进行空口 QoS 调优，保证该应用流需要的时延、吞吐量等性能。例如，通过调整空口参数（如功率控制、调度算法等），基站可以优化无线网络的性能，提供更好的用户体验。

③ 算网协同方面，由算网融合感知、算网融合控制调度、算网业务编排管理等逻辑功能组成。算网融合感知功能支持对网络信息（如无线信道状态、网络资源等）、算力节点信息（如各算力节点的算力类型、可共享资源、资源占用率等）的动态精准感知和获取。算网业务编排管理功能根据应用对网络、算力资源的部署需求和当前算网资源情况，将应用自动化、动态部署在分布式算力节点上。当移动算力网络接收到业务/任务请求，算网融合控制调度功能支持对业务需求的感知，并结合实时算网资源感知情况，实现动态的算网融合调度。

综上所述，基于通算一体基站可共享的通用/异构算力，专业应用可极致下沉至基站，从而极大地缩短传输链路、降低信令和数据传输造成的时延、减少带宽开销，提高业务的响应速度和用户体验。同时，基于共享算力在数据源附近部署应用感知功能和无线智能控制功能，可以实现无线侧数据传输与控制闭环，有效提高网络传输效率和可靠性，并根据业务实时反馈和网络状态的动态变化灵活保障用户体验。通过本方案，可以在无线网络侧充分利用无线共享算力资源，实现灵活高效的网业协同，从而更好地满足沉浸式通信业务的需求。

3. 应用案例

基于上述方案，中国移动与咪咕公司在福建深度合作，进行测试和验证，通过在灵云算力基站的共享云化资源下部署咪咕 AR 业务，验证基于一套异构硬件算力资源，单站点同时具备 5G 无线功能、咪咕 AR 服务、RIC 智控应用多种服务灵活按需部署的能力。通过与传统部署在中心服务器 AR 服务的公网方案对比测试，验证在基于基站共享算力部署 AR 服务的融合方案中，咪咕 AR 服务响应时延及用户 QoE 体验有明显提升。AR 业务端到端传输业务流及时延测试结果如图 15-19 所示。

测试结果显示，咪咕 AR 业务极致下沉的融合方案在降低时延方面表现出色，端到端平均时延约 119ms，相较于传统公网方案端到端平均时延约 464ms，总耗时降低了 50%，传输耗时降低了 70%以上，这一结果验证了该方案对降低业务响应时延有显著效果，可有效提升用户体验满意度。

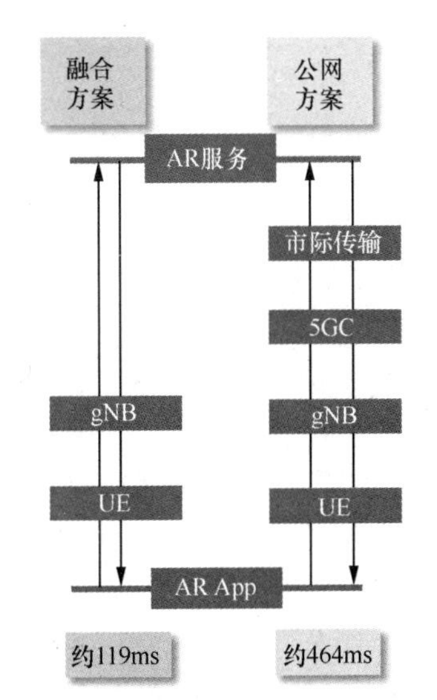

公网方案时延测试数据：
（公网接入，服务端在厦门，UE在福州高新区）

时延指标	第一次	第二次	第三次	第四次
总耗时/ms	1287	1141	1136	1084
服务端耗时/ms	742	709	681	658
传输耗时/ms	545	432	455	426

本地融合方案时延测试数据：
（云网络接入，服务端在基站，UE在福州高新区）

时延指标	第一次	第二次	第三次	第四次
总耗时/ms	542	687	584	669
服务端耗时/ms	422	542	456	585
传输耗时/ms	120	145	128	84

图 15-19　AR 业务端到端传输业务流及时延测试结果

基于本方案在福建的测试验证，一方面实现沉浸式通信业务，无线智能增强相关功能可基于无线共享算力资源灵活部署，未来可进一步支持 AI 功能的按需部署，如 5G 内生 AI 功能，赋能 XR 的生成式 AI 功能等；另一方面还验证业务极致下沉部署对端到端时延的大幅性能提升。相较于传统云端部署的方案，本方案和测试案例为产业提供了对时延、速率、可靠性要求较高的沉浸式业务可实现的有效保障手段。面向未来算网融合与实时业务体验保障提供基本方案，使能深度算网资源联合调度，有效提升无线网络的灵活性，将有助于发掘无线网络在连接以外的价值，有效提升无线侧基础设施资源利用率并赋能泛在 AI，从而实现通信、计算、智能深度融合的多元无线能力，满足多样化应用场景和数据处理需求。另外，基于无线共享算力可以根据不同业务需求灵活适配多样化无线算力资源，可以降低由于新业务引入或业务变更所需购置应用服务器设备的高额成本。因此基于通算一体技术将实现无线资源高效利用、用户体验提升、运营商及面向业务部署企业的设备资本支出降低。

平行创新，迈向泛在 AI 时代

16.1 从 5G 到 6G，持续演进的通算一体之路

从前文我们看到，通算一体网络已经在 5G 及 5G-A 中起步，开始实现通算资源一体共生和通算服务一体共生，并在多种场景下被应用。通信与计算一体共生还在进一步发展，目前已经被业界广泛认为是实现 6G 平台化、服务化网络和内生 AI 的基础能力底座。通算一体将催生网络平台化升级，使能通算智多样化服务，衍生水平开放新产业模式。在网络设计上，未来网络将实现从通算资源隔离和功能独立到融合一体共生的跃升。传统 2G、3G、4G、5G 网络主要是面向通信连接服务时烟囱式设计，通信与计算资源隔离、功能独立，6G 将进一步演进和升级到面向通算智多样服务，通过平台化设计，实现资源共享，功能一体设计，服务按需拓展和开放。同时，通算一体的发展及网络平台化、服务化升级将在传统电信领域垂直整合基础上衍生水平开放新模态。相较于传统垂直整合方式，“水平开放”产业化模式依托开放、共享思路，基于统一异构硬件基础设施，通过软件化形式实现功能动态扩展，性能弹性提供，服务供需动态匹配。水平开放的产业模式有利于实现规模效应，以降低成本，同时开放的产业生态有利于加速产业协同创新，并进一步促进技术的成熟和发展。

任何一项技术的最终规模应用都依赖于商业价值闭环。通算一体技术虽然已经起步并得到产学研各界的广泛关注，但是通信与计算的融合一体发展是一个复杂而又富有挑战性的过程，尤其在核心价值场景、部分核心技术、端到端解决方案、产业协同模式和最终的商业闭环发展等方面仍面临挑战，需要我们在多个层面进行平行创新，建立开放共享、多元协作的未来通信与计算融合发展的平台和生态。

16.2　平行创新，激发通算一体内生动力

数字化转型的技术本质是集场景化信息获取、信息处理、信息服务及能力演进于一体的动态过程，传统单向技术驱动、基于顶层设计及静态目标规划的创新模式越来越无法满足数字化转型时代多元化场景持续进化的能力需求，因此需要在创新过程中并行考虑场景特征与技术能力、宏观设计与微观需求、当前痛点与中长期发展等多个维度，通过以下 3 个平行创新推动通算一体的发展。

16.2.1　场景价值与关键技术的平行创新

场景价值与关键技术的平行创新是指在通信与计算的融合一体创新与发展过程中，同时考虑场景的需求和技术的突破，实现场景与技术的相互激发和共同提升。通过场景价值与关键技术的平行创新，通算一体网络可以更好地满足不同行业和领域的多样化需求，提高通信与计算的效率和性能，促进通信与计算的广泛应用和社会价值的实现。为了推动场景价值与关键技术的平行创新，需要从以下几个方面着手。

① 深入分析场景价值的需求和特点，挖掘通信与计算在不同行业和领域的应用场景和价值点，如工业互联网、智慧城市、远程医疗、自动驾驶等，优化通信与计算的服务质量和用户体验。

② 加强关键技术的研发和创新，突破通信与计算的核心技术难题，如网络架构、协议标准、芯片设计、软件开发等，提高通信与计算的安全性、可靠性、灵活性和智能性。

③ 构建场景价值与关键技术的平行创新机制，搭建通信与计算的创新平台和生态系统，促进技术提供者、场景需求者、政府部门、社会组织等多方的协同创新和合作共赢。

16.2.2　自上而下与自下而上相结合的平行创新

平行创新是指在同一领域或不同领域的多个创新主体同时进行创新活动，相互协作、竞争和学习，从而加速创新过程和提高创新效果的一种创新模式。平行创新有利于整合各方的资源、知识和能力，形成更强大的创新力量，促进跨界、跨层次、跨领域的创新协同。

自上而下与自下而上相结合的平行创新是指在平行创新的基础上，结合不同层次和方向的创新主体的特点和需求，采用自上而下和自下而上两种方式进行协

调和引导，形成更高效和更灵活的创新机制。具体来说，自上而下指由政府或其他高层次的组织或机构制定创新战略、规划和政策，为创新提供方向、目标和支持；自下而上指由企业、研究机构或其他基层的组织或个人根据市场和技术变化，自主发现和解决问题，为创新提供动力、源泉和灵感。

通信与计算是一种典型的跨界、跨层次、跨领域的复杂系统，涉及多个技术领域、多个产业领域、多个应用领域和多个社会领域，需要多方面的合作和协调。单一的创新主体或单一的创新方式难以满足通信与计算的发展需求，需要通过自上而下与自下而上相结合的平行创新来实现更高水平、更广范围、更深层次的融合创新。

为推动通信与计算的融合一体创新与发展，自上而下与自下而上相结合的平行创新需要从以下几个方面着手。

① 从自上而下方面，需要政府或其他高层次的组织或机构制定清晰明确的通信与计算发展战略、规划和政策，为各类创新主体提供统一的愿景、目标和框架，同时给予足够的资源、资金和优惠支持，激励和引导各类创新主体参与通信与计算的融合创新。

② 从自下而上方面，需要企业、研究机构或其他基层的组织或个人积极探索和尝试通信与计算的新技术、新产品、新服务和新应用，根据市场和用户的需求和反馈，不断改进和创新，同时与其他创新主体进行合作和竞争，形成良性的创新生态。

③ 从平行创新方面，需要建立有效的合作和协调机制，促进不同层次、不同方向、不同领域的创新主体之间的信息交流、知识共享、能力互补和资源整合，实现通信与计算的技术融合、产业融合、应用融合和社会融合。

自上而下与自下而上相结合的平行创新是一种适应通信与计算发展特点和需求的创新模式，有助于实现通信与计算的融合一体创新与发展，为社会经济和人类文明带来更大的价值和贡献。

16.2.3 当下赋能与未来奠基相结合的平行创新

当下赋能与未来奠基的平行创新是一种战略性创新活动，旨在同步实现短期和长期目标。它不仅迅速响应当前市场和用户的具体需求，同时也为未来的技术革新和行业变革打下坚实基础。这种创新超越了对现有技术和产品的简单组合或小幅度改良，而是通过深入分析现状、洞察中长期趋势，识别和挖掘潜在的发展机会，探索多样化的解决策略和创新路径，以确保创新成果的可持续性。

当前，通信、计算、和人工智能等前沿技术迅速演进，市场需求和用户预期不断升高，企业必须快速回应这些变化才能保持市场份额，但是如果仅仅聚焦于当前需求可能导致企业错失长远发展机遇和技术革新的窗口期。通过平行创新，企业不仅通过满足当前需求获得短期收益，还能够识别和培育未来的技术和市场机会。这种方法强调从根本上理解技术和市场的发展逻辑，探索多样化的创新路径，以应对未来的不确定性和挑战。例如，在开发新型通信技术时，企业不仅要考虑当前的带宽和延迟需求，还要预见未来的应用场景和标准演进，从而在技术路线和资源配置上做出战略性安排，构建起面向未来的技术优势，减少因技术更新换代带来的高昂成本和市场风险，最终推动企业和组织在相关领域的长期发展和技术领先地位。

为推动通信与计算的融合一体创新与发展，当下赋能与未来奠基相结合的平行创新需要重点关注以下几个方面。

① 以问题为导向，以解决方案为目标，以实验为方法，采用快速迭代、验证学习、最小可行产品等敏捷创新理念和工具，不断试错、优化、改进，实现产品和服务的持续创新。

② 以未来为导向，以变革为导师，以突破为追求，关注通信与计算的发展趋势和变化规律，预判未来的机会和挑战，勇于尝试和创造，实现通信与计算的颠覆性创新。

总之，当下赋能与未来奠基相结合的平行创新是一种具有战略意义和前瞻性的创新模式，它可以帮助我们在通信与计算的融合一体创新中取得更好的效果和更大的成就，为数字化转型和社会进步做出更大的贡献。

16.3　通算一体能力聚变与产业伙伴的价值共赢

基于上述平行创新，通算一体的创新发展将推动国家信息基础设施能力聚变，为新质生产力的提升注入新的动能。新质生产力是以新一代信息技术为核心，以数据为要素，以创新为动力，以智能化为特征的生产力。发展新质生产力是推动经济社会高质量发展的重要引擎，也是提升国家竞争力和影响力的关键因素。6G 作为新质生产力的典型代表，是一种全新的网络架构，不仅能够提供高速率、低时延、高可靠、高安全的无线连接，还能够实现智能化、感知化、协同化、自适应化的网络管理和服务创新。6G 将为各行各业带来巨大的价值和效益，推动社会经济的高质量发展和数字化转型，同时需要全方位的创新突破和产业赋能。

为了实现 6G 的愿景，我们需要在 5G 的基础上进一步发展通算一体技术，打造一个统一、开放、协同的网络平台，实现数据、算力、应用的高效共享和协作。通算一体技术的发展，不仅能够满足各种场景的网络服务质量需求，还能够降低网络成本，减少网络能耗，提高网络性能和效率，促进网络创新和演进，加速智能社会的构建。6G 通信与计算的融合创新对于推动人工智能的全面发展和泛在赋能具有重要作用和价值。第一，6G 通信将提供比 5G 更高的速率、更低的时延和更广的覆盖范围，这将为人工智能应用提供更加强大和可靠的数据传输能力。第二，计算与通信的融合将使得边缘计算更加高效，人工智能应用将能够在数据产生处即时处理，从而减少对中心化数据中心的依赖，提高数据处理速度和安全性。

通信与计算的一体发展，不仅是技术层面的问题，还是产业层面的问题。我们需要构建一个开放、协同、共生的产业生态，促进各方的合作和创新，实现产业价值共赢。无论是运营商、设备提供商、云服务提供商、应用开发商，还是政府、学术机构、社会组织，都应该积极参与，共同推进技术标准、应用场景、商业模式等方面的探索和实践，推动通信与计算一体发展的进程。通信与计算一体发展是一项复杂而庞大的系统工程，涉及多个技术领域和产业领域，需要各方面的协调和配合。因此，我们呼吁全行业的参与者加强沟通和协作，共同构建一个开放、包容、创新的生态环境，共同推动通算一体网络的不断突破和可持续发展，携手打造一个更加智能、高效、绿色的未来信息社会。

综上所述，我们希望从以下几个方面进一步实现通信与计算的能力聚变及产业伙伴的价值共赢。

① 构建开放共享的通信与计算平台。通过开放接口、共享资源、协同管理等方式，打造一个集成多种通信与计算技术和服务的平台，为各类应用提供一站式的解决方案，降低接入门槛，提高效率，增加效益。

② 建立多元协作的通信与计算生态。通过搭建合作框架、建立信任机制、分享风险收益等方式，形成一个包括运营商、设备提供商、云服务提供商、应用开发商等多方参与者的生态圈，实现各方优势互补，共同创造价值。

③ 推动多维创新的通信与计算应用。通过支持跨领域、跨层次、跨界等多维度的创新实践，培育更多具有社会效益和经济效益的通信与计算应用案例，展示通信与计算技术的广泛应用前景和巨大潜力。

从中长远来看，6G 通信与计算的融合创新和演进将对促进我国人工智能和新质生产力发展，提升全球范围内的科技竞争力产生深远影响。未来 6G 技术的成熟和应用将带动人工智能更加深入地融入各行各业，推动产业升级和经济增长。同时，6G 也将促进新一代信息技术与其他领域的交叉融合，催生新的业态和模式，为我国及全球科技创新提供新的动力。

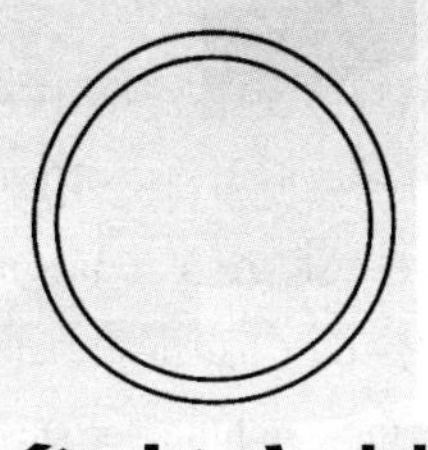

参考文献

[1] IMT-2030（6G）推进组. 6G 总体愿景与潜在关键技术[R/OL]. (2021-6).

[2] 彭开来，王旭，唐琴琴. 算力网络资源协同调度探索与应用[J]. 中兴通讯技术，2023, 29(4): 26-31.

[3] 段晓东，姚惠娟，付月霞，等. 面向算网一体化演进的算力网络技术[J]. 电信科学，2021, 37(10): 76-85.

[4] 汪硕，吴艽，卢华，等. 新型网络产业发展战略研究[J]. 中国工程科学，2021, 23(2): 8-14.

[5] 曹畅，唐雄燕. 算力网络关键技术及发展挑战分析[J]. 信息通信技术与政策，2021, 47(3): 6-11.

[6] 黄韬，刘江，汪硕，刘韵洁. 未来网络技术与发展趋势综述[J]. 通信学报，2021, 42(1): 130-150.

[7] 6GANA. 6G 网络原生 AI 技术需求白皮书[R/OL]. (2023-9-9).

[8] LV X Z, RUI H, XU J. Double Layers Flexible Radio Access Network: User Cluster Centric Architecture Towards 6G[C]. GLOBECOM 2022-2022 IEEE Global Communications Conference, 2022.

[9] 段向阳，康红辉，吕星哉，芮华. 面向 6G 的无线接入网络数字孪生技术[J]. 中兴通讯技术，2023, 29(3): 32-37.

[10] YU Z H, LV X Z, RUI H, LIN W. Digital Twin Channel: A Data-Driven Continuous Trajectory Modeling[J]. 2021 IEEE 1st International Conference on Digital Twins and Parallel Intelligence: DTPI 2021, 302-305.

[11] SHUI T Y, HU J, YANG K, KANG H H, RUI H, WANG B. Cell-Free Networking for Integrated Data and Energy Transfer: Digital Twin based Double Parameterized DQN For Energy Sustainability[J]. IEEE Transactions on Wireless Communications, 2023.

[12] 陈山枝，葛雨明，时岩. 蜂窝车联网（C-V2X）技术发展、应用及展望[J]. 电信科学，2022, 38(1): 1-12.

[13] SAE J3016, Taxonomy and Definitions for Terms Related to On-Road Motor Vehicle Automated Driving System[S]. SAE International. 2014.

[14] 工业互联网产业联盟. 工业互联网与钢铁行业融合应用参考指南（2021 年）[R/OL].(2021).
[15] 工业互联网产业联盟. 电力确定性网络应用白皮书[R/OL]. (2022.5).
[16] AALKHALIDI A S, IZANI M, RAZAK A A. Emerging Technology (AR, VR and MR) in Interior Design Program in the UAE: Challenges and solutions[C]. 2022 Engineering and Technology for Sustainable Architectural and Interior Design Environments (ETSAIDE), 2022.
[17] 3GPP TR 22.847 V18.2.0, Study on supporting tactile and multi-modality communication services[S]. 3GPP, 2022.
[18] 3GPP TR 26.928 V16.1.0, Extended Reality (XR) in 5G[S]. 3GPP, 2020.
[19] 3GPP TR 26.918 V17.0.0, Virtual Reality (VR) media services over 3GPP[S]. 3GPP, 2022.
[20] 3GPP TR 22.856 V1.0.0, Feasibility Study on Localized Mobile Metaverse Services[S]. 3GPP, 2023.
[21] 3GPP TS 22.261 V19.2.0, Service requirements for the 5G system[S]. 3GPP, 2023.
[22] GTI.GTI XR Network Technology White Paper[R/OL]. (2023-06-06).
[23] GTI.GTI 5G Metrics and Test Methods Towards XR White Paper[R/OL]. (2023-09-06).
[24] IEEE IRDS. INTERN ATIONAL ROADMAP FOR DEVICES AND SYSTEMS™[R]. 2022 .
[25] AMIRALI B, SAUGATA G, et al. Google Workloads for Consumer Devices: Mitigating Data Movement Bottlenecks[C]. ASPLOS, 2018.
[26] 中兴通讯股份有限公司. 数字基础设施技术趋势白皮书[R/OL]. (2023-5).
[27] 张雪晴，刘延伟，刘金霞，韩言妮. 面向边缘智能的联邦学习综述[J]. 计算机研究与发展，2023, 60(6): 1276-1295.
[28] 任震，杨立，谢峰，等. 基于 5G-NR 演进浅析和展望未来 6G 系统中去蜂窝化技术的应用[J]. 信息通信技术，2021, 15(02): 65-71.
[29] 徐雷，郭志斌等. 网络功能虚拟化技术与应用[M]. 北京：人民邮电出版社，2017.
[30] IMT-2020（5G）推进组. 面向 5G-A 的移动算力网络需求及关键技术[R/OL]. (2023).
[31] 3GPP TR 38.838 V17.0.0, Study on XR（Extended Reality）Evaluations for NR[S]. 3GPP, 2021.
[32] IMT-2030（6G）推进组. 6G 前沿关键技术研究报告[R/OL]. (2023).
[33] ITU-R. Future technology trends of terrestrial International Mobile Telecommunications systems towards 2030 and beyond[R/OL]. (2022-11).
[34] ITU-R. Framework and overall objectives of the future development of IMT for 2030 and beyond[R/OL]. (2023-6).
[35] IMT-2030. 6G 典型场景和关键能力白皮书[R/OL]. (2023-6).
[36] HUANG Y H, LI N, SUN Q, LI X, HUANG J R, CHEN Z Q, XU X F, et al. Communication and Computing Integrated RAN: A New Paradigm Shift for Mobile Network[J]. IEEE Network, 2024, 38(2): 99-112.

[37] 中国移动通信集团终端有限公司，北京邮电大学，中国信息通信研究院，中国通信学会. 端侧算力网络白皮书（2022 年）[R/OL].

[38] GUO F X, PENG M G, LI N, SUN Q, LI X. Communication-Computing Built-in-Design in Next-Generation Radio Access Networks: Architecture and Key Technologies[J]. IEEE Network, 2024, 38(3): 100–108.

[39] BOUALOUACHE A, ENGEL T. A Survey on Machine Learning-Based Misbehavior Detection Systems for 5G and Beyond Vehicular Networks[J]. IEEE Communications Surveys & Tutorials, 2023, 25(2): 1128–1172.

[40] LI N, XU X F, SUN Q, WU J, ZHANG Q, CHI G Y, et al. Transforming the 5G RAN With Innovation: The Confluence of Cloud Native and Intelligence[J]. IEEE Access, 2023, 11: 4443–4454.

[41] WANG L Y, ZHANG H X, GUO S S, YUAN D F. Communication-, Computation-, and Control-Enabled UAV Mobile Communication Networks[J]. IEEE Internet of Things Journal, 2022, 9(20): 20393-20407.

[42] KUMAR P J, KANTH M K, NIKHIL B, VARDHANA D H, GANESAN V. Edge Computing in 5G for Mobile AR/VR Data Prediction and Slicing Model[C]. 2023 World Conference on Communication & Computing (WCONF). 2023.

[43] ABKENAR F S, RAMEZANI P, IRANMANESH S, et al. A Survey on Mobility of Edge Computing Networks in IoT: State-of-the-Art, Architectures, and Challenges[J]. IEEE Communications Surveys & Tutorials. 2022, 24, (4): 2329-2365.

[44] BURHAN M, ALAM H, ARSALAN A, et al. A Comprehensive Survey on the Cooperation of Fog Computing Paradigm-Based IoT Applications: Layered Architecture, Real-Time Security Issues, and Solutions[J]. IEEE Access, 2023, 11: 73303-73329.

[45] QIU H M, ZHU K, LUONG N C, YI C Y, NIYATO D, KIM D I. Applications of Auction and Mechanism Design in Edge Computing: A Survey[J]. IEEE Transactions on Cognitive Communications and Networking, 2022, 8(2): 1034-1058.

[46] GUANG X, BAI Y, YEUNG R W. Secure Network Function Computation for Linear Functions—Part I: Source Security[J]. IEEE Transactions on Information Theory, 2023, 70(1): 676-697.

[47] 谢峰，王菲，刘汉. 面向 6G 的多频段智能融合组网[J]. 中兴通讯技术，2022, (4).

[48] IMT2030（6G）推进组. 6G 无线系统设计原则和典型特征[R/OL]. (2023-12-05).

[49] 刘光毅，邓娟，郑青碧，李刚，孙欣，黄宇红. 6G 智慧内生：技术挑战、架构和关键特征[J]. 移动通信，2021, 45(4): 68-78.

[50] IMT2030（6G）推进组. 6G AI 即服务（AIaaS）需求研究[R/OL]. (2023-04-18).

[51] Hexa-X: WP1 – Deliverable D1.4, Hexa-X architecture for B5G/6G networks – final release[R]. Hexa-X, 2023.

[52] Next G Alliance Report. 6G Technologies for Wide-Area Cloud Evolution[R]. ATIS, 2023.

[53] SCHMIDT R, NIKAEIN N. RAN Engine: Service-Oriented RAN Through Containerized Micro-Services[J]. IEEE Transactions on Network and Service Management, 2021, 18(1): 469-481.

[54] YANG Q Y, CHU S C, HU C C, KONG L P, PAN J S. A Task Offloading Method Based on User Satisfaction in C-RAN With Mobile Edge Computing[J]. IEEE Transactions on Mobile Computing,2024, 23(4): 3452-3465.

[55] SIVARAJ R, RAJAGOPAL S. Open RAN: The Definitive Guide[M]. The USA:Wiley-IEEE Press, 2024, 24-58.

[56] KURPAD S, BT S, VIJAYKUMAR S, JAIN S, KALAMBUR S. Microarchitectural Analysis and Characterization of Performance Overheads in Service Meshes with Kubernetes[C]. 2023 3rd Asian Conference on Innovation in Technology (ASIANCON), 2023.

[57] MAHMOUDI N, KHAZAEI H. Performance Modeling of Metric-Based Serverless Computing Platforms[J]. IEEE Transactions on Cloud Computing, 2023, 11(2): 1899-1910.

[58] CHI H R, RADWAN A. Full-Decentralized Federated Learning-Based Edge Computing Peer Offloading Towards Industry 5.0[C]. 2023 IEEE 21st International Conference on Industrial Informatics (INDIN), 2023.

[59] WAGH T, KHAIRNAR D G. Energy Efficient Resource Allocation in Cloud Radio Access Network - A Survey[C]. 2023 14th International Conference on Computing Communication and Networking Technologies (ICCCNT), 2023.

[60] 中兴通讯. PowerPilot 4G/5G 网络节能降耗技术白皮书[R/OL]. (2020-11-17).

[61] 阳王东，王昊天，张宇峰，林圣乐，蔡沁耘. 异构混合并行计算综述[J]. 计算机科学，2020, 47(8): 5-16.

[62] SILVA B D, CORNELIS J G, BRAEKEN A, D'HOLLANDER E H, LEMEIRE J, TOUHAFFI A. Heterogeneous Cloud Computing:Design Methodology to Combine Hardware Accelerators[C]. 2018 4th International Conference on Cloud Computing Technologies and Applications (Cloudtech), 2018.

[63] SEVILLA J, HEIM L, HO A, BESIROGLU T, HOBBHAHN M, VILLALOBOS P. Compute Trends Across Three Eras of Machine Learning[C]. 2022 International Joint Conference on Neural Networks (IJCNN), 2022.

[64] JOUPPI N, YOUNG C, PATIL N, PATTERSON D. Motivation for and Evaluation of the First Tensor Processing Unit[J]. IEEE Micro, 2018, 38(3): 10–19.

[65] NIMARA S, BONCALO O, AMARICAI A, POPA M. FPGA architecture of multi-codeword LDPC decoder with efficient BRAM utilization[C]. 2016 IEEE 19th International Symposium on Design and Diagnostics of Electronic Circuits & Systems (DDECS), 2016.

[66] REUTHER A, MICHALEAS P, JONES M, GADEPALLY V, SAMSI S, KEPNER J. AI Accelerator Survey and Trends[C]. 2021 IEEE High Performance Extreme Computing Conference (HPEC), 2021.

[67] KELKAR A, DICK C. NVIDIA Aerial GPU Hosted AI-on-5G[C]. 2021 IEEE 4th 5G World Forum (5GWF). 2021.

[68] BURSTEIN I. Nvidia Data Center Processing Unit (DPU) Architecture[C]. 2021 IEEE Hot Chips 33 Symposium (HCS), 2021.

[69] SHARMA S, MAITY S K, GUPTA K G, DAS A, SAJEED M, WANDHEKAR S. Investigation into Massively Parallel MIMD Architecture based IPU System through Application Benchmarking[C]. 2023 10th International Conference on Information Technology, Computer, and Electrical Engineering (ICITACEE), 2023.

[70] CHANDRASHEKHAR B N, SANJAY H A, SRINIVAS T. Performance Analysis of Parallel Programming Paradigms on CPU-GPU Clusters[C]. 2021 International Conference on Artificial Intelligence and Smart Systems (ICAIS), 2021.

[71] HONG S, KIM H. An analytical model for a GPU architecture with memory-level and thread-level parallelism awareness[J]. ACM SIGARCH Computer Architecture News, 2009, 37(3): 152–163.

[72] CONWAY M E. Design of a separable transition-diagram compiler[J]. Communications of the ACM, 1963, 6(7): 396–408.

[73] Chih-lin I, YUAN Y N, HUANG J R, MA S J, CUI C F, DUAN R. Rethink fronthaul for soft RAN[J]. IEEE Communications Magazine, 2015, 53(9): 82–88.

[74] LI N, SUN Q, LI X, GUO F X, HUANG Y H, CHEN Z Q, YAN Y W, PENG M G. Towards the deep convergence of communication and computing in ran: Scenarios, architecture, key technologies, challenges and future trends[J]. China Communications, 2023, 20(3): 218–235.

[75] IMT-2030（6G）推进组. 面向 6G 网络的智能内生体系架构研究[R/OL].

[76] 3GPP TS 38.473 v18.1.0, Study on Artificial Intelligence (AI)/Machine Learning (ML) for NR air interface[S]. 3GPP, 2024.

[77] LIN S H, JI B, JI R R, YAO A, A closer look at branch classifiers of multi-exit architectures[J]. Computer Vision and Image Understanding, 2022.

[78] LI N, LI X, YAN Y W, SUN Q, HAN Y T, CHENG K. Joint Communication and Computing Resource Optimization for Collaborative AI Inference in Mobile Networks[C]. 2023 IEEE 98th

Vehicular Technology Conference (VTC2023-Fall), 2023.

[79] 中国移动. 端侧算力网络白皮书[R/OL]. (2022).

[80] 薛旭，孙奇，李男，等. 开放智能无线网络架构和平台设计研究[J]. 移动通信，2024, 48(3): 143-151.

[81] 中国移动. AI 大模型专题：2023 网络运维大模型白皮书[R/OL]. 2023.

[82] 3GPP TS 28.533 v18.1.0, Management and orchestration; Architecture framework[S]. 3GPP, 2024.

[83] ETSI GR NFV 003 v1.8.1, Network Functions Virtualisation (NFV); Terminology for Main Concepts in NFV[S]. ETSI, 2023.

[84] ETSI GR NFV-MAN 001 v1.2.1, Network Functions Virtualisation (NFV); Management and Orchestration; Report on Management and Orchestration Framework[S]. ETSI, 2021.

[85] ETSI GS NFV 006 v4.5.1, Network Functions Virtualisation (NFV) Release 4; Management and Orchestration; Architectural Framework Specification[S]. ETSI, 2024.

[86] Hexa-X Deliverable D6.2 v1.1, Design of service management and orchestration functionalities[R]. Hexa-X, 2022.

[87] Next G Alliance Report. 6G Technologies for Wide-Area Cloud Evolution[R]. ATIS, 2023.

[88] 3GPP TS 29.222 v18.5.0, Common API Framework for 3GPP Northbound APIs[S]. 3GPP, 2024.

[89] CHEN Z Q, REN Y, SUN Q, et al. Computing Task Orchestration in Communication and Computing Integrated Mobile Network[C]. 2023 IEEE Globecom Workshops (GC Wkshps), 2023.

[90] ETSI GS NFV 002 v1.2.1, Network Functions Virtualisation (NFV); Architectural Framework[S]. ETSI, 2018.

[91] O-RAN WG6.CAD v07.00, Cloud Architecture and Deployment Scenarios for O-RAN Virtualized RAN[S]. O-RAN, 2024.

[92] LI N, XU X F, SUN Q, et al. Transforming the 5G RAN With Innovation: The Confluence of Cloud Native and Intelligence[J]. IEEE Access, 2023(11): 2169-3536.

[93] 中国移动. 5G-Advanced 新能力与产业发展白皮书[R/OL]. (2022-07).

[94] 中国移动. 6G 服务化 RAN 白皮书[R/OL]. (2023).

[95] 中国移动研究院. 数字孪生网络（DTN）白皮书[R/OL]. (2021).

[96] 中兴通讯. NodeEngine 2.0 解决方案白皮书[R/OL]. (2021).

[97] WANG L, MA C, FENG X Y, et al. A Survey on Large Language Model based Autonomous Agents[J]. Frontiers of Computer Science, 2024, 18(6).

[98] 李婷，孙奇，吴杰，等. 面向 XR 的网业协同关键技术研究[C]. 2022 年 5G 网络创新研讨会论文集. 2022: 217-222.

[99] 中兴通讯股份有限公司. 5G 工业现场网白皮书[R/OL]. 2023.